第一推动丛书：物理系列
The Physics Series

新物理狂想曲
Fashion, Faith, and Fantasy in the New Physics of the Universe

［英］罗杰·彭罗斯 著　李泳 译
Roger Penrose

湖南科学技术出版社

THE
FIRST
MOVER

总序

《第一推动丛书》编委会

　　科学，特别是自然科学，最重要的目标之一，就是追寻科学本身的原动力，或曰追寻其第一推动。同时，科学的这种追求精神本身，又成为社会发展和人类进步的一种最基本的推动。

　　科学总是寻求发现和了解客观世界的新现象，研究和掌握新规律，总是在不懈地追求真理。科学是认真的、严谨的、实事求是的，同时，科学又是创造的。科学的最基本态度之一就是疑问，科学的最基本精神之一就是批判。

　　的确，科学活动，特别是自然科学活动，比起其他的人类活动来，其最基本特征就是不断进步。哪怕在其他方面倒退的时候，科学却总是进步着，即使是缓慢而艰难的进步。这表明，自然科学活动中包含着人类的最进步因素。

　　正是在这个意义上，科学堪称为人类进步的"第一推动"。

　　科学教育，特别是自然科学的教育，是提高人们素质的重要因素，是现代教育的一个核心。科学教育不仅使人获得生活和工作所需的知识和技能，更重要的是使人获得科学思想、科学精神、科学态度以及科学方法的熏陶和培养，使人获得非生物本能的智慧，获得非与生俱来的灵魂。可以这样说，没有科学的"教育"，只是培养信仰，而不是教育。没有受过科学教育的人，只能称为受过训练，而非受过教育。

　　正是在这个意义上，科学堪称为使人进化为现代人的"第一推动"。

近百年来，无数仁人志士意识到，强国富民再造中国离不开科学技术，他们为摆脱愚昧与无知做了艰苦卓绝的奋斗。中国的科学先贤们代代相传，不遗余力地为中国的进步献身于科学启蒙运动，以图完成国人的强国梦。然而可以说，这个目标远未达到。今日的中国需要新的科学启蒙，需要现代科学教育。只有全社会的人具备较高的科学素质，以科学的精神和思想、科学的态度和方法作为探讨和解决各类问题的共同基础和出发点，社会才能更好地向前发展和进步。因此，中国的进步离不开科学，是毋庸置疑的。

正是在这个意义上，似乎可以说，科学已被公认是中国进步所必不可少的推动。

然而，这并不意味着，科学的精神也同样地被公认和接受。虽然，科学已渗透到社会的各个领域和层面，科学的价值和地位也更高了，但是，毋庸讳言，在一定的范围内或某些特定时候，人们只是承认"科学是有用的"，只停留在对科学所带来的结果的接受和承认，而不是对科学的原动力 —— 科学的精神的接受和承认。此种现象的存在也是不能忽视的。

科学的精神之一，是它自身就是自身的"第一推动"。也就是说，科学活动在原则上不隶属于服务于神学，不隶属于服务于儒学，科学活动在原则上也不隶属于服务于任何哲学。科学是超越宗教差别的，超越民族差别的，超越党派差别的，超越文化和地域差别的，科学是普适的、独立的，它自身就是自身的主宰。

湖南科学技术出版社精选了一批关于科学思想和科学精神的世界名著，请有关学者译成中文出版，其目的就是传播科学精神和科学思想，特别是自然科学的精神和思想，从而起到倡导科学精神，推动科技发展，对全民进行新的科学启蒙和科学教育的作用，为中国的进步做一点推动。丛书定名为"第一推动"，当然并非说其中每一册都是第一推动，但是可以肯定，蕴含在每一册中的科学的内容、观点、思想和精神，都会使你或多或少地更接近第一推动，或多或少地发现自身如何成为自身的主宰。

《第一推动丛书》再版序
一个坠落苹果的两面：
极端智慧与极致想象

龚曙光
2017 年 9 月 8 日凌晨于抱朴庐

连我们自己也很惊讶,《第一推动丛书》已经出版了 25 年。

或许,因为全神贯注于每一本书的编辑和出版细节,反倒忽视了这套丛书的出版历程,忽视了自己头上的黑发渐染霜雪,忽视了团队编辑的老退新替,忽视了好些早年的读者,已经成长为多个领域的栋梁。

对于一套丛书的出版而言,25 年的确是一段不短的历程;对于科学研究的进程而言,四分之一个世纪更是一部跨越式的历史。古人"洞中方七日,世上已千秋"的时间感,用来形容人类科学探求的日新月异,倒也恰当和准确。回头看看我们逐年出版的这些科普著作,许多当年的假设已经被证实,也有一些结论被证伪;许多当年的理论已经被孵化,也有一些发明被淘汰……

无论这些著作阐释的学科和学说,属于以上所说的哪种状况,都本质地呈现了科学探索的旨趣与真相:科学永远是一个求真的过程,所谓的真理,都只是这一过程中的阶段性成果。论证被想象讪笑,结论被假设挑衅,人类以其最优越的物种秉赋 —— 智慧,让锐利无比的理性之刃,和绚烂无比的想象之花相克相生,相辅相成。在形形色色的生活中,似乎没有哪一个领域如同科学探索一样,既是一次次伟大的理性历险,又是一次次极致的感性审美。科学家们穷其毕生所奉献的,不仅仅是我们无法发现的科学结论,还是我们无法展开的绚丽想象。在我们难以感知的极小与极大世界中,没有他们撰写这些伟大历险和极致审美的科普著作,我们不但永远无法洞悉我们赖以生存世界的各种奥秘,无法领略我们难以抵达世界的各种美丽,更无法认知人类在找到真理和遭遇美景时的心路历程。在这个意义上,科普是人类极端智慧和极致审美的结晶，是物种独有的精神文本，是人类任何其他创造 —— 神学、哲学、文学和艺术无法替代的文明载体。

在神学家给出"我是谁"的结论后，整个人类，不仅仅是科学家，包括庸常生活中的我们，都企图突破宗教教义的铁窗，自由探求世界的本质。于是，时间、物质和本源，成为人类共同的终极探寻之地，成为人类突破慵懒、挣脱琐碎、拒绝因袭的历险之旅。这一旅程中，引领着我们艰难而快乐前行的，是那一代又一代最伟大的科学家。他们是极端的智者和极致的幻想家，是真理的先知和审美的天使。

我曾有幸采访《时间简史》的作者史蒂芬·霍金，他痛苦地斜躺在轮椅上，用特制的语音器和我交谈。聆听着由他按击出的极其单调的金属般的音符，我确信，那个只留下萎缩的躯干和游丝一般生命气息的智者就是先知，就是上帝遣派给人类的孤独使者。倘若不是亲眼所见，你根本无法相信，那些深奥到极致而又浅白到极致、简练到极致而又美丽到极致的天书，竟是他蜷缩在轮椅上，用唯一能够动弹的手指，一个语音一个语音按击出来的。如果不是为了引导人类，你想象不出他人生此行还能有其他的目的。

无怪《时间简史》如此畅销！自出版始，每年都在中文图书的畅销榜上。其实何止《时间简史》，霍金的其他著作，《第一推动丛书》所遴选的其他作者的著作，25年来都在热销。据此我们相信，这些著作不仅属某一代人，甚至不仅属于20世纪。只要人类仍在为时间、物质乃至本源的命题所困扰，只要人类仍在为求真与审美的本能所驱动，丛书中的著作，便是永不过时的启蒙读本、永不熄灭的引领之光。

虽然著作中的某些假说会被否定，某些理论会被超越，但科学家们探求真理的精神、思考宇宙的智慧、感悟时空的审美，必将与日月同辉，成为人类进化中永不腐朽的历史界碑。

因而在 25 年这一时间节点上，我们合集再版这套丛书，便不只是为了纪念出版行为本身，更多的则是为了彰显这些著作的不朽，为了向新的时代和新的读者告白：21 世纪不仅需要科学的功利，而且需要科学的审美。

当然，我们深知，并非所有的发现都为人类带来福祉，并非所有的创造都为世界带来安宁。在科学仍在为政治集团和经济集团所利用，甚至垄断的时代，初衷与结果悖反、无辜与有罪并存的科学公案屡见不鲜。对于科学可能带来的负能量，只能由了解科技的公民用群体的意愿抑制和抵消：选择推进人类进化的科学方向，选择造福人类生存的科学发现，是每个现代公民对自己，也是对物种应当肩负的一份责任、应该表达的一种诉求！在这一理解上，我们将科普阅读不仅视为一种个人爱好，而且视为一种公共使命！

牛顿站在苹果树下，在苹果坠落的那一刹那，他的顿悟一定不只包含了对地心引力的推断，而且包含了对苹果与地球、地球与行星、行星与未知宇宙奇妙关系的想象。我相信，那不仅仅是一次枯燥至极的理性推演，而且是一次瑰丽至极的感性审美……

如果说，求真与审美，是这套丛书难以评估的价值，那么，极端的智慧与极致的想象，则是这套丛书无法穷尽的魅力！

目　录

前言
时尚、信仰和想象与基础科学有关系吗？

　　本书是从我 2003 年 10 月应邀在普林斯顿大学做的三个演讲发展起来的。我提交给出版社的演讲标题 —— 新宇宙物理学中的时尚、信仰和想象 —— 保留作为本书的书名，在我来说，是多少有些仓促的建议。不过，它确实表达了我对时下一些倾向的不安 —— 它们是关于主宰我们生活宇宙的物理学定律的思想的一部分。十多年过去了，这些题目以及我不得不就它们说的很多话，似乎在今天至少依然和当时一样有意义。需要补充的是，我做那些演讲是怀着忧虑的，因为我想表达的观点可能不会在那些功成名就的大专家们中间激起多少共鸣。

　　标题里的三个词（"时尚""信仰"和"想象"）中的每一个，都蕴涵着那么一点意味，似乎与通常认为恰当的、在最基本水平上探求我们宇宙行为的基本原理的程序有些格格不入。实际上，在理想情况下，我们有理由断言，对真正投身宇宙基本原理探求的人来说，诸如时尚、信仰和想象之类的影响，应该从他们的思想观念中彻底消失。毕竟，自然本身肯定不会对人类的赶潮跟风发生兴趣。同样，科学也不应该被认为是一种时尚。科学原理在不断经受考察，遵从严格的实验检验，一旦与我们看到的自然实在发生冲突，它就将被抛弃。想象肯定属于某些小说和娱乐圈儿的地盘，它无须注重与观察的一致性要求，也可以不管严格的逻辑甚至众所周知的常识。实际上，如果发现谁提出的科学理论过多受时尚或实验不支持的信条或浪漫幻想的影响，那么我们的任务就是指出那些影响，引导那些可能不自觉地受到这种影响的人远离它们。

不过我也不想完全否定这些品质。因为我们可以指出，它们每个词都有着某种独特的正面价值。毕竟一个时尚的理论不大可能纯粹因为社会的原因而赢得这样的地位。一个能吸引大量研究者的流行的研究领域实际上必然有很多好品质，令研究者们为一个极端困难的研究领域着迷的原因，也不可能是因为人们甘愿成为乌合之众的一员——研究的困难性常常植根于时尚追求的高度竞争性。

这里还要指出的一点，关乎可能流行却远未成为世界合理描述的理论物理研究——实际上，正如我们看到的，它常与当下观测有着相当显著的矛盾。虽然这些领域的研究者们可能找到了巨大乐趣，也曾使观测事实更好符合他们自己的世界图景，但他们对那些不遂其心愿的事实相对说来似乎有些无动于衷。这倒不是没有一点儿道理：因为在很大程度上，这些研究只是探索性的，可以从这些研究获得专业知识，而这将最终有助于发现更好、更符合我们宇宙实际运行的理论。

至于研究者常常表达的对某些科学原理的极端信心，也可能有强大的原因，即使他们相信那些原理在不同环境下的应用，远远超出了观测支持最初确立其基础的原始情形。过去的宏大理论，即使在一定环境下被更好的理论超越了，提高了应用精度，拓展了应用范围，但它依然值得继续信任。牛顿的华丽引力理论被爱因斯坦的理论超越，麦克斯韦美妙的电磁理论被它的量子化形式 [光 (光子) 的粒子性在这里得到很好的理解] 超越，当然都属于这样的情形。在每个情形下，旧理论都保持着它的可信赖性，只要其局限性适当保持在严格的考虑之下。

那么想象呢？这肯定是与我们在科学中的努力格格不入的。然而我们会看到，我们宇宙本性的某些关键方面实在太离奇了（尽管并非总是如此完全认识），如果不张开奇异的幻想的翅膀，我们就没有丝毫机会走近那些很可能看起来也奇异虚幻的基本真理。

在前 3 章里，我将用三个非常有名的理论（或一族理论）来说明这三个品质。我没选物理学中相对不那么重要的领域，因为我关心的是理论物理学当代活动海洋里的大鱼。在第 1 章，我选了正在流行的弦论（或超弦论，或其推广如 M 理论，或这条路线上时下最流行的一点，即所谓的 ADS/CFT 对应）。我在第 2 章谈的信仰是一条更大的鱼，它相信的教条说，必须像奴隶一样遵从量子力学的程序，不论它所用的物理元素有多大尺度或多大质量。而从某些方面说，第 3 章的题目却是那条最大的鱼，因为我们都关心我们认识的宇宙的起源，在那儿我们能管窥一些纯乎想象的纲领，它们都是为了解释业已确立的整个宇宙极早期观测所揭示的一些真正令人困惑的特征而提出的。

最后，在第 4 章，我将提出我自己的一些特殊观点，说明还存在其他可以选择的路线。然而我们会看到，跟随我建议的路线，似乎会陷入一定的尴尬。实际上，我本人喜欢的基本物理路线 —— 我在 4.1

节简单引介的路线 —— 就有颇具时尚的讽刺意味。这条路的标志是扭量理论，我本人已浸淫多年，近 40 年来，也吸引了物理学群体的些许注意。但我们看到，扭量理论现在已经开始成为与弦论一起流行的时尚了。

至于物理学群体中绝大多数人怀有的对量子力学的压倒一切且不可撼动的信心，进一步得到了一些显著的实验支持，如阿罗什（Serge Haroche）和瓦恩兰（David Wineland）的实验，受到了应有的关注，赢得了 2012 年诺贝尔物理学奖。另外，2013 年的诺贝尔物理学奖因为我们今天熟知的希格斯玻色子 W 预言而给了希格斯（Peter Higgs）和恩格勒特（Francois Englert），这不仅证明了他们 [以及其他一些人，特别如基博尔（Tom Kibble）、古拉尔尼克（Gerald Guralnik）、哈根（Carl Hagen）和布洛特（Robert Brout）] 提出的粒子质量起源的特别思想，也证明了量子（场）论的很多基础方面。然而，正如我在 4.2 节指出的，迄今所做的所有这些高度精密的实验都远未达到质量位移水平（如 2.13 节提出的），这是我们直面量子信仰遭遇严峻挑战之前必须考虑的东西。不过，也有一些正在进行的实验，就是朝着这样的质量位移水平前进，我认为它们有助于解决当下量子力学与人们接受的其他物理学原理（即爱因斯坦的广义相对论原理之类的）之间的深刻矛盾。在 4.2 节，我指出了量子力学与爱因斯坦等效原理（即引力场与加速度等效）之间的严峻冲突。这些实验的结果也许真能动摇人们普遍抱有的对量子力学的毫不怀疑的信仰。另一方面，可能有人问，为什么我们应该更相信爱因斯坦的等效原理而不是得到更广泛检验的量子力学的基本程序？这确实是一个好问题 —— 可以很有理由地说，人们接受爱因斯坦原理与接受量子力学原理的信心至少是一样多的。这个问题在不远的将来可以凭实验来解决。

至于现代宇宙学进入幻想的程度，我在 4.3 节提出（这是最后的讽刺），我本人在 2005 年提出的一个纲领 —— 共形循环宇宙学（或CCC）—— 在某些方面比我们在第 3 章遇到的那些怪异的建议（有些已经成为今天几乎所有极早期宇宙讨论的一部分）更为虚幻。不过，在当下的观测分析中，CCC 越发显现它确实有着物理事实的基础。当然，我们可以希望很快有明确的观测证据能将这样那样的可能纯粹幻想转化为我们现实宇宙本性的可信图景。实际上，我们可以说，为了描述我们宇宙起源而提出的那些幻想的建议，并不像弦论的或多数旨在颠覆量子力学原理总体信心的那些理论纲领所引领的时尚，它们已经经受了具体的观测检验，如空间卫星 COBE、WMAP 和普朗克空间平台提供的综合信息或 BICEP 2 南极观测在 2014 年 3 月发布的结果。写作本书时，关于后者的解释还有些严峻的问题，但不久应该就可以解决。也许很快就会有更清晰的证据能在这些竞争的想象理论之间、或对某个尚未想到的理论，做出确定性的抉择。

在尝试以令人满意（但不太专门）的方式澄清所有这些问题时，我不得不面对一个特别基本的障碍。那个问题牵涉数学以及数学在任何物理理论中的核心作用 —— 它能以任意深度描述其本性。我在本书所做的关键论证 —— 旨在说明时尚、信仰和想象确实在不恰当地影响基础科学的进程 —— 不得不（在一定意义的程度上）基于真正的专业反驳，而不仅仅是情绪化的偏好，这就要求我们卷入一定量的重要数学。不过这种说明不是为了做专业的讲座，只有数学或物理专业的人才看得懂，因为我本人的意愿是要非专家也能从中学到东西。

相应地，我会把专业内容限定在合理的最低程度。然而，还有些数学概念对完整理解我想说明的问题有着巨大的帮助，于是我在附录里包含了 11 个相当基本的数学小节，它们提供了不太技术的解释，但在必要的时候也能帮助非专家们更好理解一些主要问题。

前两个小节（A1 和 A2）只涉及非常简单的思想（尽管不那么熟悉），没有困难的概念。不过，它们在本书的很多论证中起着特殊的作用，特别是对第 1 章讨论的时尚建议。任何想理解那里讨论的核心关键问题的读者，都应该在一定阶段注意 A1 和 A2 的材料，其中包含了我反驳所谓真实存在于我们物理宇宙中的额外空间维的关键。那种超维性几乎是所有现代弦论及其主要变种的核心论点。我的关键论证是针对当今弦论激发的高维信念：物理空间的维度必然大于我们直接经历的 3 维。我这里提出的关键问题是函数自由度，我在 A8 中为澄清这一点勾勒了更完整的论述。所虑的数学概念源于法国大数学家嘉当（Elie Cartan），大概可以追溯到 19、20 世纪之交，尽管它与当下的超维物理学思想有着很大的关联，却似乎很少得到今天的理论物理学家的欣赏。

在普林斯顿演讲之后的这些年里，弦论及其现代变种在多个方向上演进着，在技术细节上有了巨大发展。尽管我看过大量材料，但不敢说我对这些发展有任何把握。我关心的基本问题不在于任何细节，而在于这个研究是否真的促进了对我们生活的现实物理世界的认识。尤为特别的是，我很少（如果有的话）看到有谁尝试解释过假定的空间超维引出的额外函数自由度问题。实际上，我见过的弦论工作丝毫没有提及这个问题。我多少感到有些惊讶，不仅因为这个问题是我 10

年前的三个普林斯顿演讲的核心，它原来还是我 2002 年 1 月在剑桥大学的霍金 60 岁生日纪念会上的演讲的一点特色，听众中有几个一流的弦论专家，讲话后来出版了文本。

我这里还要指出重要的一点。函数自由度问题常常被量子物理学家拒绝，认为它只适用于经典物理学，它在超维理论呈现的困难似乎被概略地以与量子力学情形无关的论证而漠视了。我在 1.10 节提出了我主要的反例，特别鼓励空间超维的支持者们去读一下。我希望，通过在这里重复这些论证、在一定物理背景下进一步发展它们（1.10，1.11，2.11 和 A11 节），也许可以激发大家在未来的工作中充分考虑这些论证。

附录的其他小节简要介绍了矢量空间、流形、丛、调和分析、复数和它们的几何。这些题目对专家来说当然是再熟悉不过，但非专业读者可以发现这样的自足背景材料有助于完整理解本书更技术的部分。在描述中，我决定不写微积分思想的任何重要介绍，我认为，虽然适当了解微积分对读者有好处，但对那些尚未具备条件的读者来说，从这个题目的匆匆一个小节是学不到什么东西的。即使如此，我在A11 中还是发现接触一下微分算子和微分方程问题还是有用的，有助于解释一些以不同方式与全书的论证路线相关的问题。

第 1 章
时尚

1.1　数学美的驱动

前言说了，本书讨论的问题源自我 2003 年 10 月应普林斯顿大学邀请在那儿做的三个演讲。对这样的演讲，面对像普林斯顿科学群体这样的学霸听众，尤其是讲关于科学时尚的题目，我简直是战战兢兢，因为我选为例证的这个领域（即超弦及其衍生理论），在普林斯顿的发展高度或许超过了世界其他地方。何况，那是一个很专业的主题，它的许多重要内容都不是我能驾驭的，从我这样的局外人的立场，我对其专业的认识一定有或多或少的局限。不过，在我看来，我也不能因为这点缺陷而气馁，因为，假如说只有内行人才有资格对它品头论足，那批评多半儿只限于技术问题，而某些更广义的批评则无疑会被大大地忽略了。

自演讲以来，出现过三本批评弦论的书：沃特（Peter Woit）的《连错都不如》（*Not Even Wrong*），斯莫林（Lee Smolin）的《物理学的困惑》（*The Trouble with Physics*）和巴格特（Jim Baggott）的《告别实在：童话物理学是如何偏离真理追求的》（*Farewell to Reality：How Fairytale Physics Betrays the Search for Scientific Truth*）。当然了，沃特

和斯莫林都比我接触过更多的弦论人群，更了解理论的时尚情况。我个人在《通向实在之路》（第 31 章和第 34 章部分）中对弦论的批评，大概也是那时候出现的（比那三本书略早），但跟他们不同的是，我的批评也许主要是针对弦论在物理学中的角色。我的多数意见其实都是一般性的，对高度专业性的问题不怎么敏感。

　　我先说明什么才是一般性的（或许是显然的）问题。我们注意一 2 个事实：物理学在过去几百年取得的重大进步都依赖于极端精确和精致的数学图景。那么显然，未来的任何进步也必将依赖于某些特别的数学框架。任何新物理学要能在以前的成就上更进一步，要能精确而毫不含糊地做出超越从前的预言，也必须基于某个清晰的数学图景。而且，人们还认为，一个恰当的数学理论当然应该有数学意义 —— 就是说，它在数学上是和谐一致的。从自相矛盾的图景可以导出任何令人欢喜的答案。然而，自洽性要求实际上是一个相当严苛的准则，事实也证明，过去提出的很多物理学理论 —— 即使某些很成功的理论 —— 其实都不完全是自洽的。那些理论通常都要牵扯一些物理学判断的硬质要素，才能无疑义地满足适当的应用。当然，实验也是物理学理论的核心，但实验验证了理论并不等于就检验了其逻辑的和谐。两者都重要，但在实践中我们发现，当理论看起来符合物理事实时，物理学家并不太关心去实现完全的数学的自洽。在很大程度上，这就是事实，我们将在第 2 章（及 1.3 节）看到，即使取得了非凡成功的量子力学也是如此。量子论的破天荒工作，即普朗克（Max Planck）为解释一定温度下与物质达到平衡的电磁辐射频谱（黑体辐射谱，见 2.2 和 2.11 节）而提出的划时代假说，需要一种并不完全自洽的混合的物理图景 [Pais, 2005]。玻尔（Niels Bohr）在 1913 年提出的原子的旧量子论也同样不能说是一个完全自洽的纲领。在量子论后来的发展中，构建了复杂的数学大厦，其强大的动力则来自对数学和谐的渴望。然而，我们以后会看到（特别如 2.13 节）当前的理论依然没能很好地解决自洽性问题。但是，基于大量不同类型的物理现象的实验的支持，却构成了量子理论的基石。物理学家的倾向是，如果理论在适当的判断和仔细的计算下能继续产生与观测结果符合的答案 —— 通过精致和精确的实验，常常达到极高的精度 —— 那就不必过分纠结数学或本体论的不一致问题。

弦论的情形则完全不同。它似乎没有任何实验支持的结果。人们常说，这一点并不稀奇，因为弦论如今主要是作为一种量子引力理论的形式，基本上只关心非常微小的所谓普朗克尺度下的距离（或至少接近那个距离），比眼下实验所能达到的距离小 15 或 16 个数量级（大约实验尺度的亿亿分之一），而相应的能量却高 15 或 16 个数量级。[注意，根据相对论的基本原理，小距离本质上等于小时间（通过光速），而根据量子力学原理，小时间本质上等于大能量（通过普朗克常数），见 2.2 和 2.11 节。]我们当然必须面对一个明显的事实：尽管今天的粒子加速器很强大，它们眼下可达到的能量还是远远赶不上弦论将量子力学原理用于引力现象的需要。不过这情形对一个物理理论来说是不会令人满意的，毕竟实验支持是理论立与废的最终裁决。

当然，我们可能正在走进基础物理学研究的新时代，数学的和谐性要求是首要的，当这些要求（包括与既有原理的一致性）还不够充分时，还需要满足数学的精致性和简单性等原则。在完全客观的物理学基本原理的探究中诉求这些美学原则似乎没什么科学意义，令人惊奇的是，这些美学的判断却常常硕果累累，而且不可或缺。我们在物理学中遇到过很多例子，美妙的数学思想是认识进步的基础。大理论物理学家狄拉克（Paul Dirac）[1963] 就很清楚美学判断在他的电子方程的发现和正电子的预言中所起的重要作用。当然，狄拉克方程已经证明了其对基本物理学的根本意义，方程对美学的诉求也得到了广泛的理解。反粒子的思想也是同样情形，它源自狄拉克对他自己的电子方程的深入分析。

然而，美学判断的角色问题很难进行客观的讨论。通常的情形是，[4]有些物理学家可能认为某个特殊的计划很美，而其他人却可能满不以为然！就美学判断说，在理论物理的世界同艺术或服装设计的情形一样，时尚的要素通常并不讲究什么理性的比例。

应该明确的一点是，物理学中的美学判断问题的微妙远远超过了人们常说的奥卡姆剃刀 —— 即剔除不必要的复杂。实际上，要判断两个相对的理论哪个"更简单"，从而可能更优美，并不一定是一个直截了当的问题。例如，爱因斯坦的广义相对论是不是一个简单的理论呢？它比牛顿的引力论简单还是复杂？或者问，爱因斯坦的理论比霍尔（Aspeth Hall）1894 年（比爱因斯坦提出广义相对论早 21 年）提出的理论简单还是复杂？那个理论很像牛顿理论，只不过替换了引力的平方反比律，质量 M 与 m 之间的引力为 $GmMr^{-2.00000016}$ 而不是牛顿的 $GmMr^{-2}$。霍尔提出他的理论是为了解释大约自 1843 年就已知的水星近日点进动对牛顿理论预言的偏离（"近日点"即行星在轨道上距离太阳最近的点）[Roseveare 1982]。这个理论对火星运动也得出了比牛顿理论更好的结果。虽然不好说用 2.00000016 取代 2 会带来多少额外的"复杂",但在一定意义上,霍尔理论只比牛顿理论复杂一丁点儿。确定无疑的是,指数的替换丢失了数学的精致,但正如上面说的,这种判断包含了强烈的主观因素。更确切地说,平方反比律蕴涵着某些优美的数学性质(本质上说,它表达了引力"流线"的守恒,这在霍尔理论中不可能严格成立)。可能还是有人认为这是一个美学问题,不应夸大它的物理意义。

那么,爱因斯坦的广义相对论呢?在具体的物理系统中运用爱因斯坦的理论,详细考察其意义,当然增大了困难,远远超出用牛顿理论(甚至霍尔理论)的困难。如果把方程具体写出来,那么爱因斯坦的理论复杂得多,仅写出完整的方程都很困难。而且,方程很难解,有很多牛顿方程没有的非线性特征(这些特征使霍尔理论已然废弃的简单流线守恒定律再次失效)。(关于线性的意义,见附录A4,它在量子论的特殊作用见2.4节。)更严峻的是,爱因斯坦理论的物理解释需要消除因特殊坐标系的选择而产生的虚假的坐标效应,因为坐标系的选择在爱因斯坦的理论中没有物理意义。在实际应用中,爱因斯坦理论无疑比牛顿(或霍尔)的引力理论要难以把握得多。

然而,爱因斯坦理论从某个重要意义说还是一个简单的理论,甚至比牛顿理论更简单(或更"自然")。爱因斯坦理论基于任意弯曲四维流形(见附录A5)的黎曼几何的数学理论(更严格说是伪黎曼几何,我们将在1.7节说明)。学会这么一整套的数学技术可不容易,需要懂得什么是张量,为什么需要这些量,如何从确定几何的度规张量 g 构造特殊的黎曼曲率张量 R。然后,还要学会借助张量的缩并和逆迹来构造爱因斯坦张量 G。不过,这些公式背后的几何思想还是很容易把握的，一旦真正弄懂了这种弯曲几何的基本元素，就会发现可以写出一族限制非常严格的可能（或似真）的方程，满足我们提出的一般的物理和几何要求。在这些可能的方程中，最简单的就是爱因斯坦著名的广义相对论场方程 $\mathbf{G}=8\pi\gamma\mathbf{T}$（其中 $\mathbf{T}$ 为物质的能量-动量张量，γ 为据牛顿的特殊定义给出的引力常数，这样 8π 并不真的带来什么复杂，只不过是看我们如何定义 γ）。

　　爱因斯坦场方程还可以做一点小小的也很简单的修正，而不会影响方程满足基本的要求，那就是添加一个常数 Λ，叫宇宙学常数（爱因斯坦 1917 年为了让方程维持宇宙稳定而引进的，后来他放弃了），这样，方程现在变为 $\mathbf{G}=8\pi\gamma\mathbf{T}+\Lambda\mathbf{g}$。$\Lambda$ 如今常常被指为暗能量，大概是为了能推广爱因斯坦理论，让 Λ 可以变化。然而，强硬的数学约束不允许这种想法，在 3.1，3.7，3.8 和 4.3 节中，Λ 将充当我们的一个重要角色，我将仅限于关注 Λ 不发生变化的情形。宇宙学常数在第[6] 3 章（还有 1.15 节）有重要作用。实际上，近期的一些观测强烈表明了 Λ 的物理存在，而且具有微小的（似乎不变的）正的数值。$\Lambda>0$ 的证据 —— 也可能是更一般形式的暗能量存在的证据 —— 时下很引人瞩目，自佩尔穆特（Saul Perlmutter）、雷斯（Adam G. Riess）等人及其合作伙伴 [Perlmutter et al. 1999；Riess et al. 1998] 最初观测以来还在不断增加，还为佩尔穆特、施密特（Brian P. Schmidt）和雷斯赢得了 2011 年的诺贝尔物理学奖。$\Lambda>0$ 只跟遥远的宇宙学尺度有密切关系，局域尺度上的天体运动的观测用爱因斯坦原先的更简单的方程 $\mathbf{G}=8\pi\gamma\mathbf{T}$ 来处理就足够了。现在发现这个方程模拟引力作用下的天体行为达到了前所未有的精度，观测的 Λ 值对这些局域动力学没有重要影响。

在这方面，最具历史意义的是双中子星系统 PSR 1913＋16，系统的一个成员是脉冲星，时间精准地向地球发射电磁信号。每颗星围绕对方的运动都纯粹是引力效应，用广义相对论来模拟，达到了异乎寻常的精度，在累积 40 年中大约为 10^{14} 分之一。40 年的时间约为 10^9 秒，因此 10^{14} 分之一的精度意味着在那个期间里理论与观测的差别只有大约 10^{-5}（十万分之一）秒 —— 令人惊奇的是，这正是我们刚发现的。最近，其他包含一个或一对脉冲星的系统还有可能大大提高模拟的精度 [Kramer et al. 2006]，只要像 PSR 19＋16 一样观测那么长的时间。

然而，以 10^{14} 这个数字作为广义相对论的观测精度的度量，还存在一定的问题。实际上，星体的质量和轨道参数必须根据观测的运动来计算，而不是来自理论或其他独立观测。而且，牛顿的引力理论也差不多达到了那么高的精度。

不过，我们这里关心的是引力论的总体情况，爱因斯坦理论包含了牛顿理论作为一级近似的结果（如开普勒的椭圆轨道等），不同程度地修正了开普勒轨道（包括近日点进动），最后还提出了精确符合广义相对论惊人预言的系统能量损失：加速运动的大质量天体系统会通过发射引力波而失去能量 —— 引力在时空中的波动，犹如带电体在加速运动中发射的电磁波（即光）。最近，LIGO 引力波探测器直接探测到了引力波 [Abbott et al. 2016]，进一步证实了引力辐射的存在及其准确形式，还证实了广义相对论的另一个预言，即黑洞的存在。我们将在 3.2 节、第 3 章的最后部分和 4.3 节讨论。

　　应该强调的是，这个精度远远超越了爱因斯坦初建引力理论时的观测精度——大约高出 8 个数量级（即 1 亿倍）。牛顿引力论的观测精度可以说大约为千万分之一。这样看来，广义相对论的"10^{14} 分之一"的精度在爱因斯坦建立他的理论之前就已经在大自然那儿等着了。不过，爱因斯坦不知道的那高出的精度（大约 1 亿倍）对他建立理论没什么影响。于是，自然的新数学模型并不是仅仅为了寻求符合事实的最佳理论而发明的人造物，更明白地说，数学纲领其实已经在大自然的运行中发生作用了。这种数学的简单性（或简洁性或随你怎么形容它）是自然行为方式的真实部分，而不是我们的头脑习惯被数学美所感染。另一方面，当我们有心用数学美的准则去构建理论时，很容易被引向歧路。广义相对论当然是很美的理论，但该如何一般性地评判物理理论的美呢？不同的人有截然不同的美学判断。在构建一个成功的物理理论时，甲的美学观点是否与乙的一样，或他们的美学判断孰高孰低，并不一定是显而易见的。而且，理论的内在美也常常不是一眼就能看出来的，可能要后来的技术进步揭示了数学结构的深层含义，美才能显现出来。牛顿力学就是一个例子。多年以后，通过大数学家欧拉、拉格朗日、拉普拉斯和哈密顿等人的杰出工作（如欧拉－拉格朗日方程、拉普拉斯算子、拉格朗日量和哈密顿量等，都是现代物理学的基本要素），牛顿力学的结构才显露出确凿的美。例如，断言每个作用都有反作用的牛顿第三定律，就在现代物理学的拉格朗日形 [8] 式中占据着中心的地位。如果说人们常常夸耀的现代理论所呈现的美在一定意义上都是后来"追认"的，我不会感到奇怪。一个物理学理论的成功，不论观测的还是数学的，都可能构成我们后来感觉的美学特征。由此我们看到，通过物理理论自诩的美学特征来断其是非，很可能是有问题的，至少也是模糊不清的。更可靠的应该是，基于理论的预言能力及其与当前观测的符合程度来评判一个新的理论。

　　然而，说到实验支持，我们常常没有现成的判决性实验，例如，任何量子引力理论的任何应有的观测检验，常常要求单个粒子需要获得绝对不可能达到的高能，远远超出了现有粒子加速器的能力（见 1.10 节）。能量要求不那么高的实验建议，也可能因为实验费用或内在困难而无法实现。即使实验很成功，通常的情形是实验者采集了大量数据，于是出现另一种问题，需要从海量数据中挖掘出关键的信息。这类事情当然发生在粒子物理学中，如今大量加速器和粒子对撞机生成了大量数据；它也出现在宇宙学中，宇宙微波背景（CMB）的现代观测也产生了大量数据（见 3.4，3.9 和 4.3 节）。很多数据都被认为没什么特别的信息，只是证实了我们已经从更早的实验中认识了的东西。为提取数据中某些微弱的残余信息（即实验家们寻找的新特征，它们可能证实也可能否定某些理论设想），需要进行大量的统计处理。

　　需要指出的是，这种统计处理可能对现行理论有很强的针对性，有助于发现理论能预言的其他微弱效应。可是，即使在数据背后真藏着什么确定的答案，有些异乎寻常的、偏离流行时尚的想法，仍然可能悬而不决，因为物理学家用来揭示答案的统计程序是直接根据现行理论来调整的。我们将在 4.3 节看到这样的突出例子。即使我们非常清楚可以统计地从现有海量的可靠数据中提取确定的信息，统计需要的过量的计算时间也可能成为实际分析工作的一大阻碍，特别是面对直接竞争的其他更流行的理论时。

　　更重要的是，实验本身常常是费神费钱的，特定的实验设计可能在传统观点的框架内有助于理论的检验。如果理论图景偏离大家的共识太远，就很难求得足够的经费来检验它。毕竟，昂贵的实验设备需要经过很多专家委员会的认可才能构建，而那些专家多半是形成现行观点的重要角色。

关于这个问题，我们可以考虑 2008 年建造的瑞士日内瓦的大型强子对撞机（LHC）。它有两条长 27 千米的隧道，分别建在法国和瑞士的地下，2010 年开始运行。它发现了我们一直捉摸不透的希格斯粒子，这对粒子物理学有重要意义，特别是它充当着为弱相互作用粒子赋予质量的角色。2013 年的诺贝尔物理学奖给了希格斯和恩格勒特，因为他们开创性地预言了这个粒子的存在和性质。这无疑是一个重大成就，我也无意低估其确凿的重要性。不过，LHC 似乎提供了一个相关的案例。高能粒子碰撞的分析方法需要极其昂贵的探测器，它们适用于在主流的粒子物理学理论中采集数据。但对非传统的关于基本粒子性质及其相互作用的思想，就不那么容易获得数据了。一般说来，彻底偏离主流观点的想法很难有机会获得足够的经费，从而也很难得到确定的实验检验。还有一个重要因素是，研究生为博士论文开题，大多限于找合适的研究题目。在非传统领域做研究的同学，即使得到博士学位了，不论多么有才，多么有学问，多么有创造力，都很难找到学术性的工作。研究岗位有限，研究经费难得。导师多半会喜欢发展自己过去推动的思想，而这些思想多半属于时下流行的领域。另外，对主流外的思想发展感兴趣的导师，也不大会鼓励同学做那个领域的 [10] 工作，那不利于同学以后去求职市场竞争，那些在流行领域有专长的同学更占优势。

研究计划的资助也面临同样问题。流行领域的项目显然更容易获得资助（参见 1.12 节）。同样地，项目还是由大家认可的专家来判断，而他们绝大多数都在流行领域中做研究，而且可能还有过重大贡献。脱离现行规范的计划，即使思想透彻且高度创新，也极有可能落选。而且，这不仅仅是经费有限的问题，美国的科学研究经费一直比较高，而那儿的时尚影响却格外显著。

当然，也应该说，多数非流行的研究领域都不会像流行领域那样发展为成功的理论。在绝大多数情形下，激进的观点很少有机会形成可行的计划。不消说，像爱因斯坦广义相对论的情形一样，任何激进的观点都必须与过去实验确立的结果一致；假如不一致，也就用不着浪费实验来否决不当的观点了。如果理论建议符合以前做过的所有实验，而且眼下看不到可以证明或否定它的实验前景（例如因为前面说到的那些原因），那么我们判断一个物理理论的合理性和重要性时，似乎必须回到数学的一致性、一般的适用性和一定的美学标准。也就是在这样的背景下，研究的风尚可能获得过分的比重，所以我们要小心别让某个理论的流行特征阻碍我们对它真正的物理合理性的判断。

1.2 过去的时尚物理

对于探索物理实在的基础的理论（如今天的弦论），这是特别重要的，我们也要谨防因为这种理论的时尚态势而为它赋予过分的合理性。不过，在说明当前的物理思想之前，提几个我们今天不以为然的旧流行的科学理论还是有帮助的。那样的理论很多，但我肯定很多读者对其中的大多数都所知甚少。假如不是现在需要认真重温这些理论，我们有充分理由不去学它们——当然，除非是不错的科学史家；
但多数物理学家不是。至少还是让我提几个名气较大的例子。特别是，
有个古希腊理论，以柏拉图固体来关联他们认为的构成物质实体的
基本元素，如图 1.1 所示，正四面体代表火，八面体为气，二十面体
为水，立方体为土，还有一个，是后来引入的天空的以太（aether，或
fireament 或 quintessence），人们想象天体就是由它构成的，用正十二
面体来代表。看起来是古希腊人树立了这种观点——或至少多数是
的——我想它也应该是当年的流行理论。

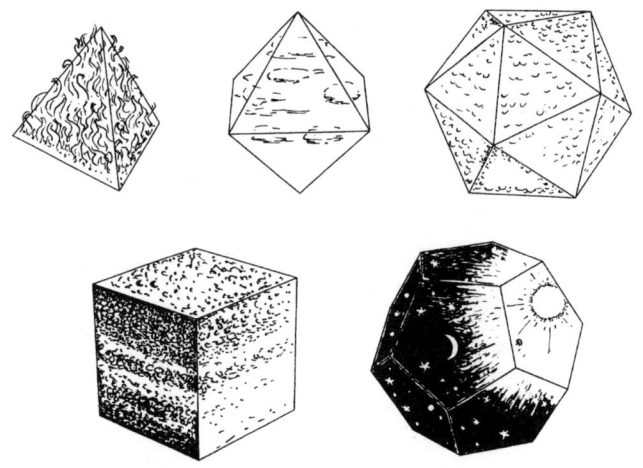

图 1.1　古希腊人的五种元素：火（正四面体）、气（正八面体）、水（正二十面
体）、土（立方体）和以太（正十二面体）

他们起初只有火、气、水、土四种元素，似乎恰好对应当时已知
的四种正多面体。可后来发现了正十二面体，就需要扩张理论去容纳
这多出的正多面体！于是，构成人们想象中的完美物体（如太阳、月 12
亮、行星和它们附着的晶体球）的天体物质，就进入了那个多面体的
图景——对古希腊人来说，这种物质显然与地上的物质满足不同的

法则，它们有永恒的运动，而不会像我们熟悉的物质那样有着同样的减缓和停止的趋势。或许我们可以从这儿学到一点教训：即使起初以确定形式呈现的时髦而精致的理论，在面对新的理论预言或观测证据时，也会经历重大修正，将原来的主张延伸到始料未及的程度。就我的理解，古希腊人所抱有的观点是说，主宰恒星、行星和日月运动的法则在实质上不同于地上事物的法则。在伽利略认识了运动的相对性，牛顿在开普勒对行星运动的认识影响下发现了万有引力，人们才意识到天体和地球的定律其实是一样的。

　　我第一次知道这些古希腊思想时，感觉简直就是浪漫的幻想，毫无数学（更不用说物理）理由。可是最近我意识到这些思想背后的理论性比我原先想象的更多。有些多面体可以切割成块，正好能重组为其他多面体（例如，可以切割两个立方体组成两个四面体和一个八面体）。这也许可以与物理行为联系起来，作为不同元素转化的几何模型。至少，这是对物质实体性质的一个大胆而有想象力的猜想，在对物质行为的本性所知甚少的年代，它并不是无稽之谈。这也是人们为现实物质寻求精美数学结构的早期尝试 —— 本质上与理论物理学家们在今天的探索是一样的 —— 其模型的理论结果可以用实际的物理行为来检验。美学准则显然也在其中起了作用，想必是这些思想吸引了柏拉图。然而，不消说，这些思想的细节不可能经受时间的考验 —— 否则，我们也不会丢弃这迷人的数学设想了！

　　我们再来看几个例子。行星运动的托勒密模型是非常成功的，而13 且一千多年没有变过 —— 它认为地球是固定的，居于宇宙中心；用本轮来认识太阳、月亮和行星的运动，将行星运动解释为匀速的圆周运动的叠加。为了更好符合观测现象，这个图景不得不越变越复杂，然而它并不缺数学的精致，还为行星的未来运动提供了能合理预言的理论。应该说，在考虑相对于静止地球的外星运动时，本轮确实是很有道理的。我们从地球直接看到的运动都包含了地球旋转的成分（因此有可以察觉天空围绕地球极轴的圆周运动），它必然与太阳、月亮和行星貌似限制在黄道面的视运动相结合，在我们看来就真像绕不同的轴线做圆周运动。根据充分的几何论证，我们已经认识了本轮（即一个圆周运动叠加在另一个圆周运动）的一般特征，那么，假定这种思想在更精细的行星运动中更广泛地推行，也不是没有理由的。况且，本轮本身也提供了某种有趣的几何，而托勒密本人也是一个优秀的几何学家。在他的天文学著作里，他运用了可能是他自己发现的一个优美而有力的几何定理，现在就冠以他的名字。[定理断言，平面四点 A，B，C，D 共圆（依循环次序）的条件是，点间的距离满足 $AB \cdot CD + BC \cdot DA = AC \cdot BD.$] 这是流行了大约 14 个世纪的行星运动理论，最后才被哥白尼、伽利略、开普勒和牛顿的辉煌工作超越并彻底颠覆，如今被认为是完全错误的了！然而，在那 14 个世纪里（从 2 世纪中期到 16 世纪中期），它肯定是一个流行的理论，而且极其成功，非常准确地解释了所有行星运动的观测（其间数据在不断改进），直到 16 世纪末第谷（Tycho Brahe）做出了更精确的观测。

　　另一个例子是燃烧的热素理论，虽然我们今天不信它了，它却是在 1667 年 [贝歇（Joshua Becher）提出理论] 和 1778 年 [拉瓦锡（Antoine Lavoisier）否定理论] 间的流行理论。根据这个理论，任何易燃物都包含一种叫热素的元素，物质在燃烧过程中将热素释放到空气里。热素理论解释了当时已知的大多数燃烧现象。例如，当燃烧发 [14]

生在很小的密封容器里时，物质燃烧未尽就可能熄火，这个现象被解释为容器里空气的燃素饱和了，不能再吸收更多的。有趣的是，拉瓦锡提出的却是另一个流行却错误的理论，认为热是一种实体物质，被他称为"卡路里"。1798 年，它被拉姆福德（Count Rumford，即汤普森伯爵）推翻了。

　　在这两个例子中，理论的成功可以理解为其与超越它们的更满意的理论有着密切的关系。在托勒密动力学的情形，我们通过简单的几何变换就能转换到更满意的哥白尼的日心图景，其中运动是相对于太阳而不是地球。起初，一切都以本轮描述，没产生什么差别 —— 只是日心图景显得更系统，距离太阳越近的行星运行速度越快 [Gingerich 2004；Sobel 2011]—— 这时，两个图景之间存在基本的等价关系。可是，当开普勒发现行星椭圆运动的三个定律后，事情就彻底改变了，因为以地球为中心来描述这类运动没什么几何意义。开普勒定律为非凡精确而宏大的牛顿万有引力图景开辟了道路。不过，我们今天可能不会像 19 世纪那样将地心说看得那么可恶，因为从爱因斯坦广义相对论的一般协变性来看（见 1.7 节，附录 A5 和 2.13 节），哪怕非常不方便的坐标描述（如地球坐标不随时间变化的地心描述）也是允许而合理的。同样，热素理论也可以与现代燃烧理论协调一致，认为物质的燃烧是从空气中汲取氧气的过程，而热素可以简单看成一种"负氧"。这就在热素图景与现代常识之间实现了相当一致的转换。可是，当拉瓦锡精密的质量测量表明热素必须具有负质量时，热的图景就开始失去支柱了。不过，从现代粒子物理学的观点来看，自然的每个类型的粒子（包括复合粒子）都假定有一个反粒子，那么"负氧"也不是什么荒谬的概念 ——"反氧原子"完全符合现代理论。然而，它

15

不会有负质量。

有的脱离时尚的理论会在后来发展的观点下卷土重来。一个例子是开尔文勋爵（William Thompson）1867 年提出的观点，认为原子（当时的基本粒子）应该看成是由微小扭结结构构成的。这个观点在当时引起了高度关注，数学家泰特（J. G. Tait）在此基础上对扭结展开了系统研究。但理论并没产生任何明确的与原子的物理行为相关的结果，于是几乎被人遗忘了。然而最近，类似的思想又开始流行起来，部分是因为它们与弦论概念的关系。扭结的数学理论也从 1984年左右随琼斯（Vaughan Jones）的工作复活了，而他的创造性思想植根于量子场论中的理论思考 [Jones 1985；Skyrme 1961]。后来，威腾[Edward Witten, 1989]用弦论的方法获得一种量子场论（叫拓扑量子场论），在一定意义上包含了扭结的数学理论的新发展。

更久远的概念复活的例子，我可以提一件有趣的巧合——尽管不完全当真——是关于大尺度宇宙性质的，恰好发生在我在普林斯顿演讲的时候（2003 年 12 月 17 日），也是我们现在这一章的基础。我在演讲中提到了古希腊的一个观点，说以太可以同正十二面体相配。当时我不知道报纸报道了一个建议 [Luminet et al. 2003]：宇宙的三维空间几何可能真有某种复杂的拓扑，相当于一个正十二面体的对面经过扭曲而粘在一起。于是，从某种意义说，柏拉图的正十二面体宇宙的思想在现代复活了！

近年来，特别是与弦论有关，人们提出了一个雄心勃勃的万物之理的想法，要囊括所有的物理过程，包括描述自然的所有粒子及其物理相互作用。这个想法意在拥有一个物理行为的完备理论，其基础是原始的粒子和（或）场的概念，服从某种力或其他精确控制所有构成元素的运动的动力学原理而发生作用。

16   1915 年底，正当爱因斯坦在确立他的广义相对论的最终形式时，数学家希尔伯特（David Hilbert）运用所谓的 协变性 原理提出了自己的导出爱因斯坦场方程的方法[1]。（这个普遍性的过程应用了从拉格朗日量 —— 这是一个很有力的概念，见 1.1 节 —— 得到的欧拉 - 拉格朗日方程；另外可以参见我的书《通向实在之路》第 20 章 [Penrose，2004]。) 爱因斯坦以更直接的方法明确建立了他的方程，其形式说明了引力场（用时空曲率描述）如何在 " 源 " 的影响下活动 —— " 源 " 即所有粒子和物质场等的总质量 / 能量密度，形式归结为能量张量 $\mathbf{T}$（见 1.1 节）。

爱因斯坦没有明确说明怎么构建具体的决定物质场行为的方程，这些应该从其他关于所涉特定物质场的理论去获得。一个特殊的物质场是电磁场，其描述遵从苏格兰的大数学物理学家麦克斯韦（James Clerk Maxwell）在 1864 年建立的神奇方程，它统一了电场和磁场，解释了光的本性和决定普通物质内部构成的力的主要性质。在广义相对论情形下，就是要考虑这样的物质及其在 $\mathbf{T}$ 中的适当作用。另外，其他类型的场合所有类型的粒子，不论本该服从什么样的方程，也都可以包含进来，作为对 $\mathbf{T}$ 的物质贡献。细节对爱因斯坦理论并不重要，而且也不明确。

---

1. 至于谁先提出方程的问题，参见 Corry et al.'s [1997] 的评论。

另一方面，希尔伯特在他的建议里尝试着包容更多的东西。他提出了我们今天也许该叫*万物之理*的纲领。他描述引力场的方式与爱因斯坦的建议相同，但他不像爱因斯坦那样让物源项 **T** 保持未定，而是提出它应该属于当时很流行的一个非常确定的理论，即米理论 [Mie 1908, 1912a, b, 1913]。其中包含了对麦克斯韦方程的非线性修正，是米（Gustav Mie）为了包容物质的所有方面而提出的纲领。于是，希尔伯特的"全包"建议想来应该是一个完全的关于引力和物质（包括电磁场）的理论。那时还没认识粒子物理学的强力与弱力，但希尔伯特的建议实际上已经被看成我们今天常说的万物之理。然而，我想今天可能没多少物理学家哪怕只是听说过这个曾经流行的米理论，就更谈不上知道它还明确是希尔伯特的"万物"版广义相对论的一个部分。[17]米理论在现代物质认识中没什么作用。今天专注于自己建万物之理的理论家们也许能从这儿得到一点警示。

1.3　弦论的粒子物理背景

弦论就是那样的一种理论纲领，当今很多物理学家仍然认为这个纲领为那个"万物之理"提供了确定的方法。弦论的思想来源，我是1970 年前后从萨斯金（Leonard Susskind）那儿听说的，感觉它很诱人而且有一种独特的吸引力。不过在描述这些思想之前，我想将它们置于适当的背景。我们需要理解为什么像弦论的初始想法那样用小圈或曲线来替代点粒子的概念，会有望成为实在的物理图景的基础。

实际上，这种想法的吸引力有多个原因。有趣的是，最特别的一个原因 —— 与强子相互作用的观测物理有关 —— 却似乎被弦论的现代发展给忘到脑后了，我也不知道它如今在这个理论中除了历史地位是否还有什么位置。不过我还是应该讨论它（在 1.6 节还会更具体），以及激发了弦论原理的基本粒子物理学背景的其他元素。

先说什么是强子。回想一下，普通原子由带正电的原子核和环绕它的带负电的电子构成。核由中子和质子构成 —— 统称核子（ N ）—— 每个质子带一个单位正电荷（如此选择电荷单位，则电子带一个单位的负电荷），中子为零电荷。正负电荷之间的吸引力将正电的核子与环绕的负电的电子约束在一起。但假如电力是其中唯一的作用力，则原子核本身（除了氢，它只有一个质子）将分裂成不同的组分，因为质子的电荷符号相同，会彼此排斥。因此，一定有其他更强的力来束缚原子核，这就是强（核）力。另外还有一种弱（核）力，与原子核衰变有特别的关系，但在核子的作用力中不起主要作用。我会在以后说弱力。

并不是所有粒子都直接受强力作用 —— 例如，电子就不 —— 但受作用的都是质量相对较大的粒子，叫强子（ *hadron*，源自希腊语 *hadros*，意为 " 大 "）。所以，质子和中子都是强子，但我们现在知道还存在很多其他强子，其中就有质子和中子的 " 兄弟姐妹 "，叫重子（ *baryon*，源自 *barys*，意为 " 重 "），除了中子和质子外还有 Λ、Σ、Ξ、Δ 和 Ω，多数都呈现为具有不同电荷的不同形态和系列（自旋更快的）激发态。这些粒子的质量都比质子和中子的大。我们之所以发现这些奇异粒子不同寻常，是因为它们很不稳定，会很快衰减，最终以能量形式（遵从爱因斯坦著名的 $E=mc^2$）存在。另外，质子的质量大约为电子的 1836 倍，而中子的质量约为电子的 1839 倍。质量介于重子和电子之间的是另一类强子，叫介子，最熟悉的是 μ 子和 K 子。其中每个都有一个带电的（μ$^+$ 和 μ$^-$，质量为 273 倍电子；K$^+$ 和 K̄$^-$，质量为 966 倍电子），一个不带电的（μ^0 质量为 264 倍电子，K^0 和 K̄^{0} 质量为 974 倍电子）。这里粒子符号上的短线代表反粒子。不过注意，反 μ 子还是 μ 子，而反 K 子不同于 K 子。同样，这些粒子也有很多"兄弟"和（更高自旋的）激发态形式。

你可能发觉这太复杂了，全然不同于激动人心的 20 世纪初 —— 那时，质子、中子和电子（另加一两个像光子似的无质量粒子）似乎就多少代表了这一切。岁月流转，事情也越发复杂，最终在 1970 至 1973 年间形成一个统一的图景 —— *粒子物理学的标准模型*［Zee 2010；Thomson 2013］。根据这个纲领，所有强子都由夸克和 / 或其反粒子（即*反夸克*）构成。现在认为每个重子包含三个夸克，而每个（普通）介子包含一个夸克和一个反夸克。夸克呈现六种味道，叫上、[19]下、粲、奇、顶和底（有点儿怪异且难以想象），分别具有电荷 $\frac{2}{3}$，$-\frac{1}{3}$，$\frac{2}{3}$，$-\frac{1}{3}$，$\frac{2}{3}$，$-\frac{1}{3}$。起初，分数电荷值显得非常奇怪，但对观测到的自由粒子（如重子和介子）来说，总电荷总是整数值的。

标准模型不仅将貌似杂乱的粒子群系统化了，还为影响它们的主要作用力提供了很好的描述。强力和弱力都由一个精美的数学过程（叫*规范理论*）来描述，使丛的概念有了用武之地（简单介绍见附录 A7，1.8 节）。丛的基空间 $\mathcal{M}$ 是时空（概念见 A7），在强力情形（也是数学更清晰的情形），纤维 $\mathcal{F}$ 用赋予单个夸克的"色"概念来描述（每个夸克有三个基本的可替换色）。于是，强相互作用物理学的理论叫量子色动力学（QCD）。我不想全面讨论 QCD，因为只用我这里提出的数学是远远不够的 [Tsou and Chan 1993 ; Zee 2003]。况且，它还够不上我所说的"时尚"，因为这些思想虽然听起来怪异，实际上却是非常成功的，不仅构成一个和谐精密的数学体系，还找到了完美的实验结果的证实。QCD 纲领是任何涉及强相互作用理论的物理研究机构都要学习的，但它并非我这里想说的时尚，因为它得到了"良有以也"的广泛研究！

然而，尽管标准模型有那么多优点，我们还是有充分的科学理由去超越它。理由之一是，标准模型有大约 30 个数没有得到理论的任何解释，例如夸克和轻子的质量、所谓费米子混合参数 [如卡比波（Cabibbo）角]、温伯格（Weinberg）角、θ 角、规范耦合和与希格斯机制相关的参数。与此相关的还有另一个严重缺点，在标准模型出现前后已经存在于其他纲领中了，却只得到部分解决。这就是令人困惑的无穷大问题，即从量子场论（QFT）的发散公式得出的没有科学意义的结果 —— QFT 是一种量子力学形式，不仅是 QCD 和标准模型其他方面的核心，也是所有现代粒子物理学方法的核心，乃至基本物理学的其他方面的核心。

我将在第 2 章一般性地细说量子力学。现在我们只说一点具体而基本的量子力学特征，它可以认为是 QFT 无穷大问题的根源。我们还可以看到，处理这些无穷问题的传统方法，都不能完全导出标准模型那 30 来个没有解释的参数。我们在 1.6 节可以看到，弦论在很大程度上就是要赶着提出一个天才的纲领去躲开 QFT 里的无穷大。于是，它为解决神秘的未解参数问题带来了一丝希望。

1.4　QFT 的叠加原理

叠加原理是量子力学的一块基石，也是所有量子理论（而不仅是 QFT）的共同特征。特别是，它对我们第 2 章的讨论起着关键作用。在本节中，我要先简单介绍这个原理，以便于理解 QFT 的无穷大问题的来源。当然，量子力学的主要讨论还是留待第 2 章（特别是 2.5 和 2.7 节）。为体现叠加原理在 QFT 中的作用，我们考虑如下情景。假定某个物理过程导致一个特定的观测结果，我们会假定那个结果是通过某个中间作用 Ψ 产生的，但还可能有另一个中间作用 Φ，几乎也能产生同样的观测结果。那么，根据叠加原理，我们必须在特定意义上考虑两个作用 Ψ 和 Φ 同时参与了中间作用！这当然是反直觉的，因为在寻常的宏观尺度下，我们不会看到两个不同的可能事件同时发生。然而对亚微观事件，我们不可能直接观测是否一个中间作用发生了而另一个没发生，于是我们只得允许两个都可能发生，这就是所谓的量子叠加。

这类事件的原型是著名的双缝实验，它常被用来介绍量子力学。现在我们考虑一束对着屏幕的量子粒子（如电子或光子），从源到屏幕之间，粒子必须通过一对邻近的平行缝隙（图 1.2a）。在眼下的情形，[21] 每个粒子在到达屏幕时会在每个位置留下各自的黑色记号，显示粒子的颗粒本性。可是当很多粒子穿过时，会出现明暗条带的干涉图样。多粒子到达时出现暗带，少粒子到达时出现明带（图 1.2d）。这种情形的标准而详尽分析将我们引向一个结论[1]：每个单独的量子粒子在某种

---

1. 这可以认为是这种情形的传统分析。可以预期，对这个看似奇异的结论，还有别的方法来解释粒子存在中间过程。最值得关注的一种观点是德布罗意-玻姆（de Broglie-Bohm）理论，认为粒子本来总是要么通过甲缝要么通过乙缝，但还伴随着一个引导粒子的"载波"，而它本身一定会"感觉到"粒子会选择的两个可能状态［见 Bohm and Hiley 1993］。我将在 2.12 节略作讨论。

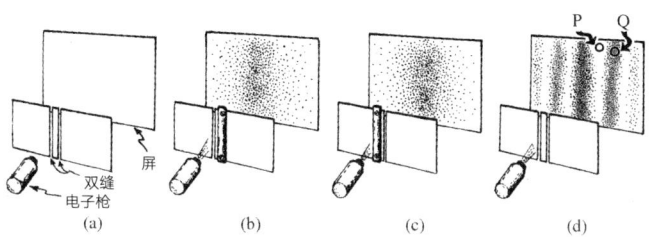

图1.2 双缝实验。电子穿过分开但靠近的两条细缝（a）。如果只开一缝（b，c），
则屏幕显示一种随机图样，点散落在穿过缝的路径左右。然而，如果两缝都打开（d），
则出现带状图样，有的地方（如P）在打开单缝时有粒子到达的，这时却没有了；而
在其他地方（如Q）出现了比单缝时高四倍的粒子强度

意义上同时穿过了两条缝，两条可能路径奇异地叠加在一起。

如此奇异结果的理由是基于下面的事实：假如关闭一条缝而留下另一条（图1.2b，c），则不会出现条带，而只呈现相当均匀的点分布，中心位置强度最大。然而当双缝开启时，在屏幕的黑带之间会出现灰色的区域，这些区域出现的地方在单缝开启时应该是全黑的。当粒子有两条可能路径时，这些灰色区域会受到抑制，而黑色区域会得到加强。如果每个粒子只是重复甲缝或乙缝单独开启时的行为，那么双缝开启时的效应应该只是简单相加而已，我们不会看到奇怪的干涉条纹。干涉的出现只是因为一个粒子同时面对两条路线，两种可能粒子都感觉到了，从而产生最终的结果。从某种意义说，两条路径共存于粒子从源到屏幕之间。

这当然与我们经历的宏观物体的行为相冲突。例如，两扇门相通的两个房间，我们先看见一只猫在其中一间，然后看见它在另一间，则我们通常会推测它穿过了其中的某一扇门，而不会认为它能以怪异的方式同时穿过两扇门。但是对猫那样的小动物来说，可以毫无扰动地连续观测它的位置，从而确定它究竟是从哪道门穿过的。假如在上面描述的双缝实验中，对单个的量子粒子也那么去做，我们就会在一定程度上干扰粒子的行为，从而破坏屏幕上的干涉图样。在屏幕上产生明暗干涉条纹的这种单量子粒子的类波行为，是因为我们不能确定它穿过哪条缝，才容许那令人困惑的中间粒子叠加态。

在双缝实验里，我们能看到单量子粒子行为的极端奇异性，尤其是当我们关注屏幕上两个暗带缝隙中间的 P 点时，我们会看到，双缝开启时，粒子根本不能到达 P 点；而只有单缝开启时，粒子却很容易穿过它到达 P 点。那么，在双缝开启时，供粒子到达 P 点的两条可能路径似乎莫名其妙地相互消减了。然而，在屏幕的其他位置，例如干涉图样最深的 Q 点，我们看到的不是两条可能路径的消减而是加强，因而当双缝开启时，粒子到达 Q 点的概率是单缝开启时的 4 倍，而不是普通经典物体（非量子粒子）时的 2 倍。见图 1.2d。这些奇异特征是所谓的玻恩定则的结果。我们马上会看到，那个法则将叠加形式的粒子强度与粒子实际出现的概率联系起来了。[23]

顺便说一下，在物理学理论、模型或状态的语境下，经典一词就是非量子的意思。特别是，爱因斯坦的相对论是经典理论，尽管它是在很多量子论的萌芽概念（如玻尔原子）出现之后才提出来的。更特别的是，如我们下面要说的，经典体系不遵从我们上面遇到的奇怪的代表量子行为特征的不同可能性的叠加。

我准备到第 2 章（特别是 2.3 节以后）再完整地讨论当前的量子物理学认识的基础。这里，我想我们只需暂且接受这个奇怪的、现代量子力学用以描述那些中间状态的数学法则。结果表明，这个法则是异乎寻常地精确。什么样的法则呢？量子论的数学体系主张，在只有两个可能中间态 Ψ 和 Φ 时，叠加的中间态数学表示为两个可能态的某种和 $\Psi + \Phi$，或更一般的线性组合（见附录 A4 和 A5），

$$w\Psi + z\Phi$$

其中 w 和 z 为复数（包含 $i=\sqrt{-1}$ 的数，见附录 A5），不能同时为零！而且，我们还得认为态的这种复数叠加在实际观测量子系统之前应该是一直维持着的，而在观测时，叠加态将被两个态的概率混合所取代。这确实很奇怪，但我们在 2.5 ~ 2.7 节可以看到这些复数 —— 有时称为振幅 —— 是如何应用的，它们又是如何以显著的方式与概率和物理系统在量子水平的时间演化（薛定谔方程）发生联系的；根本说来，它们还与量子粒子微妙的自旋行为乃至普通物理空间的 3 维性有关！尽管本章不详尽说明振幅与概率（玻恩法则）的精确关系（因为那需要 Ψ 和 Φ 的正交性和标准化概念，我们最好留待 2.8 节以后），还是将玻恩定则的要旨列举如下：

24　　　　　当叠加态呈现为 $w\Psi+z\Phi$ 时，为决定系统究竟处于态 Ψ 还是 Φ，观测发现：系统处于态 Ψ 的概率与态 Φ 的概率之比等于 $|w|^2$ 与 $|z|^2$ 之比。

注意（见附录 A9 和 A10）复数 z 的平方模 $|z|^2$ 等于 z 的实部与虚部的平方和，也就是在维塞尔（Wessel）平面（即复平面）中 z 到原点的距离的平方（附录 A10 图 A34）。还要注意，从这些振幅的模平方

引出的概率解释了粒子强度的 4 倍增强，正如我们前面看到的，其中两条缝的贡献在相互加强（参见 2.6 节最后）。

我们必须小心地认识到，在这些叠加中的"加"大不同于寻常的"和"（尽管"加"在现代的普通用法里的约定意思就是"和"），甚至也不同于"或"。它在这里的真正意思，在一定意义上是认为两个概率以一种抽象的数学方式加在一起。于是，在双缝实验中，Ψ 和 Φ 代表一个粒子的两个不同的瞬时位置，则 $\Psi+\Phi$ 并不代表各在其位置上的两个粒子（这等于说"一个粒子在位置 Ψ 和另一个粒子在位置 Φ"——意味着共有两个粒子），我们也不能认为两个粒子是寻常的可以互相替换的，这个或那个总会出现一个，只是我们不知道是哪一个。实际上，我们应该想象是一个粒子莫名其妙地同时占据着两个位置，按照奇异的量子力学的"加"法而叠加在一起。当然，这看起来很奇怪，20 世纪初的物理学家如果没有很好的理由也不会被逼着那么去想。我们将在第 2 章探讨这些理由，但现在我只想请读者暂且认同这个算法确实是有成效的。

还应该认识到，根据标准的量子力学，叠加过程是普适的，从而适用于两个以上的中间态的情形。例如，假如有三个可能状态 Ψ，Φ 和 Γ，那么我们应考虑如 $w\Psi+z\Phi+u\Gamma$ 的三项叠加（这里 w，z，u 为不全为零的复数）。相应地，假如有四个可能中间态，我们就需要考虑四项叠加，等等。这是量子力学要求的，也有精彩的实验证实了这种亚微观水平的量子作用的行为。虽然它确实奇异，却是数学和谐的。其实以 [25] 上所说的就是数学的带复数标量的矢量空间，我们将在附录 A3，A4，A9 考虑；从 2.3 节开始我们还将看到量子叠加是一个无处不在的角色。

然而在 QFT 中，事情糟糕多了，因为我们常常不得不考虑无限多中间态的情形。这令我们必须考虑无限多个可能态之和，问题也就凸显出来：这种无限的求和可能给我们带来发散的级数，其和以某种方式（如附录 A 10 和 A 11）趋于无穷。

1.5　费曼图的力量

我们更具体地来看看那种发散是怎么出现的。在粒子物理学中，我们需要考虑的是几个粒子共同产生其他粒子的情形，其中有的粒子会分裂成其他粒子，而有的粒子对会重新结合形成其他粒子，而这些粒子也同样会卷入这个复杂的生灭过程。粒子物理学家经常遇到的情形是一个特定的粒子集合 —— 粒子间常有近光速的相对速度 —— 这些粒子的碰撞和分裂的组合产生某个新的粒子集合。整个过程涉及与给定初始和生成粒子集合相应的所有可能类型的中间过程的大量量子叠加。如图 1.3 的费曼图就显示了这样的一个复杂过程。

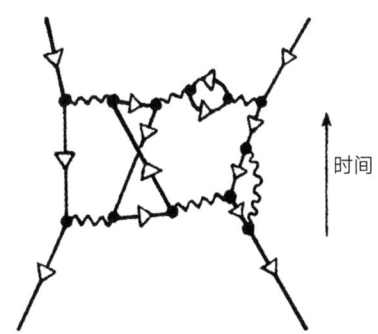

图 1.3　费曼图（时间方向向上）是关于粒子生成、湮灭和中间粒子交换等过程的时空示意图（具有明确的数学解释）。波浪线代表光子，三角形箭头表示电荷（正电荷箭头向上，负电荷箭头向下）

　　将费曼图看成特定所涉粒子过程集合的时空图，也不算太离谱。我是研究相对论的，不是粒子物理学或 QFT 专家，喜欢用沿页面向上来表示时间，而专家们通常用从左向右来表示时间方向。费曼图以美国物理学家费曼（Richard Phillips Feynman）的名字命名。图 1.4 列举了几个基本图样。其中，图 1.4a 表示一个粒子分裂成两个粒子，1.4b 表示两个粒子结合形成第三个粒子。在图 1.4c 中我们看到在两个粒子之间交换一个粒子（如光子，即电磁场或光的量子，以波浪线表示）。在这个过程中用"交换"一词，虽然是粒子物理学家的惯用法，还是显得 [26]有点儿奇怪，因为单个光子只是从一个端点的粒子传到另一个 —— 尽管分不清哪个粒子发射，哪个粒子吸收。这种交换的光子通常被称为虚粒子，它的速度不受相对论要求的约束。口头说的交换也许更适合图 1.5b 所示的过程，尽管图 1.5 的过程一般说来是两个光子的交换。

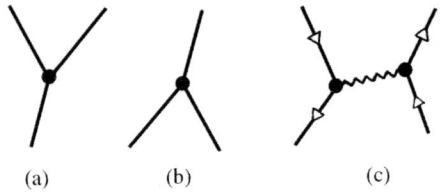

　　　　　　　(a)　　　　　　(b)　　　　　　　(c)

图 1.4　基本费曼图：（a）粒子一分为二；（b）两个粒子组合成新粒子；（c）两个相反电荷的粒子（如电子和正电子）"交换"一个光子

　　可以认为一般的费曼图是由多个这样的基本图以所有可能的组合方式组成的。然而，叠加原理告诉我们，不要考虑这种单费曼图表示的粒子碰撞过程是如何发生的，因为有很多可能性，而实际的物理过程是由众多不同费曼图的某个复杂的线性组合表示的。每个图对总叠加 [27]的贡献量 —— 本质上即我们在 1.4 节遇到的 w 或 z 那样的复数 —— 才是我们需要从任何特定费曼图计算的东西，这些数叫复振幅（见 1.4

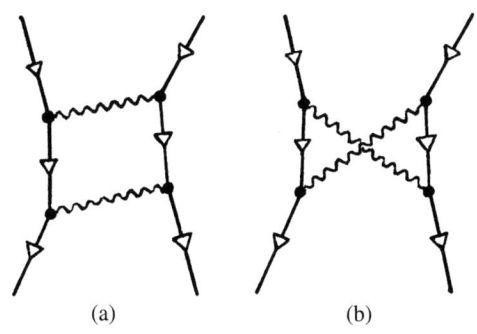

图 1.5 两个光子的交换

和 2.5 节）。

　　然而我们必须记住，费曼图中的联络编排并没包含所有信息。我们还需要知道所有粒子的能量和动量。对所有端点（或外）粒子（进来的和出去的），我们可以认为这些量已经给定了，但中间（或内）粒子的能量和动量可以取多个不同的数值，遵从一定的约束，即每个顶点的能量和动量应该恰当地加起来，其中普通粒子的动量等于速度乘以质量，见附录 A4 和 A6。（动量有一个重要的性质，即它是守恒的，于是在任何粒子碰撞过程中，进入的总动量——在矢量和的意义上——必定等于出去的总动量。）于是，尽管我们的叠加看起来很复杂，那只是因为出现在叠加中的系列图越来越复杂，而真实的情形比它复杂多了，因为每个图的内粒子的能量和动量通常会有无限多个可能的数值（在外粒子的值给定情况下）。

　　这样，即使单个的费曼图，给定进出粒子，我们也可能需要把无限多个过程加起来。（技术上说，"加起来"将用连续的积分形式，而不是离散的求和，见附录 A7 和 A11，不过其间的差别在这里并不重要。）
这种情形出现在费曼图包含闭圈的时候，如图 1.5 的两个例子。对图
1.4 和 1.6 那样的树图，没有闭圈，内粒子能量和动量完全由外粒子的 28
值决定。但这些树图没有揭示粒子过程的真正的量子本性，因此我们
需要引入闭圈。闭圈的麻烦在于，沿着闭圈的能量－动量是没有限制的，
它们可以一圈圈地环绕，因此加起来就会发散。

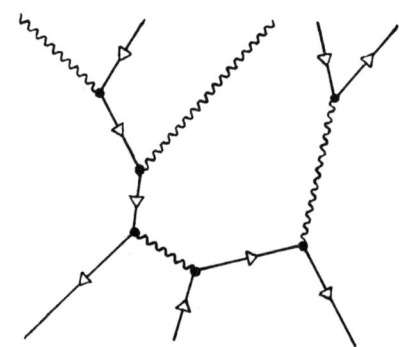

图 1.6　树图，即不含闭圈的图

让我们更仔细地来看看。最简单的闭圈情形出现在交换两个粒子
的图 1.5a。问题的出现是因为，尽管图中每个顶点的能量和动量的三
个分量必须恰当地加起来（即进入的量等于出去的量），这并不能提供
足够的方程来确定内粒子的量。（对能量－动量的四个分量来说，每一
个都有三个独立方程，因为四个顶点的每一个都有守恒方程，但有一
个是多余的，只是整个过程的总守恒方程的重复——然而每个分量都
有四个独立的未知量，每条内线产生一个，所以没有足够的方程确定
未知量，求和必然包含多余的量。）我们在环绕闭圈的过程中总有自由
添加（或减去）同一个能量－动量。我们需要把所有这无限多个可能都
加起来，就很可能包括越来越大的能量－动量，这就会导致潜在的发散。

于是我们看到，量子法则的直接应用其实很可能给我们带来发散。然而，这并不一定意味着量子场的理论计算的"正确"答案就真的是∞。我们应该记住，如附录 A10 中的发散级数，虽然直接求和确实产生"∞"，但有时也可以为它赋予有限的结果。QFT 的情形虽不尽相同，却也有些相似。为了克服那些无穷的结果，QFT 专家几十年来发展了很多计算方法。与 A10 的例子一样，如果我们够聪明，就能"挖出"一个不能通过简单"加起来"得到的有限答案。相应地，QFT 专家们也经常从他们面临的狂野的发散公式中"挤出"有限的结果来，尽管他们运用的很多过程远不像简单的解析延拓那么直接。参见 A10（某些"直接"过程也可能落入某些奇怪的陷阱，见 3.8 节）。

引起很多这些发散——即那些所谓的紫外发散——的一个关键因素，需要在这里指出。那麻烦之所以出现，基本是因为在闭圈的情形中，环绕闭圈的能量和动量的度量是没有限制的，发散就来自越来越高的能量（和动量）被加在一起的贡献。而根据量子力学，非常高能量关联着非常短时间。这主要源自普朗克的著名公式 $E=hv$（E 是能量，v 是频率，h 是普朗克常数），因此高能量值对应于高频率，也就是相继两拍之间的时间间隔很短。同样，巨大的动量值对应于很小的距离。如果想象在很小的时间和距离下时空发生了什么怪事（实际上，多数物理学家都倾向认同这正是量子引力考虑的一个结果），则在允许的能量−动量值的尺度的高端存在一个有效的"截断"。相应地，未来的某个时空结构理论——其中剧烈的变化发生在非常小的时间或距离内——也许确实能将当前源自费曼图闭圈的发散的 QFT 计算变成有限的。这些时间和距离比普通粒子物理学过程所涉及的尺度要小得多，通常被认为是量子引力理论的相关量所具有的尺度，即普朗克时间（10^{-43} 秒）和普朗克长度（10^{-35} 米）（参见 1.1 节），这些数与粒子过程直接关联的那些常见小数量（如 10^{-20}）有着同样的意思。

　　应该指出，QFT 还存在所谓的红外发散。它们出现在尺度的另一端，能量和动量都非常小，因而牵扯非常大的时间和距离。这些问题与 [30] 闭圈无关，而与图 1.7 那样的费曼图有关，其中一个过程可能释放无限多个软光子（即能量很小的光子），它们加在一起也会发散。QFT 专家们倾向认为红外发散不像紫外发散那么严峻，而且有很多方法（至少暂时地）消除它们。然而，近年来，它们的重要性开始越发显露出来。就眼下的讨论来说，我不想太关注红外发散问题，而想集中说说，QFT 如何解决因费曼图闭圈产生的紫外发散问题，弦论的思想又是如何有希望让我们摆脱困境。

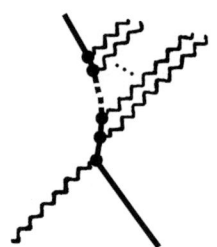

图 1.7　无限多个"软"光子发射出来时会产生红外发散

　　这里特别要注意的是标准的 QFT 重正化过程。先看看它是如何运作的。根据不同的直接 QFT 计算，我们得到一个介于粒子的所谓裸荷（如电子）与衣荷之间的无穷大标度因子，后者也就是我们在实验中实际观测的东西。这是因为图 1.8 的费曼图所示过程的贡献，它将抑制测量的荷值。问题是，图 1.8（和其他很多类似过程）的贡献是

"无穷大"（有闭圈）。于是我们看到，为了得到有限的观测值（衣荷），裸荷必须是无限的。这个重正化过程的基本根据是承认 QFT 在发散出现的极小距离上可能不会完全正确，理论的某个未知的修正或许能补充有限答案所必须的截断。于是，这个过程要我们放弃计算自然的那些真实的度量因子（如粒子的电荷、质量，等等）的努力，而是将 QFT 强加给我们的所有无限的度量因子聚在一起，接着，我们直接用在实验中观测的裸荷（和质量等）将这些无限的贡献有效地打成整齐的小包，然后忽略它们。令人惊讶的是，对适当的所谓可重正化的 QFT 理论来说，这个过程可以系统地完成，使很多其他 QFT 计算能获得有限的结果。衣荷（和质量）等数值来自观测而不是来自适当 QFT 的计算，这些值就得出了那 30 个参数中的一部分；前面说过，那些参数必须从实验观测值来填补标准模型。

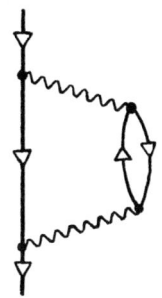

图 1.8　这种形式的发散是通过荷的重正化过程来处理的

通过上面这些过程，通常可以从 QFT 得到异常精确数字。例如，现在有一个标准的 QFT 方法来计算电子的磁矩。多数粒子（除了有电荷以外）还表现为一个小磁体，这些粒子的磁矩是其磁性的度量。狄拉克最先直接从他的电子的基本方程（1.1 节引介过）预言了电子磁矩，结果与精确的实验观测几乎一样。然而，后来发现数值需要间接来自

QFT 过程的修正，它们必须包含在直接的单电子效应中。QFT 计算的最终结果是狄拉克原先的"纯"预言值的 1.001159652 … 倍 [Hanneke et al. 2011]。精确得难以置信 —— 正如费曼 [1985] 说的，这相当于从纽约到洛杉矶的距离确定到一根头发丝！这有力支持了重正化的电子和光子的 QFT 理论（叫量子电动力学，简称 QED）—— 它用狄拉克理论描述电子，用麦克斯韦电磁方程（见 1.2 节）描述光子，而其相互作用遵从标准的洛伦兹方程（它描述带电粒子对电磁场的响应）。在量 ³² 子的语境中，后者源自外尔（Hermann Weyl）的规范程序（见 1.7 节）。现在你看到了，理论与观测符合到了异乎寻常的程度，这告诉我们理论存在着某种深层的真实的东西，尽管现在它作为一个数学纲领还未达到完美的和谐。

重正化可以认为是权宜之计，其希望在于，也许最终能发现某个改进形式的 QFT，完全不会出现那些无穷大，而且不仅能计算那些尺度因子的有限数值，还能计算不同基本粒子的裸电荷、裸质量等 —— 从而计算它们的实验观测值。人们希望弦论能提供那样的改进 QFT，这无疑为那理论增添了动力。但更谨慎、迄今也更成功的方法是，在传统的 QFT 理论群体中，看重正化过程能在哪个理论下适用，从而选出最有希望的方案。结果表明，只有某些 QFT 遵从重正化过程 —— 即上面提到的可重正化 QFT —— 而其他的则不行。所以，可重正化性是寻求最有希望 QFT 的一个有力的选择原理。实际上，人们发现（特别如 ['t Hooft 1971；'t Hooft and Veltman 1972]），运用规范理论（1.3 节）需要的对称性对产生可重正化的 QFT 是大有帮助的，这一点也为标准模型的构建提供了强大动力。

1.6 弦论的源头

现在我们来看弦论的原始思想如何适应我们的问题。从上面的讨论我们看到，紫外发散的问题源自微小距离和时间下的量子过程。我们可以认为问题的根源在于把物质实体看做粒子组成的，且认为基本粒子在空间占据单个的点。当然，我们也许可以认为裸粒子的点特征只是一种非实在的近似，可是当我们将这种基本实体看做某种有着空间延展分布的东西时，又会生出另一个反问题：像那样延展的东西，假如不必想象为由什么更小的东西组成的，那又该如何描述呢？而且，像这样的模型，假如要求散开的实体像统一的整体那么活动，则总会存在一些微妙的与相对论矛盾的问题（因为在相对论中信息传播速度是有限的）。

弦论对这个难题建议了另类的回答。它提出，物质的基本成分既非 0 维空间延展的类点粒子，也非 3 维空间的弥散分布，而是像 1 维的曲线。这个想法看起来有点儿奇怪，但我们还是要记住，从时空的 4 维观点看，即使在经典理论中，我们也不把点粒子简单地描述成一个点，因为它是在时间中持续的（空间）点 —— 所以它的时空描述其实是 1 维流形（见 A5），叫粒子的*世界线*（图 1.9a）。相应地，我们应该把弦论的曲线想象为时空的 2 维流形或曲面（图 1.19b），叫弦的*世界面*。

在我看来，弦论（至少其原始形式）特别诱人的一个特征是，这些 2 维弦历史（即弦的世界面）在适当的意义上可以认为是黎曼曲面（但是，关于所涉的维克旋转，见 1.9 节，特别是图 1.30）。我们将在

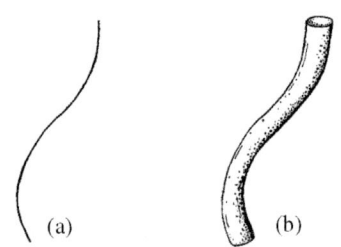

图 1.9 （a）普通（点）粒子的世界线是时空中的一条曲线；（b）在弦论中，它成为世界"管"（弦的世界面）

附录 A 10 中更详细地讨论，黎曼曲面是一个 1 维复空间（记住，复数的 1 维相对于实数的 2 维）。神奇的复数为复空间赋予了很多优点。黎曼曲面就显示了很多神奇的方面。这些曲面（即复曲线）在量子力学的复线性法则主导的情形中扮演着重要角色，这个事实为微观物理学的两个不同方面的微妙的相互作用乃至和谐统一开启了大门。

为更具体说明这个基本的弦概念所扮演的角色，我们回到 1.5 节 [34] 的费曼图。如果我们想象图中的线条代表着基本粒子的真实的世界线，而粒子像空间的点，则图的顶点代表了粒子间的零距离相遇，我们可以认为紫外发散就源自这些相遇的类点特征。反过来，如果基本实体是小线圈，则它们的历史应该是时空中的箭头管。这时，我们就不会有费曼图中的点状相遇，而可以像管子工人一样将那些管道光滑地连接起来。在图 1.10a ~ c 中，我画了几个（任意粒子）无圈的费曼图（树图），而图 1.10d 是更典型的带圈的图。在图 1.11 中，我画了它们在弦情形的对应图样。这时，点状相遇被清除了，过程以完全光滑的方式表现出来。我们可以想象图 1.11 的弦历史曲面（包括它们的交汇）为黎曼曲面，从而可以借助其美妙的数学理论来研究基本的物理过程。特别的是，我们发现标准费曼理论中的闭圈（产生紫外发散的）只是在黎曼曲面中形成了多连通的拓扑。费曼图的每个圈只是给我们的黎曼曲面的拓扑添加一个新"柄"（专业地说，它增加了一个亏格。黎曼曲面的亏格就是柄的数目）。（关于拓扑的柄，见 1.14 节图 1.44a 和附录 A5 的图 A11。）我们还注意到，费曼理论的初末态对应于我们的黎曼曲面的孔或洞，能量和动量的信息就是从这些地方显露的。在一些曲面拓扑学的通俗解释中，名词"孔"相当于我这里说的"柄"。但弦论用的非紧致黎曼曲面也有我所说的这种意义上的孔（或洞），所以我们需要仔细区分这些不同的概念。我们将在 1.16 节看到，黎曼曲面还有其他孔洞。

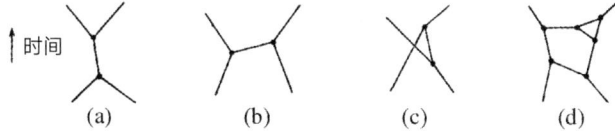

图 1.10　（a），（b），（c）是三个不同的树图，两个粒子进来，两个粒子出去；（d）是带圈的图

现在说说我在 1.3 节开头提到过的弦论初期的一个特别动机，与当时困惑物理学家们的一些强子物理学的观测结果有关。我在图 1.10a～c 中画了三个费曼图，示意了两个粒子（不妨假设为强子）进出的低阶过程。在图 1.10a 中，两个强子一起形成另一个强子，而它又几乎立刻分裂为另外两个强子。在图 1.10b 中，初始的一对强子交换一个强子，然后生成另一对强子。图 1.10c 类似于 b，只是最终的两个强子颠倒了。现在我们清楚地看到，对给定的初始和终了状态，三个图的每一个都存在多种可能的中间强子，我们必须将所有可能加起来才能得到正确结果。事实也是如此，但为了获得完整的答案，在当前的

低阶计算中，似乎应该把所有这三个图的和加在一起（即每种情形都分别对图 1.10 的三种可能求和）。然而，所有这三个求和都是一样的，因此不必对所有三个图求和，任何一个求和都会给出正确答案！

我们前面说过该如何用费曼图来计算，从那个观点看，这里的情形显得很奇怪，虽然我们认为应该把所有可能都加起来，但大自然似乎告诉我们，那三个貌似不同的图（1.10a～c）中的任何一个所代表的过程都够了，如果把它们都包括进来，倒会得到"求和过度"的结果。我们可以在完整的 QCD 体系中理解这一点，其中我们用基本的夸克而非强子来表达所有的强子过程，因为夸克是强子的构成元素；那样，我们就以基本夸克来"数"独立状态的数目。可是在弦论初建时，还没有获得恰当的 QCD 形式，那么另寻他路来解决这个问题（和其他相关问题）似乎 [36] 也是理所当然的。弦论的解决方法如图 1.11a～c，我画了与图 1.10a～c 的三种可能性对应的弦论图。我们注意，三个过程的弦图是拓扑等价的。就是说，从弦的观点看，图 1.10a～c 所示的三个过程确实不应该分开计算，它们只不过是以不同的方式看到的同一个基本过程的样子。

然而，并非所有弦图都一样。看对应于图 1.10d 的弦图，即图 1.11d，在这个（更高阶的）费曼图出现的圈是通过弦历史的拓扑柄表现的（见 1.11 节图 1.44a, b 和附录 A5 的图 A11）。不过，我们又看到弦论方法的一个潜在优点。传统费曼图出现闭圈时，会给我们带来发散的表达式，但弦论为我们提供了一条非常雅致的看圈途径，即从 2 维拓扑的角度去看它，这是数学家们在硕果累累的黎曼曲面理论中习以为常的方法（A10）。

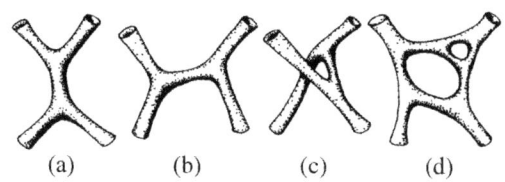

(a)　　　(b)　　　(c)　　　(d)

图 1.11　对应于图 1.10 的弦过程图

这种新的认识为人们重视弦论的思想提供了绝好而直观的动力。不过更专业的动力还是它引领了物理学家的方向。20 世纪 70 年代，南部阳一郎（Yoichiro Nambu，2008 年因另一个贡献，即亚原子物理学中的自发性对称破缺，获诺贝尔物理学奖）提出弦的概念，是为了解释维尼奇亚诺（Gabriele Veneziano）两年前提出的一个令人惊奇的描述强子碰撞的公式。可以注意到，南部的弦很像橡皮筋，它的作用力随弦的延伸正比地增大（当然它不同于普通的橡皮筋，它的力只有在弦长收缩到零时才变成零）。从这儿我们看到，原先的弦确实是想提供一个强相互作用的理论，在这一点上它的建议在当时是非常清新诱人的，特别是那会儿 QCD 还没成为有用的理论。[QCD 的一个关键要素，即著名的渐近自由，要到 1973 年才由格罗斯（David Gross）和韦尔切克（Frank Wilczek）以及普利泽（David Politzer）分别独立发展起来，他们最终获得了 2004 年诺贝尔物理学奖。] 我和很多人都认为，弦的建议是很值得发展的计划，但我们也注意到，是强子（强）相互作用的本性驱动了基本的初始弦概念的产生。

　　然而，在理论家们努力发展恰当的弦的量子理论时，遭遇了一个"反常"的事情，这驱使他们踏进一块奇异的领地。这儿的反常，是因 37 为经典描述的理论在用量子力学法则（通常是某种对称性）时失去了某个关键性质而出现的 —— 在眼下情形，经典理论指的是我们依照寻常的经典（如牛顿）物理学来建立以弦为基本实体的动力学理论。在弦论的情形，那种对称性是指在弦的坐标参数变换下的一种基本不变性。如果失去了这种参数不变性，弦的数学描述就不会有作为一个弦论的恰当意义，所以，由于参数不变性的（反常）缺失，这个经典弦论的量子形式实际上并不具有弦论的意义。不过，1970 年前后，人们得到一个惊奇的结论，假如时空维数从 4 增加到 26（即 25 个空间维和 1 个时间维）—— 坦白说，这确实是一个很奇怪的想法 —— 则理论中产生的反常的东西将奇异地消失 [Goddard and Thorn 1972；也见 Greene 1999，§ 12]，这样弦的量子理论总算能运行了！

事情似乎是这样的：很多人都喜欢浪漫地想象，在直觉背后可能存在一个高维的世界，而且那高维可以构成我们生活的现实世界不可分割的一部分！不过我本人的反应却不同。我对这个消息的第一反应是，不管那建议的数学多迷人，我都不会把它真的当成与我们已知宇宙的物理有关的模型。于是，在我没看见有其他可能的（迥然不同的）方式来看弦论的思想时，它们原先给物理学家的我灌注的兴趣和兴奋就都荡然无存了。我相信我的反应在物理学的理论家中并不稀罕，尽管我特别不满意它提出的空间维数剧增还有一些特殊原因。我将在 1.9～1.11 节、2.9 节、2.11 节、4.1 节、特别是 4.4 节讨论这些原因，但眼下我只需要简单解释一下弦论家们的思想方法，看看他们为什么不会反感物理空间呈现的 3 维与弦论明显需要的 25 维（外加 1 时间维）之间的矛盾。

这说的是所谓玻色弦，它想代表我们熟悉的玻色子。我们将在

1.14 节看到，量子粒子分两类，一类包含玻色子，另一类包含叫费米子的粒子。玻色子和费米子具有不同的特征性的统计性质，而且玻色子的自旋数总是整数（绝对单位下，见 2.11 节），而费米子的自旋总是与整数相差一个 1/2。这些问题留待 1.14 节讨论，在那儿还将讨论它们与超对称性的关系 —— 那是为了将玻色子和费米子融合到一个总体纲领中提出的一种方法。我们还将看到，超对称性的建议在现代弦论中扮演着中心角色。实际上，正是格林（Michael Green）和施瓦茨（John Schwarz）发现，通过融入超对称性，弦论所需的时空维度将从 26 减少到 10（即 9 个空间维和 1 个时间维）[Green and Schwarz 1984；Greene 1999]。这个理论的弦被称为费米弦，描述费米子，通过超对称与玻色子相关联。

理论与现实观测在空间维度上出现那么巨大而荒唐的偏离，这也许令人感到不安。为此，弦论家们会举出一个更老的建议，是德国数学家卡鲁扎（Theodor Kaluza）在 1921 年提出的，[1] 后来经过瑞典物理学家克莱因（Oskar Klein）的发展，也就是我们现在知道的卡鲁扎-克莱因理论，它用一个 5 维时空理论同时描述引力和电磁力。卡鲁扎和克莱因是如何面对他们理论的第 5 维时空不能直接被他们宇宙的居民观测的现实呢？在卡鲁扎原来的纲领中，5 维时空具有与爱因斯坦纯引力论相同的度规，但在沿第 5 维空间的一个特殊矢量场 k 方向多一个额外的对称性（见 A6 图 A17），几何在 k 的方向上没有任何变化。用微分几何的话来说，k 叫基林（Killing）矢量，即生成那个连续对称性的矢量场（见 A7 图 A29）。而且，在这个时空下描述的任何物理对象也

---

1. 在有的记述中，说卡鲁扎是波兰人，这可以理解，因为他出身地奥博莱（Opole，德文 Oppeln）现在是波兰的一部分。

都有一个沿 **k** 方向的不变描述。因为任何这样的物体都享有这个对称性，因此时空里没有"谁知道"那个方向，因而对其中的事物来说，有效的时空还是 4 维的。尽管如此，加在 4 维有效时空上的 5 维结构还是可以解释为那个 4 维空间里的电磁场，满足麦克斯韦方程，而且以应有的方式贡献于爱因斯坦的能量张量 **T**。[1] 这实在是一个极有创意的想法。实际[39]上，卡鲁扎的 5 维空间是 A7 意义的有着 1 维纤维的丛 $\mathcal{B}$。丛的基空间是我们的 4 维时空 $\mathcal{M}$，但 $\mathcal{M}$ 不是 5 维空间 $\mathcal{B}$ 的自然嵌入，因为正交于 **k** 方向的 4 维面元"扭曲"了，这扭曲恰好描述了电磁场（图 1.12）。

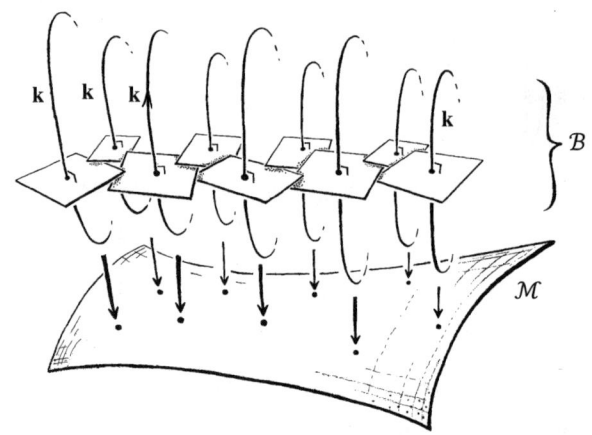

图 1.12　因为沿基林矢量 **k** 方向的对称性，卡鲁扎 – 克莱因 5 维空间是我们熟悉的 4 维时空 $\mathcal{M}$ 上的纤维丛 $\mathcal{B}$，以 **k** 指向 S^1 纤维（竖直方向的曲线）。麦克斯韦场就"隐藏"在纤维的扭曲中，使得正交的 4 维空间不能紧密结合成为和谐一致的 4 维空间截面（即我们通常想象的时空 $\mathcal{M}$）

后来，到了 1926 年，克莱因换了一种方式来看卡鲁扎的 5 维空

1. 为理解卡鲁扎 5 维空间的"扭曲的"微分几何，我们首先应该注意，**k** 成为基林矢量的条件是（用微分几何的术语说），**k** 的协变导数以协变矢量表达时是反对称的，这时我们说这个 2 – 形式相当于 4 维空间的麦克斯韦场。

间，他的想法是，k 方向的额外维很小，卷曲成小圈（S^1）。为了直观认识发生的事情，通常将时空图画成一根软管（图 1.13）。在这个类比下，管长的方向表示普通时空的 4 个宏观维度，绕管线圈的方向则表示卡鲁扎–克莱因理论的额外的第 5 个"小"时空维度（或许为 10^{-35} 米的普朗克尺度）（见 1.5 节）。如果我们从远处看水管，它就像 1 维的，管子的 2 维表面特征就看不见了，像是丢了 1 维。相应地，在卡鲁扎–克莱因图像中，第 5 维类似于环绕管子的线圈方向，在寻常的经验尺度下是不能直接感觉到的。

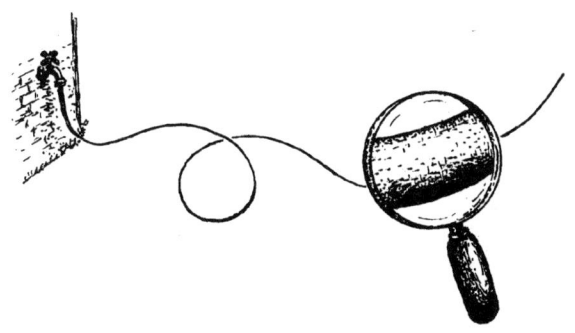

图 1.13　软水管为理解克莱因的思想提供了直观图像：额外维应该很小，或许小到普朗克长度的尺度。从远处看时，水管像 1 维的，犹如我们寻常的 4 维时空。在小尺度上，管子的额外维就显露出来了，犹如在亚微观尺度下表现出额外维度

同样，弦论家设想，弦论的额外 22 个空间维像卡鲁扎–克莱因的第 5 维一样是非常"渺小"的，因而它们也跟环绕管子的那个小维度一样，在大尺度下是看不见的。他们认为，我们就是这样失去了那 22 个额外空间维的直接感知，虽然弦论需要靠它们从反常问题解放出来。实际上，正如本节开头说的，弦概念的强子物理学动机似乎意味着强子尺度（大约 10^{-15} 米）可能应该是那些额外空间维的适当"大

小"——它虽然与强子的大小密切相关，在日常经验的水平上却是很小。我们将在 1.9 节看到，更新的弦论普遍提出更加微小的额外维，大致在 $10^{-33} \sim 10^{-35}$ 米之间。

这建议有意义吗？我相信它还引起一个更深层的问题，即前言里提到的函数自由度问题，我们在 A2（和 A8）中还有更细的讨论，不 [41] 熟悉的读者现在可以参考 [Cartan 1945; Bryant et al. 1991]。如果我们关心经典场，遵从通常类型的方程（决定场在时间中的传播方式），则所涉的空间维数会产生巨大差别，如果各种情形都认为只有一个时间维，那么考虑的空间维数越多，场的自由度越大。根据 A2 的符号，一个 $c-$ 分量场在 d 个空间维的空间中能自由确定的函数自由度为

$$\infty^{c\infty^{d}}.$$

这个量与一个 $C-$ 分量场在 D 个空间维的空间中自由确定的函数自由度比较，可以表达为

$$\infty^{C\infty^{D}} \gg \infty^{c\infty^{d}} \text{，若 } D{>}d。$$

这与场在每点的分量数 C 和 c 的相对大小无关。这儿用双重大于号 $\gg$，是为了强调，只要空间维数大，不论分量多少（即 C 和 c），左边的函数自由度都不容置疑地远远大于右边的（见 A2 和 A8）。关键在于，对普通的经典场来说，每点只有有限个分量——我们在每一点有普通类型的场方程，能演绎 d 维初始空间中（有效）自由确定的数据的确定性时间演化——因而数 d 是至关重要的。如果初始空间有不同维数，

同样的这个理论，也不可能是等价的。假如 D 大于 d，那么 $D-$ 空间理论的自由度总是大于 $d-$ 空间理论！

尽管在我看来这对经典场论是完全清楚的，量子（场）论的情形却未必那么清楚。不过，量子论通常是经典论上的模型，因而在我们的预期中，量子论与其基础经典论之间的偏离，首先应该具有为经典论提供量子修正的特质。在这类量子论中，我们需要很好的理由来认识，为什么两个量子论即使各有不同的空间维时也可能存在某种等价。相应地，这引出更深层的关于量子论（诸如超维弦论）的物理相关性问题。

[42] 对它们来说，空间维数都大于我们直接感知的维数。当额外空间维存在巨多潜在函数自由度时，系统也将拥有大量额外自由度，这时会发生什么呢？这些巨量的自由度有没有可能隐藏起来而不在那些理论的物理世界里完全表现呢？

在一定意义上，即使对经典理论来说，这也是可能的，只要那些额外自由度起初并不真的存在。这就是卡鲁扎提出原始 5 维时空建议的情形，它只是明确要求额外维存在一个精确的连续对称性。在卡鲁扎的初始计划中，这个对称性由基林矢量 **k** 的性质来确定，因而函数自由度归结为传统的 3 维空间理论的情形。

于是，为了考察高维弦论思想的合理性，首先应该理解卡鲁扎和克莱因究竟想做什么。这将为电磁论提供一幅爱因斯坦广义相对论精神的几何图像，也就是将力展示为时空结构的表现。我们在 1.1 节说过，1916 年首次完整发表的广义相对论令爱因斯坦将引力场的性质完全融入弯曲 4 维时空的结构。当时已知的基本自然力是引力和电磁力，人们当然以为，在恰当的观点下，电磁力的完整描述（包含了它与引力的相互作用）也应该找到一个用某种时空几何语言的完整描述。值得注意的是，卡鲁扎做的确实能实现这一点，不过代价是必须给时空连续统引入一个额外的维度。

1.7 广义相对论里的时间

进一步细看卡鲁扎–克莱因理论的 5 维时空之前，我们先来考察最终成为标准理论一部分的电磁相互作用描述方法。这里我们特别关心的是量子粒子的电磁相互作用是如何描述的（我们在 1.5 节说过，麦克斯韦理论的量子形式，即它的洛伦兹推广，说明了带电 [43] 粒子对电磁场的响应），它又是如何推广到标准模型的强弱相互作用的。这是德国大数学家（兼理论物理学家）外尔在 1918 年提出的纲领。（1933 ~ 1955 年间，外尔是普林斯顿高等研究院的主角之一，爱因斯坦当时也在那儿；尽管他的主要物理学贡献是更早时候在德国和瑞士完成的。）外尔高度的独创性思想是为了拓展爱因斯坦的广义相对论，以便能以自然的方式将麦克斯韦的电磁论（1.2 和 1.6 节简介过这个伟大理论）融入时空的几何结构。他的做法是，引入一个今天称为"规范联络"的概念。最后，外尔的思想经过某些微妙的改变成为粒子物理学标准模型中处理相互作用的普遍方式。用数学的语言来说［主要是通过（Andrzej Trautman，1970）的影响］，这个规范联络的思想现在是用纤维丛的概念来理解的（A 7 节），我们在图 1.12 已经看见了（1.3 节也提过）。重要的是，我们要认识外尔原始的规范联络思想与稍后提出的卡鲁扎–克莱因理论之间的异同。

　　我将在 1.8 节更详细地描述外尔如何推广爱因斯坦广义相对论的几何去包容麦克斯韦理论。我们将看到，外尔的理论并不涉及任何时空维的增加，但它弱化了爱因斯坦理论所依赖的度规概念。因此我有必要先说明度规张量 $\mathbf{g}$ 在爱因斯坦理论中所实际扮演的物理角色。$\mathbf{g}$ 其实是定义时空的伪黎曼结构的基本量。物理学家常用符号 g_{ab}（或 g_{ij}，$g_{\mu\nu}$ 等等）来记张量 $\mathbf{g}$ 的分量集合，但我不想在这儿讨论这些问题的细节，甚至也不解释名词张量的数学含义。我们只需要知道能赋予 $\mathbf{g}$ 的直接的物理意义是什么。

　　假定我们在时空流形 $\mathcal{M}$ 中有一条连接两点 —— 或两个事件 —— P 和 Q 的曲线 $\mathcal{C}$，代表一个有质量的粒子从事件 P 到后来事件 Q 的历史。（事件一词通常用来指时空的一点。）我们称曲线 $\mathcal{C}$ 为那个粒子的世界线。而 $\mathbf{g}$ 的作用，就是确定曲线 $\mathcal{C}$ 的 "长度"，这个长度在物理上解释为粒子所携带的理想时钟所测量的 P 与 Q 之间的时间间隔（而不是一个距离的度量）（图 1.14a）。

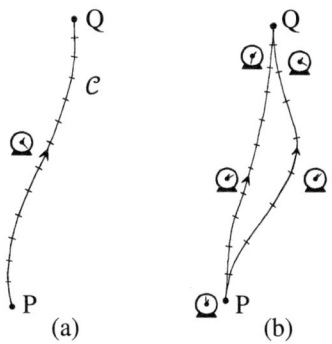

图 1.14 （a）时空度规 $\mathbf{g}$ 为粒子世界线 $\mathcal{C}$ 的任意一段赋予一个 "长度"，它是随世界线运动的理想时钟所测量的时间间隔；（b）假如两条不同的世界线连接事件 P，Q，则时间度量可能不同

我们必须记住，根据爱因斯坦的相对论，"时间经历"不是绝对确 44
定地同时在宇宙中发生。相反，我们必须以完全的时空观点来考虑问
题。我们不能将时空"切"成一系列 3 维空间截面，让每个截面代表一
族"在同一时刻发生的"事件。老天没给我们什么绝对的嘀嗒着的"宇
宙时钟"，它的每一声嘀嗒都对应着同时发生的事件构成的一个完整的
3 维空间，而接着的一声嘀嗒，伴随着另一个同时事件的 3 维空间，等
等。所有这些 3 维空间一起构成时空（图 1.15，其中，可以想象我们
的宇宙时钟在每天正午鸣响）。暂时这样看时空是没问题的，这样我们
可以将 4 维图像与我们日常的 3 维空间经验（其中的事件"随时间演
化"）联系起来，但我们将持这样的观点：那样时空切割，彼此都一样，
没有哪一个是特别的或"老天给的"。整个时空是一个绝对概念，但我
们不认为时空有什么特殊的切割方式让我们为它赋予某个宇宙时间的
概念。（这都是 1.7 节所说的广义协变性的一部分，更具体的描述见
附录 A5，它告诉我们，特殊的坐标选择 —— 特别是"时间"选择的选
择 —— 没有直接的物理意义。）相反，不同粒子的世界线都有各自的
时间经历概念，正如前面说过的，这取决于它特殊的世界线和度规 **g**。
然而，两个不同粒子的时间概念的差别是很小的 —— 除非粒子间的相 45
对速度能与光速相比（或者说，除非我们处于某个引力的时空弯曲效
应显著的区域）—— 正因为这种差别很小，我们在日常生活中才不会
察觉不同时间经历的差别。

在爱因斯坦的相对论中，如果有两条不同的世界线连接两个特殊
的事件 P 和 Q（图 1.14b），那么两个情形的"长度"（度量时间的流逝）
可以是不同的（我们已多次直接观测到了这个效应，例如，用高速飞机
或在不同高度飞行的飞机上的非常精确的时钟）[Will 1993]。这个反

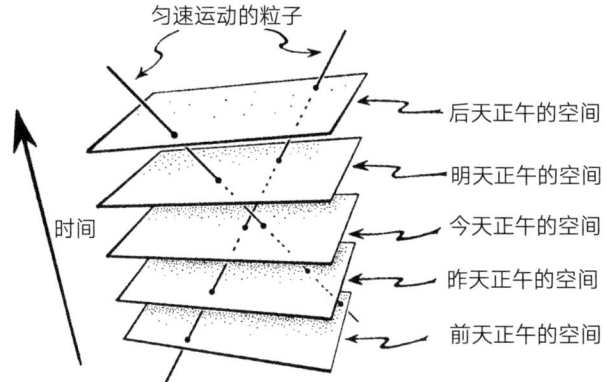

图 1.15　牛顿的宇宙时间图景（这里，可想象宇宙时钟在每天正午敲响）。这个观点被相对论否决了，但我们可以暂时以这样的观点看时空，对运动速度比光速慢得多的物体来说，这是极好的近似

直觉的事实实质上就是我们熟悉的狭义相对论中（所谓）双生子详谬的另一种表述。那个详谬说，宇航员以很高的速度从地球飞向遥远星球然后回到地球，会比在他旅行期间一直留在地球的孪生兄弟经历更短的时间历程。两兄弟虽然连接着相同的两个事件 P（他们一起在航行即将出发的点）和 Q（宇航员回到地球），却有不同的世界线。

就狭义相对论说（主要是匀速运动），这个问题的时空描述如图 1.16，其中多出宇航员到达遥远星球的事件 R。图 1.17 同样说明了度规如何决定时间的流逝，这也适用于广义相对论的情形 —— 其中，对（大质量）物体的世界线来说，其延伸的"长度"度量取决于度规 **g**，提供了物体在那个期间所经历的时间间隔。在两个图中都画了零锥，它们是爱因斯坦度规 **g** 的重要物理表现，描绘了每个时空事件的光速。我们看到，在宇航员或粒子的世界线上的每一个事件点，世界线的方向一定处于（双）零锥的内部，这说明了光速的重要极限是不可能（局

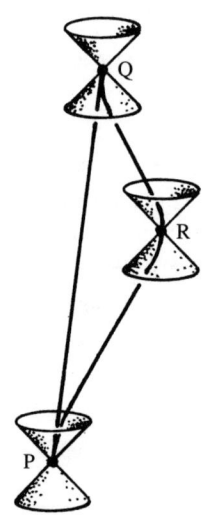

图 1.16　狭义相对论的双生子详谬。在地球上的兄弟的世界线 PQ 比太空旅行的兄弟的世界线 PRQ 经历了更长的时间（这奇怪地颠倒了我们熟悉的欧几里得几何的三角关系：PR+RQ>PQ）。（双）锥在图 1.18 中解释

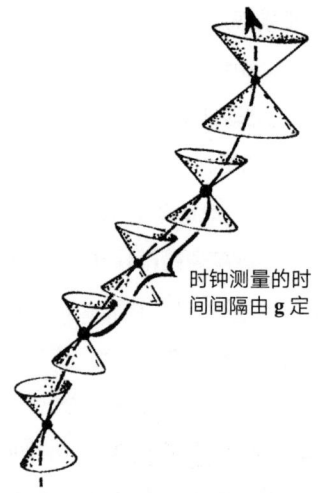

时钟测量的时间间隔由 **g** 定

图 1.17　在广义相对论的弯曲时空中，度规 **g** 提供了经历时间的度量。这将图 1.16 的狭义相对论的平直时空图像推广到了广义相对论的情形

域地）超越的。

　　图 1.18 展示了（双）零锥的未来部分的物理解释，它是从事件 X 发出的一道（假想的）闪光的历史，图 1.18a 说明整个 3 维空间的图景，图 1.18b 是对应的时空图（压缩了一个空间维）。双锥的过去部分类似地由向 X 汇聚的一道（假想）闪光代表。图 1.18c 告诉我们零锥其实是每个事件点 X 上的无穷小结构，严格说来，只能局域地存在 X 的切空间（见 A5 节图 A10）。

47

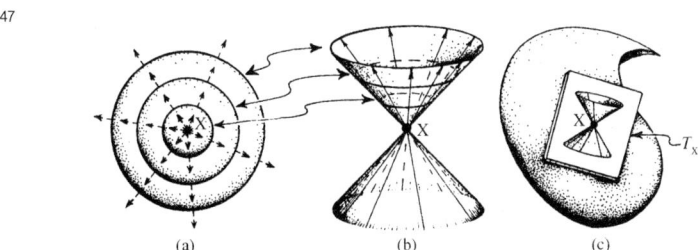

（a）　　　　　　　　（b）　　　　　　　　（c）

　　图 1.18　在时空的每一点 X，有度规 g 决定的一个（双）零锥，由一个未来零锥和一个过去零锥组成，沿零锥方向的时间度量为零。未来零锥可局域解释为从 X 出发的假想闪光的历史：（a）空间图；（b）时空图（一个空间维被压缩了），其中过去零锥代表假想的向 X 汇聚的闪光的历史；（c）专业地说，零锥是事件 X 邻域内的一个无穷小结构，即它在切空间 T_X 内

48　　这些（双）锥代表了"时间"度量为零的时空方向。这个特征的出现是因为时空几何严格说来是伪黎曼的，而不是黎曼的（1.1 节说过）。我们常说这种特殊的伪黎曼几何是洛伦兹的，其时空结构只有一个时间维和（$n-1$）个空间维，而且在时空流形的每个点都有这样的双零锥。零锥呈现了时空结构的最重要特征，告诉我们信息传播的极限。

　　g 提供的时间度量如何直接与这些零锥联系呢？在这一点上，我考虑过的世界线是普通有质量粒子的历史，而它们传播比光慢，从而其世界线一定处于零锥之内。但我们也必须考虑以光速的（自由）旅行。根据相对论，假如时钟以光速运动，那它就不会记录任何时间信息！这样，无质量粒子世界线上任意两个事件 P、Q 之间的世界线（沿曲线测量）的"长度"总是零，而不论那两个事件分离多远（图 1.19）。我们称如此世界线为零线。有些零线是测地线（见后），自由光子的世界线就是零测地线。

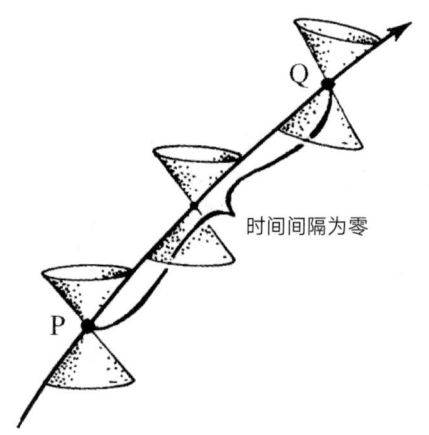

图 1.19　沿光线（或任意零曲线）度量的任何两个事件 P 和 Q 之间的时间总是零

　　经时空某特殊点 P 的所有零测地线族扫过 P 点的整个光锥（图 1.20），而 P 点的零锥只描述 P 光锥在顶点的无穷小结构（见图 1.18）。零锥告诉我们 P 的时空方向，它们决定了光速，即切空间在 P 点的结构指出了度规 **g** 决定的零"长度"的方向。（在文献中，"光锥"一词也常用来指我这里所说的零锥。）光锥（和上面的零锥一样）有两个部分，一个定义未来零方向，一个定义过去零方向。相对论约束质量粒子不能超过光速，这个要求可明确表述为如下事实：质量粒子的世界线的

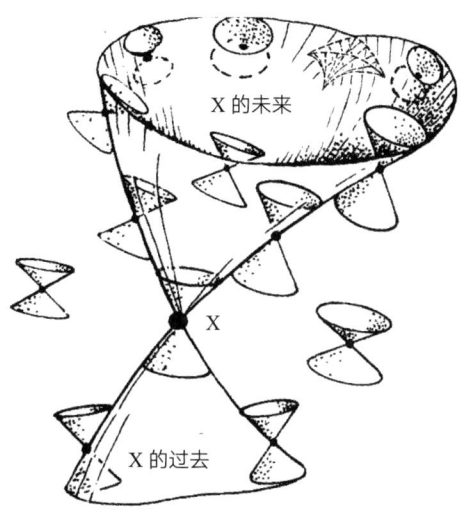

图 1.20　事件 X 的光锥是通过 X 的零测地线扫过的时空轨迹。顶点 X 的切结构就是 X 点的零锥

切空间都处于相应事件的零锥之内（图 1.21）。像这样的切方向完全处于零锥内的光滑曲线，叫类时的。于是，质量粒子的世界线实际上是类时曲线。

与类时曲线互补的概念是类空 3- 曲面 —— 或者，在考虑 n 维时空时，叫类空 $(n-1)$- 曲面或类空超曲面。这种超曲面的切方向都在过去和未来零锥之外（图 1.21）。在广义相对论中，这是"时刻"或"$t =$ 常数的空间"（t 为适当的时间坐标）的恰当推广。显然，这样的超曲面可任意选择，但如果我们想说这种问题是动力学行为的决定论，则我们需要的正是这一类的曲面，我们要求曲面上的"初始数据"是确定的，而那些数据就根据某些恰当的方程（通常是微分方程，见 A11 节）来

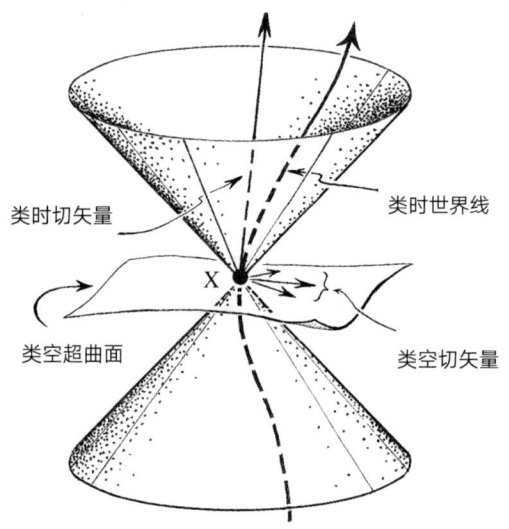

图 1.21　X 的零切矢量生成零锥（如图 1.18），但也有类时锥（指向未来），则描述有质量粒子世界线的切矢量（4 维速度）；还有类空锥（指向锥外），即通过 X 的类空曲面的切向

（局域地）决定系统向过去或未来的演化。

　　作为相对论的另一个特征，我们可以指出，假如从 P 到 Q 的世界 50
线 C 的 "长度"（这里指流逝的测量时间）大于 P、Q 之间的其他任何世界线的长度，则 C 一定是我们所说的测地线 [1]，也就是弯曲时空中的 "直线"（图 1.22）。奇怪的是，"长度" 在时空中的这种极大化性质，恰与寻常欧几里得几何的情形相反，在那儿，连接 P、Q 的直线是两点间的最短路径。根据爱因斯坦的理论，在引力作用下自由运动的粒子的世

---

1. 反过来，每条恰好为测地线的世界线 C，在局域的意义上，都具有这样的性质：对 C 的任意点 P，总存在 M 的一个足够小的包含点 P 的开域 N，使得对 C 在 N 中的每个点对，在 N 中连接两点的所有路径中，沿 C 在 N 中的那部分曲线具有最大的长度。（另一方面，对 C 上分离太远的一对点，我们可以发现 C 不能将长度最大化，因为在那两点间存在共轭点对。[Penrose 1972 ; Hawking and Ellis 1973]。）

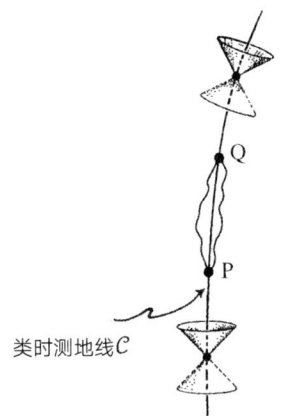

图 1.22　两个类时分隔事件 P、Q 之间的类时曲线，如果时间度量最大，则必然
是测地线

界线总是测地线。但是，图 1.16 中宇航员的路线包含了加速运动，所以不是测地线。

　　狭义相对论的平直时空是没有引力场的，被称为闵可夫斯基空间（我将它记为 $\mathbb{M}$），以俄罗斯／德国数学家闵可夫斯基（Hermann Minkowski）的名字命名，他在 1907 年第一次引进了时空概念。这里的零锥是均匀分布的（图 1.23）。爱因斯坦的广义相对论继承了同样的概念，不过因为引力场的存在，零锥可以是非均匀分布的（图 1.24）。度规 **g**（在时空的每一点有 10 个分量）决定了零锥结构，却不能完全由结构来决定。零锥结构有时也被称为时空的共形结构（每点 9 个分量），特别参见 3、5 节。除了这个洛伦兹的共形结构而外，**g** 还决定了一个标度（每点 1 个分量），它确定了爱因斯坦理论中理想时钟度量时间的速率（图 1.25）。至于时钟在相对论中如何运行，可以参见［Rindler 2001；Hartle 2003］。

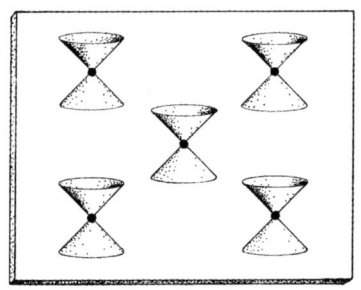

图 1.23　闵可夫斯基空间是平直时空，其零锥完全均匀分布

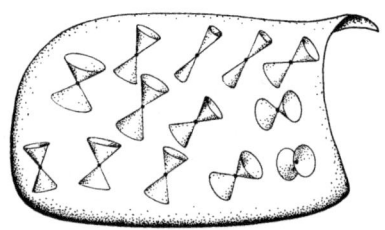

图 1.24　在广义相对论中，零锥呈现非均匀性

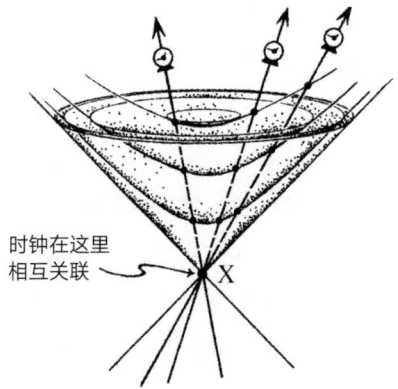

时钟在这里
相互关联

X

　　图 1.25　事件 X 的度规标量可由经过 X 的理想时钟决定。这里，几个相同时钟通过 X，每一个决定相同的度规标量，不同时钟的"嘀嗒"可以由所示的碗形曲面（实际上是 3 维双曲面）相互关联

1.8 外尔的电磁规范理论

外尔 1918 年提出一个新想法，把电磁场融入广义相对论，将时空的度规结构弱化为前面描述的一种共形结构，这样就没有了绝对的时间流的度量，不过还有度规定义的零锥 [Weyl 1918]。此外，外尔的理论中还有 " 理想时钟 " 的概念，这样我们就能参照某个特殊的时钟，为类时曲线定义一个 " 长度 "，尽管度量的时间流依赖于那个时钟。但是，在外尔的理论中，不存在绝对的时间标度，因为没有哪个时钟有特别优越的地位。而且，我们可以有两个这样的以完全相同的节律嘀嗒的时钟，它们在同一个事件 P 相对静止，但如果沿不同时空路径到达另一个事件 Q，我们会发现两个钟在到达时的节律是不一样的，即在 Q 点相对静止的两个时钟这时不再以相同节律嘀嗒了。见图 1.26a。重要的是要注意，这个情形不同于爱因斯坦相对论的双生子详谬，它更加极端。在那个详谬的情形中，时钟读数可能依赖于时钟的历史，而时钟的节律却不会。外尔更一般的几何在时钟节律中引出一个奇异的时空 " 曲率 "，它度量了无穷小尺度上的时钟节律偏移（图 1.26b）。正如我们在图 1.27 看到的，这类似于曲面曲率度量角度的偏离。外尔证明了描述他那个曲率的量 F 与麦克斯韦理论中描述自由电磁场的量恰好满足同样的方程！于是外尔提出，F 在物理上等同于麦克斯韦的电磁场。

只要有了在事件 P 的零锥概念，时间和空间的度量在 P 的任何邻域中就基本上是相互等价的，因为零锥确定了 P 的光速。用普通的话说就是，光速使空间和时间能相互转换。例如，一年的时间间隔相当于一光年的距离，而一秒相当于一光秒，等等。实际上，在现代测量

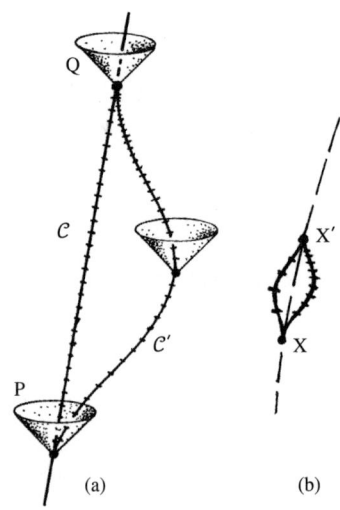

图 1.26 （a）外尔的规范联络思想认为，度规标量不是给定的，它可以沿着曲线 $\mathcal{C}$ 从一点 P 移动到另一点 Q，从 P 到 Q 的不同曲线 $\mathcal{C}$ 会导致不同的结果。（b）这种偏离的无穷小形式生成外尔的规范曲率，他还首先提出，这个曲率就是麦克斯韦的电磁场张量

中，时间间隔比空间间隔的直接测量要精确得多，所以现在我们将米精确定义为 1/299792458 光秒（则光速现在等于一个精确的整数：每秒 299792458 米）！这样看来，著名相对论专家辛格 [J. L. Synge 1921, 1956] 为时空结构提出的名词"测时学"（而不是"几何学"）是非常确切的。

　　我用时间测量描述了外尔的思想，但外尔想的可能是空间位移，他的纲领被称为规范理论，"规范"指的就是用以度量物理距离的标度。[55] 外尔思想的一个亮点在于，规范不需要为整个时空一劳永逸地整体确定。假如在事件 P 确定一个规范，并给定连接 P 到另一个事件 Q 的曲

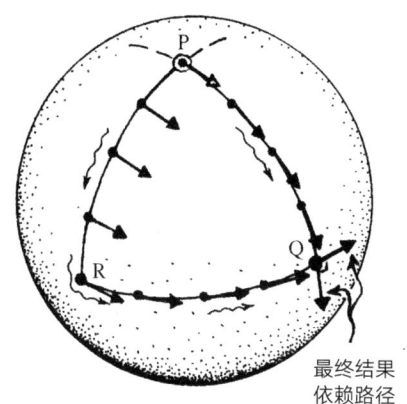

最终结果
依赖路径

图 1.27　仿射联络表达了切矢量沿曲线平行移动的思想，沿不同曲线产生的偏离提供了曲率的一个度量。我们可以在球面看清这一点：一个切矢量沿大圆路径从 P 移动到 Q，或者从 P 沿大圆弧移动到 R 然后再沿同样的大圆弧到 Q，两个结果是完全不同的

线 $\mathcal{C}$，则规范可以唯一地沿曲线从 P 迁移到 Q。但如果还有连接 P 与 Q 的另一曲线 $\mathcal{C}'$，则沿 $\mathcal{C}'$ 迁移到 Q 会产生不同的结果。定义这个"规范迁移"过程的数学量叫规范联络，而不同迁移路径产生的结果的偏离则是规范曲率的度量。应该指出，外尔能产生规范联络的精彩想法，大概是因为他熟悉任意（伪）黎曼流形自动拥有的另一种联络——仿射联络——它与切矢量沿曲线的平行移动有关，也与路径有关，图 1.27 的球面例子很好地说明了这一点。

爱因斯坦听说外尔的天才想法时，很感兴趣，但他指出，从物理的观点看，那个纲领有严重缺陷，根本在于物理的原因，即粒子质量提供了确定的沿它的世界线的时间度量。这一点可以通过普朗克（Max Planck）的量子关系

$$E = h\nu$$

与爱因斯坦自己的

$$E = mc^2$$

来说明（图 1.28）。这里，E 为粒子能量（在它自己的坐标系中），m [56] 是它的（静止）质量，ν 是粒子根据基本量子力学（见 2.2 节）获得的频率（即粒子的"嘀嗒"节奏），h, c 分别为普朗克常量和光速。于是，结合 $h\nu (=E) = mc^2$，我们看到单个粒子总有一个精确的频率正比于它的质量：

$$\nu = m \times \frac{c^2}{h},$$

量 c^2/h 是一个普适常数。于是，任何稳定粒子确定了一个由这个频率给定的非常精确的时钟节律。

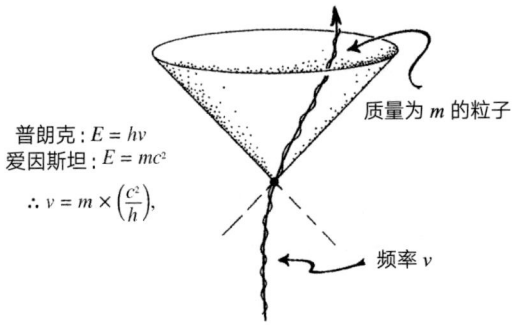

普朗克：$E = h\nu$
爱因斯坦：$E = mc^2$

$\therefore \nu = m \times \left(\dfrac{c^2}{h}\right),$

质量为 m 的粒子

频率 ν

图 1.28　任何稳定的质量为 m 的粒子都是一个频率为 $\nu = mc^2/h$ 的精确的量子力学时钟

然而，在外尔的建议中，任何这样的时钟节律都必然不是一个固定的量，而是依赖于粒子的历史。相应地，粒子质量也将依赖于它的历史。特别是，在我们上面的情形中，假如我们认为两个电子在事件 P 中是相同的粒子（这其实是量子力学要求的），那么，当他们经由不同路线到达事件 Q 时，它们将具有不同的质量，也就是它们到达 Q 后就不可能是相同的粒子了！这实际上根本性地背离了量子论确立的原理 —— 原理要求用在全同粒子的法则迥然有别于用在非全同粒子的法则（见 1.14 节）。

看来，外尔的想法颠覆了某些基本的量子力学原理。不过峰回路转，也正是量子论，在 1930 年前后完全确立之后（主要靠狄拉克和冯诺依曼，还有外尔本人 [Dirac 1930; von Neumann 1932; Weyl 1927]），挽救了外尔的思想。我们将在第 2 章看到（2.5 和 2.6 节）粒子的量子描述用的是复数（见 A9）。我们已经在 1.4 节看到，复数扮演的基本角色是量子力学叠加原理中的系数（量 w 和 z）。我们以后还将看到（2.5 节），若所有系数乘以同一个单位模的复数 u（即 $|u| = \sqrt{(u\bar{u})} = 1$，从而 u 在维塞尔面的单位圆上，见附录 A10），则物理状态保持不变。我们注意到，棣莫弗－欧拉（Cotes De Moivre-Euler）公式（见 A10）表明，这样的幺模复数 u 可以写成

$$u = e^{i\theta} = \cos\theta + i\sin\theta,$$

[57] 其中 θ 为从原点到 u 的直线与 x 正方向的夹角（以逆时针弧度为度量）（见 A10 图 A13）。

在量子力学背景下，幺模复因子常被称为相（或相角），在量子论的形式中是一种不能直接观察的东西（见 2.5 节）。外尔独创却怪异的思想之所以成为现代物理学的关键要素，是因为一点微妙的改变，就是将外尔的正实数标度因子 —— 即规范 —— 代以量子力学的复相因子。由于这些历史的原因，规范一词就定下来了，尽管以那种方式修正的外尔理论也许更适合叫相理论，而规范联络也该叫相联络。不过，假如现在真把名词照这样改了，可能会令更多的人感到混乱而非帮助。

更准确地说，外尔理论中出现的相与量子形式的（一般性的）相并不完全一样，两者之间差一个粒子电荷给定的因子。外尔理论的根本特征在于存在一种所谓的连续对称群（见 A7 最后一段），它作用于时空的任何事件 P。在外尔原来的理论中，对称群由所有正实数因子组成，从而可以放大或缩小规范。这些可能的因子就是不同的正实数，其空间即数学家所说的空间 $\mathbb{R}^+$，所以这里的对称群有时也叫乘法群 $\mathbb{R}^+$。在后来更有物理意义的外尔电磁理论形式中，群元素是维塞尔平面的旋转（无反射），叫 SO（2）或 U（1），群元素用单位模复数 $e^{i\theta}$ 表示，这些元素提供了维塞尔平面中单位圆的不同旋转角度，这里，我把单位半径的圆周简单记为 S^1。

应该指出（关于这里的记号，以及群的记号，见 A7 末段），SO（2）的"O"代表"正交"，意思是，我们关心旋转群（即保持正交（直角），在这里是 2 维旋转，即 SO（2）里的"2"）。"S"代表"特殊"，指的是这里排除了反射。至于"U（1）"，"U"代表"单位的"（保持复向量的单位模性质），指复数空间中的一种旋转，我们将在 2.5~2.8 节讨论。[58]不管什么记号，我们关心的就是普通圆周 S^1 的旋转（不管反射）。

现在我们看到，外尔联络并非真的用于时空流形 $\mathcal{M}$ 的概念，因为圆 S^1 并非真是时空的一部分。S^1 其实是与量子力学有确定关系的一个抽象的空间。不过，我们还是可以认为 S^1 扮演着一个几何角色，即基空间为时空流形 $\mathcal{M}$ 的丛 $\mathcal{B}$ 的纤维。这个几何如图 1.29。纤维是圆 S^1，但我们在图中看到，最好将这些圆视为（维塞尔）复平面"叠片"（见 A 10）中的单位圆。（纤维丛的记号，读者参看 A 7。）外尔的规范联络其实是几何的概念，而不会为时空赋予纯粹和简单的结构；它提供的结构赋予了丛 $\mathcal{B}$，是一个与 4 维时空流形密切相关的 5 维流形。

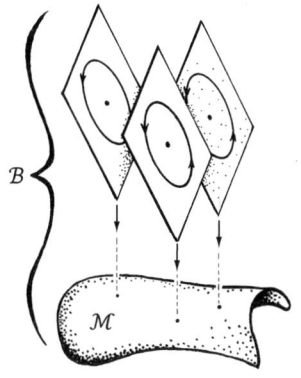

图 1.29　外尔几何将电磁场表示为时空 $\mathcal{M}$ 上的纤维丛 $\mathcal{B}$ 的联络。纤维 S^1（圆）最好视为（维塞尔）复平面叠片中的单位圆

外尔思想还通过规范联络推广到了粒子物理学标准模型的强弱相互作用（1.3 节），同样可以用 A 7 的纤维丛描述。在每种情形，基空间都和前面一样是 4 维时空，但纤维是比我们用来描述电磁场的 1 维 S^1 更高维的空间 $\mathcal{F}$。外尔的规范方法向麦克斯韦理论的推广，叫杨（振宁）–米尔斯（Mills）理论 [Chan and Tsou 1998]。在强相互作用的情形下，空间 $\mathcal{F}$ 与夸克的可能色荷的空间有着相同的对称性，与 1.3 节的描

述一致。这里的对称群叫 SU（3）。弱相互作用的情形在表面上是相似 [59] 的，其群为我们熟悉的 SU（2）（或 U（2）），但因为在宇宙膨胀早期发生了对称破缺的过程，弱相互作用的对称被认为是破缺的，这一点给理论留下一定的模糊。实际上，我发现在这些过程的通常描述中存在一些多少令人忧虑的问题，因为严格说来规范对称的思想并非真的有效，除非对称确实是精确的（见 A7 和《通向实在之路》28.3 节）。幸运的是，在我看来，通常那种过程是可以重构的，其中强力通过某种多少不同于标准模型的物理解释的机制发生作用，大致说来就是假定轻子具有类色夸克的组成（类似于强子的夸克组成），而其中的弱相互作用对称总是精确的 ['t Hooft 1980b；Chan and Tsou 1980]。

1.9　卡鲁扎－克莱因和弦模型中的函数自由度

我们现在有两个可以选择的 5 维空间，每一个都为将麦克斯韦电磁学纳入弯曲时空几何提供了一道几何程序。那么，在外尔程序的 S^1 丛表示下（1.8 节），5 维流形 $\mathcal{B}$ 如何与电磁相互作用的 5 维卡鲁扎－克莱因时空图景（如 1.6 节）发生联系呢？其实它们是极其相近的，即使把它们看成完全一样的也没问题！卡鲁扎的 5 维时空经克莱因修正后，有着以小圆圈 S^1 为"额外"维度，这与我们用外尔程序构造的丛 $\mathcal{B}$，在拓扑意义上是一样的。正规说来，它们只不过是普通 4 维时空 $\mathcal{M}$ 与圆 S^1 的积空间 $\mathcal{M} \times S^1$（见 A7 图 A25 和图 1.29）。而且，卡鲁扎－克莱因空间自动拥有 S^1 型的丛结构，我们只要找到闭合的（且属同一拓扑族的）测地线，就可以视为 S^1 纤维。不过，在各自赋予的结构类型上，外尔与卡鲁扎－克莱因的 5 维空间还是略有不同。外尔程序要求我们为 $\mathcal{B}$ 赋予规范联络（1.8 节），作为 4 维时空 $\mathcal{M}$

的丛；而在卡鲁扎－克莱因理论中，整个 5 维流形被视为"时空"，从而度规 **g** 被赋予了整个结构。可巧的是，外尔的规范联络恰好已经隐含在卡鲁扎结构中，原来它就取决于 1.8 节讨论的普通仿射联络概念（它对任意黎曼空间成立，因而也适合卡鲁扎的 5 维空间），只是用于正交于 S^1 纤维的方向而已。于是，卡鲁扎－克莱因 5 维空间已然包含了外尔的规范联络，可以实际地认为等同于外尔的丛 $\mathscr{B}$。

但卡鲁扎－克莱因空间还真给我们带来了更多的东西，因为它的度规具有这样的性质：假如它满足适当的爱因斯坦真空场方程 $^5\mathbf{G}=0$（意思是取 5 维空间的能量张量 $^5\mathbf{T}$ 为零），那么我们不仅能得到外尔联络，更惊奇的是还能看到一个事实：从外尔联络涌现出来的麦克斯韦电磁场 **F**（通过其质量／能量密度）充当着引力场源的角色 —— 方程以这样的形式恰当耦合，被称为爱因斯坦－麦克斯韦方程。这个惊人事实并不直接来自外尔的方法。

为更精确地说卡鲁扎－克莱因 5 维空间的结构，我必须指出以上论断其实有一个附带条件：我这里用的是卡鲁扎－克莱因方程的一个特殊形式，它要求赋予 S^1 圈的长度等于贯穿整个 5 维空间的长度。（理论的有些形式允许长度变化，从而为额外的一个标量场留了余地。）我还要求，那个不变长度的选择应使爱因斯坦场方程（见 1.1 节）的常数能正确出现为 $8\pi\gamma$。最重要的是，在说卡鲁扎－克莱因理论时，我一贯主张用它本来的形式，即在整个 5 维空间上加一个精确的对称，这样它必然具有 S^1 方向上的完全旋转对称（见基本相似的图 1.29）。换句话说，矢量 **k** 其实是一个基林矢量，从而 5 维空间可以沿 S^1 线自我滑动，而不至于影响其度规结构。

现在我们说卡鲁扎－克莱因理论中的*函数自由*问题。假如我们用刚才讲的理论形式，那么额外维不会带来更多的函数自由度。因为强化的绕 S^1 曲线的旋转对称，自由度与普通 4 维时空的情形一样 —— 它具有某个标准形式的从初始 3 维空间数据得到的确定解 —— 实际上也同爱因斯坦－麦克斯韦方程的情形一样，它在这些情形都是等价的，即等于

$$\infty^{8\infty^3},$$

对适用于我们宇宙的经典物理理论来说，也应该是这样的。

我想在这儿强调的一点是，这是规范理论 —— 在解释自然力方 [61] 面取得巨大成功的一类理论 —— 的一个关键特征：丛的纤维 $\mathcal{F}$ 具有适用于规范场的一种（有限维）对称。如 A7 节严格指出的，正因为我们的 $\mathcal{F}$ 丛具有一种（连续）对称，规范理论才有了用武之地。在电磁相互作用的外尔理论的情形下，那个对称是圆周群 U（1）（或等价的 SO（2）），它必须精确作用于丛 $\mathcal{F}$。（符号的意义见 A7 最后。）在外尔方法中，也正是这个对称整体性地扩张到整个 5 维流形 $\mathcal{B}$；它在原始的卡鲁扎－克莱因方法中，也是确定的。为维护高维时空方法（如卡鲁扎引进的）与外尔的规范理论方法之间的密切关系，我们似乎应该根本性地保持纤维对称，将纤维 $\mathcal{F}$ 处理为具有内在自由度的时空的恰当组成部分，从而不去实际地（巨大地）增加函数自由度。

那么弦论又如何呢？事情好像迥然不同了，因为它隐含着额外空间维应该完全参与动力学的自由度。那样的额外空间维的角色犹如真

正的空间维。这是驱动弦论发展的基本哲学的重要组成部分，因为它认为，弦在那些额外维中所能容许的"振动"应该解释所有的力和所需的参数，从而为粒子物理学的所有特征提供包容的空间。从我的观点看，这是非常错误的哲学——让额外空间维自由卷入动力学，给我们打开了真正的恶自由度的潘多拉盒子，再想关上它就希望渺茫了。

不过呢，弦论的支持者们并不在乎这类困难（这是额外空间维的多余函数自由度自由生成的），他们选择了不同于卡鲁扎-克莱因纲领的过程。他们的部分努力是解决弦量子论的参数不变性要求所产生的反常。1970 年以来，他们就被赶着（为玻色弦）用一个全动力学的 26 维时空，其中 25 个是空间维，剩下一个是时间维。接着，在格林（Michael Green）和许瓦兹（John Schwarz）1984 年的理论进展的影响下，弦论家们设法借助超对称性（见 1.14 节，但 1.6 节已经提到过）将空间维减少到 9（费米弦），但这样的空间维缩减对我要提出的问题没什么影响（因为它并没将空间维减少到我们直接感受的 3）。

在我努力去认识弦论各家进展的过程中，还遇到一点潜在的困惑，特别是在理解函数自由度问题的时候。问题在于，关于究竟什么是时空维度，我们的观点常常游移不定。我想其他众多旁观者在费力去理解弦论的数学结构时，肯定也有同样的疑惑。我们有着某个特定维数的环境时空的思想，在弦论中的角色似乎不如在传统物理学中那么重要，当然也不是我满意的那类角色。尤其困难的是评估一个物理学所包含的函数自由度，除非我们对它真实的时空维度有一个明确的概念。

为更明确这个问题，我还是回到初始弦论特别诱人的一面（如

1.6 节概括的）。就是说，弦的经历可以看成黎曼曲面，即复曲线（见 A 10），从数学观点看，这是特别精美的结构。有时我们就用名词"世界片"来说这种弦的历史（类似于传统相对论中粒子的世界线的概念；见 1.7 节）。在弦论之初，人们有时是从 2 维共形场论的观点来看弦 [Francesco et al. 1997；Kaku 2000；Polchinski 1994，第一章；2001，第二章]，这样，大致说来，弦论时空就完全类似于一个 2 维世界片！（回想 1.7 节讲的时空背景下的共形概念。）这就给我们呈现这样一幅图景，它的函数自由度有如下形式（a 为一定的正数）：

$$\infty^{a\infty^1}$$

我们如何将它与普通物理学要求的更大的函数自由度 $\infty^{b\infty^3}$ 协调呢？

答案似乎在于，世界片通过某种幂级数的展开多少"嗅出"了周围的时空和附近的物理，其中所需的信息（有效的幂级数系数）会通过无限多个参数（其实是世界片上的全纯量，见 A 10）呈现出来。表面看来，[63] 那无限多个参数犹如在以上的表达式中让"$a=\infty$"，但这不起什么作用（因为 A 11 末尾提出的理由）。我想在这儿指出的，当然不是说函数自由度可能在某种意义上不相干或被错误定义。相反，我要说的是，对依赖于幂级数的系数或模式分析的某种方式建立的理论来说，完全不容易确定函数自由度是什么（A 11）。不幸的是，这种形式似乎常常就是人们对弦论的各种方法所采纳的东西。

一定程度上，弦论家中间好像流行一种观点，认为清楚地认识什么是时空维度，是至关重要的。在一定意义上，维度可以假定为一种能量效应，那么随能量的增大，系统有可能接近更多的空间维。于是可以认为，存在隐藏的维度，能量越高，显露的维度越多。这幅图景的模糊不清令我有些许困惑，特别是关于理论内在的函数自由度问题方面。

有个例子出现在所谓的"杂化"弦论。理论有两个形式，分别叫 HO 理论和 HE 理论。两者的区别对我们现在无关紧要，但我等会儿还是想说几句。杂化弦论的奇异特征是，它似乎同时活动在 26 个时空维和 10 个时空维（后者伴随超对称），就看我们关心的是弦的左行激发态还是右行激发态 —— 这种（依赖于弦的必须赋予的方向的）区别也需要解释，我过会儿再说。假如我们想知道其中的函数自由度（就眼下说，把每个纲领都当经典理论处理），那么维度的矛盾将给我们带来很多问题。

对这个显然的困境，官方的解决办法是认为两种情形的时空都是 10 维的（1 维时间和 9 维空间），但还有额外的 16 个空间维，在两种情形下不得不以不同的方式来处理。就左行激发态说，所有 26 维一起考虑，作为弦可以在其中扭摆的时空。然而，对右行激发态来说，26 维中的不同方向要以不同方式来解释。其中 10 个是弦扭摆的方向，其余 16 个则被认为是纤维的方向。所以，就弦来说，这幅图景在右手振动模式下就是一个 10 维基空间加 16 维纤维的纤维丛（A7）。

与一般的纤维丛情形一样，一定有伴随纤维的对称群，对 HO 理论来说就是 SO（32）（32 维空间里球面的非反射旋转，见 A7），对 HE 理论来说就是群 $E8 \times E8$，这里 $E8$ 是一类有着特殊数学意义的对称群，叫例外简单连续群。当然了，这种例外单群 —— $E8$ 是其中最大也最迷人的——特别的内在的数学意义，激励着一帮人走上了美学的方向（见 1.1 节）。然而，从函数自由度的观点看，重要的问题是，不论在纤维丛描述中用哪个群，自由度都有 $\infty^{a\infty^9}$ 的形式，适用于弦振动的费米（右行）模式；而要适合玻色（左行）模式，自由度的形式应该是 $\infty^{b\infty^{25}}$。这与我们以前遇到的一个问题有密切的联系：我们曾考虑过原始的卡鲁扎-克莱因理论（或外尔的圆丛理论，见 1.8 节）的函数自由度（形如 $\infty^{8\infty^3}$）与完全 5 维时空理论的函数自由度（形如 $\infty^{b\infty^4}$）之间的差别。这里，必须明确区分丛（具 r 维纤维 $\mathcal{F}$）的总空间的维度 $d+r$ 与 d 维基空间 $\mathcal{M}$ 的维度。详细描述见 A7。

以上问题关乎时空整体所具有的函数自由度，与其中出现什么样的弦世界片毫不相干。不过，我们这里真正感兴趣的是在那个时空中的弦世界片具有的自由度（见 1.6 节）。对某些位移模式（如费米模式）来说，时空呈现为 10 维，而对另外的模式（如玻色模式）它却是 26 维。怎么会这样呢？对玻色模式，图像一目了然。弦可以在时空里扭摆，函数自由度为 $\infty^{24\infty^1}$（"1"的来源是，即使弦世界片是 2 维曲面，我们也只考虑右行激发态的 1 维空间）。但是当我们考虑费米模式时，我们要把弦看成是栖息在 10 维"时空"里，而不是"坐在"它的 26 维纤维丛上。就是说，弦必须把丛的那些纤维戴在自己身上。这是与玻色[65]模式截然不同的实体，弦自己成了它栖息的 26 维时空丛的总空间里的 18 维子丛。（这个事实没得到正式认可。有效时空是 26 维丛的 10 维因子空间——见 1.10 节图 1.32 和 A7，所以弦世界片也必须是因子空间，这时是 18 维子丛的因子空间。）在这些模式中，函数自由度仍然是 $\infty^{a\infty^1}$（这里 a 依赖于丛的群），但现在的几何图像完全不同于玻色模式了。玻色模式的弦要看成是 2 维的世界管（如图 1.11），但费米模式的弦从技术上看应该是总维度为 18（=2+16）的子丛！我发现很难为它的活动构想一幅和谐的图景，我也没见过有谁恰当讨论过这些几何问题。

除了考虑周围时空以外，我这里还应该把左行和右行模式的几何性质说得更明确些，因为这引出了另一个我还没说的问题。我提到过弦世界片可以看作黎曼曲面的诱人事实。然而以上的描述却不是这样的。我用了量子（场）论的一个很普通的技巧（这里也还在用着），借助一种叫*维克旋转*的方法，只是一直没明确指出而已。

*维克旋转*是什么呢？是一个数学过程，起初是为了将闵可夫斯基时空 $\mathbb{M}$（即狭义相对论的平直时空，见 1.7 节末）中的不同量子场论问题转换为常常更好处理的普通欧几里得 4 维空间 $\mathbb{E}^4$ 中的问题。这想法源自如下的事实：如果标准的时间坐标 t 代以 it（$i = \sqrt{-1}$，见附录 A9），则相对论的洛伦兹时空度规 $\mathbf{g}$ 就转换为欧几里得空间中的（负）度规。这个技巧有时也叫欧几里得化，通过一种解析延拓过程（见附录 A10 和 3.8 节），它又可以转换回去，成为闵氏时空 $\mathbb{M}$ 的一个解。维克旋转思想如今在量子场论中太普通了，在五花八门的情形中几乎成为不言而喻的自动过程，而其有效性从未遭遇质疑。诚然，它用途广泛，但也绝非万能。最特别的是，它在广义相对论的弯曲时空背景下疑点重重，几乎不能用于通常的情形，因为不存在*自然的*时间坐标。在弦论中，这既是 10 维时空中的问题，也是一般弯曲时空和弦世界片上的问题[1]。

---

1. 维克旋转的一个有趣的变种用于哈特尔–霍金的时空量子化方法［Hartle and Hawking 1983］，但那严格说来是一个截然不同的过程，有其自身的问题。

　　在我看来，这类困境引发的问题尚未真正在弦论中得到充分解决。不过，我们暂且忽略一般的问题，来看看弦世界片的欧化效应会带来什么结果。我们可以将弦的历史形象化为以某种方式运动的一个圈（不超过局地的光速）。那么它的世界片是一个类时 2 维曲面，从周围时空的 10 维洛伦兹度规继承下一个 2 维洛伦兹度规。2 维度规为世界片的每一点赋予一对零方向。我们紧贴着这个或那个零方向绕一圈，会得到世界片柱面上的右旋或左旋的螺旋零曲线。沿这两族曲线不变的激发态将生成前面所说的右行或左行模式（图 1.30b）。然而，这样的柱形世界片不会分叉形成我们需要的如图 1.11 所示的图景，因为洛伦兹结构在管道分叉处会出问题。这种拓扑只能出现在图 1.30a 的欧化弦，它们是黎曼曲面，具有黎曼型度规，没有零方向，可以解释为复曲线（见附录 A10）。现在，欧化的右行或左行模式分别对应于黎曼曲面上的全纯或反全纯函数（附录 A10）。[67]

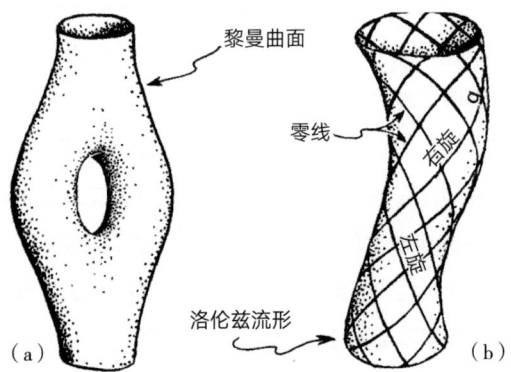

图 1.30　本图对比了弦世界片的两个不同观点。在（a）我们看到黎曼曲面的世界片，可以分叉然后以不同方式光滑相融。在（b）我们以更直接的方式描绘了作为 2 维洛伦兹流形的（类时的）弦历史，可以画出左行和右行模式的激发态，但不能分叉。我们想通过维克旋转来联系这两个图，但那个过程在广义相对论弯曲时空背景下是很有问题的

　　本节关注的函数自由问题，在我读过的标准文献中，似乎没有在弦论考虑中得到严肃的阐释。这样有直接物理意义的问题，在弦论中也不是唯一的。实际上，我也没看出它与前面提到的基本却高度可疑的维克旋转过程所引发的几何问题有多大关系。我感觉，从弦论观点生出的许多明显的几何和物理问题，从来就没有恰当地讨论过！

　　例如，在杂化弦论的情形，弦一定是闭合的，意味着它们没有洞。(见 1.6 节，特别是 1.16 节。) 如果想以直接的物理方式考虑这些弦 —— 就是说，在玩儿维克旋转的"特技"之前 —— 则我们必须认为弦的世界片是类时的 (如图 1.30b)。假如世界片是无孔洞的，则它必然继续是向未来无限延伸的类时管。认为它缠绕着"微小的"额外维是毫无意义的，因为那些维度都是类空的。它只能向未来无限延展，而并不真是闭合的。这也是我所见的任何弦论描述都没有恰当解决的众多问题之一。

　　如何从普通的物理学概念来看弦论呢？竟然没有一幅和谐的几何图像，我看这是非常怪异的事情，更何况那理论还常常被奉为什么万物之理。而且，与这些考虑中几何和物理图像缺失形成鲜明对比的是，弦论有着高度精巧的几何与 6 维流形的极其精细的纯数学分析 —— 通常即卡拉比–丘空间，见 1.13 和 1.14 节，人们认为它们生成了弦论的和谐所需要的普朗克尺度的额外 6 个卷曲空间维。如此的一幅图景，一方面是几何的大杂糅，另一方面却似乎无视总体的几何一致性，但为物理学群体的大部分所接受，这在我看来也是极端困惑的！

68　　在下面两节的函数自由度讨论中，我将在 10 维时空下说话，但论证并不针对特定的维数。1.11 节关于额外维极不稳定的经典论述，也适用于至少具有 2 个额外（微小）空间维并满足 10 维爱因斯坦（$\Lambda=0$）真空方程 $^{10}\mathbf{G}=\mathbf{0}$（时间维保持为 1）的任何超维理论。在标准文献中也有论证指出，原始的 26 维玻色弦论其实也是极不稳定的，但那与我这里的论证（适用面更广）没什么特别关系。

1.10 节的论证与 1.9 节有着截然不同的特征，它针对的是人们常说的一个量子力学论证：微小的额外空间维不会受未来任何可能尺度的能量的激发。这个论证仍然不限于特定的额外空间维数，但为明确起见，我也用时下流行的 10 维理论的语言来说话。不论哪种情形，我都不关心超对称性，于是这些几何概念仍然是图像清晰的。我假定超对称的存在不会剧烈影响论证，因为所给的这些论证可以阐明几何的非超对称"体"（见 1.14 节）。

在所有这些论证中，我都采纳了似乎是弦论所要求的观点，即额外空间维是完全动态的。于是，尽管弦论家们常说弦论的额外维与卡鲁扎和克莱因引入的额外维存在某些相似，我还是要强调原始的卡鲁扎－克莱因纲领与弦论家们所想的有着根本的差别。在我所见的所有形式的高维弦论中（或许除了与本节开头描述的杂化模式的 16 个不和谐维度有关的理论），其实并不存在任何类似于卡鲁扎－克莱因理论所采用的额外维中的旋转对称的东西 —— 实际上，这种对称被隐性地否决了 [Greene 1999]。相应地，对现在约定的 10 维理论来说，弦论的函数自由度可能是过分超额了，大约为 $\infty^{k\infty^9}$ 而不是我们为现实的物理理论所预期的 $\infty^{k\infty^3}$。关键的一点在于，在卡鲁扎－克莱因理论中，我们不能自由地沿着额外空间维（S^1）任意改变结构（因为受

⁶⁹ 旋转对称的约束），而在弦论中，那个自由度是明确容许的。正是这一点决定着弦论会出现过量的函数自由度。

　　这个问题，就经典（即非量子）考虑来说，我从没见有哪个专业的弦论家说清楚过。另一方面，则有人指出那些考虑与弦论无关，因为它们只能从量子力学（或量子场论）而不是经典场论的观点来说明。实际上，当额外 6 维 "小" 空间的过量自由度问题出现在弦论家们面前时，常常被一般性的量子力学论证（在我看来基本是错的）轻描淡写地消去。我将在下一节讨论这种论证，然后（在 1.11 节）我自己举一个例子，那论证并非全然不可信，但弦论家额外空间维的逻辑结果却是完全不稳定的宇宙，其中的额外维将发生动力学坍缩，导致我们熟悉的宏观时空几何的灾难后果。

　　这些论证主要牵涉时空几何本身的自由度，在高维时空流形定义的其他领域也有一个独立但密切相关的关于过量函数自由度的问题。我将在 1.10 节的末尾简短地讨论这些问题，偶然也提出与实验状态的一定关联。我将在 2.11 节略谈一个相关的问题，尽管还有多少不确定的东西，但也涉及一些堪忧的问题，我也没见别人谈过，值得进一步研究。

1.10　函数自由的量子障碍？

　　本节（及以下）我将提出一个论证，在我看来，它呈现了一个非常有力的例证，说明我们在超维空间的理论中，即使在量子力学背景下，也躲不过超额函数自由度的问题。这个论证基本上就是我在 2002 年 1 月举行的霍金 60 大寿纪念会上的演讲 [Penrose 2003]，也见《通向实在之路》31.11 和 31.12 节，但这里的形式更强健。首先，为了理解相关的量子问题（以通常形式呈现的），我们需要从标准的量子理论过程获取更多的东西。

考虑一个简单的量子系统，如一个静止的原子（例如氢原子的系统）。[70] 基本上说，我们发现原子存在大量不同的分离的能级（如氢原子的电子的不同容许轨道）。系统有一个最低能量状态（叫基态），原子的任何其他定态（具有比基态更高的能量）最终都会通过发射光子而衰变到基态 —— 只要原子所处的环境不是"太热"（即能量太高）。（在某些情形，存在一定的选择法则，会禁止某些转化，但这不影响一般的讨论。）反过来说，假如有足够的外来能量（通常以所谓的光子浴的电磁能形式，在量子力学语境下也就是光子）并且转移到原子，则原子将从能量较低的态（如基态）提升到能量更高的态。在所有情形下，每个所涉光子的能量 E 都关联一个特殊的频率 v，遵从著名的普朗克公式 $E=hv$（见 1.5，1.8，2.2 和 3.4 节）。

现在回看弦论的超维时空问题。弦论家们在窘迫时，似乎普遍表现出一种自满，说那些存在于额外空间维的（巨大的！）函数自由度，不管以什么方式，绝不会跑到我们寻常的空间环境里来。这是因为他们认为那些关乎额外 6 维空间变形的自由度能成功躲过外来的激发，因为激发那些自由度所需的能量实在太高了。

实际上，额外空间维有些特殊的变形不用外来能量也可以激发起来。10 维时空就是这样的情形，其中 6 个额外空间维是卡－丘空间（见 1.13 和 1.14 节）。那种变形叫零模式，它们为弦论家提出了一些公认的问题。这些零模式不要求我这里关心的超额函数自由度，我将在 1.16 节讨论它们。在本节和下节里，我只关心那些确实需要激起全部超额函数自由度的变形，它们需要极高的能量来激发。

为估计所需能量尺度，我们再用普朗克公式 $E=hv$，取频率 v 为信号沿额外维传播时间的倒数量级，这是不会太错的。现在来看，那些小小额外维的尺寸依赖于我们用什么样的弦论。在原始的 26 维理论中，我们满可以认为其量级为 10^{-15} m，其所需能量将在 LHC 的范围内（见 1.1 节）。而在新的 10 维超对称弦论中，所需能量要高得多，远远超出了那个地球上最强大的粒子加速器（LHC）或任何其他设想的粒子加速器的能力。在这种类型的弦论（旨在以严格方式解决量子引力问题）中，能量约为普朗克能量（与普朗克长度关联的能量）级，简单的讨论见 1.1 和 1.5 节，更详细的讨论见 3.6 和 3.10 节。于是，人们通常认为需要某种至少能将单个粒子加速到那么大能量的过程 —— 犹如一颗巨大炮弹爆炸释放能量 —— 才可能从基态激发额外空间维的自由度。至少对额外维那么小的弦论来说，这些维度对眼下可见的任何方式的激发都有着实在的免疫力。

还可以顺带说一下，有些形式的弦论（通常认为在主流之外），其额外维可以认为大如毫米级的尺度。这些理论的所谓优点是它们能经受观测的考验 [见 Arkani - Hamed et al. 1998]。可是，从函数自由度的观点看，它们遭遇了一个特别的难题：即使用现有的加速器能量，也很容易激发那些"大"震荡能量。我特别感到模糊的是，这些理论的支持者们为什么不担心随之而来的、已然显现的那么大数量的函数自由度。

我还得说（理由在下面说明），我发现，关于额外空间维（即使是普朗克尺度）函数自由度会免于激发的论证，是完全不能令人信服的。因此，我不能太看重额外维自由度在我们目前宇宙能量的"寻常"环境下免受激发的结论。我的怀疑有多个理由。首先，我们要问，为什么要认为普朗克能量在这样的环境下是"大的"呢？我猜测人们倾向的图景就像粒子加速器中的过程，能量从类似高能粒子的主体注入进来（类似于光子将一个原子从基态提升起来）。但我们要记住，弦论家[72]呈现的图景却是，时空 —— 至少当额外维处于其基态时 —— 应视为一个乘积空间 $\mathcal{M} \times \mathcal{X}$（见 A7 节图 A25），其中 $\mathcal{M}$ 多少类似于我们寻常的 4 维时空经典图像，而 $\mathcal{X}$ 是额外"小"维的空间。在 10 维形式的弦论中，$\mathcal{X}$ 通常是卡丘空间，一种特殊的 6 维流形（我们将在 1.13 和 1.14 节细说）。假如额外维本身会被激发起来，则相关的时空"激发模式"（见 A11 节）将呈现为我们高维时空的 $\mathcal{M} \times \mathcal{X}'$ 形式，其中 $\mathcal{X}'$ 为扰动（即"激发"）的额外维系统。（当然，在某种意义上，我们要将 $\mathcal{X}'$ 视为"量子"而非经典的空间，但这不大影响讨论。）我这里想指出的是，在将 $\mathcal{M} \times \mathcal{X}$ 扰动成 $\mathcal{M} \times \mathcal{X}'$ 中，我们是在扰动整个宇宙（$\mathcal{X}$ 的每一点所涉及的整个 $\mathcal{M}$ 空间），因而当我们考虑影响扰动模式所需能量为"大"时，必须在宇宙为整体的背景下来思考。在我看来，要入注的能量量子一定遭受局域高能粒子的影响，是很没道理的。

除此之外，我们还要考虑到某些形式的大概可能是非线性（见 A11 和 2.4 节）的不稳定性，会影响（高维）宇宙作为整体的动力学。关于这一点，必须说清楚，我并不认为决定 6 个额外空间维的"内"自由度的动力学独立于决定寻常 4 维时空行为的"外"自由度的动力学。为了名正言顺地将两者都视为一个整体"时空"的组成部分，需要一个在同一纲领下的决定两组自由度的动力学（而不是什么将前者作为后者的"丛"，见 A7 和 1.9 节）。实际上，有种形式的爱因斯坦方程就可以认为确定了两组自由度的整体演化，我想那终归也是弦论家心目中的图像，至少在经典水平上是的，其整个 10 维时空的演化很好地由 10 维爱因斯坦真空方程 $^{10}\mathbf{G} = \mathbf{0}$ 来逼近（见下面 1.11 节）。

我将在 1.11 节讨论这个经典的不稳定性问题，现在讨论的关乎量子问题，其结果是，为了严格弄清稳定性问题，我们必须洞彻经典图像。[73] 在整体宇宙动力学的背景下，普朗克能量一点儿也不大，而是极其微小。例如，地球绕太阳的运动所涉动能大约比它高亿亿亿（10^{24}）倍！我奇怪的是，这么大的能量，随便一点就远远超过普朗克能量，竟没在地球尺度——或更大的包含整个日地系统——的某个空间区域 $\mathcal{M}'$ 里，对空间 $\mathcal{X}$ 有些许扰动。因为在相对大的区域上扩张，那个能量的密度在 $\mathcal{M}'$ 中会变得极其微小（图 1.31）。相应地，这些额外空间维（$\mathcal{X}$）的几何几乎不会在 $\mathcal{M}'$ 上因普朗克尺度的能量扰动而改变，我却没看出丝毫理由，为什么我们自己的局域时空几何 $\mathcal{M}' \times \mathcal{X}$ 不会被扰动为某个如 $\mathcal{M}' \times \mathcal{X}'$ 的几何——在 $\mathcal{M}'$ 之外与 $\mathcal{M} \times \mathcal{X}$ 的其余部分光滑连接，而 $\mathcal{X}'$ 与 $\mathcal{X}$ 的几何之间的差别微乎其微，远小于普朗克尺度。

主宰整个 10 维空间的方程会使 $\mathcal{M}$ 的动力学与 $\mathcal{X}$ 的动力学耦合作用，因此 $\mathcal{X}$ 几何的局域的微小变化应是宏观时空几何 $\mathcal{M}$ 的局域（$\mathcal{M}'$ 邻 [74] 域）扰动的结果。而且，耦合是相互的。相应地，借助普朗克尺度的自由度源源不断流出的潜在额外维自由度——偶尔也包含大时空曲率——将对宏观动力学产生巨大的效应。

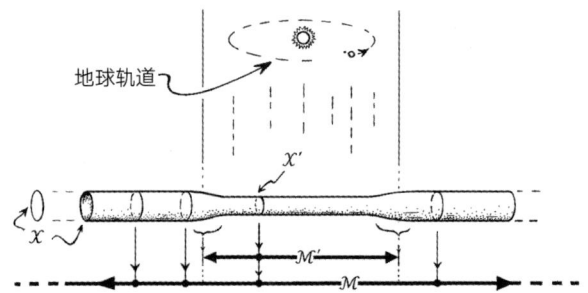

图 1.31 为激发弦论的微小紧缩 6 维额外维空间 χ，需要大约普朗克尺度那么一点的能量，而地球绕太阳运动的能量比这大得多。这里，$\mathcal{M}$ 为我们的普通 4 维时空，$\mathcal{M}'$ 为其相对较小的部分，包括地球的轨道运动。地球运动能量对时空扰动的微小份额，都足以将 χ 扰动成略微不同的空间 χ'，在区域 $\mathcal{M}'$ 上扩张

不过，也有来自超对称的论证认为，基态 χ 几何是被高度限制的（如必须限于所谓的 6 维卡丘空间，见 1.13 和 1.14 节），这就不会影响它在动力学状态下发生几何改变的倾向。例如，当爱因斯坦方程 [10]$\mathbf{G=0}$ 用于局限于形如 $\mathcal{M} \times \chi$ 空间的几何时，将对 χ 几何本身（以及 $\mathcal{M}$ 的几何）强加限制条件，这种特殊的乘积形式在一般的动力学条件下是不会持续存在的 —— 实际上，几乎所有函数自由度都表达为不具乘积形式的解（见 A11 节）。于是，不管什么准则来规定额外维在基态必须具有某样特殊的几何结构（如卡丘空间），我们都不能指望它能在完全的动力学状态下维持。

这里还需要澄清一点，关乎我以前拿原子的量子跃迁来比较，因为我在本节开头讨论静止原子时忽略了一个技术问题。准确地说，原子处于静止，是指它的状态（波函数）必须（技术上说）均匀地在整个宇宙扩展（因为静止，它必须是零动量的，这样才有均匀性；见 2.13 和 4.2 节），这有点儿类似 χ（或 χ'）在乘积 $\mathcal{M} \times \chi$ 的宇宙中均匀扩展。

这会不会以什么方式否定我前面的讨论呢？我看不会。这些涉及单个原子的过程总归是局域事件，其中原子态的变化受某些局域过程的影响，例如与其他局域实体（如光子）的相遇。静态（或与时间无关的波函数）原子在技术上应视为整个宇宙的扩展态，这个事实与具体的计算方式无关，因为我们通常只是相对于系统的质心来做空间考虑的，没有前面说的困难。

然而，普朗克尺度空间 χ 的扰动，情形就大为不同了，因为 χ 的基态就其本性而言必不会局限于我们寻常时空 $\mathcal{M}$ 的任何特殊位置，而应该无处不在，穿透整个宇宙的时空。χ 的几何量子态将影响发生在遥远星系的具体物理学过程，正如它影响地球上的过程一样。弦论家认为，相对于实际可能的能量来说，普朗克尺度能量要大得多，而在我看来，激发 χ 在诸多方面都是不合适的。这些能量不仅通过非局域的方式（如地球运动）源源不断地来，假如我们想象 χ 真会通过如此的粒子跃迁（或许归功于某项制造普朗克能量粒子加速器的先进技术）而转换为激发态 χ'，为新的宇宙态引来空间 $\mathcal{M} \times \chi'$，这显然是荒谬的，正如我们不能指望天鹅座星系的物理学能瞬间为地球上的事件发生改变！我们应该考虑更温和的、以光速向外传播的地球附近的事件。这些事件可以更合理地用非线性经典方程来描述，而不需要陡峻的量子跃迁。

如此考虑来说，我要回到前面提到的问题，看看在 $\mathcal{M}$ 的一个相当大的区域 $\mathcal{M}'$ 上延展的普朗克尺度的能量量子，会以怎样的方式遂愿地影响该区域上的 χ 空间的几何。如前面指出的，χ 几乎不怎么受影响，而区域 $\mathcal{M}'$ 越大，此区域上的 χ 所需的改变越小，那变化在我们看来就是受普朗克能量的事件扩张的影响。相应地，假如我们想看 χ 在形态或大小上确实发生的巨大变化（它将$\mathcal{X}$变成了截然不同的空间$\mathcal{X}^*$），我们就要去考虑远大于普朗克尺度的能量（当然，如此能量在我们熟悉的物理宇宙中是取之不尽的，如地球绕太阳运动的能量）。这些能量不是来自单个"极小"的普朗克尺度能量的量子，而是来自大量源源不断流入$\mathcal{X}$的变化量子。为了在某个大区域上实现从$\mathcal{X}$到大不同的$\mathcal{X}^*$空间的变换，我们确实需要具备数量庞大的那种量子（如普朗克尺度或更大）。当我们考虑涉及如此多量子的效应时，现在通常是假定那些效应可以纯粹用经典方法（即无须量子力学）来描述。

实际上，我们将在第 2 章看到，如何能从量子事件的多样性生出经典性来，这个问题确实引出了一串深层的问题，关乎量子世界以何种方式与经典世界发生联系。至于经典性（的出现）是否只是因为涉及了大量的量子或者别的什么准则，倒真是一个有趣（也有争议）的问题，[76] 我也要在 2.13 节来具体讨论。然而，就眼下的讨论来说，问题的微妙也没什么特别的关系，我也只是说，用经典论证来说明时空$\mathcal{M} \times \mathcal{X}$的扰动（它确实巨大地改变了空间$\mathcal{X}$）问题，应该认为是有道理的。我们在下节会看到，这给额外空间维引出了严峻的问题。

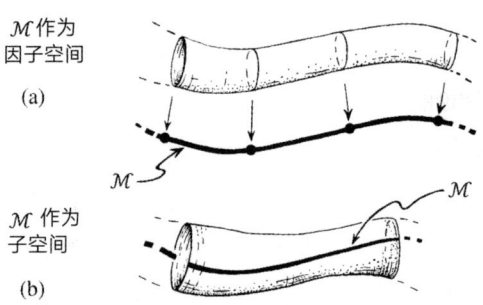

图 1.32 （a）$\mathcal{M}$作为因子空间与（b）$\mathcal{M}$作为子空间的对比

但在讨论这些难题——尤其是弦论生出的超空间维的特殊形式——之前，我觉得应该先看一种实验情形，人们有时拿它来类比我们在前面考虑的问题。那种情形的一个例证就是著名的量子霍尔（Hall）效应 [von Klitzing et al. 1980; von Klitzing 1983]，那是人们早就确立的一种发生在普通 3 维空间物理的 2 维量子现象。在这个现象中存在一个强大的能量壁垒，将相关系统约束在一个 2 维曲面，而这个低维世界的量子物理，由于没有足以超越壁垒的能量，对额外的第 3 个空间维来说可以是浑然不觉的。于是，有人指出，我们可以认为这类例子为可能发生在弦论的超维事件提供了类比，我们寻常的 3 维空间物理，对它所在的 9 维空间世界来说，也同样是无知无觉的，这是因为存在强大的能量壁垒。

然而，这是一个地道的错误类比。上面的例子其实更适合 1.16 节的膜世界观，其低维空间是高维空间的子空间而非我前面讨论的与标 77 准弦论相关的因子空间（如上面的 $\mathcal{M} \times \mathcal{X}$ 表达中，$\mathcal{M}$ 就是一个因子）。见 A7 和图 1.32。$\mathcal{M}$ 作为因子空间（不同于子空间），还与下节的讨论有关。但子空间图像则与截然不同的膜世界图像相关，我们将在 1.16 节做更完整的描述。

1.11　高维弦论的经典不稳定性

现在来看 1.10 节的问题：形如 $\mathcal{S} = \mathcal{M} \times \mathcal{X}$ 的经典时空的稳定性问题，其中 $\mathcal{X}$ 是小尺度的紧致空间。尽管我的论证并不十分确定空间 $\mathcal{X}$ 的性质，我还是用 $\mathcal{X}$ 为紧致 6 维空间（即著名的卡丘流形，我将在 1.13 和 1.14 节细说）形式的弦论来说明，那么 $\mathcal{S}$ 为 10 维时空。其中涉及一些超对称的元素（1.14节），但它们在我下面的经典讨论（可认为适用于系统的"体"部分）中不起任何作用，所以我现在擅自将超对称忽略不计，到1.14节再考虑它。实际上，我要的 $\mathcal{X}$，基本上说只需要满足至少是2维的，这当然也是当下弦论的倾向，尽管我要的时空 $\mathcal{S}$ 应满足一定的场方程。

我在前面提过（1.10节），根据弦论，确实应该存在某些场方程适于高维空间 $\mathcal{S}$ 的度规。在一级近似下，我们可以考虑 $\mathcal{S}$ 满足的方程组就是爱因斯坦真空方程 $^{10}\mathbf{G} = \mathbf{0}$，$^{10}\mathbf{G}$ 是从 $\mathcal{S}$ 的 10 维度规构造的爱因斯坦张量。这些方程是加给时空 $\mathcal{S}$ 的，弦必须处于那个时空才能避免反常——即1.6节所指的那种令理论家们提高时空维度的反常。实际上，在 $^{10}\mathbf{G} = \mathbf{0}$ 中的 "$^{10}\mathbf{G}$" 只是小量 α' 的幂级数展开的第一项。这个 α' 叫弦常数，是一个极小的面积参数，通常认为只是略大于普朗克长度（见1.5节）的平方：

$$\alpha' \approx 10^{-68}\,\mathrm{m}^2.$$

于是，我们有某种幂级数形式的 $\mathcal{S}$ 的场方程（A10）：　　　78

$$\mathbf{0} = {}^{10}\mathbf{G} + \alpha'\mathbf{H} + \alpha'^2\mathbf{J} + \alpha'^3\mathbf{K} + \cdots,$$

其中 $\mathbf{H}$，$\mathbf{J}$，$\mathbf{K}$ 等应从黎曼曲率及其各阶导数来构造。然而，由于 α' 非常小，高阶项在特定形式的弦论中通常都是忽略不计的（不过这种做法的有效性还存疑，因为没有关于级数收敛性和最终行为的信息，参见A10和A11节）。特别是，前面所说的卡丘空间（见1.13和

1.14 节）可以明确认为满足 6 维空间方程 $^6\mathbf{G}=\mathbf{0}$，只要假定标准的爱因斯坦真空方程对 $\mathcal{M}$ 也成立（对物质场的真空"基态"来说，这是合理的），这就引出对应的乘积空间 $\mathcal{M}\times\mathcal{X}$ 的方程 $^{10}\mathbf{G}=\mathbf{0}$。[1] 在这里，我都用不带任何 Λ 项的爱因斯坦方程（见 1.1 和 3.1 节）。在我们考虑的尺度下，宇宙学常数实际上是完全可以忽略的。

根据上面的讨论，我们假定真空方程 $^{10}\mathbf{G}=\mathbf{0}$ 确实适合空间 $\mathcal{S}=\mathcal{M}\times\mathcal{X}$。我们感兴趣的是，假如对"额外维"空间 $\mathcal{X}$（即卡丘空间）进行小扰动，会发生什么呢？需要说明的是，关于我考虑的扰动的性质，有一点很重要。在弦论群体中，有很多关于扰动的讨论，它们通过改变模（将在 1.16 节出现）将一个卡丘空间变形成为另一个略微不同的空间，在特殊的拓扑类型下定义了特定形式的卡丘流形。我们在 1.10 节提过的零模式，就属于改变那种模的数值的扰动。在这一节，我不特别考虑这类变形，它们不会超出卡丘空间族。在传统弦论中，通常认为必须留在这个空间族里，因为这些空间在超对称性准则（限制 6 个额外空间维来构造这种流形）下才是稳定的。然而，这些"稳定性"考虑旨在说明卡丘空间是满足超对称准则的唯一的 6 维空间。通常的稳定性概念是说，偏离卡丘空间的小扰动还会回到那样的空间，却没考虑这样的可能：如此扰动也许会离开那个空间族，最终导致奇异空间，不存在光滑的度规。实际上，正是后一种向奇异空间的"逃亡演化"才是以下论证的显然结果。

---

1. 两个（伪）黎曼空间（维数分别为 $\mathcal{M}$，$\mathcal{N}$）的乘积空间 $\mathcal{M}\times\mathcal{N}$ 的爱因斯坦张量 $^{m+n}\mathbf{G}$ 可表达为两个爱因斯坦张量 $^m\mathbf{G}$ 与 $^n\mathbf{G}$ 的直和 $^m\mathbf{G}\oplus{}^n\mathbf{G}$，这里 $\mathcal{M}\times\mathcal{N}$ 的（伪）度规定义为对应 $\mathcal{M}$ 和 $\mathcal{N}$ 各自（伪）度规 $^m\mathbf{g}$ 和 $^n\mathbf{g}$ 的直和 $^m\mathbf{g}\oplus{}^n\mathbf{g}$。（见 Guillemin and Pollack [1974]。更深入的方法见 Besse [1987]。）由此，当且仅当 $\mathcal{M}$ 和 $\mathcal{N}$ 的爱因斯坦张量都为零时，$\mathcal{M}\times\mathcal{N}$ 的爱因斯坦张量才为零。

　　为研究这一点，我们先明确一个基本情形，$\mathcal{M}$ 不受扰动，即 $\mathcal{M} = \mathbb{M}$，这里 $\mathbb{M}$ 是狭义相对论的平直闵可夫斯基 4 维空间（1.7 节）。因为 $\mathbb{M}$ 平直，可以另表达为乘积空间

$$\mathbb{M} = \mathbb{E}^3 \times \mathbb{E}^1$$

（见 A4 图 A8，这等于是将坐标 x，y，z，t 分组，先是 (x, y, z)，然后是 t）。3 维欧几里得空间 $\mathbb{E}^3$ 是普通空间（坐标 x，y，z），1 维欧几里得空间 $\mathbb{E}^1$ 是普通时间（坐标 t），后者不过是实直线 $\mathbb{R}$ 的复本。有了这种形式的 $\mathbb{M}$，整个（未扰动的）10 维时空 $\mathcal{S}$ 可以表达为（$\mathbb{M}$ 和 $\mathcal{X}$ 是 $\mathcal{S}$ 的因子空间）

$$\begin{aligned} \mathcal{S} &= \mathbb{M} \times \mathcal{X} \\ &= \mathbb{E}^3 \times \mathbb{E}^1 \times \mathcal{X} \\ &= \mathbb{E}^3 \times \mathcal{Z}, \end{aligned}$$

这不过是将坐标重新分组，其中 $\mathcal{Z}$ 是 7 维时空

$$\mathcal{Z} = \mathbb{E}^1 \times \mathcal{X}$$

（$\mathcal{Z}$ 的坐标是先时间 t，然后是 $\mathcal{X}$ 的坐标）。

　　我将考虑在 $t = 0$ 时将 6 维空间 $\mathcal{X}$（如卡丘空间）变成新空间 $\mathcal{X}^*$ 的一个小（但非无穷小）扰动，这里我们可将其看作沿 $\mathbb{E}^1$ 确定的时间方向的传播（时间坐标 t），这就得到一个演化的 7 维时空 $\mathcal{Z}^*$。眼下，我假定扰动只对 $\mathcal{X}$，额外的 3 维欧氏空间 $\mathbb{E}^3$ 保持不变。这与演化方程是完全一致的，但因为扰动肯定会随时间以某种方式改变 $\mathcal{X}^*$ 的 6 维几何，我

们并不指望 $\mathcal{Z}^*$ 会保持如 $\mathbb{E}^1 \times \mathcal{X}^*$ 的乘积形式。$\mathcal{Z}^*$ 的精确的 7 维几何取决于爱因斯坦方程 $^7\mathbf{G} = \mathbf{0}$。然而，整个时空 $\mathcal{S}$ 在演化中还会保持乘积 $\mathbb{E}^3 \times \mathcal{Z}^*$，因为只要 $\mathcal{Z}^*$ 满足 $^7\mathbf{G} = \mathbf{0}$，则完全的爱因斯坦方程 $^{10}\mathbf{G} = \mathbf{0}$ 依然为乘积空间所满足（因为平直空间 $\mathbb{E}^3$ 当然满足 $^3\mathbf{G} = \mathbf{0}$）。

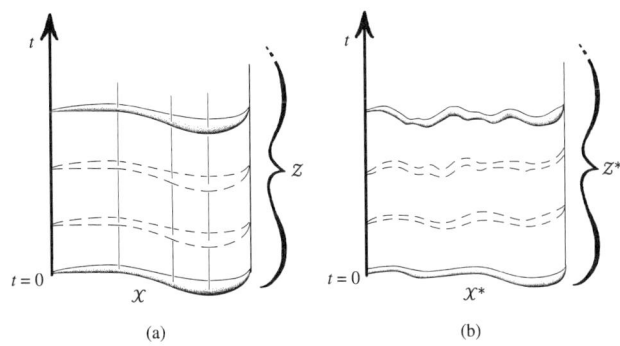

图 1.33 （a）小紧致空间 $\mathcal{X}$，卡丘空间在时间演化中保持不变，但当 $\mathcal{X}^*$ 遭小扰动时，它将演化为不同的空间（b）

6 维空间 $\mathcal{X}^*$ 为 $\mathcal{Z}^*$ 演化的初值曲面（图 1.33）。这时，方程 $^7\mathbf{G}{=}\mathbf{0}$ 沿时间未来方向（由 $t>0$ 决定）传播扰动。在 $\mathcal{X}$ 上还应满足一定的约束方程，要用严格的数学语言来确保这些约束方程在整个紧致空间 $\mathcal{X}^*$ 的每一处都得到满足，多少还是一个微妙的问题。不过，我们为 $\mathcal{X}$ 的如此初始扰动赋予的函数自由度还是

$$\infty^{28\infty^6},$$

表达式中的"28"来自将 $n{=}7$ 代入 $n(n{-}3)$，这是在一个初始 $(n{-}1)$ 维曲面上的每一点的独立初始数据分量，对爱因斯坦张量为零的 n 维空间来说，"6"是初始 6 维曲面 $\mathcal{X}^*$ 的维度 [Wald 1984]。这既包括了

x 本身的内在扰动，也包括了 x 嵌入 z 的外在扰动。当然，这个经典的自由度远远超过了函数自由度 $\infty^{k\infty^3}$，即我们对适用于寻常 3 维世界活动的物理理论所预期的自由度。

但问题远比这复杂，因为世界上所有这样的扰动都将导致 z 的奇异演化（见图 1.34）。大致说来，这意味着额外维肯定会皱起来，曲率 [81] 变成无穷大，于是经典方程的演化变得不复可能了。这个结论来自 20 世纪 60 年代末证明的数学的奇点定理——特别是霍金和我在 70 年代前夕确立的奇点定理 [Hawking and Penrose 1970]。定理特别强调，几乎任意包含 $(n-1)$ 维紧类类空曲面（这里即 6 维卡丘空间 x^*）但不包含闭合类时线圈的 n 维时空（$n \geqslant 3$），必然演化到一个时空奇点，只要时空的爱因斯坦张量 $^n\mathbf{G}$ 满足一个叫强能量条件的（非负）能量条件（这里当然是满足的，因为在整个 z^* 上 $^7\mathbf{G}=0$）。"几乎"与不包含"闭合类时线圈"的附带条件，在这里可以忽略，因为这些可能情形即使发生，也仅在自由度远低于 z 的一般扰动的例外条件下。

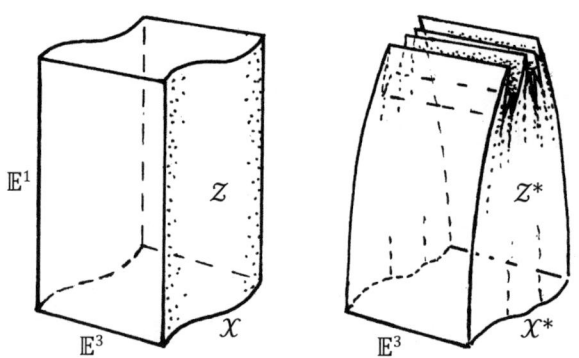

图 1.34 弦论额外维的经典不稳定性。根据霍金与作者 1970 年的一个定理，扰动的额外 6 维空间 x^* 的演化 z^* 几乎肯定是奇异的

还要做一点技术性说明。奇点定理并不是真的断言曲率一定发散到无穷大，而只是说，在一般情形下，演化不可能超出某个点。尽管原则上可能发生例外情形下的其他事情，依然可以预料，演化不能延续的一般原因还是曲率确实会发散 [Clarke 1993]。与此有关的是，这里假定的强能量条件，尽管为 $^7\mathbf{G} = \mathbf{0}$ 自动满足，但当我们考虑前面所说 α' 的幂级数的高阶项行为时，它却并不是理所当然的。不过，时下多数弦论似乎都在忽略 α' 高阶项的水平上考虑其行为，直把 $\mathcal{X}$ 作为卡丘空间。奇点定理告诉我们的是，只要额外维的扰动可以经典地处理 —— 这是我们前面 1.10 节的考虑得出的明确结论，当然是合理的做法 —— 我们就必须预想到，6 个额外空间维会出现暴烈的不稳定性，皱起来趋向一个奇点态。而在奇点之前，却必须认真把 α' 的高阶项甚至量子效应考虑进来。依赖于这个扰动尺度，我们满可以料想时间会"皱"成"一刹那"，这里我们要记住，普朗克时间（光经过普朗克长度的时间，见 1.5 节）不过是 10^{-43} 秒！不论额外维皱成什么，我们看见的物理也不一定非受它的破坏。弦论家们为我们宇宙孜孜以求的这幅 10 维时空图景，几乎是不会令人满意的。

这里还有一个问题需要指出，即以上考虑的扰动仅影响 6 个额外维，而宏观维（即 3 维欧氏空间）不变。实际上，在整个 9 维空间 $\mathbb{E}^3 \times \mathcal{X}$ 中，扰动的函数自由度远多于只影响 $\mathcal{X}$ 的扰动，它们的自由度是 $\infty^{28}\infty^6$。上面的论证似乎可以修正（不过方式很复杂），使同一个定理 [Hawking and Penrose 1970] 依然成立，得出同样的奇点结论，不过这时是针对整个时空 [《通向实在之路》注 31.46, 932 页]。除此以外，我们还清楚地知道，如果宏观 4 维空间的任何扰动相当于以上考虑的额外 6 维空间的扰动，对寻常物理来说一定是一个灾难，因为像 $\mathcal{X}$ 空间那么小的曲率简直不可能在我们看得见的现象中感知。这确实引出一个棘手的问题，在任何情形下，现代弦论都对它无能为力：如此异乎寻常的曲率尺度如何与我们共存却互不相干呢？在 2.11 节我们会重提这个问题。

1.12　弦论的时尚

这会儿，读者也许会疑惑，为什么在顶尖的理论物理学家群体中会有那么多人 —— 特别是那些为了更深入认识我们生活的世界的基础物理学奔走在前的人们 —— 如此看重弦论。假如弦论（及其后来的发展）真把我们引向一幅物理如此怪异的高维时空图景，它为什么还在那么大且那么卓绝的物理学家群体中继续引领时尚呢？它如何时尚，我等会儿再说。但要承认它有那样的时尚地位，我们就得问，为什么弦论家对高维时空的物理合理性的反驳（如 1.10 和 1.11 节列举的那些）无动于衷呢？其实就是，为什么它的时尚地位似乎根本不受那些合理性质疑的影响？

我在前两节概述的论证基本上是我 2002 年 1 月在英国剑桥纪念霍金 60 岁生日的纪念会上首次提出的 [Penrose 2003]。几个一流弦论家也听了我的演讲，第二天就有人 [特别是韦内齐亚诺（Gabriele Veneziano）和格林] 向我提了几个有关我的论证的问题。不过那以后几乎没听见什么回应或辩论 —— 当然更没见谁公开反驳我所提的思想。也许最积极的反响来自萨斯金，他在演讲后的午餐时对我说了意见（我尽量根据记忆逐字还原）：

　　　　　当然，你是完全正确的，但也彻底迷失了方向！

　　我真不知道该怎么解读他的话，但我想他表达的意思大概是这样的：虽然弦论家们大概准备承认某些未解的数学难题阻碍了他们理论的发展 —— 几乎所有这些在弦论群体里已然是公认的了 —— 但这些问题只是技术性的，不会真的阻碍进步。他们会说，这些技术问题一点儿也不重要，因为弦论走在根本正确的路线上；在这个领域里工作的人不该为那些数学细节浪费时间，甚至也不该在当下的发展时期拿些琐碎的问题来分心，否则他们会令现在或未来的弦论家们偏离圆满实现基本目标的路线。

　　在我看来，在一个任何时候都靠数学驱动（我稍后解释）的理论中，如此全然无视数学的和谐，简直是咄咄怪事。而且，我们将 84 在 1.16 节看到，我提出的特别的反驳当然远远不仅是对弦论作为一个可信的物理学理论的和谐发展的数学阻碍。即使想取代 1.5 节说的发散费曼图的所谓弦论计算的有限性也远未在数学上确立起来 [Smolin 2006，特别是 278 ~ 281 页]。他们显然对清晰的数学论证缺乏真正的兴趣，下面的话正好说明了这一点 [好像是诺贝尔奖得主格罗斯说的]：

　　　　　弦论显然是有限的，假如谁要拿一个数学证明来，我是不会去读的。

　　这话是阿斯特卡（Abhay Ashtekar）告诉我的，他也不完全肯定那就是格罗斯说的。然而有趣的是，2005 年我在华沙就这些问题做演讲，正当我打出这句话时，格罗斯走进了教室！于是我问他是不是他说的，他倒没有否认，不过接着承认他现在开始对那样的证明感兴趣了。

证明弦论为有限理论，摆脱传统量子场论（QFT）从标准的费曼图（和其他数学技术）分析生出的发散，这点希望无疑是弦论的一股动力。事实基本上是，在替代像1.6节图1.11那样的费曼图的弦计算中，我们可以玩儿黎曼曲面的"复数戏法"（A10和1.6节）。但纵然从某个特别的弦拓扑组合得到了预期的单个振幅的有限性，这本身也不能为我们带来一个有限的理论，因为每个弦拓扑只不过是一系列一个比一个复杂的弦图像中的一环而已。遗憾的是，即使一个个拓扑项都是有限的——正如上面那句话说的，这似乎是弦论家们的基本信心——拓扑系列作为整体却肯定是发散的，格罗斯本人都证明了［Gross and Periwal 1988］。虽然在数学上有些尴尬，弦论家们却乐于将那发散看成好事，它只证实了它的幂级数是"在错误的点"展开（见A10），从而说明了弦振幅的一个意料中的特别性质。不过，数学的尴尬似乎并未打消弦论直接用有限过程计算QFT振幅的希望。

那么，弦论有多时尚呢？我们来看它作为一种量子引力方法有多 [85]受欢迎（至少在1997年前后）——1997年12月，在印度普纳召开的国际广义相对论和引力论会议上，罗维里（Carlo Rovelli）在谈当时的不同量子引力方法时，报告了一个小测试。值得一提的是，罗维里原是竞争的量子引力论圈变量方法的创立者之一［Rovelli 2004］，也见《通向实在之路》第32章。他没有充当公正的社会学家，我们当然也可以质疑他的测试是否具有严格社会学研究的意义，但那并不重要，我在这儿也不担心。他是在洛杉矶档案中检索出每种量子引力方法在前一年发表的论文数。他的考察结果如下：

弦论	69
圈量子引力	25
弯曲空间的 QFT	8
晶格法	7
欧几里得量子引力	3
非对易几何	3
量子宇宙学	1
扭量	1
其他	6

我们由此看到，弦论不仅显然是最流行的量子引力方法，其流行度比其他方法加在一起还高。

后来，从 2002 到 2012 年，罗维里接着做了连续多年的考察，只是题目略加限制，只跟踪了三个相对流行的量子引力方法：弦论、圈量子引力和扭量理论（图 1.35）。从图可见，弦论仍然霸着最流行理论的位置——高峰出现在 2007 年，此后没有大的衰落。那几年的主要变化是圈量子引力的兴趣持续增长了。扭量理论的兴趣从 2004 年起也有可见（尽管不大）的增长，我将在 4.1 节指出其可能原因。不过，这些趋势也不适合过分解读。

86　　我在 2003 年的普林斯顿演讲中展示过罗维里 1997 年数表，人们

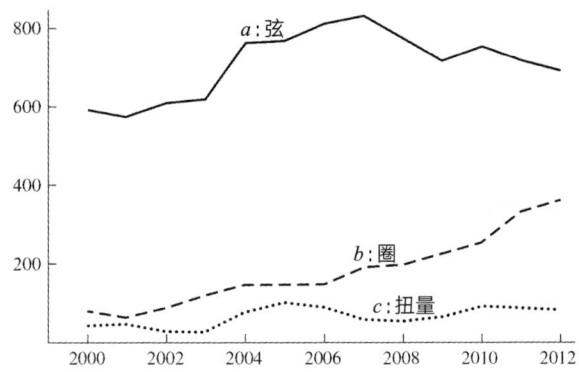

图 1.35 罗维里根据洛杉矶档案考察三个量子引力方法（弦、圈和扭量）在 2002～2012 年的流行度

告诉我那之后的弦论文要多得多，我也相信。实际上我们已经看到弦论在那些年似乎像狂飙一样流行开来。我也怀疑自己的宝贝（即扭量理论，见 4.1 节）在 1997 年得"−1"已然很幸运了，那时它更可能的分数应该是"0"。今天我怀疑非对易几何的分数应该比那时的"3"高得多，罗维里的后续调查却不含这个题目。当然，我应该毫不含糊地指出，这类数表并不说明个别设想与自然的真实有多大的亲密性，它们只告诉我们不同理论有多流行。而且，正如我将在第 3 章和 4.2 节解释的，在我个人看来，时下的量子引力方法没有一个能拿出什么理论来，能完全以大自然本来的方式融合广义相对论与量子力学这两大纲领。因为在我看来，可以理直气壮地说量子引力真不是我们应该追寻的东西！那名字其实意味着我们应该努力去寻找一个真正的适用于引力场的量子理论。同时我也认为，在涉及引力场时，量子力学本来的结构会遇到某种反作用。那样的话，我们获得的理论不是严格意义的量子理论，而是某种偏离现行量子化过程的东西（见 2.13 节）。

87　　　不过寻找适当量子引力理论的动力却是实实在在的。很多物理学家，特别是有抱负的青年研究生同学们，都怀着强烈愿望朝着那个崇高的目标奔去，统一 20 世纪两大革命理论：奇异壮丽的量子力学与爱因斯坦想落天外的引力的弯曲时空理论。这个目标常常被简化为量子引力，它是要将标准量子（场）论的法则用于引力理论（不过我将在2.13 和 4.2 节提出我自己迥然不同的统一观）。虽然我们实际上有理由认为现行理论没有一个接近那个目标，但弦论的支持者们似乎在信心满满地宣扬他们以自己的信条表达的观点：弦论是唯一的法门。正如弦论家玻尔钦斯基（Joseph Polchinski）[1999] 说的：

　　　　没有别的选择…… 所有好思想都是弦论的组成部分。

　　　另一方面，我们心里要明白，弦论是理论物理学研究的一个学派的产物。它是从粒子物理学和量子场论图景衍生出来的一个特殊文化，其突出的未解问题在本质上大约都是将发散的表示转换为有限的。这与那些浸淫于爱因斯坦广义相对论的人所形成的文化是迥然不同的。在那个文化里，一般原理被赋予了特别的意义。如最重要的（加速度与引力场效应的）等效原理（见 3.7 和 4.2 节）和广义协变性原理（见 A5 和 1.7节），是爱因斯坦理论的基础。又如量子引力的圈变量方法，基本上也以一般协变性的主导作用为基础，而弦论似乎要彻底把它忘了！

　　　我相信，像上面罗维里调查那样的考虑，只不过给人留下一个弦论及其流派（见 1.13 和 1.15 节）在众多追求物理学基础的理论工作者中一家独大的模糊印象。在全球大多数物理系和物理研究院所中，都有相当数量的理论家主要从事弦论或其派生理论。虽然弦论的独大境况近年有一定程度的委顿，想做基础物理（如量子引力）研究的同学还是主要被领进了弦论（或其他相近的高维理论），其代价是其他至少有着同样希望的方法被晾在了一边。然而，其他方法远不如弦论 88 出名，甚至不愿做弦论的同学都觉得很难去追其他理论，特别是因为缺少相关的导师（虽然在这方面圈量子引力近年似乎占却了大块领地）。在理论物理学圈子里（肯定很多其他研究领域也是），职场进阶的机制总是偏向进一步宣扬已经流行的领域，这些因素为弦论的时尚地位又锦上添花了。

　　为时尚宣传添砖加瓦的还有基金资助。基金委员会负责判断不同领域研究计划的相对价值，很可能受各领域当下利益大小的影响。实际上，很多委员会成员本人就可能身在那样的领域（如果它极端流行）——甚或还是其流行的鼓吹者——自然更可能看重流行的领域而忽略不流行的领域。这就滋生出一种内在的不稳定性，偏向于扩大流行领域的整体利益，而削减其他非流行领域。另外，现代电子通讯和喷气旅行更是让流行思想的传播长了翅膀，尤其在当今竞争激烈的世界，快速获取他人成果的需求，助长了人们急切利用他人成果去发展活跃领域，而不利于想打破成规的人——他们不得不长久地思考，艰难地推进严重偏离主流的思想。

　　不过，我开始隐约感觉到，至少在美国的一些物理学部门，有的东西已经达到饱和，别的科目应该在新的招聘成员中有更多的代表。弦论时尚有没有可能开始衰落呢？我本人的观点是，弦论的代表已经过剩多年了。我承认，弦论里有足够的东西令人着迷，值得继续发展，就它对众多数学领域的影响来说，尤其如此，其作用当然是非常正面的。

但它在基础物理学发展上的裹足不前，正在拖延，而在我看来已经阻碍了其他更有望最终成功的领域的发展。我相信，这个例子像 1.2 节讨论的那些过去的错误想法一样，让我们看见了时尚的力量对基础物理学发展有着多大的不正当影响。

89　　　说了这么多，我还要明确指出，在流行思想的追求中，总还是有些真正的好处的。一般说来，科学中只有那些在数学上和谐且得到实验观测支持的思想，才可能流行开来。然而，弦论是否满足这一点，至少还有争议。但就量子引力说，通常认为其观测检验远远超出了当下可用实验设备的能力，因而研究者几乎完全依赖于内在的理论推演，没有多少来自大自然的指引。经常为这种悲观论调寻找的理由是，普朗克能量的尺度远远超出了当下技术所能达到的水平（见 1.1，1.5 和 1.10 节）。于是，对寻求理论的观测证明（或否证）感到失望的量子引力理论家们，才发觉自己被赶着靠向数学的救命稻草，恰是这种对数学的力量和精美的感受，为理论的内容和合理性提供了基本准则。

这类超越当下实验检验的理论逍遥于正统的"实验裁决"的科学准则之外，通过数学（以及一些基本的物理动机）的裁决开始变得越来越重要。当然，假如发现了那样的理论，不仅具有美丽和谐的数学结构，还预言了新物理现象 —— 且接着证实它们与实验观测精确相符 —— 那么情形就大为不同了。事实上，我将在 2.13 节（和 4.2 节）宣传的那类理论，其引力论与量子论的统一将为今天的量子论带来一定的修正，就很能满足实验检验，而不游离在当今的技术能力之外。如果就那样生出一个可通过恰当实验来检验并得到那些实验支持的量子引力形式，我们相信它在科学上也能赢得高度的认同，理当如此啊。不过这就不是我说的时尚问题了，而是真正的科学进步。在弦论中，我们没看到这样的事情。

可能也有人想，在没有明确实验的情况下，数学不和谐的量子引力建议是不会留下的，所以那些建议的流行状态可以认为是其价值的指标。但我相信，为这类纯数学判断赋予过高信任是十分危险的。数学家不愿太牵扯作为对物理世界的理解的物理理论的可能性——乃至一致性——他们更愿意从理论在引入新概念和强技术方面的价值来评估 90 其数学真理性。

对弦论来说，数学判断特别重要，而且无疑在其引领时尚的地位中起着独特的作用。实际上，有大量来自弦论的思想进入了不同的纯数学领域。下面举一个突出的例子：从弦论考虑引出过一个数学难题［见 Candelas et al. 1991］，21 世纪初，我向伦敦帝国学院著名数学家托马斯（Richard Thomas）询问那个问题的情况，他答复我的电子邮件说：

> 我无法充分强调这些对偶性有多深刻，它们不断得到令我们惊奇的新预言。它们呈现出从来认为不可能的结构。数学家们自信地多次预言那些事情是不可能的，但坎德拉斯（Candelas）、德拉欧萨（de la Ossa）等人证明了那是错的。每一个做出的预言，经过适当的数学解释，都被证明是对的。迄今没有任何概念性的数学理由——我们也不知道它们为什么对，我们只是独立计算两边，然后真的在两边发现了相同的结构、对称性和答案。对数学家来说，这些事情不可能是巧合，而一定有更深层的理由。那理由就是假定那个宏大的数学理论描绘了自然……

托马斯所指的那个特别类型的问题关联着一些更深的数学思想，它们源自弦论发展中遭遇的某个问题的解决方式。这里有一个值得注意的故事，我们将在下一节的最后去讲。

1.13 M 理论

弦论在早期宣扬的一个特殊美德是它应该为我们提供一个独一无二的物理学纲领。这个希望叫喊很多年了，后来却声响渐小，涌现出五个不同类型的弦论，分别叫 I 型，IIA 型，IIB 型，杂化 O（32）型和杂化 $E_8×E_8$ 型（我不想在这儿解释这些名字 [Greene 1999]，尽管1.9 节讨论过杂化模型）。这么多的可能性困扰着弦论家们。然而，杰出理论家威腾（Edward Witten）1995 年在南加州大学发表了一篇影响深远的演讲，把那些思想组成一个大家族，族中的所谓对偶的特定变换指出了那些不同弦论间的一种微妙的等价。这篇演讲在后来被看作引领了"第二次弦革命"（第一次弦革命发生在 1.9 节说的格林和施瓦兹的工作周围，是引入了超对称性，将时空维度从 26 降到 10；见1.9 和 1.14 节）。照这个想法，几个看起来迥然不同的弦论纲领背后存在一个更深层的而且可能还是唯一的理论 —— 虽然其数学蓝图尚不清楚 —— 威腾称它为 M 理论（"M"代表"大"（master）、"矩阵"（matrix）、"神秘"（mystery）、"母亲"（mother）或其他几种可能，全看研究者的想象力）。

M 理论的特征之一是，除了 1 维弦（及其 2 维时空历史）外，还需要考虑一般被称为膜的更高维结构，将普通的 2 维薄膜的概念推广到 p 个空间维，所以这种 p 膜有 $p+1$ 个时空维。（实际上，这种 p 膜早有人独立于 M 理论就研究过［Becker et al. 2006］。）上面说的对偶能成立，只是因为不同维的膜同时相互转换，就像用来充当各自额外空间维度的不同卡丘空间一样。这个思想拓展了弦论的本来意思 —— 当然也说明了为什么需要 M 理论这样的新名字。值得注意的是，原来的弦与复曲线（即 1.6 和 1.12 节提到的黎曼曲面，A10 节有描述）的优美联系，曾是弦论最初吸引人并能成功的一个关键，却被那些高维膜丢弃了。另一方面，新思想里也无疑有着别样的数学美 —— 其实，有些异乎寻常的数学威力（从 1.12 节最后引用的托马斯那话中可以看出来）就藏在那些耀眼的对偶里。

为了更好理解，我们把它说得具体一点。考虑对偶的一个突出应用，叫镜像对称。这种对称为每个卡丘空间找一个不同的卡丘空间来配对，它们交换一定的描述卡丘空间特定"形状"的参数（叫霍奇（Hodge）数）。卡丘空间是特殊类型的 6 维实流形，也可解释为 3 维复流形 —— 那些 6 维流形具有复结构。一般说来，n 维复流形（见 A10 最后部分）就是 n 维实流形（见 A5）的类比，只是以复数系 $\mathbb{C}$（A9）代替实数系 $\mathbb{R}$。我们总可以将 n 维复流形重新解释为赋予了复结构的 $2n$ 维实流形。但只有在适宜的环境下，$2n$ 维实流形才能被赋予那样的复结构，从而被理解为一个 n 维复流形（A10）。此外，每个卡丘空间都有一种不同的所谓辛结构（也就是 A6 说的相空间具有的那类结构）。实际上，镜像对称实现了复结构与辛结构相互交换的奇异数学技巧！

我们这里考虑的镜像对称的特殊应用，是从纯数学家（代数几何学家）们前些年一直研究的一个问题生出来的。两个挪威数学家艾林斯特鲁德（Geir Ellingstrud）和斯特罗姆（Stein Arilde Stromme）发展了一种在特殊型的 3 维复流形（叫 5 次曲线，由 5 阶复多项式定义）上计数有理曲线的方法，其实就是卡丘空间的一个例子。想想复曲线（1.6 节和附录 A 10）就是所谓的黎曼曲面；如果曲面的拓扑是球面，则那复曲线就叫有理曲线。在代数几何中，有理曲线能"卷曲"成上升的螺旋曲线，最简单的例子就是复直线（1 阶），其次是复圆锥截面（2 阶），然后，我们有有理三次曲线（3 阶）、四次曲线（4 阶）等等，每一阶都有一组精确的、可计算的有限数量的有理曲线。（n 维平直环境空间里的曲线的阶 —— 现在常常叫它的度 —— 就是它与一个任意放置的（$n-1$）维平面的交点数。）在复杂计算的帮助下，两个挪威数学家发现，1, 2, 3 阶曲线分别对应如下的数字：

$$2875,$$
$$609250,$$
$$2682549425,$$

但继续算下去就很难了，因为既有的计算技术太复杂了。

弦论家坎德拉斯和他的合作伙伴们听说这些结果后，就开始运用 M 理论的镜像对称程序，因为他们发现那些程序可以在镜像的卡丘空间上进行不同类型的计数。在这个对偶空间里，不用数有理曲线，而是做比原来简单得多的不同计算，（其中，系统有理曲线被"镜像"为一族更容易把握的曲线）。根据镜像对称，这应该同样得出艾林斯特鲁德和斯特罗姆计算的数。坎德拉斯和同事们发现的是对应的数字序列：

$$2875,$$

$$609250,$$

$$317206375,$$

引人注意的是，前两个数与挪威学者们发现的相同，而第三个数却奇怪地完全不同。

首先，数学家们指出，由于镜象对称的论证只是来自物理学家的某种猜想，并没有清晰的数学理由，1、2 阶数的一致肯定基本上属于巧合，没理由相信从镜像对称方法获得的更高阶数。然而，后来发现挪威人的计算代码里有一个错误，改错后，第三个数就变成了 317206375，正与镜象对称预言的结果相同！而且，镜像对称论证很容易拓展，可以计算 4，5，6，7，8，9，10 阶的有理曲线，得到如下结果：

$$242467530000,$$

$$229305888887625,$$

$$248249742118022000,$$

$$295091050570845659250,$$

$$375632160937476603550000,$$

$$503840510416985243645106250,$$

$$704288164978454668611348 8249750,$$

这无疑提供了一个值得注意的旁证来支持镜像对称思想 —— 这个思想的出现是为了说明，两个貌似截然不同的弦论在某种更深层意义上却是"同一个"理论，只要它们涉及的两个不同的卡丘空间在上述意义上是对 94

偶的。不同数学家（Kontsevich, Givental, Lian, Liu, and Yau）的后续工作 [Givental 1996] 在很大程度上证明了物理学家的一个纯粹的猜想实际上是一个严格的数学事实。但数学家以前没有线索表明镜像对称这样的东西会是真的，就像 1.13 节最后那段托马斯的评论说的那样。数学家也许不了解这些思想的物理基础有多薄弱，对他们来说这就是大自然的礼物，令人想起 17 世纪后期的醉人日子，那时，牛顿等人为了揭示自然的运行而发展起来的微积分的"魔法"开始显出数学自身的强大力量。

当然，我们很多在理论物理学家群体中的人，确实相信自然的运行高度精确地依赖于拥有强大力量和精微结构的数学 —— 如麦克斯韦的电磁学，爱因斯坦的引力论，薛定谔、海森伯、狄拉克等的量子论所深刻揭示的。于是，我们也可能为镜像对称的成绩感到震撼，认为它们也许提供了某种证据，令人相信产生如此强大和微妙的数学的物理学理论也可能像物理那样有着深刻的有效性。不过我们要小心这个结论。有很多强力而诱人的数学理论并没有提出任何严肃的与物理世界的运行有关的建议。一个恰当的例子是怀尔斯（Andrew Wiles）的绝妙的数学功绩，他在前人工作的基础上，在 1994 年最终确立了 [在泰勒（Richard Taylor）的帮助下] 被称为费马大定理的 350 多年的老猜想。怀尔斯确立的东西（证明的关键）与镜像对称得到的结果有几分相似，即确立从貌似完全不同的数学程序得到的两个数字序列是完全相同的。在怀尔斯的情形下，两个序列的等同是著名的谷山–志村猜想的一个论断：为了证明费马大定理，怀尔斯成功地用他的方法来确立猜想所需要的部分（后来，在 1999 年，Breuil, Conrad, Diamond 和 Taylor 在怀尔斯方法的基础上确立了整个猜想，见 Breuil et al . 2001 ）。纯数学中有很多这样的结果，而我们清楚地知道，对一个新的深刻的物理

学理论来说，我们需要的远不仅仅是这样的数学，尽管它可能微妙、困 95
难，有时还带着真正的"魔性"。为了让我们心服口服地相信数学可能
与物理世界的实际运行有着直接的联系，物理学从根本上需要来自实
验的动机和支持。这些问题实际上是我们将在下面讨论的问题的核心，
在弦论发展中扮演着关键角色。

1.14　超对称性

到此为止，我一直放肆地无视了超对称的关键问题，虽然超对称让
格林和施瓦兹将弦论时空的维度从 26 减到 10，而且还在弦论里扮演着
很多其他基本角色。实际上，超对称概念的重要是在远离弦论的物理考
虑中发现的。的确，我们可以认为超对称是现代物理学的一个时髦概念，
那么它本来就值得在本章里认真考虑！尽管这个概念的很多动力确实来
自弦论的需求，它的时尚地位在很大程度上却独立于弦论。

什么是超对称呢？为了解释这个概念，我们要回到 1.3 和 1.6 节
关于物理学基本粒子的讨论。回想一下，存在不同的有质量粒子族，如
轻子和强子；还有其他粒子，如无质量的光子。其实还有更基本的粒子
分类，只分两类，比前面遇到的分类便捷多了。如 1.6 节说的，粒子被
简单分为费米子和玻色子。

表示费米子与玻色子区别的一种方法是，认为费米子更像我们从
经典物理认识的粒子（电子、质子、中子等），而玻色子像粒子间的力
的携带者（光子是电磁力的携带者，W 和 Z 玻色子是弱相互作用的携
带者，而所谓胶子则是强相互作用的携带者）。然而这并非泾渭分明的

区别，特别因为还存在类似粒子一样的 π 子、K 子和 1.3 节的其他玻色子。而且，有些类粒子原子可以很好地近似认为是玻色子，其组成部分在很多方面都像单个粒子。玻色子与费米子没那么大的区别，两者都像经典粒子。

96

　　不过我们暂且不管复合粒子的问题，也不管它们是否可以合理地当单粒子来处理。迄今我们所考虑的客体都可以作为单粒子，费米子与玻色子之所以显现区别，是因为所谓的泡利不相容原理，它只适用于费米子，告诉我们两个费米子不可能同时处于相同状态，而两个玻色子可以。大致说来，泡利原理断言两个全同费米子不可能一直相互重叠，它们仿佛心有灵犀，靠得太近时就会相互推开。另一方面，玻色子对与它同类的粒子有着某种亲和力，能一直重叠在一起（如著名的玻色–爱因斯坦凝聚态就是多个玻色子聚在一起的状态）。这些凝聚态的一个解释，见 [Ketterle 2002]；更一般的文献，见 [Ford 2013]。

　　稍后我还会回到量子力学粒子的这相当怪异的一面，力图说明那相当模糊的特征，这当然只是为我们提供一幅玻色子与费米子差异的不完整图像。更清楚的区别来自粒子自旋速率的考察。奇怪的是，任意（非激发）量子粒子的自旋有确定而固定的量，正好成为粒子特殊类型的表征。我们不要把这个自旋看成角速度，而要看成角动量——在无外力作用下运动的物体所拥有的一种特殊自旋度量，在物体的整个运动中保持不变。想象一只在空中旋转着运动的棒球或板球，或者立在一只冰鞋上旋转的溜冰者。在这些情形，旋转在角动量意义上是保持不变的，而且在没有外力（如摩擦力）的情况下会永远保持下去。

　　溜冰者的例子也许更恰当，因为我们能看见角速度在溜冰者双臂展开时变小而在双臂收紧时变大。在这个过程中保持不变的是角动量，角速度一定时，物质分布（如溜冰者双臂）距离旋转轴越远，角动量越大，物质分布距离旋转轴越近，角动量越小（图 1.36）。所以，为了维持角动量保持不变，手臂的收缩必须由旋转速度的增大来弥补。

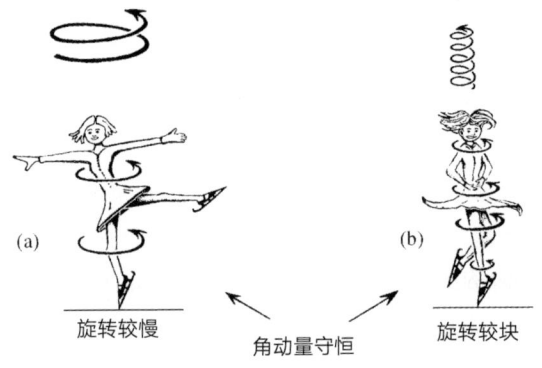

旋转较慢　　　　角动量守恒　　　　旋转较块

图 1.36　物理过程中的角动量守恒，以旋转的溜冰者为例，收缩手臂就能增大旋转速度。这是因为距离越大，角运动对角动量的贡献越大

　　这样，我们有了一个对所有密实孤立物体都适用的角动量概念，[97]它也适用于单个量子粒子。但量子水平的法则有些奇怪，需要费点儿工夫才能习惯。我们发现，就单个量子粒子而言，每个类型的粒子，不论处于什么情形，其角动量的数量总是同一个固定的数。在不同情形下，自旋轴的方向倒不一定总是相同，但自旋方向以一种奇异的、根本上是量子力学的方式表现出来，我们将在 2.9 节探讨。就眼下说，我们只需要知道，如果想看看粒子自旋有多少分布在某个特定的方向，那么对玻色子来说，其数值等于 $\hbar$ 的整数倍——$\hbar$ 是狄拉克约化的普朗克常量 h（见 2.11 节），即

$$\hbar = \frac{h}{2\pi}$$

这样，玻色子在任意方向的自旋值必然等于下列数值之一：

$$\ldots, \ -2\hbar, \ -\hbar, \ 0, \ \hbar, \ 2\hbar, \ 3\hbar, \ \ldots$$

然而在费米子情形，任意方向的自旋值与它们相差 $\frac{1}{2}\hbar$，即取如下值：

$$\ldots, \ -\frac{3}{2}\hbar, \ -\frac{1}{2}\hbar, \ \frac{1}{2}\hbar, \ \frac{3}{2}\hbar, \ \frac{5}{2}\hbar, \ \frac{7}{2}\hbar, \ \ldots$$

98　（即数值总是 $\hbar$ 的半奇数倍。）我们将在 2.9 节更详尽地看到如此奇异的量子力学特征是如何表现的。

在 QFT 框架下证明过一个著名的定理，叫自旋统计定理 [Streater and Wightman 2000]，大概意思是说玻色子 / 费米子区别的这两种观点是等价的。更精确地说，定理得到了一个在数学上比前面所说的泡利不相容原理更加深广的新的法则，即玻色子和费米子都必须遵从的一种统计。要圆满解释这个定理，需要进一步深入量子力学的数学形式，这超出了本章的范围，但我还是想传达一些它所蕴含的基本东西。

回想 1.4 节（也见 2.3 ~ 2.9 节）的量子振幅，人们期待在 QFT 计算中获得那些复数（见 1.5 节），由此得到量子测量的概率（根据 2.8 节的玻恩法则）。在任意量子过程中，那个振幅应该是描述过程所涉全部量子粒子的参数的函数。我们也可以认为振幅是我们将在

2.5～2.7节考虑的薛定谔波函数的值。假如 P_1 和 P_2 是过程中的两个全同粒子，则振幅（或波函数）ψ 是两个粒子各自的参数组 $\mathbf{Z}_1$, $\mathbf{Z}_2$ 的函数 $\psi(\mathbf{Z}_1, \mathbf{Z}_2)$（这里我用单个的黑体字母 $\mathbf{Z}$ 来包括各粒子的所有参数：位置坐标或动量坐标，自旋值，等等）。下标的选择（1或2）指粒子的选择。对 n 个粒子 $P_1, P_2, P_3, \cdots, P_n$（全同或不同），我们有 n 个这样的参数组 $\mathbf{Z}_1, \mathbf{Z}_2, \mathbf{Z}_3, \cdots, \mathbf{Z}_n$。于是有所有这些变量的函数 ψ

$$\psi = \psi(\mathbf{Z}_1, \mathbf{Z}_2, \cdots, \mathbf{Z}_n)$$

现在，假如 $\mathbf{Z}_1$ 描述的那类粒子与 $\mathbf{Z}_2$ 描述的相同，且为玻色子，则我们总会发现对称性

$$\psi(\mathbf{Z}_1, \mathbf{Z}_2, \cdots) = \psi(\mathbf{Z}_2, \mathbf{Z}_1, \cdots)$$

于是交换粒子 P_1 和 P_2 不会影响振幅（或波函数）。但是假如粒子类型（$\mathbf{Z}_1$ 与 $\mathbf{Z}_2$ 相同）为费米子，则我们发现

$$\psi(\mathbf{Z}_1, \mathbf{Z}_2, \cdots) = -\psi(\mathbf{Z}_2, \mathbf{Z}_1, \cdots),$$

则交换 P_1 和 P_2 会改变振幅（或波函数）的符号。我们可以注意到，假如 P_1 和 P_2 的每个粒子都处于彼此相同的状态，则 $\mathbf{Z}_1 = \mathbf{Z}_2$，从而必然 [99] 有 $\psi = 0$（因为 ψ 等于其负）。根据玻恩法则（1.4节），我们看到 $\psi = 0$ 意味着零概率。这表述了我们不能发现两个全同粒子处于同一状态的泡利原理。假如所有 n 个粒子都全同，则对 n 个玻色子，我们可将对称性推广到交换任意一对粒子：

$$\psi \left(\cdots, \mathbf{Z}_i, \cdots, \mathbf{Z}_j, \cdots \right) = \psi \left(\cdots, \mathbf{Z}_j, \cdots, \mathbf{Z}_i, \cdots \right)$$

而对费米子，有任意粒子对的反对称性：

$$\psi \left(\cdots, \mathbf{Z}_i, \cdots, \mathbf{Z}_j, \cdots \right) = -\psi \left(\cdots, \mathbf{Z}_j, \cdots, \mathbf{Z}_i, \cdots \right)$$

以上两个方程分别表达的对称性和反对称性是区别玻色统计与费米统计的基础。当我们"数"涉及大量同类玻色子的不同状态数时，不用考虑交换一对玻色子时达到的新态。这个计数方法生成所谓的玻色–爱因斯坦统计（或玻色统计，这也是玻色子名称的由来）。这对费米子也成立，只是要改变振幅符号，由此产生费米–狄拉克统计（或费米统计，这是费米子的由来），它有很多量子力学涵义，其最显著者就是泡利原理。我们注意，不论玻色子还是费米子，两个同类粒子的交换都不会影响量子态（只不过是改变波函数的符号，这不会改变物理状态，因为乘以 -1 只是改变相因子的一个例子：$\times e^{i\theta}$，这里 $\theta = \pi$，见 1.8 节）。相应地，量子力学确实要求两个同类粒子必须是完全相同的！这说明了爱因斯坦对外尔的规范理论的反驳是多么重要 —— 在他的建议中，"规范"实际上指的是尺度的变化，见 1.8 节。

这就是标准的量子力学，它有大量观测支持的卓越结果。然而很多物理学家相信，应该存在一种新的对称性，将玻色子族和费米子族相互转换，犹如那些将轻子相互联系起来从而生成弱相互作用规范理论的对称性，或者那些联系不同夸克从而生成强相互作用规范理论的对称性（见 1.3 节和 1.8 节末段）。因为两族粒子遵从的不同统计，这种新对称性不可能是普通对称性。相应地，不同物理学家将寻

常类型对称性推广为一种新对称性，叫超对称性 [Kane and Shifman [100]
2000]，它将玻色子的对称态转换为费米子的反对称态，反之亦然。
其中还引入了几种奇怪的"数"——叫超对称生成元——其性质是，
当你把两个生成元相乘时，如 **α** 乘以 **β**，会得到它们的相反次序的乘
积的负数：

$$\alpha\beta = -\beta\alpha$$

（其实，算子的不可交换性，即 **AB** ≠ **BA**，在量子形式下是很普通的，
见 2.13 节。）正是这个负号能将玻色-爱因斯坦统计转换为费米-狄拉
克统计，或者相反。

　　为更精确说明这些非对易量，我要多说几句量子力学（和 QFT）
的一般形式。在 1.4 节，我们遇到过系统的量子态的概念，如态（**ψ**，
Φ 等）遵从复矢量空间的法则（A3 和 A9 节）。以后我们会看到（特
别是 1.16，2.12，2.13 和 4.1 节），在所谓线性算子的理论中，有几个
重要角色。作用于 **ψ**，**Φ** 等量子态的算子 **Q**，以其保持量子叠加的事
实为特征：

$$\mathbf{Q}\,(w\mathbf{\psi} + z\mathbf{\Phi}) = w\mathbf{Q}\,(\mathbf{\psi}) + z\mathbf{Q}\,(\mathbf{\Phi})$$

其中 w 和 z 为（常）复数。量子算子的例子有位置和动量算子 **x** 和 **p**，
还有我们将在 2.13 节遇到的能量算子 **E** 和 2.12 节的自旋算子。在标
准的量子力学中，测量通常用线性算子来表示，这一点将在 2.8 节
说明。

在超对称算子如 $\boldsymbol{\alpha}$ 和 $\boldsymbol{\beta}$ 的情形, 它们也是线性算子, 但在 QFT 的作用却是施加于其他线性算子, 叫生成和湮灭算子, 是 QFT 代数结构的核心。湮灭算子可以用符号 $\mathbf{a}$ 表示, 则 $\mathbf{a}^+$ 代表对应的生成算子。假如我们有一个特殊量子态 $\boldsymbol{\psi}$, 那么 $\mathbf{a}^+\boldsymbol{\psi}$ 就是通过加入由 $\mathbf{a}^+$ 代表的特殊粒子态而从 $\boldsymbol{\psi}$ 获得的一个态; 类似地, $\mathbf{a}\boldsymbol{\psi}$ 是通过从 $\boldsymbol{\psi}$ 消减这个特殊粒子态而获得的一个态 (假定如此消减是可能操作; 否则我们只能得到 $\mathbf{a}\boldsymbol{\psi}=\mathbf{0}$)。接下来, 超对称算子 $\boldsymbol{\alpha}$ 将作用于玻色子的生成 (或湮灭) 算子, 将其转换为相应的费米子算子, 反之亦然。

101　　注意, 在关系 $\boldsymbol{\alpha\beta}=-\boldsymbol{\beta\alpha}$ 中选择 $\boldsymbol{\beta}=\boldsymbol{\alpha}$, 我们得到 $\boldsymbol{\alpha}^2=0$ (因为 $\boldsymbol{\alpha}^2$ 等于其负值)。由此, 我们不可能得到任何高于 1 阶的超对称算子。这导致一个奇怪的结果: 假如我们总共只有有限个超对称算子 $\mathbf{a}$, $\boldsymbol{\beta}$, $\cdots$, $\boldsymbol{\omega}$, 则任意代数表示 X 不用这些量的幂就能写出来:

$$X = X_0 + \boldsymbol{\alpha} X_1 + \boldsymbol{\beta} X_2 + \cdots + \boldsymbol{\omega} X_N + \boldsymbol{\alpha\beta} X_{12} + \cdots$$
$$+ \boldsymbol{\alpha\omega} X_{1N} + \cdots + \boldsymbol{\alpha\beta}\cdots\boldsymbol{\omega} X_{12\cdots N}$$

于是求和有 2^N 项 (每个可能的不同数目的超对称算子的集合都有一项来代表)。这个表示确定地说明了对可能出现的超对称算子的唯一一种依赖性 —— 尽管右边的有些项可能为零。第一项 X_0 有时被称为体, 其余项 $\boldsymbol{\alpha} X_1 + \cdots + \boldsymbol{\alpha\beta}\cdots\boldsymbol{\omega} X_{12\cdots N}$ (其中至少出现一个超对称算子) 则为心。注意, 只要表达式的某个部分进入心, 则它乘以其他这样的表达式是永远不会回到体的。于是, 任何代数计算的体代表了其自身, 它为我们提供了完全合法的经典计算, 这里我们可以干净地忘却心的部分。这为代数和几何考虑赋予了合法的角色, 就像 1.11 节的讨论一样, 在那儿完全忽略了超对称性。

　　超对称性的要求为物理理论的选择提供了一个指南，理论必须满足超对称性，这实际上是一个很强力的限制，它为理论在玻色子和费米子部分之间赋予了一定的平衡，让两个部分通过超对称操作（即借助如以上 X 那样的超对称算子构造的操作）相互联系。在旨在以合理方式模拟自然的 QFT 的构造中，这被认为是很有价值的工具，这样可以免受不可控的发散的痛苦。超对称的要求极大提高了理论可重正化的机会（见 1.5 节），也大大增强了它为重要物理问题提供有限答案的能力。有了超对称性，源自理论的玻色子和费米子部分的发散其实就相互抵消了。

　　这大概就是超对称在粒子物理学流行的主要原因之一（除了弦论）。然而，假如大自然真是完全超对称的（例如有一个超对称生成元），则任何基本粒子都将伴随着另一个 —— 叫超对称伙伴 —— 与原来那个有着相同的质量，那么每对超对称伙伴都由一个玻色子和一个相同质量的费米子构成。这就必将存在一个超电子，即伴随电子的玻色子；也将有伴随每类夸克的玻色型的超夸克、还将有无质量的光微子和引力微子，即伴随光子和引力子的费米子。另外还将有伴随前面提过的 W 和 Z 玻色子的 W 微子和 Z 微子。实际上，整个情形比这些相对简单的一个超对称生成元的情形要惊人得多。假如有 N 个超对称生成元（$N > 1$），基本粒子将不仅仅以这种方式成对出现，每个超对称群组（多重态）还会有 2^N 个相互伙伴，一半玻色子、一半费米子，且具有相同的质量。[102]

看到基本粒子的如此惊人的繁衍特征（或许"基本粒子"这个名词都有点儿荒谬），读者若是听说还没见过这种超对称粒子群，大概会长舒一口气吧！不过，观测事实并没阻碍超对称的支持者们。正如人们通常论证的，总会存在某些超对称破缺的机制，导致本来对在自然中实际观测到的粒子成立的精确超对称性出现严重的偏离，从而任何多重态中的粒子质量实际上悬殊很大。于是，所有这些超对称伙伴（每组粒子中迄今观测到的单个数量的伙伴）都将具有超出目前投入运行的粒子加速器能力的质量！

当然，超对称预言的粒子仍然有可能确实存在着，只是因为它们质量太大我们才没观测到。人们曾寄望于 LHC（大型强子对撞机）重新全力投入运行后，能在更高能量水平上提供支持或反对超对称性的明确证据。然而，超对称理论有许多不同纲领，在超对称破缺机制所要求的能量水平和性质问题上众说纷纭。在我写作本书时，还没有显现超对称伙伴的任何证据，不过这还是有点儿远离大多数科学家为之奋斗的科学理念，即一个理论纲领要成为真正科学的[至少依据科学哲学家波普尔（Karl Popper）[1963]的著名准则]，那它应该是可证伪的。我们有一种不安的感觉，即使超对称作为自然的一个特征是真的错了，LHC 或任何后来更强大加速器也没发现任何超对称伙伴，超对称的

103 某些支持者也可能得出结论说，超对称的错不是因为自然的真实粒子，而只是超对称破缺的水平高于当时所能达到的水平，因此还需要更强大的机器去观测它！

其实，就科学的可反驳性而言，情势可能没那么坏。LHC 的最新结果，包括长久追寻的希格斯玻色子的发现，不仅没找到任何已知粒

子的超对称伙伴的证据，实际上还否决了最直接且曾被寄予厚望的超对称模型。理论与观测的约束可能对迄今提出的那类超对称理论的任何合理形式都有着重大意义，能将理论家们引向更新也更有希望的玻色子族与费米子族相互作用的思想。我们也应该指出，那些有多于一个超对称生成元的模型——如理论家中间十分流行的 4 生成元理论（叫 $N=4$ 超对称杨-米尔斯理论）——比任何单超对称生成元理论都更远地偏离了观测结果。

尽管如此，超对称依然在理论家中流行，而且如我们所见，它也[104]是当前弦论的一个关键要素。实际上，优先选择卡丘空间作为描述额外空间维的流形 $\mathcal{X}$（见 1.10 和 1.11 节），就因为它具有超对称性。这种要求的另一种表述方式是，在 $\mathcal{X}$ 上存在所谓的（非零）旋量场，在整个 $\mathcal{X}$ 上保持不变。名词旋量场说的是一种最基本类型的物理场（在 A2 和 A7 的意义上）——通常不是固定不变的——可用来描述费米子的波函数。[比较 2.5 和 2.6 节；旋量场的更多信息见，[Penrose and Rindler 1984] 和 [1986] 的附录（更高维情形）。]

大概说来，这个常旋量场可用来充当超对称生成元的角色，由此可以表示整个高维时空的超对称性质。结果表明，这个超对称性的要求确保时空的全部能量为零。这个零能量态被认为是整个宇宙的基态，这个态因为具有超对称特征而必然是稳定的。这个论证背后的思想似乎是说，零能基态的扰动必然增大其能量，那么被扰动宇宙的时空结构将通过重新释放能量而直接回到那个超对称基态。

然而，我不得不说，我感觉这类论证有很多问题。如 1.10 节指出的，并考虑本节先前所说的任何超对称几何的体部分可概化为一个经典几何，那么似乎可以恰当地认为那种微扰为我们提供了经典扰动；又因为 1.11 节的结论，我们必须接受绝大多数的经典扰动可能在远小于 1 秒的倏忽之间导致时空奇点！（至少，额外空间维的扰动将在弦常数的任何高阶项发生作用之前剧烈增长而产生奇性。）按照这个图景，时空不会平稳回归稳定的超对称基态，而是会挤成一个奇点！即使基态有超对称的性质，我也看不出有什么理由指望它去避免那样的奇点灾难。

1.15 AdS/CFT

尽管我不知道有多少（更不知是谁）专业弦论家允许自己被上面提到的那些争论——即 1.10、1.11 节和 1.14 节最后的争论，以及（一般地）A2，A8 和 A11 的函数自由度问题——牵着偏离了主要目标，他们近年来确实被领进了多少有些异于从前的领域。不过，额外函数自由度的问题还是至关重要的，而且通过其中的一些最重要发展来结束这一章似乎恰到好处。在 1.16 节，我将十分简短地描述弦论路线引领我们进入的一些奇异境地，即人们所说的膜世界、弦景观和沼泽地。其中更有数学趣味且与各物理领域有着诱人联系的是所谓的 AdS/CFT 对应——也叫全息猜想或马尔德西纳对偶。

AdS/CFT 对应 [Ramallo 2013 ; Zaffaroni 2000 ; Susskind and Witten 1998] 通常被说成全息原理。我要首先说明这不是一个确定的原理，而是一些有趣概念的集合。它们确实有一定的经验数学的支持，但乍看起来却与一定的严肃的函数自由度相悖。大致说来，全息原理的思想说的是两种形态迥异的物理理论是相互对应的：一种定义在某个（$n+1$）维时空区域（叫体）（弦论即是这种理论）；另一种定义在那个时空区域的 n 维边界（这是更传统类型的量子场论）。第一印象是，从函数自由度的观点看，如此对应似乎是不可能的，因为体理论具有的函数自由度为 $\infty^{A^{\infty^n}}$（对某个 A），而边界上的理论似乎只有小得多的自由度 $\infty^{B_\infty^{n-1}}$（对某个 B）。假如两者或多或少是通常的时空理论，则情形就是这样。为了更好理解这种可疑对应的深层原因以及这个建议的可能困难，我们先来看看它的一些背景。[105]

　　早期的思想来源之一是业已确立的黑洞热力学特征，这实际上是第 3 章很多推理的基础。那就是我们将在 3.6 节遇到的基本的贝肯斯坦－霍金的黑洞熵公式。公式告诉我们，黑洞里的熵正比于黑洞的表面积。那么粗略地说，一个物体，假如完全处于随机（"热化"）状态，则其熵基本上就是物体自由度的总数。（这一点可以更精确地用一个强有力的一般公式来说明，它来自玻尔兹曼，我们将在 3.3 节具体讨论。）这个黑洞熵公式的怪异之处似乎在于，假如我们有一个有着大量小分子（或其他基本定域成分）的物质所制造的寻常经典物体，则物体潜在可能的自由度数量正比于物体的体积。于是我们预期，当物体处于完全热（即最大熵）状态时，它的熵将是一个正比于其体积而非其表面积的量。于是我们形成这样的观点：对黑洞来说，发生在内部的事情是与它的 2 维表面相联系的 —— 那个表面的信息在一定意义上等价于其 3 维内部承载的信息。那么按照这样的观点，我们便有了某种形式的全息原理：黑洞内的自由度的信息以某种方式"秘藏"在黑洞边界（即视界）的自由度中。

这种一般类型的论证是从弦论的一项早期工作传下来的［Strominger and Vafa 1996］，其初心是想通过在球面上计数内部区域的弦自由度，来为霍金公式找一个玻尔兹曼式的基础。它先假定引力 106 常数很小，则曲面不能代表黑洞边界，然后"提升"引力常数，从而使界面变成黑洞的视界。这时，弦论家将结果作为理解黑洞熵的一大进步，因为以前还不曾在玻尔兹曼和贝肯斯坦－霍金公式之间建立过任何直接联系。然而这个论证（在诸多方面局限且不现实）遭遇了很多反对意见，量子引力的圈变量方法［Ashtekar et al. 1998, 2000］的支持者们提出一个竞争的方法。不过这个方法自己也遭遇了麻烦（似乎更小）。我相信，公平说来，眼下还没有一个完全令人信服的毫不含糊的过程，能从一般的玻尔兹曼熵的定义获得贝肯斯坦－霍金黑洞公式。不过，黑洞熵公式的正确性论证还是通过其他方法令人信服地确立起来了，它们并不需要*直接的*玻尔兹曼基础。

从我个人角度看，为黑洞内部赋予一个"体"而且认为还有"自由度"在洞内持续存在（见 3.5 节），是很不恰当的观点。这个图景与黑洞内的因果行为不符。我们不得不认为存在一个能破坏信息的内奇点，那么弦论方法所追寻的平衡在我看来就有点痴心妄想了。圈变量过程的论证在我看来要比早期的弦论合理得多，但依然无法获得与黑洞熵一致的数量结果。

我们现在来说全息原理的 AdS/CFT 形式。眼下而言，它还是一个未经证明的假说（首先由马尔德西纳在 1997 年提出［Maldacena 1998］，得到了威腾［Witten 1998］的强烈认同），而不是已经确立的数学原理，尽管人们会说，有大量数学证据证明，我们为物理模型提出的貌似风马牛不相及的两个建议，确实存在着精确的数学对应。这个思想是，我们有可能证明，人们希望更好认识的某个定义在（$n+1$）维空间区域 $\mathcal{D}$ 的理论（这里即弦论），实际上等价于一个已经很好认识了的定义在那个区域的 n 维边界 $\partial\mathcal{D}$ 上的理论（这里即传统形式的 QFT）。前面说过，这个思想的起源与黑洞物理的深层问题有关，但名词全息却有自己的来源，即我们熟悉的全息图。通常认为这里显现的维度信息矛盾并非是不可能的，因为具有这种一般性质 [107] 的事情已经发生在全息图了。其中，实际上只不过是一个 2 维曲面上的信息密写成一幅 3 维图像，所以才有了全息猜想和全息原理的说法。然而，真正的全息图却不是这个原理的例子，因为我们经常获取的 3 维效果更像是立体成像，是 2 维图像（我们双眼感觉的）给我们深度的印象，这是来自函数自由度 $\infty^{2\infty^2}$ 而非 ∞^{∞^3}。不过这也为我们提供了 3 维密写的良好近似，若更仔细和精巧，还能提高近似度，令人想起 3 维图像之外的运动。额外信息有效隐藏在我们双眼难得及时看见的高频数据中［'tHooft 1993；Susskind 1994］。

在这个原理的特定形式 AdS/CFT 对应中，区域 $\mathcal{D}$ 是 5 维时空，叫反德西特宇宙学 $\mathcal{A}^5$。我们将在 3.1，3.7 和 3.9 节看到这个宇宙学模型原来是属于一大类模型（一般所说的 FLRW 模型），那类模型的其他成员似乎很有希望模拟我们现实的 4 维宇宙的时空几何。而且，根据目前的观测和理论，德西特空间可能很好近似我们宇宙的遥远未来（见 3.1，3.7 和 4.3 节）。另一方面，4 维反德西特空间 $\mathcal{A}^4$ 并不是宇宙的合理模型，它的宇宙学常数的符号与观测宇宙的恰好相反（见 1.1，3.1 和 3.6 节）。这个观测事实似乎没有妨碍弦论家们满怀热情地相信 $\mathcal{A}^5$ 在分析我们宇宙性质中的作用。

如本书前言强调的，研究物理模型经常是为了从它得到能深化我们一般认识的洞察，而不必要求它们就是物理实在的，尽管在眼下情形似乎还真有几分希望证明宇宙学常数是负的。马尔德西纳在 1997 年首次提出他的 AdS/CFT 建议时，恰好在观测 [Perlmutter et al. 1998 和 Riess et al. 1998] 呈现出 Λ 是正数 (而非他要求的负数) 的诱人证据之前。即使到 2003 年，我与威腾讨论这个问题时，也似乎还有一定希望看到观测同样允许负的 Λ。

AdS/CFT 猜想指出，$\mathcal{A}^5$ 上的恰当弦论在适当意义上完全等价于 $\mathcal{A}^5$ 的 4 维共形边界 $\partial\mathcal{A}^5$ 上的更传统形式的规范理论 (见 1.3 和 1.8 节)。然而，如先前指出的 (1.9 节)，目前的弦论思想要求时空流形是 10 维而非如 $\mathcal{A}^5$ 的 5 维。解决这个问题的方法是考虑弦论不仅适用于 5 维空间 $\mathcal{A}^5$，也适用于 10 维时空流形

$$\mathcal{A}^5 \times S^5$$

(关于符号 " × " 见 A7 节图 A25 或 1.9 节，这里 S^5 是半径为宇宙学尺度的 5 维球面，见图 1.37)。(相关的弦论为 IIB 型，但我不想在这里区分不同类型的弦论。)

有一点至关重要，即 S^5 (宇宙学尺度的，因而与量子考虑无关) 一定有着在 S^5 因子内具备的函数自由度，那因子当然渗透了 $\mathcal{A}^5$ 内的任意动力学，只要那动力学可用来满足 AdS/CFT 为边界 $\partial\mathcal{A}^5$ 提出的传统 3 维空间的动力学。这里无须求助 1.10 节的论证靠可能的量子效应来阻止额外函数自由度的激发。在 S^5 中，这些巨大的自由度没

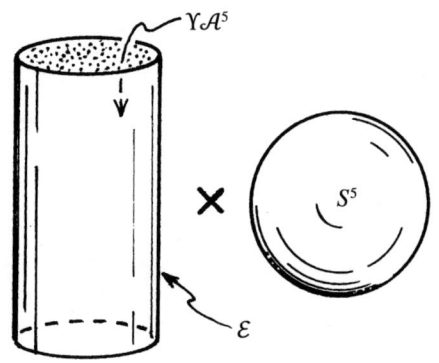

图 1.37　AdS/CFT 猜想指洛伦兹 10 维流形为乘积空间 $\mathcal{A}^5 \times S^5$，即反德西特空间 $\mathcal{A}^5$ 与类空 5 维球面 S^5 的乘积。这里，$\gamma\mathcal{A}^5$ 是 S^5 的"展开"形式，$\mathcal{E}$（静态爱因斯坦宇宙）为紧化闵可夫斯基空间的展开形式

有被压缩的可能。这明白告诉我们，AdS/CFT 模型不以任何直接方式代表我们生活的宇宙。

在 AdS/CFT 图景中，$\mathcal{A}^5$ 就转移到 $\mathcal{A}^5$ 的共形边界 $\partial\mathcal{A}^5$，从而生成 $\mathcal{A}^5 \times S^5$ 的一类边界

$$\partial\mathcal{A}^5 \times S^5,$$

但这远非 $\mathcal{A}^5 \times S^5$ 的共形边界。为说明这一点，我得解说一下什么是 ¹⁰⁹共形边界；为此请读者看图 1.38a，其中整个双曲平面（我将在 3.5 节说这个概念）以共形精确的方式来表示，其共形边界恰好是周边的一个圆。这是荷兰艺术家埃舍尔（M. C. Escher）的一幅著名而美妙的木刻画，它精确说明了双曲平面的共形表示（最早源自 1868 年的贝尔特拉米（Eugenio Beltrami），但通常被称为庞加莱圆盘），这个几何的直线由与边界圆周垂直相交的圆弧表示（图 1.38b）。在这个非欧平面几何中，通过点 P 的很多直线（"平行线"）都不与直线 α 相交，

而三角形的三个角 α, β, γ 之和小于 π（$=180°$）。图 1.38 还有高维形式，其中 3 维双曲空间被共形表示为普通球面 S^2 的内部。"共形"的基本意思是所有小形态的东西——如鱼的鳞片——都非常精确地以这种描绘来表示，形态越小，表示的精度越高，尽管同样小形态的不同例子有着不同的大小（鱼的眼睛直到边界都保持为圆形）。共形几何的一些强有力的思想见 A 10 节，在时空背景下的讨论在 1.7 节末尾和 1.8 节开头。（我们将在 3.5 和 4.3 节来说共形边界的概念。）结果表明，在 $\mathscr{A}^5$ 的情形，其共形边界 $\partial\mathscr{A}^5$ 基本上可解释为普通闵可夫斯基时空 $\mathbb{M}$（1.7 和 1.11 节）的共形复本，不过要通过一定的方式（我们稍后会讲）"紧化"。AdS/CFT 的思想是，在时空 $\mathscr{A}^5$ 的弦论的特殊情形，弦论的数学本性的神秘也许可以通过这个猜想来解决，因为我们已经很好认识了闵可夫斯基空间上的规范理论。

还有一个因子"$\times S^5$"的问题，它应该为函数自由度贡献主要部分。就全息摄影的一般思想说，S^5 在很大程度上被忽略了。如前面说的，$\partial\mathscr{A}^5 \times S^5$ 肯定不是 $\mathscr{A}^5 \times S^5$ 的共形边界，因为为了"达到"$\partial\mathscr{A}^5$ 去"压扁"无限区域 $\mathscr{A}^5$，并未波及 S^5。但对共形挤压而言，需要同等对待所有维度。处理 S^5 的信息的方法是借助模式分析，换句话说，就是将它编码为一列数字（在 AdS/CFT 考虑中叫塔）。如 A 11 末尾指出的，这是模糊函数自由度的一个好办法！

110　　　跟我走到这儿的读者大概也隐约听到了可能来自 AdS/CFT 的警钟，因为假如定义在 4 维边界 $\partial\mathscr{A}^5$ 上的理论是某种普通 4 维场论，则它可以从函数自由度为 $\infty^{A\infty^3}$（对某个正整数 A）的量构造出来，而对其 5 维内部 $\mathscr{A}^5$，假如我们也可将内部理论视为普通类型的场论（见

(a)

图 1.38（a） 埃舍尔的《圆周极限 I》用了贝尔特拉米的双曲平面的共形表示，原来的无限大变成一个圆周边界

A2 和 A8 节），则必然有大得多的函数自由度 $\infty^{B\infty^4}$（对任意 B）。这为我们认同两种理论的等价性提出了巨大的难题。不过这里还有几个 [111] 复杂的问题需要我们考虑。

第一件要考虑的事情是空间内部的理论意味着弦论而不是普通的 QFT。对这个建议，人们有理由立刻想到，弦论的函数自由度实际上应该比基元为点的理论大得多，因为就经典函数自由度来说，弦圈比单点的数量多得多。然而这样估计弦论的函数自由度数量却是误导的。更好的办法是将弦论简单看成说明寻常物理的不同方式（毕

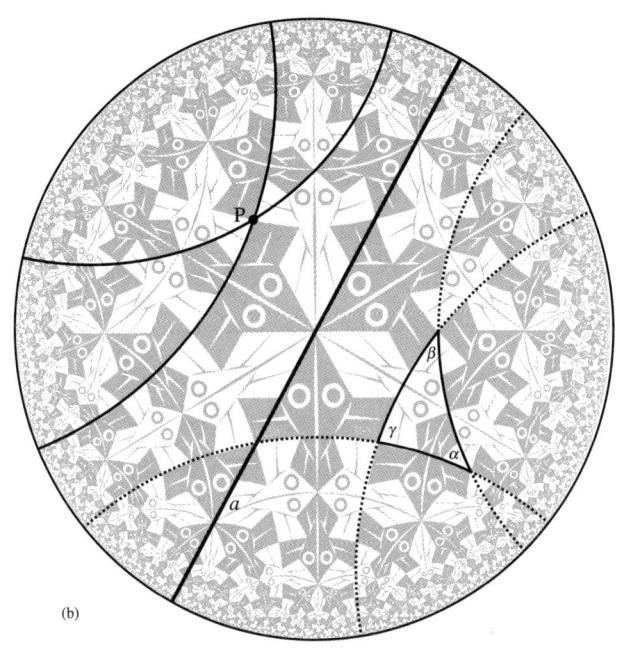

(b)

图 1.38（b）　这个几何的直线由与边界垂直相交的圆弧代表。通过点 P 有很多
不与直线 a 相交的"平行线"；三角形的角 α, β, 和 γ 之和小于 π（=180°）

竟这也是它的部分目标），这样我们就（在某种经典极限下）回到一
般形式的函数自由度了，与通常（$n+1$）维时空的经典场论的情形一
样，即形如前面讨论的 $\infty^{B\infty^4}$。（这里我忽略了 S^5 的巨大自由度。）形
式 $\infty^{B\infty^4}$ 当然是空间的经典爱因斯坦引力的函数自由度 —— 从而大概
也是我们应该从空间的弦论的恰当经典极限获取的结果。

　　然而，所谓经典极限还意味着另一个问题。这样的问题，我们将
在 2.13（和 4.2）节以完全不同的方式来考虑。它们也许存在某种联
系，但我现在还没想沿这一点走下去。不过有一个问题，就是对空间

的体和边界我们很可能看到不同的极限，这就引出一个复杂的因子，关联着我们眼下的困惑：既然边界函数自由度只是形如$\infty^{A\infty^3}$，远小于空间内的$\infty^{B\infty^4}$，那么全息原理又如何能够满足呢？当然，一种可能性是 AdS/CFT 猜想本来就不对，尽管已经显现了似乎强力的证据，部分证明在空间与边界的理论之间存在密切的联系。那有可能是，例如，边界方程的每一个解实际上都是从空间方程的解衍生出来的，但有大量的空间解找不到一个对应的边界解。当我们考虑$\partial_{\mathcal{A}}{}^5$上的某个类空 3 维球$S^3$，它在$\mathcal{A}^5$的类空 4 维球$D^4$上延展，然后分别考虑 3 维和 4 维拉普拉斯方程，就会发生那样的事情：S^3的每个解来自D^4的唯一解（见 A 11 节），但D^4的很多解却给不出S^3（$=\partial D^4$）上的解。在更精致的水平上，我们发现实际方程的被称为 BPS（Bogomol'nyi-Prasad-Sommerfield）态的某些解 —— 它们具有一定的对称和超对称性质 —— 就呈现出边界理论与相关空间理论之间的惊人的精确对应。但我们可以问，当所有函数自由度都牵涉进来时，这些特殊状态在什么程度上说明了一般情形？

另一点考虑是（如 A 8 节），我们对函数自由度的忧虑基本上是局域性的，于是以上经典形式的 AdS/CFT 所面临的问题可能不适于整体情形。整体约束有时能极大减小经典场方程的解的数量。为说 [113] 明 AdS/CFT 对应的这个问题，我们需要面对文献中显得有些混淆的一个问题：所谓"整体"在 AdS/CFT 对应中到底是什么意思？实际上，这里涉及两种不同形式的几何。在每种情形，我们都有一个完全有效（当然也有模糊）的共形几何 —— 这里的共形在时空语境下指一族零锥（见 1.7 和 1.8 节）。我区分这两种几何为$\mathcal{A}^5$及其共形边界$\partial_{\mathcal{A}}{}^5$基本的卷曲和展开形式。符号$\mathcal{A}^5$和$\partial_{\mathcal{A}}{}^5$在这里指卷曲形式，而

$\gamma \mathcal{A}^5$和$\gamma \partial \mathcal{A}^5$指展开形式。专业上说，$\gamma \mathcal{A}^5$叫$\mathcal{A}^5$的通用覆盖。图 1.39 解释了这里涉及的概念（我希望说充分了）。卷曲的$\mathcal{A}^5$最容易通过恰当的代数方程来实现[1]，且具有$S^1 \times \mathbb{R}^4$的拓扑。展开形式则有 $\mathbb{R}^5(= \mathbb{R} \times \mathbb{R}^4)$拓扑，其中$S^1 \times \mathbb{R}^4$内的每个圆$S^1$（通过无限多次地环绕它）展开为一条直线（$\mathbb{R}$）。我们需要这个"展开"的物理原因是这些圆是闭合类时世界线，通常认为在任何想模拟现实的模型时空里都是不能接受的。（因为具有这些曲线为世界线的观测者可能发生自相矛盾的作用，他们有可能根据自由意志去改变那些已经发生在过去的事情！）于是，展开过程使这个模型更有可能成为现实的。

114

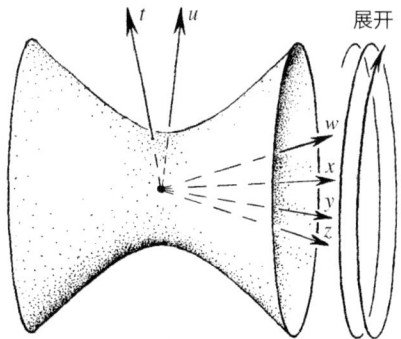

图 1.39 反德西特空间$\mathcal{A}^5$包含闭合类时曲线，它们可以通过"展开"$\mathcal{A}^5$并在 (t, u)-平面旋转而消除，这样便形成它的通用覆盖空间$\gamma \mathcal{A}^5$

$\mathcal{A}^5$的共形边界是所谓的紧化4维闵可夫斯基空间$\mathbb{M}^\#$。我们可（共形地）将这边界视为狭义相对论的普通4维闵氏空间（见1.7节图1.23）连同其自身的共形边界$\mathscr{I}$（如图1.40），但在这里，我们通

---

1. $\mathcal{A}^5$是实坐标(t, u, w, x, y, z)的6维空间内的$\mathbb{R}^6$一个5元2次曲面$t^2+u^2-w^2-x^2-y^2-z^2 = R^2$，度规为$ds^2 = dt^2+du^2-dw^2-dx^2-dy^2-dz^2$。展开形式$\gamma \mathcal{A}^5$和$\gamma \mathbb{M}^\#$是空间$\mathcal{A}^5$和$\mathbb{M}^\#$的通用覆盖空间。见 Alexakis[2012]。

过将 $\mathbb{M}$ 中的任意光线（零测地线）的无限远未来端点 a^+ 与无限远过去端点 a^- 粘结（图 1.41），从而恰当地将其共形边界的未来部分 $\mathscr{I}^+$ 与过去部分 $\mathscr{I}^-$ 粘结起来。结果表明，展开的边界空间 $\Upsilon\mathbb{M}^\#$（$\Upsilon\mathbb{M}^\#$ 的[115]通用覆盖空间）共形等价于爱因斯坦静态宇宙 $\mathcal{E}$（图 1.42）；也见 3.5 节（图 3.23），是一个不随时间变化的空间 3 维球面：$\mathbb{R} \times S^3$。这个空间共形于闵氏空间连同其粘结的共形边界 $\mathscr{I}$（2 维情形），都在图 1.43 中指出来了（也见图 3.23）。

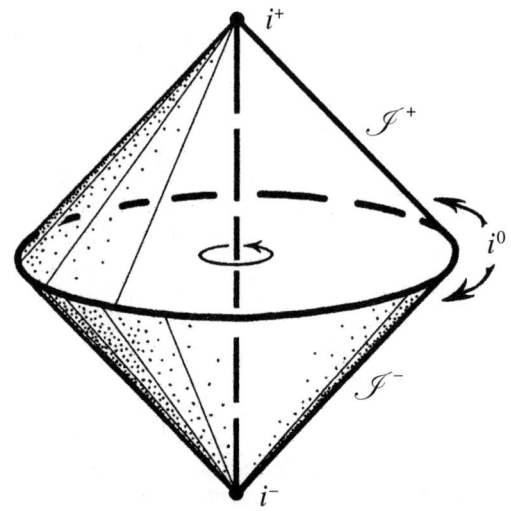

图 1.40   闵氏空间及其共形边界，包含两个零超曲面 3 维空间 $\mathscr{I}^+$（未来零无限远）与 $\mathscr{I}^-$（过去零无限远）和三个点：i^+（未来类时无限远），i^0（类空无限远），i^-（过去类时无限远）

这些空间的展开形式似乎没有给经典场方程解施加多少整体约[116]束。根本说来，我们需要担心的东西是，诸如麦克斯韦方程情形下总电荷的消失 —— 其源来自空间方向（生成爱因斯坦宇宙的 S^3）的紧化。我看不出对展开的 $\Upsilon\mathcal{A}^5$ 和 $\Upsilon\mathbb{M}^\#$ 上的经典场方程会有什么更多的

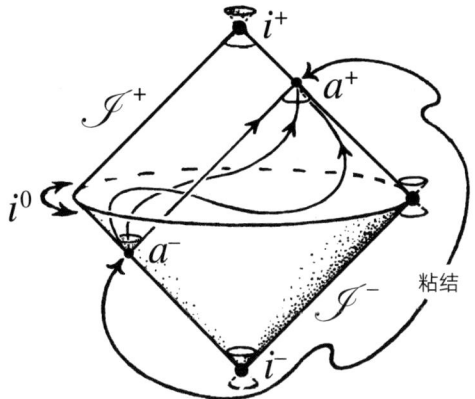

图 1.41　为构成具有拓扑 $S^1 \times S^3$ 的紧化 4 维闵氏空间, 我们将 (图 1.40 的)
$\mathscr{I}^+$ 与 $\mathscr{I}^-$ 照图示方法逐点粘结起来, 从而 $\mathscr{I}^-$ 上的 a^- 与 $\mathscr{I}^+$ 上的 a^+ 粘结, 这里, M 内
过去端点为 $\mathscr{I}^-$ 上的 a^- 的任意零测地线要求 $\mathscr{I}^+$ 上的未来端点 a^+。而且, 那三点 i^+, i^0
和 i^- 也必须粘结起来

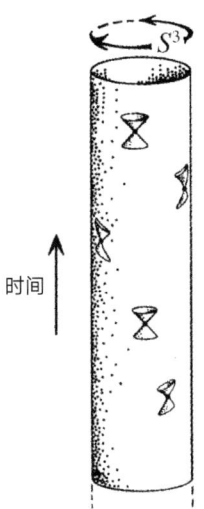

图 1.42　爱因斯坦静态宇宙模型 $\mathcal{E}$ 是一个不随时间变化的空间 $\mathcal{E}$ 维球, 拓扑为
$\mathbb{R} \times S^3$

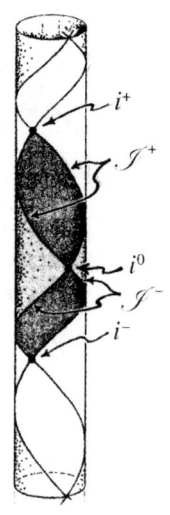

图 1.43　本图（尽管只是 2 维）说明我们能以怎样的方式将闵氏空间 $\mathcal{E}$ 及其共形边界视为爱因斯坦静态模型的闭合部分，也更清楚说明了 i^0 怎么是一个单独的点

拓扑约束，因为对时间演化就没有进一步的约束。但通过卷曲 $\Upsilon_{\mathcal{A}}{}^5$ 和 $\Upsilon_{\mathbb{M}}{}^\#$ 的时间方向来生成 $_{\mathcal{A}}{}^5$ 和 $\mathbb{M}^\#$ 的时间方向的紧化，肯定能大幅度减少经典解的数量，因为只有那些具有与紧化一致的周期性的解才能在卷曲过程中保留下来 [Jackiw and Rebbi 1976]。

于是我假定，展开形式的 $\Upsilon_{\mathcal{A}}{}^5$ 和 $\Upsilon_{\partial_{\mathcal{A}}}{}^5$ 才真的是与 AdS/CFT 猜想相关的空间。那我们如何避免两个理论之间的显然的函数自由度矛盾呢？答案很可能在于这对应的一个特征，不过我还没讲。这就是边界的杨－米尔斯场论不是真正的标准场论（即使不说其 4 个超对称生成元），因为它的规范对称群必须在群维度趋于无穷的极限下考虑。从函数自由度观点看，这有点儿像看谐函数的"塔"（它决定了在 S^5 空间发生什么事情）。额外的函数自由度可以"藏"在这些无穷的谐函数里面。同样，规范群的大小也要取无穷大才能使 AdS/CFT 对应起作用，这个事实很容易解决函数自由度表现的冲突。

总的说来，我们还不清楚 AdS/CFT 对应是否开辟了一个新研究领域，联系了众多理论物理的活跃领域，在诸如凝聚态物理、黑洞和粒子物理学等分离学科之间建立了意外的联系。另一方面，在这些思想的深厚、多样和非现实的物理图景之间存在着奇异的矛盾。它依赖于宇宙学常数的错误符号，它需要 4 个超对称生成元，但一样也没观测到；它需要作用于无限多（而不是粒子物理学需要的 3 个）参数的规范对称群；它的时空体有太多的维度！最引人入胜的还是看这些东西会将我们引向何处。

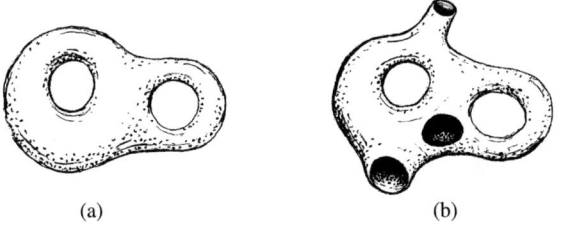

(a)　　　　　　　(b)

图 1.44　黎曼曲面图：（a）展示柄；（b）展示柄和洞。（注意：我这里说的柄在文献中有时与洞混淆。）

117 1.16　膜世界与弦景观

接下来我们看膜世界的问题。我在 1.13 节提到过为刻画 M 理论的不同对偶性所需要的（除了弦以外）那些叫 p 膜的实体（弦的高维形式）。弦本身（1 膜）可以有两种根本不同的形式：闭弦（可描述为普通的紧黎曼曲面，见图 1.44a 和 A 10 节）和开弦（其黎曼曲面有洞，

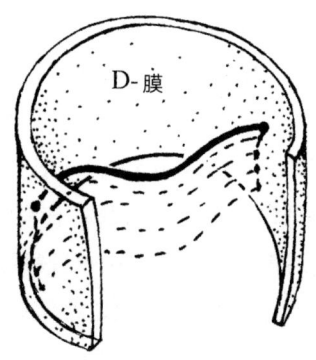

图 1.45　D 膜的卡通，是弦的端点（"洞"）所在位置的经典区域。

见图 1.44b）。除此以外，应该还有所谓的 **D** 膜结构，在弦论中扮演着不同的角色。D 膜被视为高维时空的经典结构，可假定为基本弦和 *p* 膜构成的大聚合体，其特征却是超对称方程通过对称和超对称要求得到的经典解。D 膜发挥的一个重要作用是开弦的"端点"（即孔洞）该处于什么地方。见图 1.45。

　　膜世界的概念代表着对 1.6 节描述的原始弦论观点的严重偏离，原弦认为高维时空是局域的积空间 $\mathcal{M} \times \mathcal{X}$，我们亲身经历的时空是 4 维空间 $\mathcal{M}$，而 6 维空间 $\mathcal{X}$ 是看不见的额外微小维度。根据这个初始观点，观测的 4 维时空是数学描述为因子空间的一个例子，其中空间 $\mathcal{M}$ 的获得是通过将 $\mathcal{M} \times \mathcal{X}$ 中的每个事例投射到一个点：

$$\mathcal{M} \times \mathcal{X} \to \mathcal{M}.$$

见图 1.32a（1.10 节）。但另一方面，根据膜世界的观点，事情就迥[118]然不同了，观测的 4 维宇宙被视为周围 10 维时空 $\mathcal{S}$ 的一个子空间，等同为时空内的某个特别的 4 维 D 膜 $\mathcal{M}$：

$$\mathcal{M} \hookrightarrow \mathcal{S}.$$

见图 1.32b。在我看来，这是一个非常怪异的想法，因为时空 $\mathcal{S}$ 的大部分都显得与我们的经验毫不相干。当然也有人会认为这是一种进步，因为函数自由度可能远不像前面说的那么泛滥。然而它有一个缺点：我们在传统物理学中习以为常的以确定方式向未来正常传播的场，会通过从子空间 $\mathcal{M}$ 向周围高维空间连续泄露信息而消失殆尽。应该指出，这一点与我们经历的经典场在时空中的正常的确定性演化是水火不容的。在膜世界图景里，我们直接感知的寻常经典场的函数自由度具有 $\infty^{A\infty^3}$ 的形式，而不是我们实际经历的小得多的 $\infty^{B\infty^4}$。这仍然是太多了。实际上，我发现这类图景甚至比 1.6 节的原始形式更难令人接受。

最后我们来看景观和沼泽问题，它们有别于我以前提到的其他问题，着实令一些弦论家焦虑不安！在 1.10 节我说到卡丘空间的零模式，它们的激发不需要任何能量。这些激发模式不会触及额外空间维 ¹¹⁹内禀的多余函数自由度，但涉及参数的有限维变化 —— 叫模 —— 用以刻画生成额外空间维的卡丘空间的形状。这些模的变形会将我们引向五花八门的、从所谓可选择真空生成的弦论。

量子场论的真空是一个重要概念，本书前面我还没讨论过。事实是这样的：在 QFT 的具体化中需要两个元素，一个是理论的算子代数 —— 如 1.14 节说的生成和湮灭算子，另一个是真空的选择 —— 即那些算子在其中发生作用，通过粒子生成算子生成越来越多的粒子

态。我们在 QFT 中经常看到的是，同样的算子代数很可能有不同的
"不等价"真空，这样从一种特殊的真空选择出发，不可能通过代数
内的合法算子得到其他真空。就是说，从一个真空选择确立起来的理
论，与从另一个不等价真空确立起来的理论，描述了完全不同的宇宙，
两个不同 QFT 的态不能进行量子叠加。（这个事实在 3.9 和 3.11 和
4.2 节中有重要作用。）弦论中发生的事情就是，我们以这种方法得到
了大量不等价的弦论（或 M 理论）。

　　这与弦论的初心（提供一个独一无二的物理学理论）是南辕北辙
的。我们想想 M 理论所号称的成功：将五个貌似不同类型的弦论统
一成一个理论。这个表面的成功现在似乎被弦论（或 M 理论）的如
此繁衍彻底颠覆了（眼下还不知道具体数量，但有人说大约是 10^{500}
[Douglas 2003 ; Ashok and Douglas 2004]），而它们都是那些可能的大
量不等价真空生出来的！为处理这个问题，产生了一种观点，认为不
同宇宙是共存的，所有这些不同可能的世界呈现出一派"景观"。在
这众多的显然非现实的数学可能中间，还有很多貌似可能却被证明
是数学矛盾的。这些理论构成大家所谓的沼泽。这种观点大概是这样
的：假如我们想解释自然呈现的对不同模的值的"选择"（它们决定
我们经历的宇宙的性质），那么可以说，我们可能只生活在一个特殊
的宇宙中，其模数生成的自然常数恰好与智能生命演化所必须的化 [120]
学、物理和宇宙学和谐相容。这是我们将在 3.10 节讲的所谓人存原
理的一个例子。依我看，这个宏大的理论不幸在这里领我们陷入了困
境。人存原理的一个作用大概是解释几个自然常数之间的表面的巧合
关系，但一般说来其解释力是极其有限的。我将在 3.10 节回到这个
问题。

关于那些最初的炫人耳目的弦论思想的勃勃野心，我们从最后这几节得到什么教训呢？ AdS/CFT 确实在不同的有真正物理意义的领域之间引出了很多有趣且常常意外的对应（如黑洞与固体物理学之间的关系，也见 3.3 节和 [Cubrovic et al. 2009] ）。这些对应也确实迷人，特别是在数学方面 —— 却整个地远远漂离了弦论的初心，它原来是想让这个科目引领我们更深入地理解自然背后的秘密。那么膜世界的概念呢？我感到有一分绝望，其存在本身就悬在微小的低维悬崖边，哪儿还有希望去理解莫测的高维活动的广袤领地。景观就更尴尬了，竟没有合理的期许为我们自身的存在哪怕是找一个相对安全的悬崖！

第 2 章
信仰

121

2.1　量子启示

据《简明牛津英语词典》，Faith 的意思是建立在权威基础上的信仰。我们习惯了权威强烈影响我们的思想，不论小时候来自父母的权威，或者学校里来自老师的权威，或者生活中遇到的可敬的专业人士的权威，如医生、律师、科学家、电视主持人或政府和国际组织的代表 —— 或者还有宗教机构的大人物。权威以这样那样的方式影响我们的意见，我们以这种方式收到的信息常常把我们引向我们不会认真质疑的信仰。实际上，我们几乎从没想过去怀疑从这些渠道来的大量信息的有效性。而且，权威的这些影响经常会影响我们自己在社会的行为和立场。反过来说，我们自己可能拥有的任何权威，也会加强我们自己的意见在影响他人信仰时的分量。

在许多情形下，这种行为影响仅仅是文化的问题，只不过是一个良好的行为方式问题，适应了它就能避免不必要的摩擦。但是，当我们关心什么是真时，那就是一个更严峻的问题了。实际上，科学的一个理念是，我们不应简单相信任何事物，我们的信仰至少应该随时经受现实世界的检验。当然，我们可能没有机会或能力像那样去检验我们的很多信仰。但我们至少应该尝试打开我们的头脑。通常的情形可能是，我们能发挥作用的只是我们的常识、理性、客观性和判断力。但也不要低估了这些素质。根据它们，我们有理由假定科学的断言不可能是天衣无缝的谎言阴谋。例如，我们今天有五花八门的神器——如电视机、移动电话、iPad 和 GPS（全球定位系统），更不用说喷气式飞机和急救药，它们令我们相信，从科学认识和科学检验的严密方法得出的大多数结论中，一定有着深层的正确的东西。那么，即使有什么新权威从科学文化里生出来，那也是一个——至少在原则上——不断接受批评的权威。于是，我们对科学权威的信仰就不是盲从，我们必须时刻准备着去发现意外的可能，改变科学权威所表达的观点。另外，我们也不应该惊讶有些科学观很容易遭遇严峻的矛盾。

当然，Faith 更经常用于宗教教义方面。在那个语境下——虽然基本点的讨论有时为大家所接受，官方教义的一些细节还是可能发生微妙的变化，以适应环境的改变——至少在当今的几大宗教里，都倾向性地存在一个坚实的教义信仰体系，能追溯到好几千年以前。在每种情形下，作为那个信仰基础的教义体系的起源都可以溯源到个别（或几个）道德价值、性格魅力、智慧见识和教化力量的杰出人物。尽管可以想到时间的迷雾可能给原始传道的解释和细节带来微妙的改变，但核心内容是否能原封不动地传下来，还是有争论的。

所有这些似乎都迥然不同于科学知识的进步方式，但科学家却很容易自满，以为科学论断都是不容更改的。事实上我们已经目睹了科学信仰的各种重大变化，至少部分颠覆了从前固守的信念。然而，这些变化却因那些固守旧念的人而来得犹犹豫豫，通常只是在面对很重要的新观测证据时才会出现。开普勒的行星椭圆运动就是一个例子，它颠覆了从前的圆周和圆周绕圆周的观念。法拉第实验和麦克斯韦方程引领了我们关于物质本性的科学观的另一个大变革，说明牛顿理论的单个的离散粒子需要连续的电磁场来补充。更惊人的是 20 世纪物理学的两大革命，即相对论和量子力学。我在 1.1，1.2 特别是 1.7 节讨论过狭义和广义相对论的一些非凡思想，但即使如此，与惊人的 [123] 革命量子论的石破天惊的启示比起来，它们也黯然失色了。确实，本章的主题就是量子启示。

我们已经在 1.4 节看到了量子力学最奇异的一点特征：量子叠加原理的一个结果是，粒子可以同时占据两个不同的位置！这当然偏离了我们安逸的牛顿粒子图景，其中的每个粒子只毫不含糊地占一个位置。显然，量子论呈现的这个看似疯狂的现实描述，假如没有大量支持的证据，是不会赢得可敬的科学家们的信任的。不仅如此，一旦谁习惯了量子形式并掌握了其中微妙的数学过程，我们以前完全感到神秘的大量观测到的物理现象，便开始向我们呈现它们的解释。

量子论解释了化学键的现象、金属和其他物质的色彩和物理性质、特殊元素及其化合物在加热下释放的光（谱线）的离散频率的具体实质、原子的稳定性（经典理论预言，当电子旋落进原子核时，原子会随着辐射而发生灾变性的坍缩）、超导电性、超流体、玻色−爱因斯坦凝聚；在生物学中，它解释了遗传特征的非连续性（最先是孟德尔在 1860 年前后发现的，薛定谔 1943 年在他开创性的《生命是什么》[Schrödinger 2012] 里做过基本解释，那还是在 DNA 出场之前）；在宇宙学，贯穿我们整个宇宙的微波背景辐射（这将是我们 3.4，3.9

和 4.3 节的中心问题）具有黑体辐射谱（见 2.2 节），其精确形式直接来自一个基本量子过程的最早考虑。很多现代物理学装置都强烈依赖于量子现象，它们的建造需要认真理解作为基础的量子力学。激光、CD 和 DVD 播放器和笔记本电脑都藏着这些量子元素，在日内瓦的 LHC，以光速驱动着粒子在 27 千米长的隧道里飞旋的超导性磁铁，也同样发生着量子的效应。这样的例子不胜枚举。所以，我们必须严肃看待量子理论，承认它为物理实在提供了一种诱人的描述，远远超越了量子论之前千百年来人们坚信的经典图景。

124　　　当我们结合量子论与狭义相对论时，便得到量子场论，这特别对现代粒子物理学有着根本的意义。回想 1.5 节说的，一旦恰当施行处理发散的重正化过程，量子场论正确解释电子磁矩的数值将精确到 10 或 11 位。还有其他一些例子，都为量子场论在恰当应用时的内禀精确性提供了强力的证据。

　　通常认为量子论是比它之前的粒子和力的经典纲领更深刻的理论。不过总体上说，量子力学用于描述相对微小的事物，如原子和组成它们的粒子以及原子组成的分子。理论也并不限于描述这些物质的基本组成。例如，超导体和玻色-爱因斯坦凝聚中的氢原子的奇异的量子力学性质，就涉及大量电子的集合（约 10^9 个）[Greytak et al. 2000]。而且，现在还观测到跨越 143 千米的量子纠缠效应 [Xiao et al. 2012]，其中，分离那么远的光子对还必须作为单个的量子客体来处理。还有一些观测提供了遥远星体直径的测量方法，正依赖于这样的事实：从星体两端发射的光子对，因 1.14 节说的爱因斯坦-玻色统计而自然相互纠缠。这个效应是布朗（Robert Hanbury Brown）和特维斯（Richard Q Twiss）在 1956 年确立的（即布朗－特维斯效应），那年他们正确测量了天狼星的直径为 240 万千米，从而确立了那个距离上的量子纠缠 [Hanbury Brown and Twiss 1954，1956 a，b]！这样看来，量子影响绝非仅限于小距离，似乎也没什么理由相信这些效应作用的距离会有任何极限。而且，人们也普遍承认，迄今还没有任何观测与理论的预期发生矛盾。

于是我们看到，量子力学的法则实际上已经很好地确立起来了，基于大量极其坚实的证据。凭着至简的体系、精细的计算和精密的实验，我们得到了理论与观测结果之间的几乎难以令人置信的契合。而且，量子力学的程序也成功用于大范围的尺度；如上面说的，我们从 [125] 基本粒子到原子、分子尺度，再到大约 150 千米乃至跨越星体百万千米的纠缠，都看到了量子的效应，甚至在整个宇宙的尺度也显现了精确的量子效应（见 3.4 节）。

量子的法则不是来自某一个历史人物的声音，而是来自众多专心的理论科学家的痛苦思索，他们个个能力超群，洞见幽深：普朗克、爱因斯坦、德布罗意、玻色、玻尔、海森伯、薛定谔、玻恩、泡利、狄拉克、约当、费米、魏格纳、贝特、费曼以及很多其他在更多高超实验人员的实验结果驱动下建立其数学形式的科学家们。令人惊奇的是，在这个方面量子力学的起源截然不同广义相对论，后者几乎完全来自爱因斯坦一个人的理论构想 [1]，没有任何牛顿理论之外的重要观

---

1. 不过就理论所需的数学形式说，爱因斯坦还借助了同事格罗斯曼（Marcel Grossmann）的帮助。另一方面，还应该指出，狭义相对论必须认为是几个人的理论，除爱因斯坦外，如沃伊特（Voigt），费兹杰拉德（FitzGerald），洛伦兹（Lorentz），拉莫（Larmor），庞加莱（Poincaré），闵可夫斯基（Minkowski）等人都对理论的产生做出过重大贡献 [Pais 2005]。

测结果的输入。（爱因斯坦似乎很熟悉从前观测的水星运动的细微反常[1]，这当然会影响他早期的思想，但还没有直接证据。）那么多的人投入到量子力学的理论构建，这也许正是其理论的非直观性的一个表现。不过作为一个数学结构，它还是有着非凡的精美；而其数学与物理行为之间的深层契合，更是令人意外和震惊。

看到这些，量子力学的所有奇异就不那么令人惊奇了，它的法则常被认为是绝对正确的，所以自然的一切现象都必须服从它。量子力学确实提供了一个貌似适用于不论什么尺度的任何物理过程的穹顶式框架。于是，理论赢得物理学家们的倾心信仰，坚信自然现象必须遵从量子法则，也就不足为奇了。那么，当这个特别的信仰原理用于日常经验时可能出现的种种奇情异状，也就只能是我们不得不欣然面对、习惯和必须去理解的东西了。

126　最特别的是，我们在 1.4 节向读者指出过，有一个量子力学结论说，量子粒子可以处于一个同时占据两个分离位置的状态。尽管理论断言同样的结论适用于任何宏观物体——甚至如 1.4 节说的猫，能在同一时刻穿过两扇分开的门——那也不是我们寻常经历的那类事情，我们也没理由相信这些分离的共存能真实地在宏观尺度上发生，即使那只猫在穿门的时候在我们视线之外。薛定谔的猫的问题（他原来的说法是猫处于生死状态 [Schrödinger 1935]）将是本章后面几节（2.5, 2.7 和 2.13 节）思考的主要问题。我们将发现，尽管我们眼下坚守量子信仰，这些问题也不可能轻松解决。实际上我们的量子信仰存在着深层的极限。

---

1. 广义相对论是 1915 年提出的；爱因斯坦在 1907 年的一封信里提到了水星近日点（见 [Goenner 1999] 中 J. Renn and T. Sauer 的一章，p. 90 注释 6 ）。

2.2　普朗克的公式

从现在起我更具体地说量子力学的结构。我们先看为什么需要相信那样的超越经典物理学的东西。1900 年，著名德国科学家普朗克提出一个在当时物理学看来离奇万分的假定 [Planck 1901]—— 至于怎么离奇，普朗克自己说不清，同侪更说不清 —— 我们就来看看引导普朗克的初始环境是怎样的。普朗克关心的问题是，限在一个非反射空腔里的物质和电磁辐射与加热的空腔物质处于平衡并保持在一定的温度（图 2.1）。他发现物质对电磁辐射的发射与吸收是以离散能量束的形式发生的，满足如下著名公式

$$E = h\nu,$$

这里 E 是刚才说的能量束，ν 为辐射频率，h 为自然基本常量，现在叫普朗克常量。后来人们意识到，普朗克的公式提供了根据量子力学原理普遍存在的能量与频率的联系。

普朗克尝试解释过实验观测的辐射强度与频率的函数关系，如刚才描述的情形，见图 2.2 的连续曲线。这个关系被称为黑体谱。它来自辐射与物质相互作用共同达到平衡的状态。　　　　　　127

关于那个关系，以前就有过建议。其中一个是瑞利－金斯公式，给出作为频率 ν 的函数的强度 I，表示如下 [1]　　　　　128

---

1. 本节给出的不同公式中，都带一个系数"8 π"，有时写作"2"。这纯粹是为了方便，关乎"强度"在表达式中的意义。

$$I = 8\pi kc^{-3}Tv^2$$

其中 T 为温度，c 为光速，k 为物理常量，叫玻尔兹曼常量，以后（特别是第 3 章）将扮演重要角色。这个公式（图 2.2 中的虚线）纯粹基于电磁场的经典（麦克斯韦场）解释。另一个建议是维恩定律（可以根据由随机运动的经典无质量粒子构成的电磁辐射的图像导出）：

$$I = 8\pi kc^{-3}v^3 e^{-hv/kT}$$

（图 2.2 的点画线）。普朗克经过努力，发现他可以为强度－频率关系导出一个非常精确的公式，恰好在高频符合维恩公式而在低频符合瑞利－金斯公式，即

$$\frac{8\pi hc^{-3}v^3}{e^{hv/kT}-1}$$

但他需要为此做一个非常奇异的假设：物质对辐射的发射和吸收其实总是以离散能量束的形式进行的，遵从前面的 $E = hv$。

　　普朗克起初好像没有恰当认识他的假设是非常革命的，直到五年后，爱因斯坦才清楚意识到电磁辐射本身必须由满足普朗克公式的单个能量束构成 [Pais 2005；Stachel 1995]，那能量束后来被称为光子。实际上，在黑体辐射的平衡性与假定的物质实体的粒子性中隐含着一个非常基本的理由，意味着电磁辐射（即光）也必须具有粒子性，这源于一个叫能量均分的原理。这个原理断言，当有限系统趋于平衡时，在平均水平上能量最终是均等分布在所有自由度的。

图 2.1 黑色内壁的黑体空腔，包含与加热空腔边界处于平衡的物质和电磁辐射

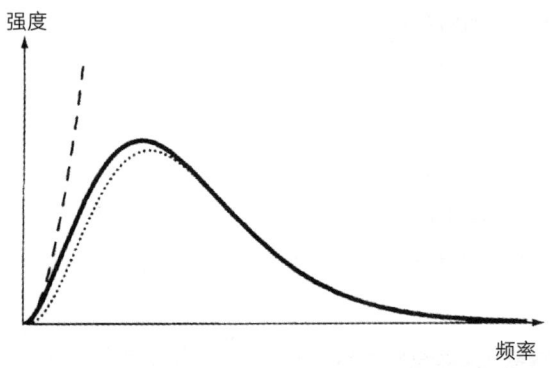

图 2.2 实线为观测的黑体辐射强度 I 与频率 v 的关系，精确符合普朗克的著名公式。虚线描述了瑞利金斯公式，点画线是维恩公式的结果

均分原理的演绎还可以看作函数自由度问题的另一道习题（A2，A5，1.9，1.10 和 2.11 节）。我们假定系统由 N 个与连续电磁场相平 [129] 衡的粒子构成（因某些粒子带电荷，能量可以在两者之间传递）。为简单起见，假定我们处理的是经典的点粒子，则其函数自由度为 ∞^{6N}，

这里"6"指每个粒子的 3 个位置自由度和 3 个动量自由度（动量本质上等于质量乘以速度，见 1.5，A4 和 A6 节）。否则，我们还需要更多参数来描述粒子的内禀自由度，"6"将代以更大的整数。例如，经典的旋转不规则形状的"粒子"要多 6 个自由度：3 个空间方向和 3 个角动量的大小和方向（比较 1.14 节），每个粒子共 12 个自由度，则整个经典 $N-$ 粒子系统的函数自由度为 ∞^{12N}。我们将在 2.9 节看到，在量子力学中，这些数多少有些不同，但我们仍得到形如 ∞^{kN} 的函数自由度（k 为一定的整数）。然而，在连续电磁场的情形，根据 A2 节的讨论（分别用于磁场和电场），会立即得到一个大得多的自由度 $\infty^{4\infty^3}$。

那么，对粒子物质与连续电磁场处于平衡的经典系统，能量均分告诉我们什么呢？它告诉我们，在趋于平衡的过程中，会有越来越多的能量进入场的巨大数目的自由度，最终将能量完全从粒子物质的自由度汲取出来。这就是爱因斯坦的同事、物理学家艾伦菲斯特（Paul Ehrenfest）后来说的紫外灾难，因为在电磁谱的高频端（即紫外端），最终会出现自由度向电磁场的灾难性流失。图 2.2 中虚线（瑞利－金斯）的无限上升就说明了这种灾难。可是当我们为场赋予粒子性时，频率越高，这种结构变得越重要，灾难就可以避免，和谐的平衡态能存在下来。（我将在 2.11 节回到这个问题，并更详细地说明这里产生的函数自由度问题。）

我们从这个一般性的讨论还看到，这不仅仅是电磁场的一个特征。不论什么时候考虑趋于平衡，任何由连续场与离散粒子相互作用的系统都将面临同样的困难。于是，我们期待普朗克的补救关系 $E=h\nu$

也适合于其他场，也就不是没有道理了。其实人们乐于相信它应该 [130]
是物理系统的一个普适特征。实际上，这在量子力学情形果然是完
全普适的。

　　然而，普朗克在这个领域的工作的深远意义几乎完全被忽略了，
直到 1905 年爱因斯坦发表一篇（现在著名的）论文［Stachel 1995］，
在文中提出异想天开的思想，说在恰当环境下电磁场应该像真正的粒
子组成的系统那样来处理，而不是一个连续的场。这对物理学界来说
是太震撼了，因为电磁场由麦克斯韦的美妙方程体系描述的观点显然
已经确立起来了（见 1.2 节）。最令人满意的是，麦克斯韦方程为光
作为自行传播的电磁波提供了完整的描述，波动说解释了诸如极化和
干涉效应等很多光的具体性质，还预言了我们不能直接看到的其他
类型的光（即可见光外的光），如无线电波（频率很低）和 X 射线（频
率很高）。退一步讲，要我们把光看成像粒子一样，毕竟是非常怪异
的事情——那显然符合牛顿在 17 世纪的建议，但最终被托马斯·杨
（Thomas Young）在 19 世纪初令人信服地否决了。更令人瞩目的也许
是，就在同一年（1905）（爱因斯坦的"奇迹年"）稍后，爱因斯坦本
人基于麦克斯韦方程的坚实有效性发表了两篇更著名的文章，一篇
开创了狭义相对论，一篇导出了"$E=mc^2$"！（Stachel 1995，"$E=mc^2$"
论文在 161～164 页，相对论在 99～122 页。）

　　更有甚者，即使在爱因斯坦提出光的粒子思想的那篇论文里，他
也说麦克斯韦理论"也许永远不会被其他理论所取代"。尽管这看起
来与那论文的目标冲突，从我们更现代的量子场处理方法的"后见之
明"来看，可以看到爱因斯坦的电磁场粒子观在某种深层意义上与

麦克斯韦的场并不是不相容的，因为电磁场的现代量子论源自场量子化的一般过程，事实上正是将量子化过程用于麦克斯韦理论！还应该指出，牛顿本人已经意识到他的光粒子也需要某些波动特征的性质 [Newton 1730]。不过，即使在牛顿时代也确实存在一些深层原因同情光传播的粒子图景，这无疑引起了牛顿的思想共鸣 [Penrose 1987b, pp. 17 ~ 49]，我相信牛顿关于光的粒子 / 波动图景实际上有很好的理由，即使在今天也有明确的意义。

应该说明，物理场的这种粒子观（只要粒子真的是玻色子 —— 从而满足 2.1 节提到的布朗－特维斯效应）并不消减它们在相对低频（即长波长）下的完全的场行为，这也是实际观测到的现实。自然的量子组成从某种意义说不可能完全精确地视为粒子或场，而应该是某种更神秘的同时呈现二者特征的中间类型的实体（即波－粒）。基本组成（量子）都遵从普朗克的 $E=hv$ 律。一般情形下，当每个量子的频率（从而能量）很高时，波长就很短，实体集合的粒子性占据主导，如果认为它由粒子组成，我们将得到一幅更好的图像。但是，如果频率（从而单个粒子的能量）低，则我们考虑相对大的波长（与极端数量的低能粒子），这时会很好呈现经典场的图像。

至少玻色子是这种情形（见 1.14 节）。至于费米子，长波极限并不真像经典场，因为它涉及的大量粒子会因泡利原理（见 1.14 节）而相互"阻碍"。然而，在一定环境下，如超导体情形、电子（费米子）能成对形成所谓的库珀对，这些电子对就像单个玻色子那样活动。这些玻色子聚起来形成超导体的超流，能不靠外来输入而无限地维持下去，且具有经典场的一些内禀性质（也许更像 2.1 节简述的玻色－爱因斯坦凝聚）。

普朗克的 $E=hv$ 的普适性特征意味着场的粒子性应该有它的反面，即我们视为普通粒子的那些实体也该有类似场（或波动）的性质。相应地，$E=hv$ 应该在某种意义上适用于这种普通粒子，即我们为单个粒子赋予一定的波动性，其频率 v 由它的能量决定，服从 $v=E/h$。事实果真如此，这个建议是德布罗意（Louis de Broglie）在 1923 年明确 [132]提出的。相对论的要求告诉我们，质量为 m 的粒子在其自身静止的坐标系中应该有能量 $E=mc^2$（爱因斯坦的著名公式），于是根据普朗克关系，德布罗意为它赋予一个自然频率 $v=mc^2/h$（如 1.8 节已经指出的）。但当粒子运动时，也需要一个动量 p，相对论要求又告诉我们这应该反比于自然赋予的波长 λ：

$$\lambda = \frac{h}{p}.$$

这个德布罗意公式已经受过无数实验的证明，意思是，动量为 p 的粒子将呈现波长为 λ 的波的干涉效应。最清楚的早期例子之一是 1927 年的戴维森－革末实验。在实验中，将电子射向一块晶体物质，当晶体结构契合电子的德布罗意波长时，就发生散射或反射（图 2.3）。反过来，爱因斯坦早期的光粒子设想已经解释了勒纳（Philipps Lenard）在 1902 年关于光电效应的观测，其中瞄准金属的高频光将电子驱逐出来，一个个出来的电子带着特定能量。但令人惊奇的是，那能量依赖于光的波长，而与光的强度无关。这些结果（当时颇令人疑惑），正是爱因斯坦建议所解释的现象（也是这个为他最终赢得了 [133]1921 年诺贝尔物理学奖）[Pais 2005]。爱因斯坦建议的更直接和关键的证明是康普顿后来在 1923 年发现的：射向带电粒子的 X 射线量子确实像无质量粒子 —— 现在称为光子 —— 那样反射，且遵从标准的相对论动力学。这里用了和德布罗意一样的公式，不过形式反过来了，为波长为 λ 的单个光子赋予一定的动量，满足 $p=h/\lambda$。

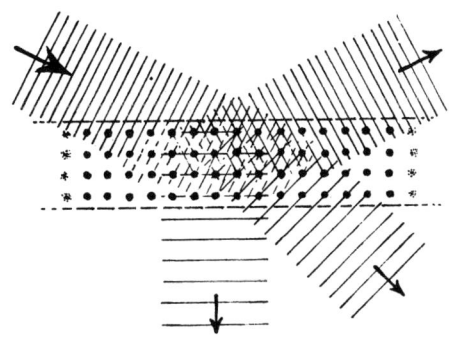

图 2.3　戴维森−革末实验证明的电子波动性：当晶体结构契合电子的德布罗意波长时，射向晶体物质的电子会发生散射或反射

2.3　波粒悖论

这会儿我们还没有深入量子力学的真实结构。不管怎么样，我们得把基本量子要素的波与粒性更加具体地绑到一些事物上。为更清楚地理解这一点，我们考虑两个不同的（理想化）实验，它们大概相似，但一个呈现量子波粒实体的粒子面目，一个呈现波动面目。为方便计，我简称这个实体为粒子，或更具体地称为光子，因为这类实验实际上已经用光子做过了。但我们要记住，即使换成电子、中子或任何其他波粒子，事情也是一样的。在我的描述中，我将忽略这些实验操作过程中可能出现的各种类型的技术难题。

　　在每个实验中，我们用适当类型的激光 —— 处于图 2.4d 点 L 的位置 —— 向一个半涂银的镜面之类的东西射出一个光子（在位置 M），尽管在实际的实验中镜面不可能像日常的普通手镜那样镀银。（在这种量子光学实验中，更好的镜面有可能通过干涉效应巧妙地利用我们光子的波动特征，但这对我们现在的讨论无关紧要。）技术上说，这种镜面式的东西叫分光镜。在这里的实验中，我需要分光镜以 45°斜对激光束，则打在它上面的光恰好一半反射（沿直角）回去，一半直接穿过它。

　　在第一个实验（实验 1），如图 2.4a，有两个探测器，一个在 A，在透射光束的路线上（即 LMA 为直线）；另一个在 B，在反射光束路线上（即 LMB 呈直角）。我假定（为方便讨论）每个探测器都 100% 完好，只有在接收到光子时才会记录，另外我假定实验的其他装置也[134]是完好的，从而光子不会因吸收、偏转或任何其他类型的故障而丢失。我还假定，在发射每个光子时，激光器都有办法跟踪发射的事件。

　　这样，实验 1 发生的事情是，每发射一个光子时，要么 A 的探测器记录接收一个光子，要么 B 的探测器记录接收一个光子，而不可能两个都记录。每个结果的概率是 50%。这呈现了光子的类粒子性。光子要么走这条路，要么走另一条路，实验结果符合我们赖以判断的粒子性前提，当光子遭遇分光镜时，它要么穿过要么反射，两样选择各有 50% 的概率。

　　下面我们来看第二个实验，实验 2，如图 2.4b。这里我们将 A 和 B 的探测器换成完全镀银的镜面，各斜 45°朝向光束，这样在每个情形下镜面遇到的光束都对着 C 点的第二个分光镜（与第一个完全一样），它仍然以 45°斜对光束（于是所有镜面和分光镜都相互平行）。

135 两个探测器位于 D 和 E（CD 平行于 LMA，CE 平行于 MB），这样 MACB 是一个矩形（图中画成正方形）。这样的装置叫马赫－曾德尔干涉仪。

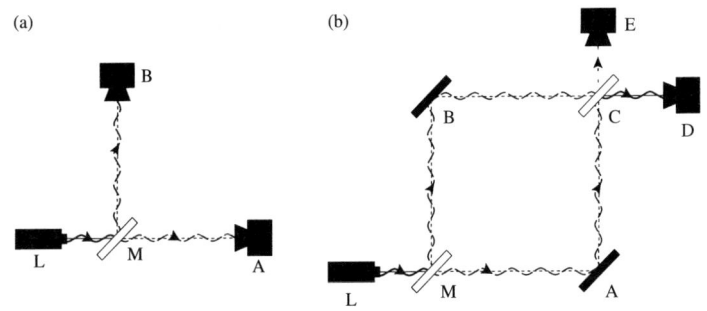

图 2.4 光子的波粒性，从 L 的激光器发射的光子直接射向 M 的分光镜。（a）实验 1：A 和 B 的探测器分别探测到一个粒子，说明了光子的类粒子行为。（b）实验 2 说明光子的波动行为：位于 A 和 B 的镜面、D 和 E 的探测器以及 C 的第二个分光镜（构成马赫－曾德尔干涉仪），这时只有 D 接收到一个光子

那么，当激光发射一个光子时，会发生什么事情呢？照实验 1 看，光子似乎会以 50% 的概率选择路径 MA 离开 M 的分光镜，然后沿 AC 反射；同样有 50% 的概率选择路径 MB 然后沿 BC 反射。于是，C 点的分光镜将有 50% 的概率遇到从 AC 来的光子，而它又以相等概率将那光子分派到 D 或 E 的探测器。结果，D 和 E 的探测器各有 50%（=25%+25%）的概率接收一个光子。

然而事实并非如此！人们做了无数与此相同或相似的实验，都告诉我们 D 的探测器有 100% 的概率收到光子，而 E 收到光子的

概率为 0！这与光子行为的粒子描述（如我在实验 1 中所做的相关描述）是完全不相容的。从另一方面说，我们看到的更像是我们将光子视为一个小波时可能发生的现象。现在，我们可以描绘在分光镜 M 发生的事情了（连同其装置以及完美实验的假定）：波分裂成两个较小的扰动，一个沿 MA 传播，另一个沿 MB 传播。两者分别在 A 和 B 的镜面反射，于是第二个分光镜 C 同时遇到分别来自 AC 和 BC 两个方向的波扰动。每个扰动被分光镜 C 分裂成沿 CD 和 CE 和分量，但为了看到它们如何相互结合，我们还必须细看两个叠加波动的峰谷的相位关系。我们看到的是（这里假定两个分探测器的臂长相等），沿着 CE 走到一起的两个突现的波动分量完全相互抵消了，因为一个波的峰恰好对应另一个波的谷；而沿着 CD 走到一起的两个突现的波动分量相互加强了，它们峰与峰相遇，谷与谷相遇。于是，来自第二个分离器的全部突现的波将沿着 CD 方向，而没有一丝流向 CE 的，这对应于 D 探测的概率为 100% 而 E 的概率为 0%，符合我们实际观察到的现象。

这更意味着波-粒最好视为一个波包，是谐振波动行为的小爆发，但约束在一个小区域内，因而从大尺度看它呈现为一个类似粒子的小局域扰动。（标准量子形式下的波包图像，见 2.5 节图 2.11。）然而这样一个图景从各种原因说在量子力学中都只有极其有限的解释价值。首先，这类实验中常用的波形一点儿也不像这种波包，因为单个光子的波动可能具有比整个实验装置还长的波长。更重要的是，这个图景不能切实解释在实验 1 中发生的事情，为此我们现在回来看图 2.4a。我们的波包图景（与实验 2 的结果一致）需要让我们的光子波在 M 的分光镜分裂成两个较小的波包，一个飞向 A，另一个飞向 B。为重复实验 1 的结果，我们好像不得不这样来看：当探测器 A 收到那个小波包时，它会发现它有 50% 的概率以这种方式激活来记录一个光子。同样，探测器 B 也会发现它有 50% 的概率记录接收一个光子。这完全没问题，可不符合实际发生的事情，因为我们现在发现，虽然这个模型确实为 A 和 B 的探测器赋予了相等的概率，其中有一半的事情却是不可能发生的 —— 因为这个建议还错误地预言有 25% 的概率看到两个探测器都记录收到了光子，还有 25% 的概率是两个都没有收到光子！探测器的这两种联合反应不会发生，因为光子在实验中既没消失也没倍增。单个光子的这种波包描述简直没什么用。

事物的量子行为实际上要微妙得多。刻画量子粒子的波不像水波或声波，后两者描述周围介质里的某种局域扰动，因而波的某个部分在某个区域可能对探测器的效应，独立于波的另一部分在另一个遥远区域可能对探测器的效应。我们从实验 1 看到，单个光子的波动图景在光子被分光镜"分裂"为两个独立且同时的光束后，仍然只是代表单个的粒子，尽管它已经分开了。这样的波看起来描述了在不同地方发现粒子的某种概率扰动。这距离真实的波动描述更近了一步，实际上人们有时就说这样的波为概率波。然而这幅图景依然不令人满意，
137 因为概率总是正数（或零），不可能相互抵消，而为了解释实验 2 中探测器 E 没有任何反应，就需要波的消减。

为尝试这种类型的概率波解释，人们有时让概率在某些地方成为负的，这样就可以相互抵消了。然而，量子论并不是这样操作的（见图 2.5）。它其实走得更远，允许波幅为复数！（见 A9）实际上，我们已经在 1.4，1.5 和 1.13 节遇到过这些复振幅。这些复数对整个量子

力学结构都是至关重要的。它们确实与概率有密切联系，但它们不是概率（当然不可能是，因为概率是实数）。但我们很快会看到，复数 [138] 在量子形式里的角色远不仅仅是一个概率。

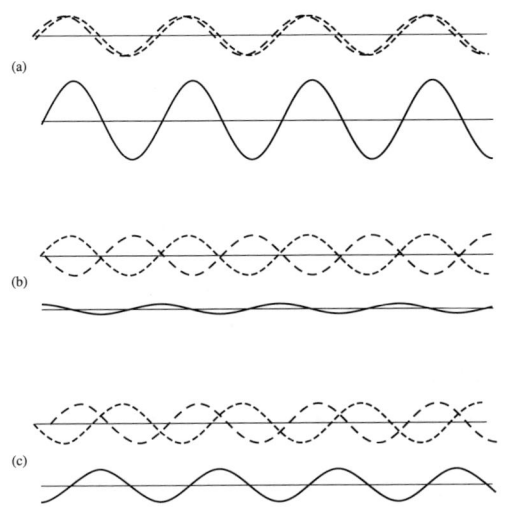

图 2.5　两个有相同振幅和频率的波模式（这里用虚线表示）之和可以加强（a）、抵消（b）或介于二者之间，取决于模式之间的相位关系

2.4　量子和经典

2002 年，我应丹麦安徒生研究院邀请去欧登塞演讲。安徒生 1805 年出生于欧登塞，近 2 个世纪了。我猜我被邀请的原因是我写过一本题为《皇帝新脑》的书，灵感来自安徒生的《皇帝的新衣》。不过，我想我应该讲一些不同的东西，我也好奇能否用安徒生的其他故事来说明我新近考虑的一些思想，主要与量子力学的基础有关。思量过后，我想起可以用不同的方式借《海的女儿》（小美人鱼）的故事来说明

图 2.6　受安徒生童话《海的女儿》启发，用美人鱼来说明量子力学的魔幻和神秘

我要讨论的问题。

　　看图 2.6，我画了坐在礁石上的小美人鱼，她一半身体在水里，一半在水上。图的下部画的是发生在水里的事情，一群稀奇古怪的草虫鱼虾搅在一起，呈现一种独特的美。这代表了量子水平过程的奇异而陌生的世界。图的上部画了我们更熟悉的世界，不同的事物界限分明，行为独立。这代表了经典世界，其行为遵从我们习以为常且深刻认识的 —— 量子力学降临之前的 —— 精确决定万物行为的法则。美人鱼出没两个世界，半人半鱼，正好代表两个互为另类的世界之间的

图 2.7　图的上部代表我们熟悉的分离组成的经典世界 C，下部是另类的缠绕的量子世界 U。美人鱼出没在两个世界，代表了神秘的允许量子实体进入经典世界的 R 过程

纽带。见图 2.7。她神秘而魔幻，能连通两个世界，似乎也在蔑视每个世界的法则。而且，她根据水下世界的经验带着不同的目光看我们地上的世界，从高高在上的岩石俯瞰着它。

不同物理现象的机制不会有根本不同的法则，而是只有一个基本法则的大体系（或一般原理）主宰着所有的物理过程，这是物理学家的正统信仰 —— 也是我的信仰。另一方面，有些哲学家 —— 无疑也[139]有相当多的物理学家 —— 则抱这样的观点：可能存在不同的现象水平，不同水平有着根本不同的物理定律，而不一定有什么囊括一切的

和谐纲领 [Cartwright 1997]。当然，当外在环境确实变得与我们的正常经验截然不同时，不同的定律 —— 乃至基本定律的异常方面 ——
140 也可能凸显前所未有的重要性。在这样的环境下，我们甚至可能忽略某些从前有着特殊意义的定律。实际上，在任何迫在眉睫的特殊情形下，我们当然会以最大的关切投向那些最为相关的定律，而且能安然地忽略其他的东西。不过，我们因其效应弱小而忽略的任何基本定律，也仍然可能产生间接的影响。至少这是物理学家普遍接受的信仰。我们期望 —— 其实宁愿相信 —— 整个物理学必然是一个统一体，即使个别特殊物理原理没有立竿见影的作用，它在整个图景中也应起着基础的作用，可能为整个图景的和谐做出重要贡献。

相应地，图 2.7 描绘的两个世界不应视为真正是相互另类的，但凭我们当下的量子论理解及其与宏观世界的关系，我们只好权宜地认为事物出在两个不同的世界，遵从不同的法则。实际情形是，我们确实倾向于将一套法则用于我们所谓的量子水平，而将另一套法则用于
141 经典水平。两个水平的界线从来都是模糊不清的，普遍的观点是，经典物理学无论如何只是其每个基本构成都精确满足的"真"量子物理学的方便近似。大家认为，当涉及大量量子粒子时，经典近似通常表现极好。不过，我将在以后（2.13 节特别是 4.2 节）论证，过分坚持这类方便观点会遭遇严峻的困难。但在眼下，我们还是跟着这个观点走。

于是，我们一般性地认为量子水平的物理学是精确用于"小"事物的，而我们更理解的经典水平的物理学则非常紧密地握着"大"东西。不过，在这里的语境下我们必须小心使用"大""小"这样的字眼，因为（如前面 2.1 节说的），我们看到量子效应在一定环境下可以延

伸到很大的距离（肯定超过 143 千米）。以后（在 2.13 和 4.2 节）我将提出一个观点，支持以一种不同的准则（而不仅仅是距离准则）为相关依据来表征经典行为的开始，但眼下我们还用不着去考虑那样的具体准则。

那么，我们暂且从俗，认为经典与量子世界的划分仅仅是权宜之计，所谓的"小"（在某种不确定的意义上）东西用量子论的动力学方程来处理，而认为"大"东西的行为极其近似地遵从经典动力学理论。不论什么情形，在实践中几乎都当然地采纳这样的观点，它也有助于我们理解量子论是如何实际应用的。经典世界似乎确实非常近似地由牛顿的经典定律决定，并由麦克斯韦方程拓展到连续的电磁场、由洛伦兹力定律拓展到单个带电粒子在电磁场中的反应，见 1.5 和 1.7 节。如果考虑快速运动的物质，我们需要引进狭义相对论的法则；若是涉及足够强大的引力势，我们还需要考虑爱因斯坦的广义相对论。这些法则构成一个和谐的整体，通过微分方程，以精确的确定的和局域的方式，主宰万物的行为，见 A11 节。时空行为可以从任意一个特殊时刻所能确定的数据导出（在广义相对论中我们解释"一个特殊时刻"为"一个恰当的初始时空曲面"，见 1.7 节）。在本书中，我尽量不卷入计算细节，但我们这里需要知道的是，这些微分方程用系统在任意[142]时刻的状态（和运动状态）精确决定系统行为的未来（或过去）。我用字母 C 标记所有这样的经典演化。

另一方面，量子世界也有一个时间演化——我记为 U，代表幺正演化——由一个叫薛定谔方程的微分方程描述。这仍然是确定和局域的时间演化（取决于微分方程，见 A11），作用于叫量子态（量子论引进来描述系统在任意时刻的状态）的数学实体。这种决定论与我们经典理论的情形相似，但也有好些关键的不同于经典演化过程 C 的地方。实际上，有些不同，特别是我们将在 2.7 节考虑的线性的结果，有着与我们世界的实际行为的经验完全不相容的涵义，从而在牵涉宏观可辨的事物时，继续用 U 来描述我们的实在就变得完全没有道理。相反，在标准的量子论中，我们采用第三种过程，叫量子测量，我用字母 R 标记（代表量子态的约化）。这正是美人鱼发挥关键作用的地方，充当量子世界与我们经验的经典世界的纽带。R 过程（见 2.8 节）完全不同于 C 或 U 的确定性演化，而是一种概率作用，且（我们将在 2.10 节看到）呈现出怪异的非定域特征，挑战了我们依赖熟悉的经典法则的一切认识。

为体会 R 的角色，我们考虑盖革计数器的作用，这是我们熟悉的探测放射性的能量（带电）粒子的仪器。任意那样的粒子都可视为一个量子客体，遵从量子水平的 U 法则。但盖革计数器是经典测量仪器，能将来自量子的小粒子放大到经典水平，它探测一个粒子就发出一声嘀嗒。因为嘀嗒声是能直接听见的，我们认为它属于我们熟悉的经典世界，其存在表现为波动在空气中的振动，可以充分地用流体（空气动力学）运动的经典（牛顿）方程来描述。总之，R 的效应将以几个可能经典 C 描述之间的突然跳跃来取代 U 带给我们的连续演化。在盖革计数器的例子中，这些替换（发生在探测之前）全部来自粒子的 U 演化量子态的各种贡献，其中粒子可能在这里或那里，以这样或那样的方式运动，都以 1.4 节考虑的那种量子叠加团在一起。可是当盖革计数器卷进来时，这些量子叠加的替换态就成为不同可能的经典结果了，听嘀嗒声在不同时刻响起，我们为这些不同的时刻赋予不同的概率值。在我们的计算过程中，这就是 U 演化留下的全部了。

我们在这些情形里实际采纳的过程非常符合玻尔和哥本哈根学派的方法。不管玻尔想为他的量子力学哥本哈根诠释赋予什么样的哲学基础，它确实为量子测量 R 的处理提供了一个非常实用的观点。大概说来，这种实用主义的"实在性"基础的观点认为，测量仪器（诸如刚才考虑的盖革计数器）及其随机环境构成一个十分巨大或复杂的系统，从而我们没有理由为按照 U 的法来精确处理它，相反我们会将仪器（及其环境）视为一个事实上的经典系统，其经典作用应能代表"正确的"量子行为的非常密切的近似，从而随量子测量的观测行为可以非常精确地用相应的经典法则 C 来描述。不过，从 U 到 C 的过渡不能一般地达成，还需要引进概率，因而 U（和 C）方程里所涉及的决定论就破灭了（图 2.8），量子描述的"跳跃"就这样正式出场了，它遵从 R 的运行法则。可以认为，测量过程背后的任何"实际"物理所涉及的复杂性都是巨大的，想照 U 的法则去准确描述它是完全不现实的，我们顶多希望能有某种近似的处理方法得到概率的而不是决[144]定论的行为。于是，我们可以预期，在量子环境下 R 法则提供了充分的处理方法。然而，如我们将在 2.12 和 2.13 节看到的，这种观点的运用中牵扯着某些深层而神秘的疑难，在面对宏观事物时，很难接受奇异的 U 法则能从其自身得出类似 R 和 C 的行为。正是在这里，"诠释"量子力学的严峻困难开始凸显出来。

相应地，玻尔和哥本哈根诠释终究还是不要求为量子水平赋予什么"实在性"，相反，它认为 U 和 R 过程只是为我们提供了一套计算程序，给出一个演化的数学描述，在测量时刻允许我们用 R 来计算

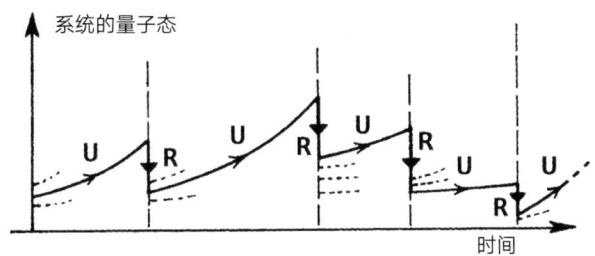

图 2.8　量子论世界的行为方式：确定性的 U 演化段被概率的 R 作用瞬间所隔断，每个作用却保留着经典性的元素

不同的可能测量结果的概率。那么，量子世界的 U 作用（我们不认为是物理真实的）似乎可以认为全是"头脑里的"，只以实用的计算方法起作用，这样用 R 的方法所能获得的就只有我们需要的概率。而且，量子态在 R 作用下通常经历的跳跃也不被认为是真实的物理过程，而只是代表物理学家的知识在收到测量结果提供的新信息时所经历的"跳跃"。

在我看来，哥本哈根观点的最初优点是，它能让物理学家以实用的态度运用量子力学，从而获得大量奇妙的结果，除此之外，它还让物理学家解脱出来，不必从更深的水平去理解量子世界"真正发生的"事情以及它与我们亲历的经典世界的关系。然而，这对我们来说还不够。实际上，近来有更多的思想和实验真的允许我们去探究量子世界的本质，它们还在很大程度上为量子论实际提供的奇异描述证实了一个真正的实在性度量。如果我们想探究量子力学法则的可能极限，那么量子"实在性"的力量就是我们当然需要领会的东西。

在下面的几节（2.5～2.10）里，我们会看到量子力学的宏大数学框架的基本构件。那是一个天下万物的纲领，以极高的精度符合自然世界的运行。它的许多结果都是反直觉的，有些还与我们相信的经典尺度世界的经验期许针锋相对。不过，迄今的所有实验成功探究了这些矛盾的结果，证实了量子形式（而不是我们经典经验的那些"常识"期望）的预言。而且，有些实验表明，与我们难得的经典直觉相反的是，量子世界的领地绝非限于微小的亚微观尺度，而可以延展到巨大的距离（当下的地面记录是 143 千米）。实际上，人们对量子力学形式的广泛的科学信仰已经在观测的科学事实方面有了令人瞩目的基础！

　　最后，在 2.12 和 2.13 节，我将提出一些论证来支持我的立场：我们不能将完全的信仰寄托在那个量子形式的身上。既然都承认量子场论（QFT）有其自身的发散困难——也是弦论的最初动机之一（见1.6 节）——我要提出的论证纯粹只考虑量子力学本身的更基础也更重要的法则。实际上，除了 1.3、1.5、1.14 和 1.15 节触及的那些东西外，本书并不深入 QFT 的具体问题。不过在 2.13 节（还有 4.2 节）我会提出有关它的一种修正的思想，我自认为那是根本性的，而且我会指出，我们应该从人们经常表达的对标准量子形式的法则的完全信仰中解脱出来。

2.5　波函数与点粒子

　　那么，标准的量子形式是什么呢？回想我在 1.4 节说的叠加原理，它非常广泛地适用于量子系统。我们在那儿考虑了这样一种情形：类粒子实体一个个发射出来，穿过两条紧靠但分离的平行细缝，飞向背后的一个灵敏屏幕（1.4 节图 1.2d）。屏幕上出现大量小黑点组成的花样，这是从粒子源飞出的大量粒子的单个的局域作用形成的图景，因而支持了那个源发出的量子实体的事实上的类粒子（或点）特征。不过，粒子在屏幕上的整体撞击图样沿一个平行带系统集中，呈现了清晰的干涉证据。这类干涉图样常出现在同时从双缝冒出来的类波实体的两个相干源之间。但对屏幕的撞击确乎是单个实体造成的，为特别清楚地看到这一点，可以调小源的强度，那么两个相继的类波实体发射的时间间隔会变得比它到达屏幕的时间更长。结果，我们事实上是一个时刻处理一个实体，而每个这样的波粒实体说明了发生在它的不同可能轨迹之间的干涉。

这与 2.3 节实验 2 发生的事情非常相似（图 2.4b），在那里，每个波粒子从分光镜（在 M 点）冒出来分成两个相等的部分，然后走到一起在第二个分光镜（在 C 点）发生干涉。我们再次看到单个的波粒子实体可以由两个分离的部分构成，它们在走到一起时产生干涉效应。于是，对每个这样的波粒子来说，并不需要是定域的物体，它仍然能像一个和谐的整体一样活动。不管它的组成部分分离多远，也不管有多少分离的部分，它都一贯地像单个的量子那样活动。

我们该如何描述这种奇异的波粒子实体呢？即使对其本性感到陌生，幸运的是我们有一个非常精美的数学描述，因而也许可以为能精确描述这些实体遵从的数学定理而感到满足（从哥本哈根的观点看，至少能得到暂时的满足）。关键的数学性质是，这些波粒子像电磁波一样，可以两个态加在一起（如 1.4 节指出的），而且波粒子之和的演化等于其演化之和 —— 这是线性一词的特征化表现，我将在 2.7

节更准确地说明（也见 A11 节）。这个求和的概念就是我前面所说的量子的叠加。当我们有一个由两个分离部分构成的波粒子时，整个波粒子就是那两个部分的叠加。每个部分自身都像一个波粒子，而整个波粒子却是两个部分之和。

而且，我们还能以不同的方式叠加两个这样的波粒子，取决于它们之间的相位关系。有些什么不同方式呢？我们将看到它们出现在我们的数学形式中，源于我们在叠加中用了复数（见 A9 和 1.4 节，并回想 2.3 节最后的说明）。于是，如果 α 代表这些波粒实体中的一个态，β 代表另一个，则我们可以构造 α 和 β 的不同的组合，形如

$$w\alpha + z\beta$$

其中权重因子 w 和 z 为复数（如我们在 1.4 节考虑的），我们称之为 147 （可能令人迷糊）分别赋予两个可能态 α 和 β 的复振幅[1]。我们的法则是，假定振幅 z 和 w 不都是零，则这个组合给出了波粒子的另一个可能状态。实际上，在任何量子情形，这样的量子态族将构成一个复矢量空间（在 A3 节的意义上），我们将在 2.8 节更全面地探究量子态的这个方面。我们要求权重因子 w 和 z 为复数（而不是像仅考虑概率权重时那样要求非负实数），这样才好表示两个分量 α 和 β 间的相位关系，那是分量间产生干涉效应的基础。

---

1. 我在 A10 节说的复数的幅角（即极坐标表示 $re^{i\theta}$ 中的 "θ"），在文献中有时也称为它的振幅。另一方面，波的强度（大概即表示中的 r）也常常叫振幅！我这里避免了这两种混乱而矛盾的名词，我的（量子力学标准的）名词把两种情形都包含了！

从分量 **α** 和 **β** 间的相位关系产生的干涉效应在 1.4 节的双缝实验和 2.3 节的马赫－曾德尔实验中都会出现，因为每个单态都有随时间的振动特征，各有特定的频率，因而它们在不同环境下可以相互抵消或增强（分别对应于异相和同相）（2.3 节图 2.5）。这些依赖于态 **α** 和 **β** 间的关系，以及各自的振幅 w 和 z 间的关系。实际上，就振幅 w 和 z 而言，我们所需要的只是它们的比 $w:z$（即 w/z，这里我们允许 z 为零——在这种情形，我们可以为比赋予"数"值"∞"。不过我们必须小心，w 和 z 不能都为零！）

用维塞尔平面（即复平面）（A10 节）来表示，如图 A42，比 $w:z$ 有幅角 θ（假定 w 和 z 都不为零），即从原点（给定为 0）出发分别到点 w 和 z 的两个方向间的夹角。在 A10 的讨论中，我们看到幅角即 z/w 的极坐标表示中的那个角：

$$z/w = re^{i\theta} = r(\cos\theta + i\sin\theta);$$

见图 A42，但这里用 z/w 替换了图中的"z"。这个角 θ 决定了态 **α** 和 **β** 间的相位移，从而也就决定了它们是否——更恰当说是在哪里——相互抵消或增强。注意，在维塞尔平面中，θ 是从原点 0 出发分别到点 z 和 w 的直线间的夹角（反时针方向）（图 2.9）。比 $w:z$ 的其余信息包含在 w 和 z 到 0 点的距离之比中，即 z/w 的极坐标表示中的"r"，它决定了叠加的两个分量 **α** 和 **β** 的相对强度。我们将在 2.8 节看到，当我们对量子系统进行测量 R 时，这样的强度比（其实是它的平方）对概率起着重要作用。严格说来，这个概率解释只适用于态 **α** 和 **β**"正交"的情形，但我们还将在 2.8 节提到这个概念。

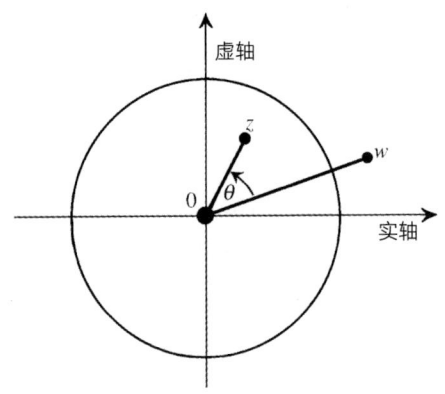

图 2.9　在维塞尔（复）平面中，两个非零复数 w 和 z 之比 z/w 的幅角是从原点出发到那两点的直线之间的夹角 θ

　　注意在关于权重因子 w 和 z 的前一段里讨论的量（相差和相对强度）都与那两个因子之比 $w:z$ 有关。为更好理解为什么是那个比值有特别的重要性，我们需要说明量子形式的一个重要特征。这是因为并非所有形如 $w\boldsymbol{\alpha}+z\boldsymbol{\beta}$ 的组合都被认为有物理的区别，组合的物理特征实际上只依赖于振幅比 $w:z$。其原因在于任意量子系统（而不仅仅是波粒实体）的数学描述（态矢（如 $\boldsymbol{\alpha}$））的一般原理。那个原理说，若系统的态矢乘以任意非零复数，则系统的量子态在物理上不会发生变化，所以，对任意非零复数 u，态矢 $u\boldsymbol{\alpha}$ 与 $\boldsymbol{\alpha}$ 代表着同一个波粒子态。相应地，这也适用于我们的组合 $w\boldsymbol{\alpha}+z\boldsymbol{\beta}$。这个态矢乘以任意非零复数 u，[149]

$$u\left(w\boldsymbol{\alpha}+z\boldsymbol{\beta}\right)=uw\boldsymbol{\alpha}+uz\boldsymbol{\beta}$$

与 $w\boldsymbol{\alpha}+z\boldsymbol{\beta}$ 描述了同一个物理实体。注意比 $uz:uw$ 等于 $z:w$，所以它就是我们实际关心的比 $z:w$。

到此我们一直在考虑可以仅从两个态 α 和 β 生出的叠加。对三个态 α, β 和 γ, 我们可以构造叠加态

$$w\alpha + z\beta + v\gamma,$$

其中振幅 w, z 和 v 是不全为零的复数, 我们也认为如果它乘以任意非零复数 u (得到 $uw\alpha + uz\beta + uv\gamma$), 则物理态不变, 这样, 我们还是只有通过一组比值 $w:z:v$ 来从物理上区分不同叠加态。这可以推广到任意有限数量的态 α, β, $\cdots$, Φ, 得到叠加态 $v\alpha + w\beta + \cdots + z\Phi$, 这些态正通过不同的比 $v:w:\cdots:z$ 在物理上进行区分。

实际上, 我们必须准备将这些叠加推广到无限多的单态, 这样我们还得小心连续性和收敛性等问题 (见 A 10 节)。这些问题引出很多数学难题, 不过我不想用它们给读者增加负担。尽管有些数学物理学家可能有理由认为, 量子论 (以及更特别的量子场论, 见 1.4 和 1.6 节) 所遭遇的这些实实在在的难题需要我们仔细关注这些数学细节, 我还是打算在这儿无视这些问题。并不是我认为这些数学微妙无关紧要 —— 恰恰相反, 我认为数学的和谐是基本的要求 —— 我倒是更认为, 我们将要 (特别在 2.12 和 2.13 节) 遇到的量子论的这些表面矛盾有着更基本的特征, 与这种数学的严格性问题没什么关系。

按照这个宽松的数学观点, 我们来考虑单个粒子或标量粒子 (没有方向性, 因而无自旋, 即 0 自旋) 的一般态。最简单的基本态 —— 位置状态 —— 只用它的某个特殊的空间位置 A 就刻画了, 由相对于某给定原点 0 的位置矢量 $\mathbf{a}$ 决定 (见 A3 和 A4)。这是一种非常

"理想化的"状态，通常考虑它由 $\delta(\mathbf{x-a})$ 给出（精确到一个比例因子），这里"δ"用来表示我们马上看到的狄拉克"δ 函数"。对实际的物理粒子来说，这也是一种非常不敏感的状态，因为它的薛定谔演化 [150] 会导致态立即向外扩展 —— 这个效应可以认为是海森伯不确定性原理（我们将在 2.13 节末尾看到）的结果：粒子的位置绝对精确了，它的动量就会完全不确定，所以动量大的粒子会使态在瞬间扩散。不过，在这里的讨论中，我不考虑这样的粒子态会怎么向未来演化。只考虑量子态在某个特定时刻（如 $t=t_0$）怎么表现就够了。

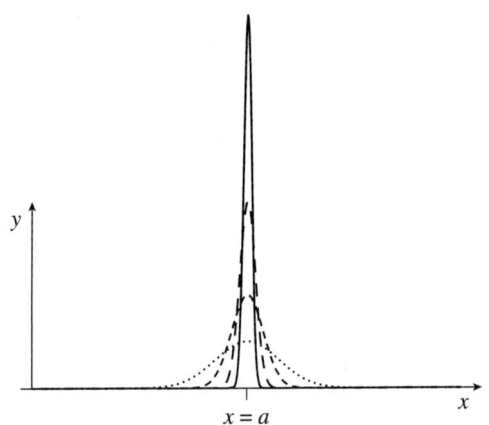

图 2.10　在这里，通过考虑 $\delta(x-a)$ 为一系列光滑正值函数的极限来说明狄拉克函数 $\delta(x)$。其中每个函数都由曲线和 x 轴包围一个单位面积，越来越向点 $x=a$ 集中

δ 函数其实不是一个普通函数，而是一类函数的极限情形，对所有 x（x 为实数），$x \neq 0$ 时，$\delta(x)$ 均为零，但我们认为 $\delta(0)=\infty$，满足函数曲线下的面积为 1。相应地，（$x=a$）也一样，只是发生了位移，除了在 $x=a$（a 为某给定实数）点外处处为零，而在 a 点为无穷大，但曲线下的面积仍然为 1。图 2.10 展示了这个函数的极限过程。（更多

的数学认识，见 [Lighthill 1958] 和 [Stein and Shakarchi 2003]。) 我不适合来讲这里说的事情怎么有数学意义，但用这个思想和记号还是有帮助的。(事实上，从技术上说，这样的位置态在任何情形都不是我们将在 2.8 节讨论的量子力学的标准希尔伯特空间形式的一部分，严格的位置态在物理上是不可能实现的。不过，讨论起来还是非常有用的。)

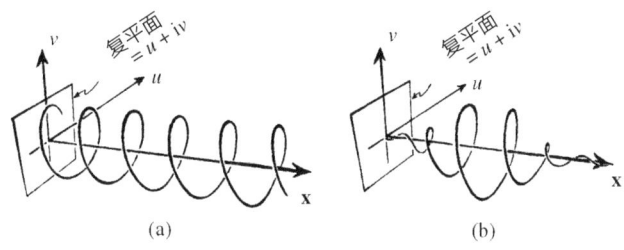

图 2.11 （a）给定 3 维动量 p 的动量态波函数 $e^{-i p \cdot x}$；(b) 波包的波函数

根据上面的讨论，我们可以考虑 3 维矢量 $\mathbf{x}$ 的 δ 函数，可写成 $\delta(\mathbf{x}) = \delta(x_1)\delta(x_2)\delta(x_3)$，$\mathbf{x}$ 的 3 个笛卡尔分量为 x_1, x_2, x_3。于是对 2 维矢量 $\mathbf{x}$ 的所有非零值，$\delta(\mathbf{x}) = 0$，但我们还是必须认为 $\delta(0)$ 有极巨大的值，生成 3 维的单位体积。接着，我们可以将 $\delta(\mathbf{x-a})$ 看成一个函数，它给出具有位置矢量 $\mathbf{x}$ 的粒子在点 X 外的任意位置的振幅为零（即 $\delta(\mathbf{x-a})$ 只有在 $\mathbf{x=a}$ 时不为零），而为粒子在点 A（即 $\mathbf{x=a}$）赋予一个非常大（无限大）的振幅。我们接下来可以思考这种特殊位置态的连续叠加，它为每一个空间点 X 赋予一个复振幅。于是，这个复振幅（这时就是一个普通的复数）就是变量点 X 的 3 维位置矢量 $\mathbf{x}$ 的一个函数。这个函数常用希腊字母 ψ 表示，函数 $\psi(\mathbf{x})$ 被称为粒子的（薛定谔）波函数。

于是函数 ψ 为任意单个空间点 X 赋予的复数 $\psi(\mathbf{x})$ 就是粒子精确位于点 X 的振幅。同样，如果每一点的振幅都乘以同一个非零复数 u，则物理状态保持不变。就是说，波函数 $\psi(\mathbf{x})$ 与 $w\psi(\mathbf{x})$ 代表同一个物理状态，只要 w 是任意非零（常数）复数。

波函数的一个重要例子是具有特定频率和方向的谐振平面波。这样的状态（叫动量态）表达为 $\psi=\mathrm{e}^{-\mathrm{i}\mathbf{p}\cdot\mathbf{x}}$，其中 $\mathbf{p}$ 为描述粒子动量的 3 维（常数）矢量，见图 2.11a，图中垂直平面 (u, v) 表示 $\psi=u+\mathrm{i}v$ 的维塞尔平面。在光子的情形，在 2，6 和 2.13 节中动量态对我们有着重要的意义。图 2.11b 描述了一个波包，已经在 2.3 节讨论过了。[152]

这里也许应该指出，在量子力学中我们通常用可以为波函数 ψ 赋予"大小"的度量来规范量子态的描述，这是一个正实数，叫波函数的模 [1]，可写成（如 A3 节）

$$\|\psi\|$$

（当且仅当 ψ 为零函数（波函数是不允许的）时，我们有 $\|\psi\|=0$)，模有标度性质，即对任意复数 w（$|w|$ 为模，见 A 10 节），有

$$\|w\psi\| = |w|^2 \|\psi\|$$

---

1. 在标量波函数的情形，如这里考虑的，这应该是在整个 3 维空间上的形如 $\int \psi(\mathbf{x})^* \psi(\mathbf{x}) \mathrm{d}^3\mathbf{x}$ 的积分［见 A 11］。于是，对规范化的波函数，$|\psi(\mathbf{x})|^2$ 作为概率密度的解释正与这个为 1 的总概率一致。

规范化的波函数具有单位模的函数：

$$\| \psi \| = 1,$$

如果起初未规范化，我们总可以通过以 $u\psi$ 替换 ψ 来规范它，这里 $u = \| \psi \|^{-1/2}$。规范化清除了替换 $\psi \mapsto w\psi$ 中的一些自由度，对标量波函数来说，它有一点好处，我们可以认为波函数 $\psi(x)$ 的模平方 $|\psi(\mathbf{x})|^2$ 提供了在点 X 找到粒子的概率密度。

然而，规范化并不清除所有的标度自由度，因为 ψ 与任何纯相位（即单位模的复数 $e^{i\theta}$，θ 为实常数）的乘积

$$\psi \mapsto e^{i\theta}\psi,$$

对规范化没有影响。[这基本上就是引领外尔最终考虑他的电磁论（见 1.8 节）的相位自由度。] 尽管真正的量子态总有模，因而总可以规范化，但通用量子态的某些理想化却不能如此，如我们先前考虑的位置态 $\delta(\mathbf{x}-\mathbf{a})$，或刚才考虑的动量态 $e^{-i\mathbf{p}\cdot\mathbf{x}}$。我们在 2.6 和 2.13 节还要遇到光子的动量态。忽略这个问题是我纵容自己无视数学细节的一部分，我们将在 2.8 节看到模的概念如何满足更大的量子力学框架。

153 **2.6　光子的波函数**

复值函数 ψ 为我们提供了单个标量波粒子态的薛定谔图像，但这只是一种没有结构的粒子，因而也没有任何方向特征（0 自旋），而

实际上我们也可以得到一幅很好的单个光子波函数行为的图像。光子不是标量粒子，因为它有自旋值$\hbar$，即规范狄拉克单位下的"自旋 1"（见 1.14 节）。于是波函数有矢量特征，然后我们发现可以将其描述为一个电磁波，假如波极其微弱，则可以想象它能为我们呈现某种类似单个光子的图像。因为波函数是复值函数，我们可以用如下形式

$$\psi = \mathbf{E} + i\mathbf{B},$$

其中 $\mathbf{E}$ 为电场的 3 维矢量（比较 A2 和 A3），$\mathbf{B}$ 为磁场的 3 维矢量。（严格说来，为得到真正的自由光子波函数，我们需要选择 $\mathbf{E}+i\mathbf{B}$ 的*正频率部分* —— 这个问题与 A11 节说的傅里叶分解有关 —— 并将其加到 $\mathbf{E}-i\mathbf{B}$ 的正频率部分（见《通向实在之路》24.3 节），这问题在 [Streater and Wightman 2000] 中说得更彻底。不过，这些技术性问题在这儿无关紧要，不会根本影响下面的讨论。）

这种电磁波图像的一个关键特征是我们需要考虑波的极化。极化的概念需要解释一下。以一定的频率和强度在自由空间的特定方向上运动的电磁波（即单色波），可以被平面极化。接着它就有所谓的极化平面，这个平面包含波的运动方向，也正是这个平面内，构成波的电场前后振荡；见图 2.12 a。伴随电场振荡的是磁场，而磁场本身也以与电场相同的频率和相位前后振荡，只是在垂直于电场极化平面的平面中，当然还包含着运动的方向。（我们也可以将图 2.12 a 视为波的时间行为，箭头指向负时间方向。）我们可以有任意选择的包含波动方向的平面的平面极化单色电磁波，而且，具有给定运动方向 $\mathbf{k}$ 的任意单色电磁波都可以分解为极化平面相互垂直的两个平面极化波

154 之和。偏光太阳镜有一个性质是，允许 **E** 在垂直方向的分量通过镜片，而吸收 **E** 在水平方向的分量。从低空射来的光和从海面反射的光，都主要在垂直于它的方向上（即水平地）发生极化，所以戴着这种太阳镜，会大大减少射进眼睛的光量。

　　如今普遍用来看 3 维电影的偏光镜略有不同。为理解这些，我们需要进一步的极化概念，即圆极化（图 2.12b），波经过时，要么左旋，要么右旋，这种左右手的性质叫圆极化波的螺旋性[1]。这些镜片犹如将光传递到左眼或右眼的半透明材料，只允许右圆极化光通过一只眼睛，155 让左圆极化光通过另一只眼 —— 然而奇怪的是，不论左旋的还是右旋的，从材料射向眼睛时都处于平面极化状态。

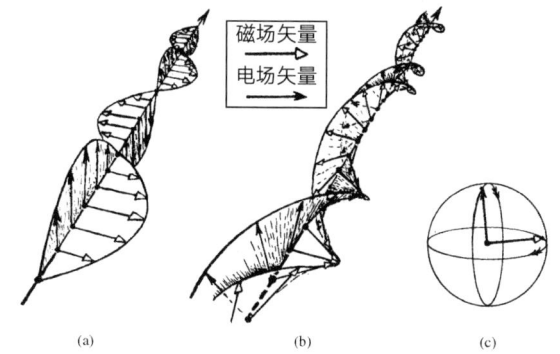

图 2.12 （a）平面极化电磁波，表现了电场矢量和磁场矢量的相互震荡；波动可以看成既是空间的也是时间的。（b）类似描述的圆极化电磁波；（c）组合平面极化和圆极化运动得到不同程度的椭圆极化

　　除了这些极化态，还有椭圆极化态（见图 2.12c），它是在某个方向组合圆极化与一定量的平面极化。所有这些极化态都能仅从两个态

---

1. 粒子物理学和量子光学的场似乎用与此相反的螺旋性符号约定，见［Jackson 1999, p.206］。

的组合产生出来。那两个态可以是右手的和左手的圆极化波，也可以是水平的和垂直的平面极化波，或任意其他可能的两个极化波。我们来看这是怎么实现的。

也许最容易探究的是右手和左手圆极化波的等强度叠加。不同的相差完全决定了所有可能的平面极化方向。为看清这一点，我们设想每个波都由螺旋代表，即图中画在圆柱上的与轴呈某一固定角度（非 0°或 90°）的曲线，见图 2.13。这条曲线代表电矢量沿轴线的轨迹（轴线代表波动方向）。我们有右手和左手螺旋（具有相等和相反的螺距）来代表两个波。将它们同时画在圆柱上，我们发现两个螺旋的交点都在一个平面内，即二者所代表的两个波的叠加的极化平面。[156] 当我们沿着圆柱滑动一条螺旋而固定另一条时 —— 这产生不同的相差 —— 我们将得到叠加波的所有可能的极化平面。现在，如果我们允许一个波的份额相对于另一个增大，则得到所有可能的椭圆极化态。

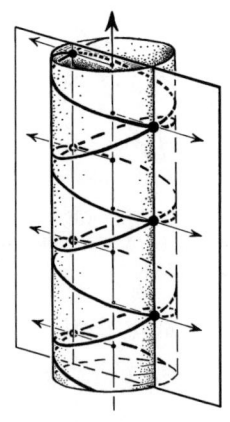

图 2.13　增加相等度量的左和右圆极化波就得到平面极化波，水平箭头指示波峰和波谷。改变圆极化分量间的相位关系就旋转极化平面

　　我们的电磁矢量的复表示（形如上面的 $\mathbf{E}+\mathrm{i}\mathbf{B}$）允许我们以一种相当直接的办法去理解光子的波函数像什么样子。例如，在前一段描述的情形下，我们用希腊字母 $\boldsymbol{\alpha}$ 代表右手极化态，用 $\boldsymbol{\beta}$ 代表（相同强度和频率的）左手极化态，则我们可以通过两个态的等强度叠加（精确到比例常数）

$$\boldsymbol{\alpha}+z\boldsymbol{\beta}, \text{ 其中 } z=\mathrm{e}^{\mathrm{i}\theta}$$

获得不同的平面极化态。因 θ 从 0 增加到 2π，$\mathrm{e}^{\mathrm{i}\theta}$（$=\cos\theta+\mathrm{i}\sin\theta$）在维塞尔平面中沿单位圆绕一圈（见 A10 和 1.8 节，图 2.9），则极化平面也绕运动方向转一圈。当 z 绕单位圆一圈时，比较平面的旋转速度与 z 的旋转速度，是有一定意义的。

　　态矢 $z\boldsymbol{\beta}$ 在图 2.13 中用左手螺旋表示。随着 $z\boldsymbol{\beta}$ 连续转动，可以认为螺旋整体性地绕其轴线沿右手（反时针）方向连续转过 2π。如我们在图 2.13 看到的，这个整体的旋转等价于连续向上移动左手螺旋，而固定右手螺旋，直到左手螺旋连续达到它初始的构形。我们看到，这将两个螺旋的交点从初始的前端移到图的后面，而将极化平面保持在初始的位置。于是，当 z 绕单位圆一周，通过单位圆 2π（即 $360°$），极化平面，只转过 π（而不是 2π）就将回到初始位置（即转过 $180°$ 而不是 $360°$）。假如 φ 为极化平面在任意阶段转过的角度，则我们发现 $\theta=2\varphi$，这里 θ 和前面一样，是维塞尔平面中振幅 z 与实轴之间的角度。（这里有一定的约定，但就眼下的讨论，在图 2.13 中，我是从俯瞰的角度确定维塞尔平面方向的。）用维塞尔平面的点来说，我们可以用复数 q（或其负 $-q$）代表极化平面的角度，这里 $q=\mathrm{e}^{\mathrm{i}\varphi}$，于是

$\theta = 2\varphi$ 变成 [157]

$$z = q^2$$

我们以后会看到（2.9 节图 2.20）q 如何拓展到描述椭圆极化的一般状态。

　　然而应该清楚，刚才考虑的光子态只是一种非常特殊类型的例子，叫动量态，沿一个非常确定的方向携带能量。从叠加原理的普适性可以知道，单光子态还有很多其他的可能。例如，我们可以只考虑这样的两个不同方向的动量态的叠加。这种情形也为麦克斯韦方程提供了电磁波的解（因为麦克斯韦方程和薛定谔方程一样也是线性的，见 2.4、A 11 和 2.7 节）。而且，将众多这样的波组合起来（它们在略微不同的方向上传播、有着近似相同的非常高的频率），我们可以构造麦克斯韦方程的解，它们高度集中在某个位置，以光速沿叠加波的一般方向传播。这种解被称为波包，在 2.3 节曾当作用来解释实验 2 结果的可能量子波粒子实体，如图 2.4b。然而，如我们在 2.3 节看到的，单个光子的这种量子描述解释不了实验 1 的结果，如图 2.4a。另外，麦克斯韦方程的这种波包解不可能一直保持类粒子状态，会在短时间内解散。这可能与来自遥远距离（如来自遥远星系）的单个光子的行为进行对比。

　　光子的类粒子表现并不来自它们具有高度定域特征的波函数。相反，它们来自这样的事实：我们进行的测量 —— 例如用照相底片（带电粒子的情形）或盖革计数器 —— 恰好适合观测它们的粒子特征。我们看到的量子实体的粒子性是这种环境下的 R 操作的特征，其探测器是对粒子产生反应的。来自遥远星系的光子的波函数（举例来说）最终将在巨大的空间区域扩散，在照相底片的某个特殊位置找到它，是那个特别测量在 R 过程中以极低概率发现它的结果。假如不是我们观测的遥远星系的区域发射出绝对庞大数量的光子，我们几乎不可能看见它们中的一个，这意味着任何一个特殊的光子都只有极其微小的概率！

刚才考虑的极化光子的例子也说明了复数是如何在构造经典场的线性叠加时变得有用的。实际上前面提到的经典（电磁）场的复数叠加过程与粒子态（这里是光子的情形）的量子叠加过程有着非常密切的联系。确实，单自由光子的薛定谔方程原来就是改写的自由场的麦克斯韦方程，只不过是复数值的电磁场而已。

不过需要指出一点区别，即假如给单光子态的描述乘以一个非零的复数，我们不会改变它的状态，而对经典电磁场来说，那个态的强度（即能量密度）将由所涉场强的*平方*来标度。另一方面，为标度量子态包含的能量，我们需要增加光子的数量，每个光子的能量遵从普朗克公式 $E=hv$。于是，在量子力学的情形，当我们考虑增加电磁场强度时，用复数的模的平方来标度的是光子数。我们将在 2.8 节看到这如何联系概率法则 —— 在 R 中叫玻恩定则（也见 1.4 和 2.8 节）。

2.7 量子线性

不过，在说玻恩定则前，我们先来看量子线性那惊人的普适范围。

量子力学形式的一个主要特征其实就是 U 的线性。如 A11 节指出的，这个特别简化的 U 的性质是大多数经典型演化所不具备的 —— 尽管麦克斯韦方程实际上也是线性的。我们要来认识线性意味着什么。

　　以前指出过（2.5 节前），线性的意思，就诸如 U 的时间演化过程而言，在于存在一个叠加概念，或更具体说，存在适用于系统状态的线性组合，假如其时间演化也保持这种性质，我们就说演化是线性的。在量子力学中，这是量子态的叠加原理：假如 **α** 是系统的一个容许态，[159] **β** 也是，则线性组合

$$w\boldsymbol{\alpha} + z\boldsymbol{\beta},$$

仍然是合理的量子态，这里固定的复数 w 和 z 不都为零。U 具有的线性特征无非就是，假如某个量子态 $\boldsymbol{\alpha}_0$ 按 U 经一定时间 t 后演化到 $\boldsymbol{\alpha}_t$，

$$\boldsymbol{\alpha}_0 \rightsquigarrow \boldsymbol{\alpha}_t,$$

而另一个量子态 $\boldsymbol{\beta}_0$ 经时间 t 后演化到 $\boldsymbol{\beta}_t$，

$$\boldsymbol{\beta}_0 \rightsquigarrow \boldsymbol{\beta}_t,$$

则任意叠加 $w\boldsymbol{\alpha}_0 + z\boldsymbol{\beta}_0$ 经时间 t 后将演化到 $w\boldsymbol{\alpha}_t + z\boldsymbol{\beta}_t$，

$$w\boldsymbol{\alpha}_0 + z\boldsymbol{\beta}_0 \rightsquigarrow w\boldsymbol{\alpha}_t + z\boldsymbol{\beta}_t,$$

复数 w 和 z 在演化时间内保持不变。这实际上就刻画了线性特征（也见 A11 节）。简单说，线性可概括为一句格言：

和的演化等于演化的和。

当然我们应该将"和"理解为包含了"线性组合"。

　　到此（如 2.5 和 2.6 节描述的），我们都在考虑仅用于单个波粒子实体的态的线性叠加，但薛定谔方程的演化适用于完全一般的量子系统，无论同时涉及多少粒子。于是，我们需要认识叠加原理如何用于多于一个粒子的系统演化。例如，我们有一个包含两个（不同类型的）标量粒子的态，第一个是聚集在某个特殊空间位置 P 的小区域中的波粒子，另一个聚集在与 P 分离的小空间 Q。我们的态 **α** 可代表这一对粒子位置。第二个态 **β** 可让第一个粒子聚集在完全不同的区域 P'，而第二个粒子聚集在另一个位置 Q'。这四个位置不需要有什么相互关系。现在，假如考虑形如 **α+β** 的叠加，我们该如何解释它呢？首先我要说明这个解释可不是找什么平均位置之类的东西（如第一个粒子在 P 和 P' 的中间，第二个粒子在 Q 和 Q' 的中间）。那样的解释大大偏离了量子线性叠加的意思 —— 我们可以回想一下，即使对单个波粒子来说，也不会出现类似这样的定域化解释（就是说，粒子在 P 的态与同一个粒子在 P' 的态线性叠加，叠加态的粒子将存在于那两个位置之间，这当然不等同于粒子处于某个第三点的态。）事实上，叠加 **α+β** 涉及粒子出没过的所有四个位置 P，P'，Q，Q'，另外还有单个粒子以某种方式共存的两个位置对（P，Q）和（P'，Q'）！我们将看到，这里出现的 **α+β** 这类粒子态还有一些奇妙难以捉摸的地方，叫纠缠态，其中没有哪个粒子具有自己的独立于其他粒子的态。

纠缠的概念是薛定谔在给爱因斯坦的一封信中提出的，他用的是德文 *Verschränkung*，并译成英文 *entanglement*，不久之后将它发表 [Schrödinger and Born 1935]。薛定谔在评述中概括了这个现象的量子奇异性和重要性：

> 我不说[纠缠]是量子力学的一个特征，而说是其真正特征，正是它迫使量子力学整个地与思想的经典路线分道扬镳了。

以后，在 2.10 节，我们将看到这种纠缠态所能呈现的几个非常奇异而基本的量子特征 —— 它们的共同名称是爱因斯坦–波多尔斯基–罗森（EPR）效应 [见 Einstein et al. 1935]，是它们激发薛定谔认识了纠缠概念。现在认为纠缠通过打破贝尔不等式等现象（我们将在 2.10 节讨论）呈现了其现实的存在。

为理解量子纠缠，请读者回到 2.5 节简单提到的函数概念。我们用位置矢量 **p**, **q**, **p'**, **q'** 分别代表点 P, Q, P', Q'。为简单起见，我不再用任何复振幅，也不管任意态的规范化。首先，我们只考虑单个粒子，将它在 P 的态写成 $\delta(\mathbf{x}-\mathbf{p})$，而在 Q 的态为 $\delta(\mathbf{x}-\mathbf{q})$。这两个态之和为

$$\delta(\mathbf{x}-\mathbf{p})+\delta(\mathbf{x}-\mathbf{q}),$$

代表了粒子同时在那个位置的一种叠加（这完全不同于代表粒子在两 [161] 个位置中间的态 $\delta\left(x-\dfrac{1}{2}(\mathbf{p}+\mathbf{q})\right)$，见图 2.14a）。（读者应该想起 2.5 节

说的，这样的理想化波函数只有在初始时刻，如 $t = t_0$ 时，才会有 δ 函数的形式。薛定谔演化要求这种态在下一瞬间就消散。不过，这个问题对眼下的讨论无关紧要。）当要代表粒子对（第一个在 P，第二个在 Q）的量子态时，我们可能想把叠加态写成 $\delta(\mathbf{x}-\mathbf{p})\delta(\mathbf{x}-\mathbf{q})$，但这怎么说都是错的。主要的反对理由是，像这样只考虑波函数的乘积 —— 即用波函数 $\psi(\mathbf{x})$ 和 $\varphi(\mathbf{x})$，然后只是用它们的乘积 $\psi(\mathbf{x})\varphi(\mathbf{x})$ 来代表粒子对 —— 当然是错的，因为它将破坏薛定谔演化的线性特征。不过，正确的答案也没多大不同（眼下，假定两个粒子不同类，那么我们不需要考虑 1.4 节关于粒子的费米或玻色性特征的问题）。我们可以像前面一样，用位置矢量 $\mathbf{x}$ 代表第一个粒子的位置，但用不同的矢量 $\mathbf{y}$ 代表第二个粒子的位置。于是波函数 $\psi(\mathbf{x})\varphi(\mathbf{y})$ 实际上描述了一个真正的态，其中第一个粒子的振幅的空间组合取决于 $\psi(\mathbf{x})$，而第二个取决于 $\varphi(\mathbf{y})$，两者完全是相互独立的。它们不独立时，就处于所谓的纠缠，其态将不会有简单乘积的形式 $\psi(\mathbf{x})\varphi(\mathbf{y})$，却有更一般的函数形式 $\psi(\mathbf{x},\mathbf{y})$，是两个位置矢量变量 $\mathbf{x}$，$\mathbf{y}$ 的函数。这适用于更一般的情形，可涉及位置矢量为 $\mathbf{x}$，$\mathbf{y}$，…，$\mathbf{z}$ 的多个粒子，它们的一般（纠缠）量子态描述为一个波函数 $\psi(\mathbf{x},\mathbf{y},\cdots,\mathbf{z})$，而完全不纠缠的态将有特殊形式 $\psi(\mathbf{x})\varphi(\mathbf{y})\cdots\chi(\mathbf{z})$。

现在回到上面考虑的例子，我们先考虑第一个粒子在 P 而第二个粒子在 Q 的态，其波函数是一个纠缠态

$$\boldsymbol{\alpha} = \delta(\mathbf{x}-\mathbf{p})\delta(\mathbf{y}-\mathbf{q});$$

见图 2.14b。在我们的例子中，这个态还要叠加到态 $\boldsymbol{\beta} = \delta(\mathbf{x}-\mathbf{p}')$

$\delta(\mathbf{y}-\mathbf{q'})$，其第一个粒子在 P' 而第二个在 Q'，结果是（忽略振幅）

$$\boldsymbol{\alpha}+\boldsymbol{\beta}=\delta(\mathbf{x}-\mathbf{p})\delta(\mathbf{y}-\mathbf{q})+\delta(\mathbf{x}-\mathbf{p'})\delta(\mathbf{y}-\mathbf{q'})$$

这是纠缠态的一个简单例子。假如我们要测量第一个粒子的位置并发现它在 P，则第二个粒子会自动出现在 Q；如果发现第一个粒子在 P'，则第二个将自动在 Q'。（这里的量子测量问题将在 2.8 节做更完整的讨论，而量子纠缠的测量问题在 2.10 节讨论。）

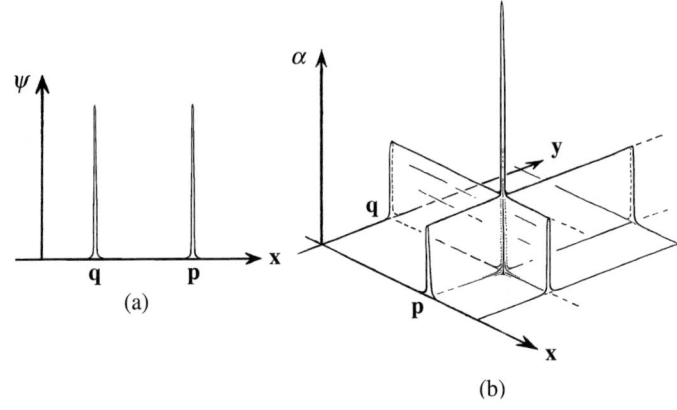

图 2.14 （a）δ 函数之和 $\psi(\mathbf{x})=\delta(\mathbf{x}-p)+\delta(\mathbf{x}-q)$ 给出了标量粒子的一个叠加态的波函数，其粒子同时在位置 P 和 Q。（b）两个函数之积 $\boldsymbol{\alpha}(\mathbf{x},\mathbf{y})=\delta(\mathbf{x}-\mathbf{p})\delta(\mathbf{y}-\mathbf{q})$ 描述的两个不同粒子的态，一个在 P，另一个在 Q。注意它需要两个变量 $\mathbf{x}$ 和 $\mathbf{y}$ 分别代表各粒子的位置

　　粒子对的这种纠缠态无疑是十分怪异和陌生的，但这只是开头。我们已经看到，这种纠缠特征是以量子线性叠加原理的面目表现出来的。但这个原理的领地远非仅用于粒子对。用于三粒子时，我们可以得到纠缠三重态；我们还可以得到相互纠缠的四粒子组，或任意数目的粒子。量子叠加的粒子是没有数量极限的。

我们看到，这个态的量子叠加原理对量子演化的线性特征有着根本的意义，它本身也是量子态的 U 时间演化（薛定谔方程）的核心。标准量子力学没有为 U 演化所作用的物理系统附加尺度的极限。例如，想想 1.4 节的猫，我们假定有个房间通过两扇门与外面连通，房间里有猫喜欢的美食，门起初是关闭的。假定两个门分别在位置 A 和 163 B 连接一个高能光子探测器，当它接收一个（50%）从位置 M 的某个光束分离器飞来的光子时，会自动打开它连接的门。通过 L 的激光器射向 M 的一个高能光子有两个可能的结果（图 2.15）。这种情形正像 2.3 节的实验 1（图 2.4a）。在这种设置的现实情境中，猫可能看见这扇或那扇门开，于是它可能出这扇门或那扇门（这里，每个结果的可能都是 50%）。不过，如果我们跟踪系统的具体演化，假定它遵从 U 及其隐含的线性特征，作用于所有相关组成 —— 激光、发射的光子、分光镜的物质、探测器、门、猫和房间里的空气等等 —— 则从离开分光镜的光子（它处于半反射半透射的叠加）开始的叠加态，必 164 然演化成为一种两个态的叠加（其中每个态只有一扇门打开），并最终成为猫同时穿过两扇门的叠加态！

这只是上述线性涵义的一个特殊例子。我们让演化 $\alpha_0 \rightsquigarrow \alpha_t$ 从离开光束分离器 M 射向 A 点探测器的光子开始，猫起初在门外，然后穿过 A 门进屋吃东西。演化 $\beta_0 \rightsquigarrow \beta_t$ 也相似，不过离开分离器 M 的光子是射向 B 的探测器，然后是猫穿过 B 门进屋吃东西。但光子离开分离器的总态是一种叠加，$\alpha_0+\beta_0$，演化为遵循 U 的 $\alpha_0+\beta_0 \rightsquigarrow \alpha_t+\beta_t$，猫在两个屋子间的运动相应地也是同时穿过两扇门的叠加 —— 这当然不是我们实际看到的！这是薛定谔的猫悖论的例子，我们在 2.13 节还要回来。标准量子力学处理这类问题的方法遵从哥本哈

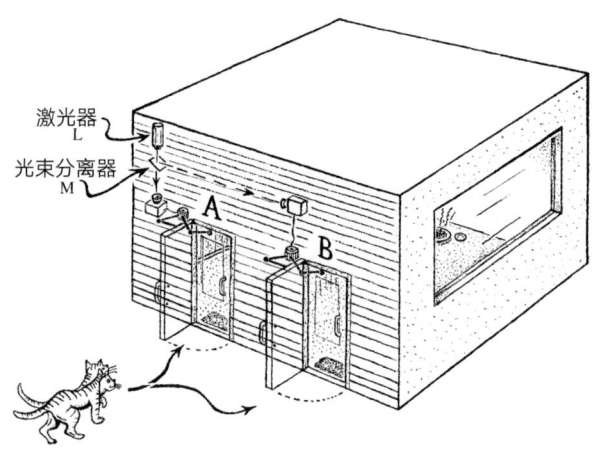

图 2.15　高能光子从激光器 L 发射出来，射向分光镜 M，产生两个（叠加的）光子束分别到达两个探测器，一个开门 A，一个开门 B。因为这些光子态是线性叠加态，因而根据量子（U）形式的线性特征，门的开闭也必然是叠加态。而且，根据 U，猫的运动也肯定是房间内通向食物的两条线路的叠加

根的观点，认为量子态并不真的描述物理实在，而只是提供了一种方法，用来计算在对系统进行观测时看到各种可能结果的不同概率。这是 2.4 节说的 R 过程的作用，我们将在下面讨论。

2.8　量子测量

我们的经验实在与 U 演化过程之间出现了那么显著的偏离，量子力学如何解决呢？我们首先需要理解 R 过程是如何在量子论中运行的。这就是量子测量问题。量子论只容许我们从量子系统中提取有限制的总信息，而想通过测量来直接判定系统实际处于什么量子态，是不可能实现的。相反，任何特殊测量仪器都只能区分一定的有限的可能量子态组。假如测量前的状态碰巧不属于那个态组，那么根

据 R 要求我们遵从的奇异过程，这个态将以理论提供的概率 —— 就是 2.6 节说的玻恩定则计算的概率，也见 1.4 节，更详细的说明见下 —— 瞬间跃向那些可能的状态之一。

这里说的量子跃迁是量子力学最奇异的特征之一，很多理论家都深深质疑这个过程的物理实在性。据说 [Heisenberg 1971, pp.73 ~ 76]，即使薛定谔本人也说过，"假如这该死的量子跃迁真的存在，我会为卷入量子论感到遗憾。"玻尔在回答薛定谔的失望言论时说 [Pais 1991, p. 299]，"但我们这些人却非常感激你做的事情：你的波动力学 …… 代表了超越以前所有形式的量子力学的巨大进步。"不管怎么说，目前看来，这个过程在应用中确实给出了与观测完全一致的量子力学结果！

这里，我们有必要更具体地说说 R 过程。在传统课本里，量子测量问题是与一定类型的线性算子（如 1.14 节）的性质相关的。但是，尽管我在本节末尾要简略回顾那种算子关联，以更直接的方式描述 R 过程却更简单明了。

首先，我们必须注意（2.5 节已经说过），某个量子系统的态矢族构成一个 A3 意义上的复矢量空间。这要求我们还必须把不对应于任何物理态的元素 **0**（零矢）包括进来。我将指这个矢量空间为 $\mathcal{H}$（代表希尔伯特空间，我们很快会具体讨论这个概念）。我先讨论一般的所谓非简并量子测量；也有所谓的简并测量，它不能在一定的态间进行区分，那将在本节末和 2.12 节简单讨论。

　　在非简并测量的情形，我们可以将上述有限的可能态组（可能的测量结果）描述为 $\mathcal{H}$ 的一个正交基（在 A4 节的意义上）。于是，基元 $\varepsilon_1, \varepsilon_2, \varepsilon_3, \cdots$ 是相互正交的（意义见下），而且必然构成一个基，从而张成空间 $\mathcal{H}$。后一个条件（更具体描述见 A4）意味着 $\mathcal{H}$ 的每个基元可表示为 $\varepsilon_1, \varepsilon_2, \varepsilon_3, \cdots$ 的叠加。而且，$\mathcal{H}$ 中给定的态用 $\varepsilon_1, \varepsilon_2, \varepsilon_3, \cdots$ 表示是唯一的，这与 $\varepsilon_1, \varepsilon_2, \varepsilon_3, \cdots$ 构成这族态的基是一致的。在这里，正交的意思是两组态在特定意义下是相互独立的。

　　量子正交性中的独立概念不容易在经典意义上理解。也许最接近的经典概念是振动模式，如铃铛或鼓在敲击时以不同方式振动，具有各自的特征频率。不同的"纯"振动模式可以认为是相互独立或正交的（一个粒子是 A11 所举的琴弦的振动模式），但这个类比没说明多少东西。量子论要求更具体也更微妙的东西，我们来看几个实际的例子。两个完全不重叠的波粒子态（如 2.3 节马－曾干涉仪中路径 MAC 与 MBC）是正交的，但这不是必要条件，波粒子还能以很多其他方式呈现正交性。例如，两个不同频率的无限波列也应视为正交的。而且，极化平面相互垂直的光子（相同频率和方向）也是正交的，但以其他角度相交就不是了。（我们回想一下 2.6 节考虑的电磁平面波的经典描述，注意我们可以合理地认为这些经典描述都是很好的单个光子态模式。）一个圆极化的光子态不会正交于任何平面极化的光子态（否则它们就一样了），但左手和右手的圆极化是相互正交的。我们应该记住，极化方向只是完整的光子态的一小部分，然而，不管极化态如何，两个光子的不同频率或方向的动量态（见 2.6 和 2.13 节）是正交的。

　　名词"正交"的几何意义是"交于直角"或"垂直"，虽然它在量子论中的意义与普通的空间几何没什么明晰的关联，垂直性的概念确实适合量子态（连同零矢 **0**）的复矢量空间 $\mathcal{H}$。这类矢量空间被称为希尔伯特空间，以 20 世纪大数学家希尔伯特（David Hilbert）的名字命名；那个空间是他 20 世纪初在不同背景下引进的。[1] 而相关的"交于直角"的概念实际上是指希尔伯特空间的几何。

什么是希尔伯特空间呢？从数学上说，它是一个矢量空间（解释见 A3），可以是有限维或无限维的。空间的标量是复数（$\mathbb{C}$ 的元，见 A9），其中有内积 $\langle\cdots|\cdots\rangle$（见 A3），是所谓厄米（Hermitian）的：

$$\langle\boldsymbol{\beta}|\boldsymbol{\alpha}\rangle = \overline{\langle\boldsymbol{\alpha}|\boldsymbol{\beta}\rangle}$$

167　（上面的横线代表复共轭，见 A10），也是正定的：

$$\langle\boldsymbol{\alpha}|\boldsymbol{\alpha}\rangle \geqslant 0$$

这里

$$\langle\boldsymbol{\alpha}|\boldsymbol{\alpha}\rangle \geqslant 0 \quad 仅当\ \boldsymbol{\alpha}=0$$

上面所说的正交性的概念就是这个内积定义的，于是两个态矢 $\boldsymbol{\alpha}$ 与 $\boldsymbol{\beta}$（希尔伯特空间的两个非零元）之间的正交关系表示为（A3）

---

1. 希尔伯特在 1904 年到 1906 年间发表了他在这方面的大部分成果（见 Hilbert 1912 的六篇论文）。本领域的第一篇重要论文实际上是弗雷德霍姆在 1903 年发表的（Erik Ivar Fredholm 1903），他关于"希尔伯特空间"的一般概念的研究比希尔伯特还早。以上注记引自 [Dieudonne 1981]。

$$\boldsymbol{\alpha} \perp \boldsymbol{\beta}, \quad 即 \langle \boldsymbol{\alpha} | \boldsymbol{\beta} \rangle = 0$$

当希尔伯特空间为无限维时，还看相关的完备性要求，也是一个可分性条件，限制如此希尔伯特空间的无限"大小"，但我不想在这儿纠结这些问题。

在量子力学中，矢量空间的复数标量 a，b，c，… 是出现在量子力学叠加法则中的复振幅，叠加原理本身提供了希尔伯特矢量空间的加法运算。实际上，希尔伯特空间的维数既可以是有限的，也可以是无限的。就眼下的主要考虑而言，我们满可以假定维数就是某个有限的数 n，它也可以是非常巨大的数，我用符号

$$\mathcal{H}^n$$

来记 n 维希尔伯特空间（对每个 n，这是唯一的）。无限维希尔伯特空间则记为 $\mathcal{H}^\infty$。为简单计，我这里只主要限于有限维的情形。由于标量是复数，维数也是复的（在 A10 的意义上），若视为一个实（欧氏）流形，则 $\mathcal{H}^n$ 为 $2n$ 维空间。如 2.5 节所述，态矢的模为

$$\| \boldsymbol{\alpha} \| = \langle \boldsymbol{\alpha} | \boldsymbol{\alpha} \rangle .$$

假如认为 $\mathcal{H}^n$ 为 $2n$ 维欧氏空间，这个模其实是矢量 $\boldsymbol{\alpha}$ 在普通实欧氏意义下的长度的平方。于是，上述正交基的概念也就如 A4 描述的有限维情形，是一组具有单位模的非零态矢 $\boldsymbol{\varepsilon}_1$，$\boldsymbol{\varepsilon}_2$，$\boldsymbol{\varepsilon}_3$，…，$\boldsymbol{\varepsilon}_n$，

168

$$\|\mathbf{\varepsilon}_1\| = \|\mathbf{\varepsilon}_2\| = \|\mathbf{\varepsilon}_3\| = \cdots = \|\mathbf{\varepsilon}_n\| = 1,$$

彼此正交：

$$\mathbf{\varepsilon}_j \perp \mathbf{\varepsilon}_k，只要 j \neq k（j, k = 1, 2, 3 \cdots, n）.$$

于是，$\mathcal{H}^n$ 中的每个矢量 $\mathbf{z}$（即量子态矢）可表示为基元的线性组合：

$$\mathbf{z} = z_1 \mathbf{\varepsilon}_1 + z_2 \mathbf{\varepsilon}_2 + \cdots + z_n \mathbf{\varepsilon}_n$$

其中复数 $z_1, z_2, \cdots, z_n$（振幅）为 $\mathbf{z}$ 在基 $\{\mathbf{\varepsilon}_1, \cdots, \mathbf{\varepsilon}_n\}$. 下的分量。

于是，有限维量子系统的可能状态的矢量空间是某个 n 复数维的希尔伯特空间。在量子力学、尤其是量子场论（QFT；特别见 1.4 节）的讨论中，通常用无限维希尔伯特空间。然而，可能产生一些微妙的数学问题，特别当无限是"不可数"的时候（即比康托尔的 $\aleph_0$ 还大，见 A 2），在那种情形，希尔伯特空间不能满足人们经常赋予的可分性公理（前面说过）[Streater and Wightman 2000]。这些问题与我这里想说的东西没多大影响，所以我真讨论无限维希尔伯特空间时，也指可分离的希尔伯特空间 $\mathcal{H}^\infty$，有着可数的无限正交基 $\{\mathbf{\varepsilon}_1, \mathbf{\varepsilon}_2, \mathbf{\varepsilon}_3, \mathbf{\varepsilon}_4, \cdots\}$（实际上有很多这样的基）。当基以这种方式无限时，我们需要关心的是收敛问题（见 A 10），这样，为了让元 $\mathbf{z} = (z_1 \mathbf{\varepsilon}_1 + z_2 \mathbf{\varepsilon}_2 + z_3 \mathbf{\varepsilon}_3 + \cdots)$ 具有有限模 $\|\mathbf{z}\|$，我们要求 $|z_1|^2 + |z_2|^2 + |z_3|^2 + \cdots$ 收敛到一个有限值。

回想一下在 2.5 节我们区分过量子系统的物理状态和它的数学

描述，后者用的是态矢（如 α ）。态矢 α 和 $q\alpha$（q 为非零复数）用来代表同一个物理量子态。于是，不同物理态本身都由 $\mathcal{H}$ 的不同 1 维子空间（通过原点的复直线）或射线来表示。每根这样的射线生成一族完全的 α 的复数倍数；用实数的话来说，这根线就是一个维塞尔平面（其 0 点在 $\mathcal{H}$ 的原点）。我们可以将规一化态矢视为这个维塞尔平面的单位长，即它们代表那个平面的单位圆上的点。单位圆上的点生成的所有态矢代表着同一个物理态，因此单位态矢的相是自由的，即 [169]乘以单位模的复数（$e^{i\theta}$，θ 为实数）不会改变物理态；见 2.5 节末尾。（然而需要说明的是，这仅适用于系统的整个状态。态的不同部分乘以不同的相还是有可能改变态的整体物理。）

这个（$n-1$）维复空间（其中的每一点代表一条射线）被称为射影希尔伯特空间 $\mathbb{P}\mathcal{H}^n$。见图 2.16，它还说明了从 n 维实矢量空间 V^n 导出的实射影空间 $\mathbb{P}V^n$ 的概念（图 a）。在复数情形，射线是维塞尔平面的复本（2.16b，见 A10 图 A34）。图 2.16b 还说明归一化矢量（即单位矢量）的子空间在实数情形是球面 S^{n-1}，而在复数情形是球面 S^{2n-1}。系统的每个不同物理量子态由希尔伯特空间 $\mathcal{H}^n$ 的某条完整的复射线（即射影空间 $\mathbb{P}\mathcal{H}^n$ 的一个点）来表示。某个有限物理系统的不 [170]同物理的可能量子状态的空间几何，可以认为是某个射影希尔伯特空间 $\mathbb{P}\mathcal{H}^n$ 的复射影几何。

我们现在可以看清玻恩定则如何用于一般的（即非简并的）测量（也见 1.4 节）。量子力学告诉我们的是，对任意这样的测量，都存在一个可能结果的正交基（$\varepsilon_1, \varepsilon_2, \varepsilon_3, \cdots$），而测量的物理结果必然总是其中的一个。假定测量前的量子态由态矢 ψ 给定，并假定它这时是归

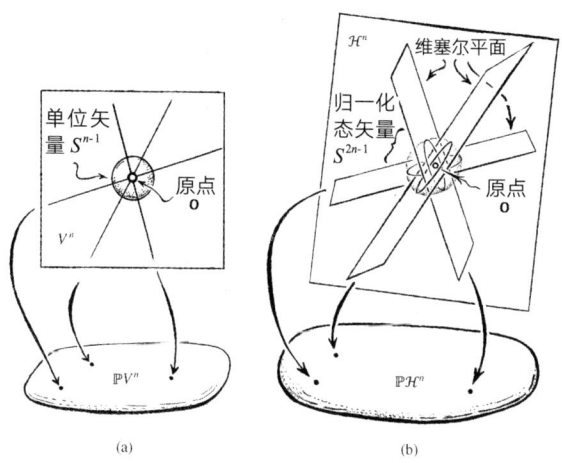

图 2.16 n 维态矢空间 V^n 的射影空间是 V^n 的射线（1 维子空间）的（$n-1$）维紧致空间 $\mathbb{P}V^n$，由此 V^n（除去原点）是 $\mathbb{P}V^n$ 上的丛。（a）和（b）分别说明了实数和复数的情形，其中射线是维塞尔空间（图中显示了它的单位圆）的复本。情形（b）是量子力学的情况，其中 $\mathcal{H}^n$ 是量子态矢空间，$\mathbb{P}\mathcal{H}^n$ 是不同量子态的空间，归一化态构成上的 $\mathbb{P}\mathcal{H}^n$ 圆丛

一化的（$\|\psi\| = 1$）。我们可以用基表示为

$$\psi = \psi_1 \varepsilon_1 + \psi_2 \varepsilon_2 + \psi_3 \varepsilon_3 + \cdots$$

其中复数 $\psi_1, \psi_2, \psi_3, \cdots$（$\psi$ 在基的分量）是我们在 1.4 和 1.5 节所说的振幅。量子力学的 R 过程没告诉我们态 ψ 在测量之后会跳到状态中 $\varepsilon_1, \varepsilon_2, \varepsilon_3, \cdots$ 的哪一个，但它为我们提供了每个可能结果的概率 p_j，这就是玻恩定则决定的，它告诉我们测量发现态处于 ε_j（即态"跳到" ε_j）的概率等于相应振幅 ψ_j 的的模的平方，即

$$p_j = |\psi_j|^2 = \psi_j \bar{\psi}_j.$$

可以注意到，我们从数学上要求态矢和所有基矢是归一化的，这从结果来看，具有概率的必要性质，即不同可能性之和为 1。这个显著的事实直接来自归一化条件的表示

$$\|\boldsymbol{\psi}\| = 1 .$$

在正交基 $\{\boldsymbol{\varepsilon}_1, \boldsymbol{\varepsilon}_2, \boldsymbol{\varepsilon}_3, \cdots\}$ 下，利用条件 $\langle \boldsymbol{\varepsilon}_i | \boldsymbol{\varepsilon}_j \rangle = \delta_{ij}$（A 10），可得

$$\|\boldsymbol{\psi}\| = \langle \boldsymbol{\psi} | \boldsymbol{\psi} \rangle = \langle \psi_1 \boldsymbol{\varepsilon}_1 + \psi_2 \boldsymbol{\varepsilon}_2 + \psi_3 \boldsymbol{\varepsilon}_3 + \cdots | \psi_1 \boldsymbol{\varepsilon}_1 + \psi_2 \boldsymbol{\varepsilon}_2 + \psi_3 \boldsymbol{\varepsilon}_3 + \cdots \rangle$$
$$= |\psi_1|^2 + |\psi_2|^2 + |\psi_3|^2 + \cdots$$
$$= p_1 + p_2 + p_3 + \cdots = 1.$$

这恰好是量子力学的一般数学框架与概率的量子行为要求的一致性之间的协调作用的一个非凡表现！

不过，我们还是可以用新的方式来重新表述玻恩定则，借助欧 [171] 几里得的正交投影概念，不再要求 $\boldsymbol{\psi}$ 或基矢是归一化的。假定某态在实施测量瞬间之前为态矢 $\boldsymbol{\psi}$，而测量断定它在测量之后的态矢为（即"跃迁到"）$\boldsymbol{\varepsilon}$ 的倍数，则得到这个结果的概率 p 为当我们从矢量 $\boldsymbol{\psi}$ 移到它沿（复方向）$\boldsymbol{\varepsilon}$ 的正交投影 $\boldsymbol{\psi}_\varepsilon$ 时，$\boldsymbol{\psi}$ 的模 $\|\boldsymbol{\psi}\|$ 缩减的比例，即如下的量：

$$p = \frac{\|\boldsymbol{\psi}_\varepsilon\|}{\|\boldsymbol{\psi}\|}.$$

这个投影由图 2.17a 说明。应该注意的是，矢量 $\boldsymbol{\psi}_\varepsilon$ 是满足 $(\boldsymbol{\psi} - \boldsymbol{\psi}_\varepsilon) \perp \boldsymbol{\varepsilon}$ 的矢量 $\boldsymbol{\varepsilon}$ 的唯一标量倍数，这就是这个背景下的正交投影的意思。

172　　　　玻恩定则的这种解释的好处是，它将简并测量直接推广到更一般的情形。为此，还需要在这样的测量里融合一个叫投影假定的新法则。有些物理学家曾试图论证这个假定（即使在测量中未出现简并的量子跃迁的简单形式下）是标准量子力学不需要的特征，因为在正常测量下，测量对象的结果态可能并不是独立事物，而会与测量仪器纠缠，从而与它发生相互作用。然而，这个假定还是需要的，特别在那些所谓零测量的情形（例如见《通向实在之路》22.7 节），其中的态即使在不干扰测量仪器时也必然发生跃迁。

　　　　简并测量基于如下的特征性事实：它不能区分某些物理不同的可能结果。在这种情形下，可以区分的物理结果不存在根本唯一的正交基（ε_1, ε_2, ε_3, …），某些 ε_j 会给出同样的测量结果。这是通过希尔伯特空间 $\mathcal{H}^n$ 的原点 0 的一个（复）平面（由 ε_1 和 ε_2 张成），而不仅仅是我们从单个物理量子态得到的单根射线（图 2.17b）。（这里的名词可能有些混乱，因为复平面有时指我这里说的维塞尔平面，见 A10 节。这里所指的平面类型有两个复数维，因而是 4 维的。）用物理量子态的射影希尔伯特空间 $\mathbb{P}\mathcal{H}^n$ 的话来说，我们现在有了测量的可能结果的一整条（复）直线，而不仅仅是一个点——见图 2.17c。假如对 ψ 的这种测量得到一个处于 $\mathcal{H}^n$ 的这个平面（即 $\mathbb{P}\mathcal{H}^n$ 的直线），则这个测量得到的特殊态必然（正比于）ψ 到平面的投影（图 2.17b，c）。类似的正交投影也适用于简并涉及三个或更多态的情形；见图 2.17d。

　　　　在简并测量的某些极端情形，玻恩定则的这个几何解释可同时用于几个不同的态集合。于是，测量不是确定不同可能结果的一个基，而是确定一族不同维的线性子空间，其中的每一个都正交于其他所

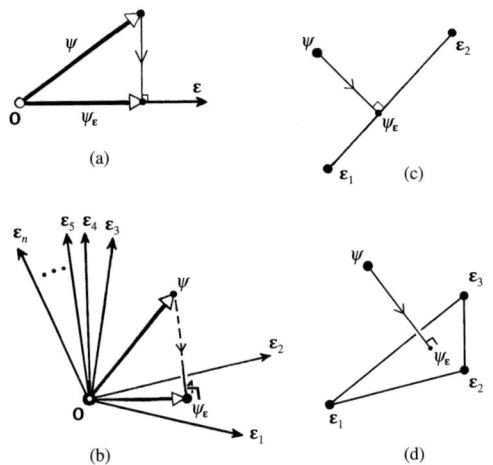

图 2.17　几何形式（非归一化态矢）的玻恩定则，其中 ψ 跃迁到正交投影 ψ_ε 的概率由 $\|\psi_\varepsilon\| \div \|\psi\|$ 确定。（a）非简并测量；（b）简并测量，不能区分 ε_1 和 ε_2（投影假定）；（c）在射影希尔伯特空间中描绘的简并测量的基本几何；（d）三态简并（ε_1，ε_2 和 ε_3）下的投影图像

有子空间，它们正是测量可以区分的子空间。任何态 ψ 可唯一表示为测量确定的不同投影之和，这些投影是 ψ 可能在测量时跃迁的不同态。[173] 相应的概率仍然由当 ψ 移到每个投影时其模 $\|\psi\|$ 的缩减比例决定。

　　在以上描述中，尽管我可以在不指明量子算子的情形下指出我们关于量子测量 R 所需要的一切，我们最后还是联系更传统的表述方法来说。相关的算子通常指的是厄米算子或自伴随算子（两者略有不同，但只是在无限维情形才重要，与我们这里的讨论无关），这样的算子 $\mathbf{Q}$，对 $\mathcal{H}^n$ 中的任意一对态 φ 和 ψ，满足

$$\langle \varphi | \mathbf{Q}\psi \rangle = \langle \mathbf{Q}\varphi | \psi \rangle$$

（熟悉厄米矩阵概念的读者会意识到这只是就 **Q** 的断言。）于是，基 $\{\boldsymbol{\varepsilon}_1, \boldsymbol{\varepsilon}_2, \boldsymbol{\varepsilon}_3, \cdots\}$ 由我们所说的 **Q** 的本征矢量组成。所谓本征矢量是 $\mathcal{H}^n$ 的一个元素 $\boldsymbol{\mu}$，满足

$$\mathbf{Q}\boldsymbol{\mu} = \lambda\boldsymbol{\mu}$$

其中数 λ 叫 $\boldsymbol{\mu}$ 的本征值。在量子测量中，本征值就是当态在测量中跃迁到本征矢 $\boldsymbol{\varepsilon}_j$ 时，**Q** 实际测量所揭示的数值。（实际上，λ_j 对厄米算子必然是实数，这相应于如下事实：测量在通常意义下会得出实的数值。）为避免误会，应该明确指出，本征值 λ_j 与振幅 ψ_j 毫不相干。实验结果实际得到数值 λ_j 的概率是 ψ_j 的模的平方。

这都是形式上的论证，抽象的希尔伯特空间复几何与我们直接经历的几何完全不同。不过，在量子力学一般框架及其与 U 和 R 的关系中，有着独特的几何美。由于量子希尔伯特空间的维数很高——更何况它还是复几何而非我们熟悉的实几何，通常不可能实现直观的视觉化。然而，在下一节我们会看到，在特殊的量子力学的自旋概念的帮助下，这个几何可以参照 3 维空间几何那样直接认识，这也有助于认识量子力学究竟是什么。

174 2.9 量子自旋的几何

希尔伯特空间几何与普通 3 维空间几何之间最清晰的关系其实出现在自旋态，特别是自旋 $\frac{1}{2}$ 的有质量粒子，如电子、质子、中子或某些原子核或原子。我们通过研究这些自旋态可以更好地认识量子力

学的测量过程是如何发生作用的。

　　自旋－$\frac{1}{2}$的粒子总是以特定的量旋转，即$\frac{1}{2}\hbar$（见 1.14 节），但粒子的旋转方向却呈现微妙的量子力学特征的方式。先从经典角度来看，我们让自旋方向由粒子的旋转轴来确定。轴向朝外时，粒子的自旋就在右手意义的方向（即沿着朝外的自旋轴看下来是反时针方向的）。就自旋的任何特定方向而言，我们的粒子也有另一种左手旋转的方式（同样是$\frac{1}{2}\hbar$的量），但我们还是习以为常地将那个状态描述为关于径向相对方向的右手旋转。

　　自旋$\frac{1}{2}$的粒子的自旋量子态与这些经典态是完全一致的——尽管它服从量子力学要求的奇异法则。于是，对任何空间方向，都存在一个自旋态，其粒子在右手的意义上在那个方向自旋，自旋量为$\frac{1}{2}\hbar$。然而，量子力学告诉我们，所有这些可能都可以表示为任意两个不同的这种状态的线性叠加，它们张成所有可能自旋态的空间。假如我们以这两个态对某特殊方向有相反的自旋方向，则它们是正交的态。这样，我们便有一个复 2 维的希尔伯特空间$\mathcal{H}^2$，自旋$\frac{1}{2}$态的正交基将总是（右手自旋）处于这样一对相反的方向。我们很快会看到粒子自旋的任何其他方向实际上也可以表示为这两个相反自旋态的线性叠加。

　　在文献中，普遍应用的基取那两个自旋方向为上和下，常写成

$$|\uparrow\rangle\text{和}|\downarrow\rangle$$

这里我开始用狄拉克为量子态矢引进的刃矢记号，其中描述性的符号

或字母出现在符号"$|\cdots\rangle$"中。（这个记号的全部意思与这里的讨论
无关，不过我们还是可以指出，在这个形式下，态矢被称为刃矢及其
175 对偶矢量，叫刁矢，写在符号$\langle\cdots|$中（见 A4），这样就构成一个完整
的括号"$\langle\cdots|\cdots\rangle$"，确定矢量的内积 [Dirac 1947]。我们粒子的任何
其他可能自旋态$|\nearrow\rangle$必然可以用这两个基态线性地表示出来：

$$|\nearrow\rangle = w|\uparrow\rangle + z|\downarrow\rangle,$$

这里我们可以回想 2.5 节，只有比值$z:w$能区分不同的物理状态。这
个复数比基本上等于商

$$u = \frac{z}{w},$$

但我们也必须容许 w 可能为零，这样才可以包容态$|\downarrow\rangle$本身。只要在
$w=0$ 时允许在形式上写出 $u=\infty$，就可以做到这一点。从几何来说，在
维塞尔平面中包含点"∞"相当于将平面弯曲，在点∞闭合成球面（正
如我们脚踏的平地弯曲成地球表面）。这为我们给出最简单的黎曼曲
面（见 A10 节和 1.6 节），叫黎曼球面（在这类条件下，这种球面有
时也叫布洛克（Bloch）球面或庞加莱（Poincaré）球面。）

表示这种几何的标准方法是想象一个水平置于欧氏 3 维空间的
维塞尔平面，这里黎曼球面是中心在原点（代表维塞尔平面的 0 点）
的单位球面。维塞尔平面的单位圆取为黎曼球面的赤道。现在我们
考虑球面的南极点 S，将球面其余点从 S 投影到维塞尔平面。就是说，
维塞尔平面的点 Z 对应于黎曼球面的点 Z'，假如点 S, Z 和 Z 在一

条直线上（球极投影，见图 2.18）。在 3 维空间的标准笛卡尔坐标系 (x, y, z) 中，维塞尔平面是为 $z=0$，而黎曼球面为 $x^2+y^2+z^2=1$。于是，用笛卡尔坐标 $(x, y, 0)$ 代表维塞尔平面的一点 Z 的复数 $u=x+iy$ 对应于黎曼球面的一点 Z'，其笛卡尔坐标为 $(2\lambda x, 2\lambda y, \lambda(1-x^2-y^2))$，其中 $\lambda=(1+x^2+y^2)^{-1}$。北极点 N 对应于维塞尔平面的原点 O，代表复数 0。维塞尔平面的单位圆的所有点（$e^{i\theta}$，其中 θ 为实数，见 A 10）包括 1, i, 1, –i，对应于黎曼球面赤道的相同点。黎曼球面的南极点 S 记为球面的另一个 ∞ 点，映射到维塞尔平面的无穷远点。

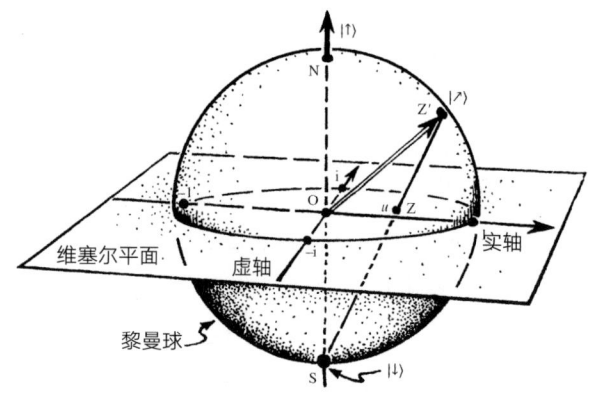

图 2.18　黎曼球面通过球极投影以维塞尔平面为其赤道面，其中平面的点 Z 从南极 S（北极为 N，中心为 O）投影到球面的点 Z'。这为自旋 1/2 粒子提供了自旋方向的几何实现 $|\nearrow\rangle = |\uparrow\rangle + u|\downarrow\rangle$，其中点 Z 和 Z' 分别在维塞尔平面和黎曼球面上代表复数 u

现在我们来看复数比的那个数学表示，即 $|\nearrow\rangle = w|\uparrow\rangle + z|\downarrow\rangle$（其中 $u=z/w$），如何与我们自旋 1/2 的粒子发生联系。只要 $w \neq 0$，我们可以取 u 为普通的复数，还可以随意标度（而不要求是 $|\nearrow\rangle$ 归一化的），使 $w=1$，从而 $u=z$，我们的态矢便成为 [176]

$$|\nearrow\rangle = |\uparrow\rangle + z|\downarrow\rangle.$$

z 可用我们维塞尔平面的一点 Z 来代表，对应于黎曼球面的 Z'点。适当选取$|\uparrow\rangle$和$|\downarrow\rangle$的相，我们满意地发现，方向$\overrightarrow{OZ}$正是$|\nearrow\rangle$的自旋方向。对应于黎曼球面南极点 S 的态$|\downarrow\rangle$对应着 $z=\infty$，但我们需要另行归一化态$|\nearrow\rangle$，即$|\nearrow\rangle = z^{-1}|\uparrow\rangle + |\downarrow\rangle$（令 $\infty^{-1}=0$）。

177　　　黎曼球面是复数对 (w,z) 之比 $w:z$（不同为零）的平面，其实就是射影希尔伯特空间 $\mathbb{P}\mathcal{H}^2$.，后者描述任意类型的任意两个独立量子态的叠加所能生成的具有不同物理性质的量子态系列。但对自旋 1/2 的（有质量）粒子来说，特别令人惊奇的是，黎曼球面恰好对应着普通 3 维物理空间的点的方向。（假如空间方向的数量不同 —— 如现代弦论（见 1.6 节）所要求的 —— 则空间几何与量子复叠加之间的这种简单而精妙的关系就不会出现。）但即使我们不需要这个直接的几何解释，黎曼球面图景 $\mathbb{P}\mathcal{H}^2$ 仍然是有用的。2 维希尔伯特空间 $\mathcal{H}^2$ 的任何正交基仍然用（抽象的）黎曼球面上的两个对跖点 A、B 来代表，结果，通过一点简单的几何论证，我们总能以下面的几何方式来解释玻恩定则。假定 C 是球面上代表初始（即自旋）态的点，我们需要通过测量决定它落向 A 还是 B。那么，我们从 C 引一条线垂直于直径 AB，与其交于点 D，则我们发现玻恩定则可以用下面的几何方法来解释（见图 2.19）：

$$C \text{ 落向 A 的概率} = \frac{\mathrm{DB}}{\mathrm{AB}},$$

$$C \text{ 落向 B 的概率} = \frac{\mathrm{AD}}{\mathrm{AB}},$$

换句话说，假如我们令球的直径为 1（不是半径 =1），则 DB 和 AD 的长度直接给出初始态向 A 或 B 跃迁的概率。

这个解释适用于 2 态系统的任何测量情形，而不仅限于有质量的 1/2 自旋粒子，其最简单形式与 2.3 节考虑的那些情形相关。其中，在第一个实验（如图 2.4a 中），分光镜将光子领入两个可能路线的叠加，任何一个光子探测器都呈现为 1 光子和零光子的平等叠加。现在，我们从形式上拿它与初始自旋态为|↓⟩的 1/2 自旋粒子进行比较。在图 2.4a 中，这对应于向右（图中 MA 方向）运动的光子从激光器发出时的初始动量态。遇到分光镜时，光子动量态被领入向右运动的动量态（形式上仍然相应于|↓⟩，也可对应于图 2.19 中的点 A）与向上 [178] 运动的动量态（图 2.4a 中 MB 方向，这里对应于|↑⟩），由图 2.19 中的点 B 代表）的叠加。这时，光子的动量是两个态的相等叠加，我们可将其理解为图 2.19 中的 F 点，给出两个态的概率都是 50%。在 2.3 节的第二个实验（马赫-曾德尔实验，如图 2.4b 中），探测器在 D，E 两处，镜面和分光镜的作用是将光子动量态带回初始的形式（对应于|↓⟩和图 2.19 的点 A），探测器的测量结果是，D 为 100% 的概率，而 E 为 0%。

这个例子在它生成的叠加中是很局限的，但不难修正到囊括以复数为叠加权重的所有情形。在很多实际的实验中，可以通过用光子极化态代替不同量子态来实现这一点。光子极化也是量子力学自旋的一个例子，但在这里我们看到自旋要么完全是右手的（相对于运动方向），要么完全是左手的，对应于 2.6 节考虑的圆极化的两个态。这 [179]

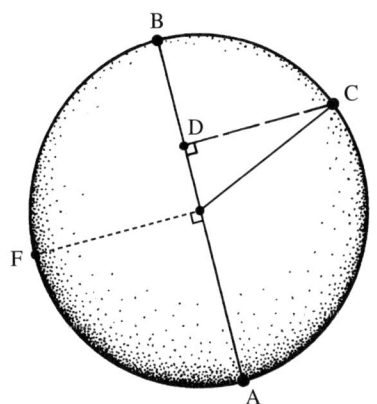

图 2.19 为区分两个正交态 A，B 而设计的 2 态量子系统的测量，两个态分别由黎曼球面 $\mathbb{P}\mathcal{H}^2$ 的两个对跖点 A，B 代表。测量由态 C（球面的一点 C 代表）呈现。玻恩定则给出测量发现 C 向 A、B 跃迁的概率分别为 DB/AB 和 AD/AB，其中 D 为 C 到直径 AB 的正交投影

时，我们仍然只有一个 2 态系统和射影希尔伯特空间 $\mathbb{P}\mathcal{H}^2$ [1]。于是，我们可以用黎曼球面的点代表一般的任意给定的态，但几何多少有些不同。

为认识这一点，我们将球面北极 N 定向在光子运动的方向，这样右手自旋态$|\circlearrowleft\rangle$就由 N 代表。相应地，南极 S 代表左手自旋态$|\circlearrowright\rangle$，一般态

$$|\leftrightarrow\rangle = |\circlearrowleft\rangle + w|\circlearrowright\rangle$$

可由黎曼球面的点 Z 代表，对应于 z/w，与前面（图 2.18）的有质量

---

1. 在最近的实验中，人们用一个个光子，通过光子态的轨道角动量自由度构建了高维希尔伯特空间 [Fickler et al. 2012]。

1/2 自旋粒子的情形一样。然而，从几何来看，更恰当的方式是以黎曼球面的点 Q 来代表这个态，它对应于 z 的平方根，即满足

$$q^2 = z/w$$

的复数 q（基本上等于 2.6 节的 q）。指数 2 源自光子具有的自旋为 1，即基本自旋单位（也就是电子自旋 $\frac{1}{2}$）的两倍。假如我们关心自旋 $\frac{1}{2}n$（基本自旋单位的 n 倍）的无质量粒子，则我们将牵涉满足 $q^n = z$ 的数值 q。对光子来说，$n = 2$，故 $q = \pm\sqrt{z}$。为确定 Q 与光子极化椭圆（见 2.5 节）的关系，我们首先看到通过点 O 垂直于直线 OQ 的平面与黎曼球面相交的大圆（图 2.20），然后将它垂直投影到水平（维塞尔）面上的一个椭圆。这个椭圆其实就是光子的极化椭圆，它还继承了球面大圆关于 OQ 的右手性方向。方向 OQ 与所谓斯托克斯（Stokes）矢量有关，尽管它与琼斯（Jones）矢量的关系更直接。（它们的技术性解释见 [Hodgkinson and Wu 1988] 第三章，也见《通向实在之路》22.9 节 559 页。）注意，q 与 $-q$ 给出相同的极化椭圆和定向。

我们看到了高自旋质量态也能用著名的马约拉纳（Majorana）描述通过黎曼球面来表示 [Majorana 1932；《通向实在之路》22.10 节 560 页]，这是颇有意思的。对自旋 $\frac{1}{2}n$（n 为非负整数，从而不同物理可能性的空间为 $\mathbb{PH}^{n+1}$）的有质量粒子（如原子）来说，任意物理自旋态由黎曼球面的一组无序的 n 个点（可以重合）确定。我们可以考虑每个这样的点对应于一份 $\frac{1}{2}$ 自旋在那一点沿球心指出的方向上的贡献（图 2.21）。我称每个这样的方向为马约拉纳方向。[180]

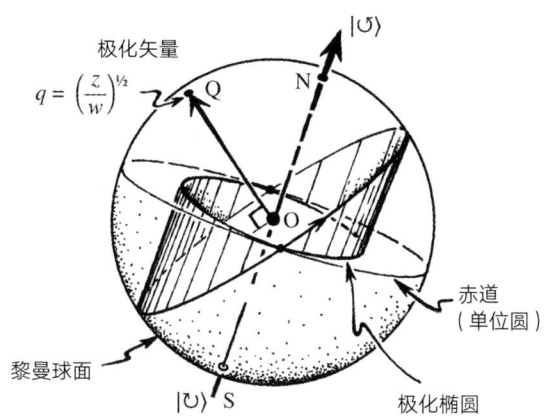

图 2.20　光子的一般极化态 $w|\circlearrowright\rangle + z|\circlearrowleft\rangle$ ，运动方向指向右上，两个圆极化分别为右手 $|\circlearrowright\rangle$ 和左手 $|\circlearrowleft\rangle$ 。从几何上说，它可以用黎曼球面上的复数 q（记为 Q）来表示，这里 $q^2 = w/z$（对左手情形允许 $q = \infty$，这时 Q 在南极 S；对右手而言，$q = 0$，Q 在北极 N，ON 为光子的方向，O 为球心。）光子极化椭圆是垂直于 OQ 的大圆向赤道的投影

　　然而，这种自旋大于 $\frac{1}{2}$ 的一般自旋态，物理学家通常是不予考虑的，他们更倾向用寻常描述的测量类型（用斯特恩–格拉赫装置）来思考高自旋态（图 2.22）。这个装置运用高度非均匀强磁场来测量粒子的磁矩（通常顺自旋排列），以不同的量让粒子发生系列偏转（取决于有多少自旋顺磁场方向排列）。[1] 对自旋 $\frac{1}{2}n$ 的粒子来说，当磁场为上 / 下方向时，有 $n+1$ 种不同可能成为马约拉纳态。

$$|\uparrow\uparrow\uparrow\cdots\uparrow\rangle,\ |\downarrow\uparrow\uparrow\cdots\uparrow\rangle,\ |\downarrow\downarrow\uparrow\cdots\uparrow\rangle,\ \ldots,\ |\downarrow\downarrow\downarrow\cdots\downarrow\rangle,$$

[181] 其中，每个马约拉纳方向要么上要么向下，但具有不同的权重因子。

---

1. 实际上，由于技术的原因，这个过程并不直接适用于电子 [Mott and Massey 1965]，却成功用于了很多不同类型的原子。

（用标准术语说，每个态都有各自不同的"m 值"，等于向上箭头的数量的一半减去向下箭头数量的一半。这大约相当于 A 11 所说的球面调和分析中的"m 值"。）这些特殊的 $n+1$ 个态都相互正交。

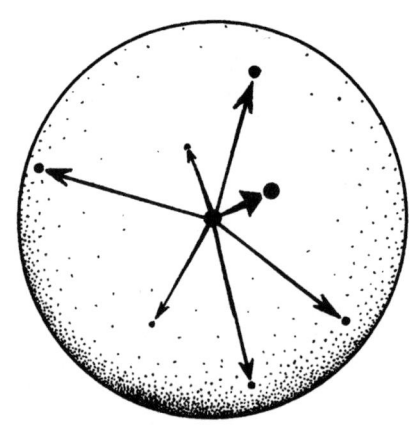

图 2.21　自旋 $n/2$ 的有质量粒子的一般自旋态的马约拉纳描述，以黎曼球面上无序的 n 点集合来表示一个态，其中每一点可视为对整个 $n-$ 自旋态贡献的一个 $1/2$ 自旋分量的自旋方向

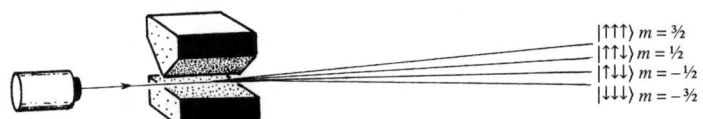

图 2.22　斯特恩－格拉赫装置用高度非均匀强磁场来测量自旋为 $n/2$ 的原子在选定的非均匀方向上的自旋（更准确说是磁矩）。不同可能的结果区分自旋在那个方向的分量值，即 $-\frac{1}{2}n, -\frac{1}{2}n+1, -\frac{1}{2}n+2, \dots, \frac{1}{2}n-2, \frac{1}{2}n-1, \frac{1}{2}n$ 自旋单位 h，它们分别对应于马约拉纳态 $|\downarrow\downarrow\downarrow\cdots\downarrow\rangle, |\uparrow\downarrow\downarrow\cdots\downarrow\rangle, |\uparrow\uparrow\downarrow\cdots\downarrow\rangle, \dots, |\uparrow\uparrow\uparrow\cdots\uparrow\downarrow\downarrow\rangle, |\uparrow\uparrow\uparrow\cdots\uparrow\uparrow\downarrow\rangle, |\uparrow\uparrow\uparrow\cdots\uparrow\uparrow\rangle$）。我们可以想象装置沿粒子束方向旋转，那就可以测量选定的不同自旋方向（正交于粒子束方向）了

　　然而，一般的 $\frac{1}{2}n$ 自旋态在马约拉纳方向没有限制。不过，斯特恩－格拉赫类型的测量可以用来刻画马约拉纳方向究竟指向哪里。任 182

意马约拉纳方向↖由如下事实来确定：若对指向↖的磁场进行斯特恩－格拉赫类型的测量，将发现态完全处于相反方向↗↘↘↘…↘)的概率为零 [Zimba and Penrose 1993]。

2.10 量子纠缠与 EPR 效应

量子力学有一族令人惊奇的蕴意，即所谓的爱因斯坦－波多尔斯基－罗森（EPR）现象，它为我们带来了最大的疑惑，也大尺度检验了标准的量子理论。EPR 现象源自爱因斯坦想证明量子力学框架有着根本缺陷（或至少根本不完备）的尝试。他与同事波多尔斯基（Boris Podolsky）和罗森（Nathan Rosen）合作，发表了著名论文 [Einstein et al. 1935]。他们的大概意思是，标准量子力学隐含着他们和其他很多物理学家不能接受的结果。那个隐含的结果是，一对不论距离多远的粒子都可以作为相互关联的一个实体来考虑！对一个粒子进行的测量似乎瞬时地影响着另一个粒子，使那第二个粒子进入一个特殊的量子态，它不仅依赖于第一个粒子的测量结果，还更令人惊奇地依赖于对第一个粒子的具体的测量选择。

为恰当认识这类情形所隐含的惊异结果，我们用 $\frac{1}{2}$ 自旋粒子的自旋态来做特别说明。EPR 现象的最简单例子是玻姆（David Bohm）在他 1951 年的量子力学书里提出的这样一个例子（那本书显然是他写来说服自己相信量子体系是完全有效的，结果表明，那并不成功）[Bohm 1951]。在玻姆的例子中，初始的 0 自旋粒子分裂成两个粒子 P_L 和 P_R，自旋都为 $\frac{1}{2}$，从原点 O 向相反方向运动，最后分别到达位于 L（左）和 R（右）的两个彼此分离的自旋测量的探测器。我们假定每个探测器都能自由独立地旋转，选择哪个方向去测量自旋，要等到粒子自由飞行时才确定。见图 2.23。

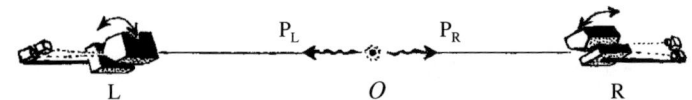

图 2.23　EPR-Bohm 自旋测量实验的情形。两个自旋 1/2 的有质量粒子（如原子）P_L 和 P_R，自原点 O 在相对方向上分开相当的距离，其自旋由斯特恩－格拉赫装置分别在位置 L，R 测量。设备可以独立旋转以便能在任意方向自由测量自旋

现在的结果是，假如要选择对两个探测器相同的某个特殊方向，[183] 则左边粒子 P_L 在那个方向上的自旋测量结果必然与对应的右边粒子 P_R 的测量结果相反。（这不过是角动量在那个方向上守恒的一个例子，见 1.14 节，因为初始态在任意方向的角动量都等于零。）于是，假如选择向上方向↑，则发现右边粒子在 R 处于状态|↑〉就隐含着对左边粒子在 L 处进行的相似的上 / 下测量必然得到粒子在 L 处于向下的态|↓〉；同样，在 R 发现向下的态|↓〉必然隐含着在 L 发现向上的态|↑〉。这同样适合于任意方向（如↙），这样，如果 R 粒子的测量得到态"是"，即|↙〉，则在那个方向测量 L 粒子的自旋必然发现结果是"否"，即粒子处于相反方向的态|↗〉；同理，如果 R 粒子的测量结果是"否"（即态|↗〉），则 L 粒子的测量是"是"，即态|↙〉。

以上图像中还没有任何根本上非局域的东西，即使标准量子力学体系所现呈现的图像，似乎也是随局域因果性的正常期望值变化的。那我们就要问了，它以什么方式随局域性改变呢？假定我们在 L 测量瞬间之前进行 R 测量，如果 R 测量发现|↙〉，则那个瞬间的 L 粒子态必然是|↗〉；假如 R 测量发现|↗〉，则 L 粒子瞬间变为|↙〉。我们可

以设计两个测量的时间间隔很小，即使从 R 到 L 的光信号也来不及将 L 粒子应该处于什么状态的信息带过来。L 粒子变成什么态的量子信息违背了标准相对论的基本要求（图 2.23）。那么，为什么会出现"没有任何根本上非局域的东西"呢？它没有根本的非局域性，是因 为我们很容易虚构一个经典的能呈现那种行为的"玩具模型"。我们可以设想每个从生成点 O 出来的粒子都带着指令，知道如何应对在它身上所做的任何自旋测量。为与前一段的要求一致，这里只需要粒子从点 O 随身携带的指令应该预设两个粒子在每个可能方向上都精确地以相反的方式活动。做到这一点不难，只要我们想象初始 0 自旋粒子包含一个小球，在粒子分裂为两个 $\frac{1}{2}$ 自旋粒子的时刻随机分裂为两个半球，每个粒子带着一个半球水平运动（即两个半球都不涉及任何旋转）。对每个粒子，半球代表从球心出来的方向，对那个方向的自旋测量生成"是"的结果。容易看到，这个模型在任意选择的两个粒子的自旋测量方向上总是给出相反的结果，这恰好满足前一段的量子考虑的要求。

这是著名量子物理学家贝尔（John Stewart Bell）用来类比"贝尔特曼的袜子"的一个例子 [Bell 1981, 2004]。贝尔特曼（Reinhold Bertlmann，现在是维也纳大学的物理学教授）是贝尔在 CERN 的杰出同事，贝尔发现他老是穿不同颜色的袜子。要看清贝尔特曼博士的一只袜子的颜色并不总是很容易的，但假如你碰巧看见了，（假定这会儿你看见的是绿色）那么你就能肯定 —— 在同一瞬间 —— 他另一只袜子不是绿的。我们会不会得出结论说，当观察者一获得贝尔特曼博士一只袜子的颜色信息，就有某个什么角色以超光的速度从一只脚跑到另一只脚？当然不会。事实是，贝尔特曼预设了他的两只袜子是不同颜色的，这就解释了一切。

　　然而，在玻姆的$\frac{1}{2}$自旋粒子的案例中，假如我们允许 L 和 R 的探测器能独立改变各自的自旋测量方向，则情况就完全改变了。1964年，贝尔确立了一个惊人且十分基本的结果，它意味着，对一对共同来源的$\frac{1}{2}$自旋粒子来说，在 L 和 R 的独立自旋测量下，没有一个贝尔特曼袜子式的模型能解释量子力学给出的联合概率（包含标准的玻恩定则）[Bell 1964]。实际上，贝尔说明的是，在 L 和 R 沿不同方向进行的自旋测量结果之间存在某种关系（不等式）——现在叫贝尔不等式 —— 任何经典局域模型都必然满足这个关系，但量子力学的[185]玻恩定则的联合概率却违背了它。后来做过的不同实验 [Aspect et al. 1982 ; Rowe et al. 2001 ; Ma 2009]，都令人信服地证明了量子力学的预期结果，也完全背离了贝尔不等式。实际上，这些实验都倾向用光子极化态 [Zeilinger 2010] 而不用$\frac{1}{2}$自旋粒子的自旋态，但正如我们在 2.9 节看到的，这两种情形在形式上是相同的。

　　人们还提出过很多玻姆型 EPR 实验的理论例子（其中有些特别简单），清楚呈现了量子力学期望与经典局域现实（如贝尔特曼袜子类）模型之间的差别 [Kochen and Specker 1967 ; Greenberger et al. 1989 ; Mermin 1990 ; Peres 1991 ; Stapp 1979 ; Conway and Kochen 2002 ; Zimba and Penrose 1993]。不过，我不会带大家进入这些不同实验的细节，而只想举一个特别令人惊奇的 EPR 型的例子，是哈代 [Hardy 1993] 提出的，与玻姆例子的情形不大相同，但有一定相似。哈代的例子有一个显著特征：除了一个概率值以外，所有概率值都为 0 或 1（即"不可能发生"或"一定发生"），而对那个概率，我们只需要知道它为非零（即"有时发生"）就够了。如同玻姆的例子一样，这里还是两个 $\frac{1}{2}$ 自旋的粒子从 O 点的源沿相反方向发射出来，飞向两个位置远远分离的自旋探测器 L 和 R。然而，现在有一点区别是，在 O 点的初始态不是 0 自旋的，而是自旋为 1 的特殊态。

在我举的这个哈代特例中［见《通向实在之路》23.5 节］，初始态的两个马约拉纳方向是←（"西"）和↗（偏"北"或"东北"）。两个方向的精确角度由图 2.24 决定：←为图中水平方向（负定向），↗为向上 4/3（正定向）。关于代表特殊初始态|←↗⟩的那个点，我们发现

$$|{\leftarrow}{\nearrow}\rangle\ \text{不正交于态对}\ |{\downarrow}\rangle|{\downarrow}\rangle$$

186 （这里为↓"南"，而下面的→为"东"），我们还发现

$$|{\leftarrow}{\nearrow}\rangle\ \text{正交于}\ |{\downarrow}\rangle|{\leftarrow}\rangle,\ |{\leftarrow}\rangle|{\downarrow}\rangle,\ \text{和}\ |{\rightarrow}\rangle|{\rightarrow}\rangle\ \text{的每个态对：}$$

这里，我说态对|α⟩|β⟩的意思是指在 L 为|α⟩在 R 为|β⟩的态。根据角动量守恒，发射粒子的组合的自旋态对，在进行一个自旋测量之前一直维持在同一个|←↗⟩态，所以与初始态|←↗⟩的正交关系也适用于以后的测量。（有人可能担心，图 2.23 的自旋测量装置似乎只允许绕粒子飞行方向的旋转，对此我想指出的是，这个例子需要的相关空间方向都在同一个平面，因而可以选择平面正交于粒子的运动。）

以上列举的第一个断言的非正交性陈述告诉我们，（i）假如 L 和 R 的自旋测量探测器都设定来测量↓，则有时（实际概率为 $\frac{1}{12}$）的确

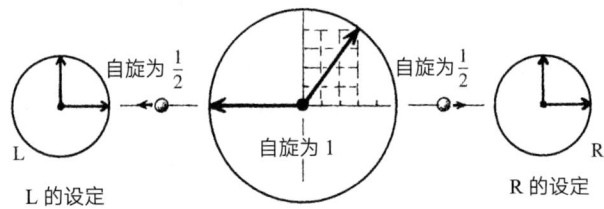

图 2.24 哈代例子：与图 2.23 一样，不过初始态为 1 自旋的特殊态，其马约拉纳方向之间的角度为 $\tan^{-1}(-\frac{4}{3})$。这里，所有相关概率为 0 或 1，除了一个例外，只需要知道它是非零的（实际上等于 $\frac{1}{12}$）

可能发现两个探测器都得到↓（即两个"是"）。第二个正交性的陈述首先告诉我们，（ii）假如一个探测器设定测量↓，另一个测量←，则它们不可能都得到"是"的结果（即至少一个会发现"否"）。最后，它告诉我们，（iii）假如两个探测器都设定测量←，则它们不可能都发现相反的结果→，或换句话说，至少一个探测器肯定发现←（即"是"）。

　　我们来看是否可以建一个能说明这些要求的经典局域模型（即贝特尔曼袜子式的解释）。想象从 O 点有规律地朝方向 L 和 R 发射一串粒子，预设粒子在遇到探测器时会产生一定的结果，结果取决于各探测器的具体朝向 —— 但决定各粒子行为的单个仪器分量不容许在粒子从 O 点分离后相互发信号。特别是，我们的粒子必须预设两个探测器都朝向测量←的可能，这样，假如仪器要得到符合（iii）的答案，就必须设定这个或那个粒子在遇到←定向的探测器时肯定给出答案"是"（即←）。但在那种情形下，有可能是另一个探测器在定向测量↓，而（ii）要求进入↓测量探测器的粒子必然产生结果"否"（即↑）。于是，对从 O 发射出来的每个粒子对，其中一个粒子对↓测量必然给出↑的结果。但这违背了（ⅰ），即当两个探测器有时（平均 $\frac{1}{12}$ 的概率）碰巧都测量↓时，粒子对必然产生结果"是"（↓.↓）！于是，用任何经典型的（即贝特尔曼袜子式的）局域机制，都无法解释量子力学的预期结果。

总的结论是，在很多情形下，分离的量子物体（不论分离多远）都是彼此相连的，不会表现为独立的物体。用薛定谔的名词来说，如此一对分离物体的量子态是纠缠的，这个概念我们在前面 2.7 节已经遇到过了（2.1 节也曾提及）。实际上，量子纠缠在量子力学里并不稀奇；相反，量子粒子（或先前非纠缠的系统）相遇几乎总会不可避免地导致纠缠态。一旦它们纠缠起来，就不大可能仅仅通过幺正演化（U）重新回到非纠缠的状态。

然而，分隔遥远的一对纠缠的量子物体之间的相互依赖是很微妙的事情。因为，事实证明，这样的纠缠必然欠缺从一个物体到另一个物体传递新信息的能力。以超光速方法发射信息的装置将违背相对论的要求。量子纠缠在经典物理中找不到类比的东西。它处在两种经典可能（要么联通要么完全独立）之间的荒漠中。

量子纠缠确实很微妙，我们已经看到，为了探测这类纠缠确实存在，需要一些精妙设计。不过，量子纠缠系统很可能是量子演化的普遍结果，为我们呈现了整体行为的情景。明白地说就是，在这些情形下，整体大于部分之和。它怎么大，很微妙，还多少有些神秘，在寻常的整体经验中，我们完全感觉不到量子纠缠的效应。至于为什么在 188 我们历经的宇宙中会存在如此的整体特征却又几乎不显现出来，确乎是令人疑惑的问题。我将在 2.12 节回到这个问题，但现在我想检验一下纠缠态与实际未纠缠的态的集合比起来，到底有多大的空间。这又是一个 A2、A8、1.9、1.10 和 2.2 节讨论过的函数自由度问题，但我们会看到还有其他具有根本意义的问题，它们与量子背景下的函数自由度的解释有关。

2.11 量子函数自由度

我们在 2.5 节说过，单个粒子 —— 指粒子波函数 —— 的量子描述大约类似一个经典场，每个空间点有一定数量的独立分量，（像电磁场那样）遵从场方程确定性地向未来演化。波函数的场方程其实就是薛定谔方程（见 2.4 节）。一个波函数有多少函数自由度呢？根据 A2 的思想和概念，一个单粒子波函数的函数自由度形如 $\infty^{A\infty^3}$，其中 A 为某个正整数（普通空间的维度为 3）。

量 A 基本上是场的独立分量数（见 A2），但波函数是复数而非实数，这就产生额外问题，导致我们相信 A 应是经典场的实分量数的两倍。然而，先前在 2.6 节简单讨论过的问题说，自由粒子的波函数应由正频率复函数来描述，这就将自由度减半，从而 A 回到经典场的自由度数量。还有一个问题是，总体的乘数因子不会改变物理状态，但在函数自由度的情形里，这一点无关紧要。

假如我们有两个独立的不同类型的粒子，其中一个粒子的态的函数自由度为 $\infty^{A\infty^3}$，另一个为 $\infty^{B\infty^3}$，则粒子对的未纠缠量子态自由度就是两个自由度的乘积（因为一个粒子的每个态可以伴随另一个粒子

的任何态），即

$$\infty^{A\infty^3} \times \infty^{B\infty^3} = \infty^{(A+B)\infty^3}.$$

[189] 然而，正如我们在 2.5 节看到的，为获得一对粒子的所有可能不同的量子态（包括纠缠态），我们需要为每一对位置（两个粒子的位置独立变化）提供独立的振幅。这样，我们的波函数的变量数就是先前用的变量数 3 的两倍（即 6）——而且，每对分别由 A 和 B 得到的可能性的值单独计数（于是我们得到所有可能性的总数为乘积 AB 而非求和 $A+B$）。用 A2 引进的记号，我们的波函数是粒子对的构型空间上的函数（见 A6 图 A18），那空间（忽略描述自旋态的离散参数）是寻常 3 维空间与其自身的 6 维乘积空间。（关于乘积空间，见 A7，特别是图 A25。）于是，我们的 2 – 粒子波函数所在的空间是 6 维的，我们现在看到一个更为巨大的函数自由度

$$\infty^{AB\infty^6}.$$

在 3 或 4 或更多粒子的情形，我们分别得到函数自由度

$$\infty^{ABC\infty^9}, \; \infty^{ABCD\infty^{12}}, \; 等等$$

在 N 个全同粒子的情形，函数自由度会因 1.14 节说的玻色–爱因斯坦和费米–狄拉克统计而受一定限制。根据那些统计，波函数必须是对称或反对称的。然而，这并不比没有限制的情形减少自由度，还是原来的 $\infty^{AN\infty^{3N}}$，因为限制仅告诉我们波函数由全乘积空间的某

个（具有相同维数的）子区间决定，而其余空间的数值由对称性或反对称性要求来决定。

我们看到，量子纠缠所涉函数自由度完全淹没了非纠缠态的自由度。读者也许担忧这样离奇的事实：尽管纠缠态在标准量子演化的结果中有着压倒性的优势，在我们的寻常经验中却似乎总能完全忽略量子纠缠！我们必须设法理解这一显著的偏离和其他密切相关的问题。

为了能够恰当解释量子函数自由度问题，如上述那个量子体系 [190] 与物理经验之间显而易见的矛盾，我们需要退一步去认识一下量子体系到底为我们呈现了怎样的一种"实在性"。我们最好回到 2.2 节描述的初始情形，那是整个量子力学主题的起点，其中 —— 当我们适当关注能量均分原理时 —— 粒子和辐射似乎只有在热平衡态下才能共存，假如粒子的物理场和系统在某种意义上是同类的实体，各有其相似的函数自由度。回想一下 2.2 节说的紫外灾难，它可以从（带电）经典粒子集合处于平衡的（电磁）场的经典图景推导出来。因为场的函数自由度（这里为 $\infty^{4\infty^3}$）与经典处理的粒子集合的函数自由度（对 N 个无结构粒子，只是 ∞^{6N}，要小得多）之间存在巨大差别，平衡态方法将导致粒子能量全部流向场的函数自由度的巨大汪洋 —— 这就是紫外灾难。普朗克和爱因斯坦解决了这个难题，他们假定表观连续的电磁场应该获得像粒子一样的量子特征，遵从普朗克公式 $E=h\nu$，即能量 E 等于场以频率振荡的模式的能量。

可是，根据上面所说的，我们似乎要被迫为粒子本身赋予一种集体的描述 —— 即整个粒子系统的波函数 —— 这比粒子的经典系统有着更多的函数自由度。当我们考虑粒子间的纠缠时，这一点尤其值得注意。这时，N 粒子的函数自由度形如 $\infty^{\bullet\infty^{3N}}$（这里"·"代表某个非确定正数），而经典场的函数自由度是小得多的 $\infty^{\bullet\infty^3}$（令 $N > 1$）。这样看来，现在靴子似乎穿在另一只脚上，方程告诉我们这时量子粒子系统的函数自由度会完全将能量吸走。但这个问题源于我们自相矛盾的事实：我们将粒子作为经典实体来处理，同时却又依赖于粒子的量子描述。为解决这个问题，我们必须从恰当的物理观点出发，检验在量子论中一个系统到底应该算多少自由度。而且，我们还必须遵照量子场论（QFT，见 1.3~1.5 节）的程序简要说明量子论究竟是如何处理物理场的。

191　　在现在的语境下，基本上有两种看待 QFT 的方式。处理这个问题的许多现代理论方法的背后有一道基本程序，叫*路径积分*，它基于狄拉克 1933 年的一个原始思想，后来由费曼发展成为一种威力巨大而有效的 QFT 技术［Feynman et al. 2010］。（主要思想概览见《通向实在之路》26.6 节。）然而，程序尽管有力且有用，却是很形式化的东西（精确说来在数学上并不和谐一致）。不过，这些形式化的程序直接产生了费曼图计算（见 1.5 节），为标准 QFT 计算奠定了基础，物理学家可以用它来得到理论所预言的基本粒子散射过程的振幅。从我眼下担心的问题（即函数自由度）来看，预期的结果大概是，量子论的函数自由度应该与路径积分量子化程序所作用的经典理论完全一样。实际上，整个程序都调试过，将经典理论呈现为一级近似，不过经典理论要经过适当的量子修正（在 $\hbar$ 阶），而这些事情完全不影响函数自由度。

更直接说明 QFT 蕴意的物理方法是将场视为无限多粒子（即场量子，在电磁场的情形即光子）组成的系统。总振幅（即全波函数）是不同部分 —— 每部分有不同数量的粒子（即场量子）—— 之和（量子叠加）。N 个粒子组成的一个部分将为我们贡献一个函数自由度形式为 $\infty^{\bullet \infty^{3N}}$ 的部分波函数。然而，我们必须考虑数 N 为不确定的，因为场量子通过与源的相互作用而不断地生成又毁灭，在光子的情形下，它将是带电（或磁）的粒子。实际上这就是为什么我们的总波函数必须是不同 N 值的部分的叠加。现在，假如我们以处理经典系统的方法来处理每个部分波函数的函数自由度，并像 2.2 节那样运用能量均分，则我们会遇到一些严峻的困难。场量子数大的函数自由度将完全淹没小数的函数自由度（因为当 $M > N$ 时，$\infty^{\bullet \infty^{3M}}$ 远大于 $\infty^{\bullet \infty^{3N}}$）。假如我们以处理经典系统的方法来处理这个波函数的函数自由度，则我们会看到，对处于平衡的系统来说，能量均分告诉我们所有能量将进入粒子越聚越多的状态，将能量从任何具有固定有限粒子数的状态中吸引 [192] 出来，这同样会导致灾难状况。

正是在这里我们必须直面一个问题：量子力学的形式体系如何与真实世界联系？我们不能将波函数的函数自由度置于与经典物理的函数自由度相同的基础，尽管（通常十分纠缠的）波函数对直接的物理行为有着清晰（尽管常常很微妙）的影响。函数自由度在量子力学中依然有关键的作用，但它必须与普朗克在 1900 年引入的重要思想结合起来，即他的著名公式

$$E = h\nu,$$

以及爱因斯坦、玻色、海森伯、薛定谔、狄拉克和其他很多人在后来提出的更深入认识。普朗克公式告诉我们，出现在自然界的那类"场"具有一定的离散性，使它表现得像一个粒子系统，场可能浸入的振荡模式的频率越高，它在粒子行为中表现出来的能量就越强。于是，量子力学告诉我们，在自然的波函数中实际遇到的那种物理场，在整体上并不像 A2 的经典场（那里是通过磁场的经典概念来说明的）。在高能时探测量子场，它就开始呈现离散的类粒子行为。

在当下的背景中，恰当的思考方法是认为量子物理为系统的相空间 $\mathcal{P}$（见 A6）提供了某种"颗粒"结构。严格说来，这样的想法并不等于用离散的东西来取代连续的时空 —— 就像玩具模型宇宙，其中实数的连续统 $\mathbb{R}$ 被有限系统 $\mathbb{R}$（讨论如 A2）所取代（它由巨大数量的 N 个元素组成）。不过，这种图景用于与量子系统相关的相空间时，也并不是完全不恰当。在 A6 我们会更详尽地解释，M 个类点经典粒子系统的相空间 $\mathcal{P}$（有 M 个位置坐标和 M 个动量坐标）是 $2M$ 维的，那么"体积"（$2M$ 维超体积）的单位将涉及 M 个距离度量［可以用米（m）］和 M 个动量度量［可以用质量克（g）乘以米每秒（ms^{-1}）］。于是，我们的超体积将是这些单位乘积的 M 次幂，即 $g^M m^{2M} s^{-M}$，这依赖于单位的具体选择。然而，在量子力学中，我们有一个自然单位，即普朗克常数 h，它可以适当地用狄拉克的"简约"形式 $\hbar = h/2\pi$，在前面的特殊单位下，其数值很小：

$$\hbar = 1.05457\cdots \times 10^{-31} \text{ g m}^2 \text{ s}^{-1}$$

量 $\hbar$ 能为我们的 $2M$ 维相空间 $\mathcal{P}$ 得到一个自然的超体积度量，即单位 $\hbar^M$。

我们将在 3.6 节回到自然单位（或普朗克单位）的概念，它的选择是让不同的基本自然常数都为数值 1。这里没必要细说，但如果我们至少选择质量、长度和时间单位使

$$\hbar = 1$$

（除了 3.6 节选择的所有自然单位，还可以有很多不同的办法做到这一点），则我们发现任意相空间超体积都是一个数。我们可以想象 $\mathcal{P}$ 可能存在某个"粒度"，其中每个小单元（或每个颗粒）在使 $\hbar = 1$ 的物理单位选择下都只包含一个体积单位。于是，相空间体积总是取一定的整数值，基本上等于在"数"颗粒的数量。这里的关键是，我们现在只需要数颗粒的数量，就能直接比较不同维 $2M$ 的相空间超体积，而不管 M 的值是多少。

这一点对我们为什么重要呢？它重要是因为，在量子场与和它相互作用的粒子系统处于平衡并能改变场量子的数量时，我们需要比较不同维的相空间超体积，高维超体积将完全吞没低维的（如 3 维欧氏空间中普通光滑曲线的 3 维体积总是 0，而不管它有多长），于是那些具有更高自由度的态将会把低自由度的态的能量完全吸走，以满足能量均分的要求。这个问题由量子力学的颗粒性解决了，它通过简单的颗粒计数约化了相空间的体积度量，从而虽然高维超体积将比低维超体积具有更大的数值，但它们都不是无限大。

这直接适用于普朗克 1900 年遭遇的问题。当年的那种情形，我[194]们现在可以考虑为由共存的多分量组成，其中每个分量涉及不同数量

的场量子（现在叫光子）。对任意特殊频率，普朗克的革命原理（2.2节）意味着那个频率的光子一定具有一个相应的特殊能量，由公式

$$E=hv=2\pi\hbar v$$

给出。大致说来，正是通过这种计数过程，从前默默无闻的印度物理学家玻色（Satyendra Nath Bose）在1924年6月给爱因斯坦的一封信中直接导出了普朗克的辐射公式（未借助任何电动力学）。玻色在他的推导中，除了$E=hv$和光子数不固定（光子数不守恒）的事实外，只要求光子有两种不同的激化态（见2.6和2.9节），更重要的是，它们满足我们今天所说的玻色统计（或玻色–爱因斯坦统计，见1.14节），这样仅仅通过交换光子对而显得不同的两个态，是不会算作不同物理态的。最后这两个特征在当时是革命性的，玻色也理所当然在"玻色子"中留下自己的名字，用来指那些自旋为整数的基本粒子（它们因而遵从玻色统计）。

另一大类基本粒子由半奇数自旋粒子组成，即费米子（以意大利核物理学家费米的名字命名）。这时计数方法略有不同，遵从费米 - 狄拉克统计，有点儿像玻色–爱因斯坦统计，但由两个（或更多）同类且处于同一状态的粒子所构成的态不单独计数（泡利不相容原理）。关于玻色子和费米子在标准量子力学中的处理方法，更详细的解释见1.4节（读者可以忽略那里所说的标准理论向猜想的 —— 不过依然时髦的 —— 超对称粒子物理纲领的外推）。

有了这些限制，函数自由度的思想对量子系统像对经典系统一样

好用，但我们必须小心。在我们的自由度表示中的特征量"∞"现在不再是真正的无穷大，而可以认为是某个数，在普通条件下，可以是一个很大的数。如何在一般量子语境下说明函数自由度问题，并不是显而易见的，特别是因为量子叠加系统中可能存在许多不同的分量，涉及不同数量的粒子，而从经典的观点看，它们有着不同维的相空间。然而，在与带电粒子处于热平衡的辐射情形下，我们可以回到普朗克、[195]爱因斯坦和玻色的考量，它为（与物质达到平衡的）辐射强度提供了普朗克公式，对每个频率 v，有（见 2.2 节）

$$\frac{8\pi h v^3}{c^3(e^{hv/kT}-1)}$$

在 3.4 节，我们将看到这个公式与宇宙学有着莫大的关系，它极高地吻合宇宙微波背景（CMB）的辐射谱。

在第 1 章，特别是 1.10 和 1.11 节，论及弦论需要在直接观测的 3 维空间外增加更多额外空间维的合理性时，我们提出了额外空间维所充当的角色问题。这种高维理论的支持者们有时会论证说，量子考虑会阻止多余的函数自由度直接冲击通常看到的物理过程，因为那些自由度需要获得极高的能量才能进入角色。我在 1.10 和 1.11 节中指出，当我们考虑时空（即引力）自由度时，他们的论证（至少）是大有问题的。但我没有单独说非引力场（如电磁场，即物质场）中出现的额外函数自由度问题 —— 那些场可以认为是"长在"额外空间维里的。于是，那些超空间维的出现是否影响以上公式的宇宙学应用，就变得有几分意思了。

　　若有额外空间维 —— 例如总共 D 个空间维（在传统的许瓦兹-格林弦论中，$D=9$）—— 则辐射强度作为频率 v 的函数将相应写成

$$\frac{Qhv^{D}}{c^{D}(e^{hv/kT}-1)},$$

其中 Q 是数字常数（依赖于 D），这与刚才给出的 3 维表达式形成对比 [Cardpso and Castro 2005]。在图 2.25 中，我比较了 $D=9$ 与我们前面在图 2.2 看到的普朗克 $D=3$ 的传统情形。然而，由于不同方向空间几何的巨大悬殊，我们不能指望这个公式能产生直接的宇宙学关联。不过，在这些模型中的宇宙的极早期，在一般的普朗克时间尺度（$\sim 10^{-43}$ s）或稍后，所有空间维都卷曲在可比的尺度，所有 9 个假定的空间维大致均衡，因而也许可以认为在那个极早的时刻，高维普朗克公式确实能产生一定的联系。

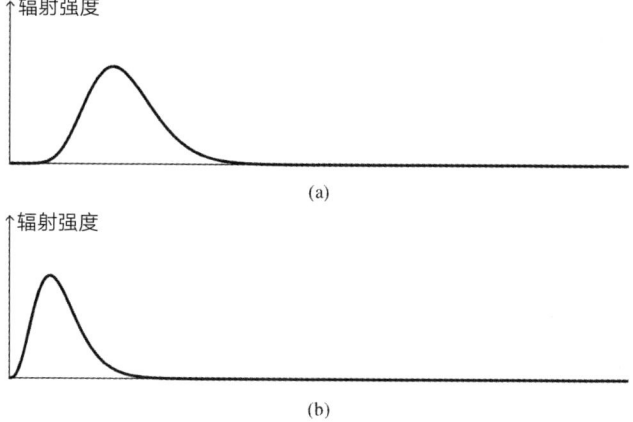

图 2.25　9 空间维的普朗克谱（a）（常数 × $v^{9}(e^{hv/kT}-1)^{-1}$）与正常 3 维情形（b）（常数 × $v^{3}(e^{hv/kT}-1)^{-1}$）的对比

我们将在 3.4 和 3.6 节看到，在那些极早时期一定存在其他异乎寻常的不平衡，即引力自由度与其他场的自由度之间的不平衡。在引力场自由度尚未激活时，其他物质场的自由度已经活跃到巅峰了！至少，大爆炸后 380 000 年的退耦时期就是那样的。我们会在 3.4 和 3.6 节看到，从 CMB 的性质可以直接读出这种极端失衡的证据。我们会看到什么呢？当物质和辐射的自由度处于高热状态（即最大激活）时，引力场（即时空几何）自由度对它们的活动似乎漠不关心。很难理解为什么只有在大爆炸后的那 380 000 年里才出现这样的失衡，因为我们原以为，根据热力学第二定律的直接结果（见 3.3 节），[197]那期间只会增加热的作用。于是我们必然得出一个结论：引力自由度的漠然应追溯到更早的时期（即一般的普朗克时间的尺度，$\sim 10^{-43}\,\mathrm{s}$），它要在很久以后（退耦相当长时间之后），才会从后来的物质分布的不规则中冒出来发挥重要作用。

然而，我们有理由提出一个问题：即使认为上面的高维（$D=9$）公式只适用于大爆炸之后很短的时间，是不是能指望它留下些许痕迹，证明在直到退耦（大爆炸后 380 000 年）之后出现我们今天观测到的 CMB 辐射（见 3.4 节）期间，它都是有效的？实际的 CMB 辐射确实存在一定的强度谱，不同于高维公式预期的结果（图 2.25），却非常符合 $D=3$ 的情形（见 3.4 节），所以我们可以认为，随着宇宙膨胀，$D=9$ 的辐射谱将完全变为 $D=3$ 的形式。曲线代表的是，物质场在所处的特定时空几何下，所有可能自由度处于最大随机性（即获得最大熵）时，其辐射的频率分布。假如所有空间维都以相同速率膨胀，则 $D=9$ 的谱维持下来，辐射熵会保持为非常高的基本不变的数值，这将从 $D=9$ 的公式得到。

可是，现在看到的 CMB 却是 $D=3$ 的状况，从热力学第二定律（3.3 节）的观点看，预设的从额外 6 维生成的物质场的高激发自由度一定到别处去了，可能去激发微小的额外 6 个空间维，以引力自由度形式，或以物质场自由度形式。弦论认为额外的 6 维现在处于稳定的极小状态（见 1.11 和 1.14 节），但我发现不论哪种情形，都很难用弦论的观点来协调这幅图景。极早期 9 维超空间宇宙的高热物质自由度能通过某种方法自我调节，使额外的 6 维像弦论似乎要求的那样完全沉寂下来，这是如何实现的呢？我们还必须问，什么引力动力学能在不同空间维中造成如此巨大的偏差？特别是，6 个卷曲的非激发维怎么能那么干净地与 3 个膨胀维分开？

198　　　我不是说这些考虑包含着明显的矛盾，但这幅图景确实太奇怪了，需要动力学的解释。但愿能从中产生更定量的东西来。两类时空维的如此巨大差异从何而来？这本身就是弦论图景的一大难题，我们还可以刨根问底：在那个时期怎么没有出现适当的引力自由度热化，而只是产生一幅现代弦论所要求的怪异图景，即两类空间维的分道扬镳呢？

2.12　量子实在性

根据标准量子力学，一个系统的量子态的信息（或波函数），是为在系统可能进行的实验结果做概率预测所需要的。不过，正如我们在 2.11 节看到的，波函数牵涉着远高于它在现实中表现出来的函数自由度，至少在量子测量结果所揭示的实在性方面是如此。那我们会认为它真实代表了物理实在吗？抑或它只不过是可能的实验结果的概率计算工具，"真"的是计算结果，而不是波函数本身？

2.4节提过，后一种观点正是量子力学的哥本哈根诠释的一部分，而且，照五花八门的其他思想学派的观点，ψ 应视为计算的捷径，除了代表实验者或理论家的思想状态以外，没有任何本体论的地位，因而实际的观测结果才可以用概率来评估。这种信念的根源，大部分在于众多物理学家都不愿意相信，真实世界的状态能像量子测量法则所表征的那样，以貌似随机的方式突然地从一刻"跳跃"到另一刻（见2.4和2.8节）。我们可以回想一下薛定谔对这个效应的绝望评论（2.8节）。如上面说的，哥本哈根观点将跃迁视为"完全的心里活动"，恰似人的世界观可以在新证据（实验的实际结果）出现时瞬间转变。

在这个关头，我要请读者关注另一个不同于哥本哈根学派的观点，叫德布罗意-玻姆理论［de Broglie 1956；Bohm 1952；Bohm and Hiley 1993］。在这里我以通用的玻姆力学来称它。它提供（或并非真的提供！）了一种不同于哥本哈根观点的本体论，虽然当然没成时尚理论，却也吸引了广泛的研究。它没有提出不同于传统量子力学的观测效应，但提供了一幅更清晰的世界的"实在性"图景。简单说，玻姆图景呈现了两个本体论层次，其中较弱的一个是宇宙波函数 ψ（叫载波）提供的。除了 ψ，所有粒子都有确定的位置，由构型空间 $\mathcal{C}$（描述见 A6）的一个特殊点 P 决定。如果假定在平直时空背景下有 n 个（可区分的标量）粒子，构型空间可视为 $\mathbb{R}^{3n}$。令 ψ 为 $\mathcal{C}$ 上的复值函数，满足薛定谔方程。但点 P 本身——即所有点的位置——提供了玻姆世界的更牢固的"实在性"。粒子有着 ψ 所定义的确定的动力学（这样 ψ 应赋予一定的实在性，即使比 P 提供的实在性更"弱"）。粒子位置（P

给定的）没有对 ψ 的"反作用"。特别是，在 1.4 节描述的双缝实验中，每个粒子都穿过这条或那条缝，但跟踪不同路径的是 ψ，它指引着粒子在屏幕上呈现正确的衍射图样。虽然从哲学观点看这个建议很有趣，却不是本书的必要角色，因为它的实验预期与传统量子力学是完全一样的。

即使传统的哥本哈根诠释也没真地避免将 ψ 作为世界上某种客观"实在的"事物的一个真实代表。这种实在性的根据源自爱因斯坦的一个原理，是他在与同事波多尔斯基和罗森合作的那篇著名的 EPR 论文（见 2.7 和 2.10 节）中提出的。爱因斯坦论证，当量子力学以一定的确定性蕴含某个可测结果时，必须有"实在性元素"的出现：

> 在一个完备的理论中，每个实在性元素都有对应的元素。一个物理量的实在性的充分条件是有可能确定地预言它，而不会干扰系统……假如不以任何方式扰动系统，我们可以确定（即概率为 1）地预言物理量的值，则存在对应于那个物理量的物理实在性元素。

200　　　然而，在标准量子力学体系中，不论什么样的量子态矢（例如 $|\psi\rangle$），在原则上都可以设计一个测量，使 $|\psi\rangle$ 为确定地生成结果"是"的唯一态矢（精确到一个比例因子）。为什么会这样呢？从数学上讲，我们要做的只是找一种测量方式，其正交基矢量（见 2.8 节）$\varepsilon_1, \varepsilon_2, \varepsilon_3, \cdots$ 之一，如 ε_1，恰好就是给定的态矢，如果发现 ε_1，就设定测量反应为"是"，如果发现其他任何一个 $\varepsilon_2, \varepsilon_3, \cdots$，则反应为"否"。这是简并测量的一个极端例子；见 2.8 节最后。（熟悉标准量

子力学的狄拉克算符记号（见 2.9 节）[Dirac 1930] 的读者应该认识这个由厄米算子 $\mathbf{Q} = |\psi\rangle\langle\psi|$ 对给定归一化态矢 $|\psi\rangle$ 实现的测量，其中"是"对应于本征值 1，而"否"对应于 0。）如果要求测量确定地给出结果"是"，则波函数 ψ（精确到一个非零复数因子）就唯一确定了。这样，根据上述爱因斯坦原理，我们可以得到结论说，确实可以一般性地论证，不论什么任意的波函数 ψ，都存在一个明确的实在性元素！

然而，实际上也许完全不可能构造所要求的这种类型的测量装置，不过量子力学的一般框架认为这种测量在原则上是可能的。另外，为了明确做什么测量，我们当然必须提前知道波函数究竟是什么。但这原则上可以从先前测量的某个状态的薛定谔演化理论算出来。这样，爱因斯坦原理为任何一个波函数赋予了实在性元素 —— 那个波函数由薛定谔演化方程（即 U 演化）根据某个已知态（根据以前实验测量获得的"已知"）来计算，其中假定了薛定谔方程（即幺正演化）确实是正确的，至少对所考虑的量子系统来说是这样的。

虽然对很多可能波函数来说，构造如此测量仪器都超越了时下的技术能力，但在很多实验情景下还是完全可以做到的。那么，检验几种简单状况，说明确实如此，还是有益的。第一种情形是自旋 1/2 粒子 —— 或者说磁矩随自旋排列的自旋为 1/2 的原子 —— 的自旋测量。我们可以用定向于某个"←"方向的斯特恩−格拉赫装置（见 2.9 节图 2.22）来测量原子在那个方向的自旋，假如我们得到"是"的结果，则我们推测原子的自旋确实具有一个（正比于 $|\leftarrow\rangle$ 的）态矢。假定我们接着将这个态置于已知磁场，用薛定谔方程来计算它在一秒之后的[201]

状态演化到|↗〉),那我们会为这个自旋态赋予一个"实在性"吗？这么做当然是有道理的，因为旋转的斯特恩-格拉赫装置（调整来测量↗方向的自旋）此刻确实会肯定地得到"是"的结果。这当然是很简单的情景，但显然可以推广到其他复杂得多的情景。

不过，多少更令人疑惑的是牵涉量子纠缠的情形，我们也可以考虑呈现 EPR 效应的不同例子，如 2.10 考虑的那些。为明确起见，我们考虑哈代的例子，假定我们制造了初始准备的 1 自旋态，有着|←↗)给定的马约拉纳描述（2.9 节），其具体描述见 2.10 节。假定这个态衰变为两个 1/2 自旋的原子，一个朝左，另一个朝右。我们已经看到，在这个例子中不存在与观测一致的方法来为每个这样的原子单个地赋予独立的量子态。任何赋予的态都必然为我们选择来适于左手或右手原子的可能的自旋测量带来不正确的答案。当然有适用于这些原子的态，但那是纠缠的，用于整个的原子对，而不是两个原子的任何一个。可能有能确实证明这个纠缠态的测量 —— 因此以上讨论的" ψ "应该是这种纠缠的 2 粒子态。这种测量还可能多少能让原子对整个地回到从前，然后用测量证明它初始的|←↗)态。这在技术上也许很难，但原则上是可能的。它将为分离的原子对的纠缠态赋予一个爱因斯坦的"实在性元素"。然而，这不可能简单实现，例如单用分离的一对斯特恩-格拉赫装置（见图 2.26a）来独立测量自旋，每个装置只测量一个原子的自旋。量子态必须以量子纠缠的方式包含两个原子的状态。

202　　另一方面，我们假定左手原子独立于右手原子而遵从斯特恩-格拉赫自旋测量。这会自动将右手原子置于一个特殊的自旋态。例如，

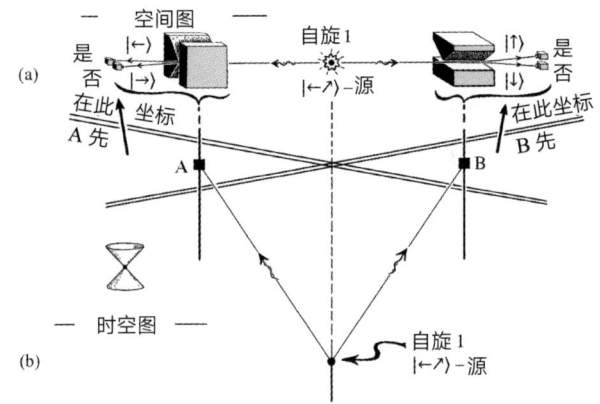

图 2.26　非定域哈代实验（图 2.24）：(a) 是画在空间的，但与时空图 (b) 结合，呈现了对客观时空实在性描述的挑战

假定在←方向测量左手原子的自旋，得到结果"是"的|←⟩，则右手原子将自动处于自旋态|↑⟩；而如果左手测量发现结果为"否"，则右手自动变成|←⟩（用 2.10 节的记号）。这些离奇的结果直接源自 2.10 节所给哈代例子的性质。

在我们确保的左手测量之后的每种情形，右手自旋态都保证有一个确定的独立数值。如何来证明这一点呢？我们至少可以提出这确保的右手自旋态，它多少可以从恰当的斯特恩－格拉赫测量得到一些支持。然而，右手原子的这种测量却不能说明右手自旋态有什么值，如|↑⟩（当左手测量碰巧得到"是"）或|←⟩（当左手测量为"否"）。单个的右手态的"实在性"现在似乎确定了，即当左手←测量为"是"时，它为|↑⟩（为否时则为|←⟩）。假定左手←测量确实发现"是"，对右手↑测量恰当地回答"是"不能保证右手自旋态确实是|↑⟩，因为右手的"是"可能仅仅是随机的结果。结果为"是"的右手←测量，所

能确定告诉我们的只是，测量态不是|↓〉)。对这个↑测量，任何其他出现的接近|↓〉的自旋态，回答"是"的概率都相当低。若右手态碰巧向|↑〉靠近，则概率随之增大。为得到一个令人信服的右手态确实出现为|↑〉的实验案例，我们不得不大量重复整个实验，以便确立统计结果。假如（当左手回答"是"时）每次右手↑测量的结果都是"是"，则右手为|↑〉的纠缠态的"实在性"就将显得很强（根据爱因斯坦的标准），尽管不得不依赖于这样的统计证明。毕竟，我们在科学中学到的很多关于世界实在性的东西，都来自以这种统计方式确立的信心。

这个例子说明了量子测量的另一个特征。我们的左手←测量起着"解开"先前纠缠态的作用。在进行左手测量之前，两个原子不能作为具有单独量子态来处理，"态"概念只适用于这整个的原子对。但对其中一个组分的测量"解放了另一个"，允许它获得一个自己的量子态。这也许多少令人放心了，因为它暗示着为什么量子纠缠没有渗透进整个世界，我们不能把任何事物当作一个分离的整体来考虑。

然而，还有一个很多物理学家都感到忧虑的问题。当我们对分隔遥远的一对纠缠态的一个组员 A 实施测量时，便引出一个问题：另一个组员 B 在"什么时候"开始与 A 脱离纠缠而获得自己的独立态呢？分离的测量也可以对另一个组员 B 实施，那我们疑惑的是，是否是对 B（而不是对 A）的测量解开一对纠缠态呢？假如两个部分的距离足够大，我们可以想象两个测量是类空分离的（见 1.7 节），这（在狭义相对论中）意味着相对于某个坐标系的选择是"同时发生的"。然而，在这样的背景下，还有别的坐标系，其中可以断定 A 测量先发生；同样也有别的坐标系，其中 B 测量先发生（图 2.26b）。换句话说，不论哪个测量结果的信息都得比光还快，才可能及时影响另一个测量的结果！我们只得认为这对测量是作用在一个本质上非定域的实体，也就是原子对的整个纠缠态。

这种（经常的）非定域性是纠缠态最令人疑惑也最令人感兴趣的方面。经典物理学中没有类似的东西。在经典物理学中，一个系统可以有两个分离的部分 A 和 B（原来是在一起的），其中 A 可以向 B 发送它后来经历的信息，B 也可以向 A 发信息，它们也可以相互发信息，或者还可以在分离之后完全互不相干。但量子纠缠完全不同。当 A 和 B 保持量子纠缠时，它们不是独立的；不过它们也不能通过这种纠缠的相互"依赖"来向对方发送实际的信息。正因为不能通过纠缠相互发送信息，我们才能认为纠缠"瞬间"传输却不违背相对论的原则（它禁止信息的超光速传输）。实际上，我们并不真的认为纠缠传输是"瞬间的"；它其实是"无时间的"，因为不管认为传输是从 A 到 B 还是从 B 到 A，都没有区别。这只是对 A 和 B 在独立测量之下的组合行为的一种限制。（"纠缠传输"有时叫量子信息。我曾在其他地方称它为 *quanglement*［《通向实在之路》，23.10 节；Penrose 2002，pp.319］。）我下节还要回到这个问题上来。

不过，在这之前我要提请注意另一个相关的问题，即认为波函数具有真正的本体论实在性。这运用了阿哈罗诺夫（Yakir Aharonov）［经魏德曼（Lev Vaidmen）等人发展］的天才思想，它使我们能以不同于 2.8 节所说的传统测量过程的方式探究量子系统。阿哈罗诺夫过程不像通常的量子测量过程那样，认为给定的量子态遵从将它置于后来量子态的测量，而是涉及选择具有给定的、几乎正交的初态和终态的系统。这使我们能考虑所谓的*弱测量*，它不会给测量的系统带来干扰。我们可以用这种方法探测以前认为不可触及的量子系统的特征。特别是，我们可以绘出静态波函数的实际空间强度图。这个过程的细节超出了本书范围，但在此值得一提，因为它使我们有望探索量子实在性的许多其他令人疑惑的特征 [Aharonov et al. 1988 ; Ritchie et al. 1991]。

2.13 客观量子态还原

到这会儿为止，我的描述虽然有时偏离了传统观点，但从对实际测量结果的量子信心来看，还不算偏得太远。我已经指出了它的一些最令人疑惑的特征，例如，由于无处不在的量子叠加原理，量子粒子通常必须认为同时处于几个不同的位置，而且根据同样的原理，粒子可以表现为波而波却由无数粒子构成。另外可以预期，包含多于一个部分的系统的大多数量子态都是纠缠的，因此这些部分不可能一致地看成是完全各自独立的。

至少在眼下观测所及的机制下，量子力学"教义"的这些费神的方方面面我都接受为经受了无数精确实验的证明。不过，我还是忍不住要指出，在量子论的两个基础过程——薛定谔的幺正演化 U 过程与发生在量子测量中的态还原 R 过程——之间，似乎存在根本的矛盾。对多数量子实践者来说，这个矛盾被认为是表面的，可以通过对量子理论体系的正确"诠释"来克服。在 2.4 和 2.12 节，我提过哥本哈根诠释，在它看来，量子态没有被赋予客观实在性，而只是享有一个主观的帮助计算的地位。然而，我对这种主观的观点很不满意，原因有很多，特别是在 2.12 节里，我论证说量子态（精确到一个比例因子）应该实际地被赋予真正客观的本体论地位。

另一个普遍观点是环境脱散论，认为系统的量子态不应视为从环境孤立出来的东西。据它的观点，在正常环境下，大量子系统的量子态——例如实际的某种类型的探测器的量子态——会迅速与它的大部分环境完全纠缠在一起，包括空气里的分子（其运动大多是随机的），不可能探测精细的细节，而且基本上与它的运行无关。这样的话，系统（探测器）的量子态将变得"退化"，而其行为更像是一个经典物体。

为了精确描述这种状况，人们建立了一种数学构造，叫密度矩阵——是冯·诺依曼（John von Neumann）引入的一个天才的概念，它允许我们从通过"求和"的描述中清除那些不相干的环境自由度 [von Neumann 1932]。这时，密度矩阵充当了描述当下境况的"实在性"的角色。然后，用一点数学技巧，实在性可解释为先前考虑的不同可能结果的概率混合。从这个测量得到的替代观测结果被认为是那些新结果之一，它已被赋予了一个发生概率——这可以根据 2.4 节 206 描述的量子力学的标准 R 过程准确计算出来。

密度矩阵实际上代表了不同量子态的概率混合，但它同时以不同方式实现这一点。上面提到的数学技巧涉及我说过的所谓双重本体转移 [《通向实在之路》，29.8 节最后]。起初，密度矩阵被解释为不同的"真实"环境状态的概率混合。然后，在密度矩阵本身被赋予"实在性"之后，就是本体转移。这允许我们在不同本体论解释中自由转换（通过希尔伯特空间基的旋转），其中相同密度矩阵，经由第三个本体立场，现在被认为描述了不同可能测量结果的一个概率混合。通常给出的这些描述多聚焦于数学，不大关心不同描述在本体论地位的一致性。在我看来，这幅环境脱散密度矩阵图景里有着真正重要的东西，因为在数学上确实发现了在这方面值得注意的东西。至于在物理世界中真正发生了什么，我们还缺失深层的东西。为恰当解决测量疑难，我们需要物理学的改变（而不仅是巧妙的数学）来填补本体论的裂隙！正如贝尔说的［John Bell 2004］：

> 当他们［最稳健的量子物理学家们］承认通常形式的一定模糊性时，他们可能坚持认为通常的量子力学只是好在"满足所有实际的需要"。我同意他们的观点：通常的量子力学（就我所认识的）只是好在满足所有实际的需要。

环境脱散只为我们提供了一个权宜的 FAPP（贝尔"满足所有实际的需要"的缩写）图景；它可能是答案的一部分 —— 暂时能安然无恙 —— 但不会是最终的答案。为此，我相信我们需要更深层的东西，它会远离我们执着的量子信仰！

如果我们维护一致的本体论，而同时在所有水平上坚守 U 演化，那么我们将不可避免地走向某种多世界解释，正如埃弗雷特［Hugh Everett III 1957］首先明确提出的。[1] 我们来考虑 2.7 节末尾（回想图 2.15）描述的那只（薛定谔）猫的情形，在那儿我们从头到尾都坚持

207

---

1. 见惠勒紧跟着写的一个注记［Wheeler 1967；也见 DeWitt and Graham 1973；Deutsch 1998；Wallace 2012；Saunders et al., 2012］。

一致的 U 本体论。这里，我们想象一个从激光 L 发射的高能光子，飞向分光镜 M。当光子飞过 M 去激活 A 的探测器，将打开 A 门，猫就能出门去隔壁房间吃东西。另一方面，假如光子反射回来，则探测器 B 将打开 B 门，猫就会通过另一道门去拿食物。然而，M 是分光镜而非单纯镜面，所以从 M 会遵从 U 演化突现一个光子态，叠加沿路线 MA 和 MB 的飞行，这将导致叠加的结果：A 门开而 B 门关或 B 门开而 A 门关。也许有人想象，根据这个 U 演化，一个坐在猫食旁边的人类观测者应该可以察觉从 A 门进来的猫和从 B 门进来的猫的叠加。这当然是很荒唐的事情，从来没发生过，而且它也不在于 U 如何运行。相反，我们面前的图景是要把人类观测者也置于两个意识状态的量子叠加中，一个察觉猫从 A 门进来，另一个察觉猫从 B 门进来。

这些将是埃弗雷特式诠释的两个叠加的"世界"，它辩论说（我看没什么逻辑），观测者的经历"分裂"为两个共存的单独的非叠加的经历。这里，我的问题是，我不明白为什么我们所谓的"经历"应该是非叠加的。为什么观测者不能经历量子叠加呢？当然，那不是我们习惯的，但为什么不呢？可以说，我们对人类"经历"的实际组成所知甚少，所以才对这类问题有这样那样的想法。但我们可以肯定地质疑为什么要允许人类经历将给定的量子态非叠加地分裂为两个平行的世界态，而不是维持一个叠加的世界态 —— 到底哪个图景是 U 描述呈现给我们的呢？我们可以回想 2.9 节的 1/2 自旋态。当我们考虑自旋态$|\nearrow\rangle$为$|\uparrow\rangle$和$|\downarrow\rangle$的叠加时，我们并不认为它们是两个平行的世界，一个有$|\uparrow\rangle$而另一个有$|\downarrow\rangle$。我们只有一个包含$|\nearrow\rangle$的世界。

另外，还有一个关于概率的问题。为什么一个人类观测者的经历"分裂"为两个独立的呢？概率由玻恩定则确定吗？这究竟意味着什么，对我来说这没多大意义！我的意见是，将 U 演化外推到猫实验那么极端的情景，等于让我们的想象力飞得太远了，所以我要站在反对的立场，认为这种情景只是反过来证明了 U 的无限适用性。尽管 U 演化的适用性得到过很好的检验，但还没有一个实验达到过任何东西能接近这些情景所要求的水平。

2.7 节已经说过，根本问题在于 U 的线性。这种普遍的线性在物理学理论中是异乎寻常的。在 2.6 节我们注意到，麦克斯韦的经典电磁场方程是线性的，但应指出的是，这种线性并未延伸到电磁场和与它发生相互作用的带电粒子或流体在一起时的经典动力学方程。现今量子力学的 U 演化所要求的线性的完全普适性是前所未见的。我们可以回想一下（根据 1.1 节以及 A1），牛顿的引力场也满足线性方程，但这种线性也没波及牛顿引力作用下的物体的运动。与眼下情形更相关的也许是，在爱因斯坦更精致的引力论 —— 广义相对论 —— 中，引力场本身是根本非线性的。

我还要在这里指出，其实有很强的理由相信当前量子论的线性只能是世界真实的近似，因此那么多物理学家对当下整个量子力学框架 —— 包括其线性（以及其幺正性）—— 的普适性所抱的信念，肯定是错位了。人们常说量子论没有遇到过反例，迄今为止的所有实验，涉及五花八门的现象和大大小小的尺度，都不断给出量子论的完全证明，其中也包括量子态的 U 演化。我们可以回想一下（2.1 和 2.4 节），在 143 km 的距离上证明了微妙的量子（纠缠）效应 [Xiao et al. 2012]。

实际上, 2012 年的那个实验证明的是量子力学的一个隐含结果, 即所谓的量子遥传 [Zeilinger 2010 ; Bennett et al. 1993 ; Bouwmeester et al. 1997], 比单纯的 EPR 效应 (2.10 节讨论的) 更为复杂, 但它也确定了量子纠缠不会延伸到那么远的距离。于是, 量子论的极限 (不论是什么) 都不会是简单的物理距离 —— 在我的薛定谔的猫实验中, 距离当然是小于 143 km 的。不, 我问的是当下量子力学在不同类型尺度上的精确性极限, 即在什么地方叠加分量间的物质位移在非常特殊 [209] 的意义下会变得举足轻重?

我对这种极限的论证来自量子力学 (主要是量子线性叠加) 与爱因斯坦广义相对论原理之间的根本冲突。我先在此勾勒我在 1996 年的一个论证 [Penrose 1996], 它基于爱因斯坦的一般协变性原理 (见 A5 和 1.7 节)。在 4.2 节我将基于爱因斯坦的等效原理 (1.12 节) 提出一个更复杂也更新的论证。

我考虑的情景涉及两个态的量子叠加, 其中每个态若只考虑自身, 都是静止的, 即在所有时间里没有变化。这一点是为了说明, 假如我们将广义相对论原理带进眼下的情景, 就会发现两个态的叠加在多大程度上静止是有特定极限的。但为了继续论证下去, 我们必须问, 静止的概念在量子力学中意味着什么? 在这里我还没有深入量子论的体系, 继续之前我们还需要多认识它的一般思想。

回想 2.5 节说的, 一定的理想化量子态可以有明确定义的位置, 即形如 $\psi(\mathbf{x})=\delta(\mathbf{x}-\mathbf{q})$ 的波函数给定的位置态, 其中 $\mathbf{q}$ 是波所定域的空间位置 Q 的 3 − 矢量。若干这种定域态 (如不同 3 − 矢量 $\mathbf{q}'$, $\mathbf{q}''$

等给定的）叠加的态就不那么定域了。这种叠加态甚至可以包含不同位置的连续统，从而填满整个 3 维空间区域。不同于位置态的一个极端例子是 2.6 和 2.9 节考虑过的动量态，对 3 – 矢动量 $\mathbf{p}$，它表示为，与 $y(\mathbf{x})=e^{-i\mathbf{p}\cdot\mathbf{x}/\hbar}$ 与位置态一样，这也是一个理想化的态，不具有有限模（见 2.5 节最后）。这些态均匀分散在整个空间，尽管其相位在维塞尔平面中绕单位圆均匀旋转（A 10），旋转速率正比于粒子的动量，且沿 $\mathbf{p}$ 方向。

动量态相对于位置态而言是完全病态定义的，反之，任意位置态相对于动量态而言也完全是病态定义的。位置与动量是所谓的正则共轭变量，根据海森伯不确定性原理，其中一个量定义越好，另一个量定义就越差。这通常表示为如下形式

$$\Delta\mathbf{x}\Delta\mathbf{p} \geqslant \tfrac{1}{2}\hbar,$$

210 其中 $\Delta\mathbf{x}$ 和 $\Delta\mathbf{p}$ 分别为位置和动量的"病态定义"度量。出现这样的结果，是因为在量子力学的代数形式中，正则共轭变量是量子态的非对易"算子"（见 2.8 节末尾）。对算子 $\mathbf{p}$ 和 $\mathbf{x}$，我们发现 $\mathbf{xp} \neq \mathbf{px}$，其中 $\mathbf{x}$ 和 $\mathbf{p}$ 都各自表现为相对于对方的微分（见 A 11）。然而，深入理解这些东西将超出本书的技术范围；读者可以参阅 [Dirac 1930] 或更现代而紧凑的关于量子力学数学形式的基础课本，如 [Davies and Betts 1994]。基础引论可见《通向实在之路》第 21 和 22 章。

在恰当意义下（如狭义相对论所要求的），时间 t 与能量 E 也是正则共轭的，我们也有海森伯时间–能量不确定性原理，表示为

$$\Delta t \Delta E \geqslant \tfrac{1}{2}\hbar,$$

这个关系的精确解释有时还有争议。不过，它有一个大家都接受的用途，出现在放射性原子核。对这样的不稳定核，Δt 可认为是它的寿命的度量，则以上关系告诉我们必然存在一个能量不确定性ΔE，或等价的至少为$\Delta E/c^2$的质量不确定性（根据爱因斯坦的 $E{=}mc^2$）。

　　现在我们回到两个静止态的叠加。在量子力学中，静止态其实是能量精确定义的态，因此根据海森伯的时间–能量不确定性，态必然以完全均匀的方式在时间上分散——这实际上就是其静止性的表述（见图 2.27）。而且，与动量态一样，它的相在维塞尔平面中绕单位圆均匀旋转，速率正比于态的能量值 E，时间依赖性就是 $e^{Et/i\hbar} = -\cos(Et/\hbar) - i\sin(Et/\hbar)$，从而相旋转的频率为$E/2\pi\hbar$。

　　这里我要考虑一个非常基本的牵涉量子叠加的情形，即两个态的叠加，其中每一个就其自身而言都是静止的。为简单起见，考虑两个位置（由态|1)和|2)给出）叠加的一块岩石，处于一个水平面上，两个位置间的差别仅在于岩石通过水平位移从|1)的位置移动到|2)的位置，这样，每个态的能量 E 都是一样的（图 2.28）。我们考虑一般的叠加

$$|\psi\rangle = \alpha|1\rangle + \beta|2\rangle,$$

其中 α 和 β 是非零常复数。由此，|4)也是静止的，有确定的能量 E。[1] [211]

---

1. 熟悉标准量子公式的读者，可以直接看出来：令 $\mathbf{E} = (i\hbar)^{-1}\partial/\partial t$ 为能量算子，则我们有 $\mathbf{E}|1\rangle = E|1\rangle$ 和 $\mathbf{E}|2\rangle = E|2\rangle$，从而$\mathbf{E}|\psi\rangle = E|\psi\rangle$。

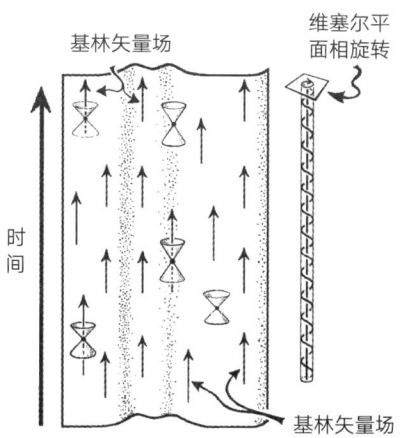

图 2.27 经典和量子论中的静止概念。在经典时空中，静止的时空具有类时基林矢量场 k，沿着它的方向，时空几何不会被任何 k 生成的（局域）运动所改变，我们定义时间方向即 k 的方向。在量子论中，静止的态具有精确定义的能量 E_G，从而它在时间中仅改变一个总相位 $e^{Et/i\hbar}$，它绕维塞尔平面中的单位圆以 $E/2\pi\hbar$ 的频率旋转

当|1)和|2)的能量不同时，会出现一个有趣的新情况，在 4.2 节讨论。

在广义相对论中，静止以不同（尽管相对的）方式表示。我们仍将静态视为在时间上完全均匀散开的态（尽管没有任何复数相位旋转），不过时间概念在这里不是唯一确定的。对时空 $\mathcal{M}$ 的时间均匀性的一般概念通常用类时基林矢量 k 表示。基林矢量是时空的一个矢量场（见 A 6），时空度规沿它的方向保持完全不变，k 为类时的，允许我们将它的方向作为相关坐标系的时间方向。见 A 7 图 A 29。（通常我们还会在 k 上附加额外的限制，即要它是非旋转的，也就是超曲面正交的，但在这里没特别作用。）

我们以前在 1.6 和 1.9 节遇到过基林矢量的概念，与初始的 5 维

卡鲁扎-克莱因理论有关。在那个理论中，要求在沿额外空间维方向上具有连续对称性，而基林矢量场将"指引"那个对称方向，从而整个 5 维时空可以沿那个方向"在自己身上滑行"，而不改变其度规几何。对 4 维静态时空 $\mathscr{M}$ 来说，这个基林矢量 $\mathbf{k}$ 的思想也是一样的，不过现在 4 维时空是可以沿着时间方向 $\mathbf{k}$ 在自己身上滑行，保持其时空度规几何（见 A7 图 A29）。

这与量子力学关于静止（没有相旋转）的定义非常相似，但现在我们必须在广义相对论的弯曲时空背景下考虑这个问题。在广义相对论中，基林矢量场不单是作为沿虚设时间轴的运动"给我们"的。另一方面，它是量子力学标准形式的一个假定，即我们有一个"给我们的"（相对于某个预设的时间坐标的）时间演化。这是薛定谔方程的 [213] 一个确定组成部分。正是这个特征给我们在相对论背景下考虑量子叠加时带来了根本性的问题。

应该明白，为了能考虑广义相对论问题，我们需要持这样的观点：所考虑的每个单独的态（这里是态 $|1\rangle$ 和 $|2\rangle$）都能恰当地处理为一个经典物体，遵从经典广义相对论定律（在相应的近似水平上）。实际上，假如不是这样，我们就早已偏离了量子力学定律普遍适用性的信念，因为对宏观物体来说，我们已经看到它们在极佳的近似水平上呈现着经典行为。经典定律对宏观物体确实表现得异乎寻常地好，所以如果它们不能为量子过程所包容，就说明量子论已经出问题了。这也适用于广义相对论的经典过程，我们在 1.1 节已经注意到，爱因斯坦理论对巨大的引力"清洁"系统（如双中子星的动力学）是异常精确的。于是，假如我们要接受量子力学的 U 过程不容破坏，则我

们必须接受它能合法地用于广义相对论背景下的过程，如这里考虑的那些。

现在我们看到，单个的静止态$|1)$和$|2)$需要由描述各自引力场的不同时空流形$\mathcal{M}_1$和$\mathcal{M}_2$的基林矢量$\mathbf{k}_1$和$\mathbf{k}_2$来描述。这两个时空必须考虑为不同的，因为岩石相对于地球的周边几何处于不同的位置。相应地，也就没有什么确定的方法来等同$\mathbf{k}_1$和$\mathbf{k}_2$（即认为$\mathbf{k}_1$和$\mathbf{k}_2$是"同样的"），从而断定叠加的静止性。这是爱因斯坦广义协变性原理（A5 和 1.7 节）的一方面，它不容许我们在两个不同的弯曲时空几何之间实现有意义的逐点对等（也就是，我们不能仅仅因为相同的空间和时间坐标，就说一个时空的某点与另一个时空的某点是相同的）。我们不想尝试在更深层次解决这个问题，而只想简单估计在牛顿极限下（$c \to \infty$ 时）等同所涉及的误差。（从技术上说，这个牛顿极限的框架是嘉当等人提出的，见 [Cartan 1954；Kurt Friedrichs 1927]，也见 [Ehlers 1991]）。

如何得到误差的度量呢？在每个"等同"点，我们有两个不同的自由落体加速度f_1和f_2（现在是相对于这两个时空的公共基林矢量$\mathbf{k}_1 = \mathbf{k}_2$，见图 2.28），它们分别为两个时空的局域牛顿引力场，其差 214 的平方$|f_1-f_2|^2$即视为等同时空的局域的偏离（误差）度量。这个局域的误差度量是 3 维空间的积分（即求和）。以这种方法得到的误差总度量是一个量E_G，在当下情形，可以通过相对简单的计算来证明，它就是分离两块岩石所需要的能量。原先它们重叠在一起，然后分开移动到$|1)$和$|2)$确定的两个位置，这里只考虑了两块岩石间的引力。更一般说，E_G应视为$|1)$和$|2)$的质量分布之差的引力自能；详细论证

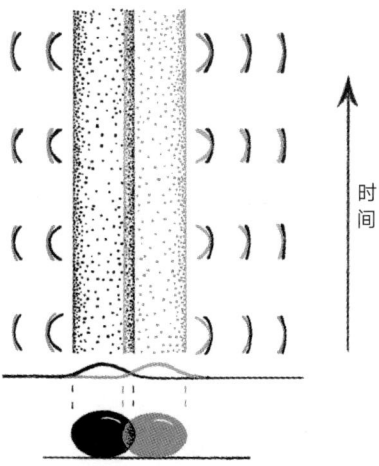

图 2.28　在两个位置叠加处水平放置的岩石的引力场（黑色和灰色标记）。这呈现了两个时空的叠加，其自由下落的加速度略微不同，如黑色和灰色时空曲线所示。加速度差的空间积分平方给出了识别时空的"误差"的度量 E_G

见［Penrose 1996］，也见 4.2 节。迪奥西（Lajos Diósi）更早些年提出过类似的建议［Diósi 1984，1987］，但动机不是广义相对论。（在 4.2 节将详细考虑这些问题，还将基于爱因斯坦的等效原理为 E_G 给出更强的论证，以代表叠加的总体静止性的一大阻碍。）

误差度量 E_G 可视为叠加态能量的根本不确定性，因此，如同前面描述的不稳定粒子一样，我们可以运用海森伯的时间−能量不确定性原理，得出叠加态 $|\psi\rangle$ 是不稳定的，将衰变为 $|1\rangle$ 或 $|2\rangle$，其一般的平均时间尺度 τ 为

$$\tau \approx \frac{\hbar}{E_G}.$$

于是我们看到，量子叠加不会永远持续。如果一对叠加态之间的质量位移很小 —— 如迄今所做的那些典型量子实验的情形一样 —— 那么根据这些考虑，叠加会延续很长时间，不会出现与量子力学原理的冲突。但是，如果态之间的质量位移很大，这种叠加就会自发衰减为这个或那个态，这种对量子原理的偏离是可以观察的。不过还没有量子实验达到可观测偏离的水平，但这类实验多年来一直在发展中，我将在 4.2 节简要描述其中的一个。未来 10 年有望获得好的结果，那当然代表着令人兴奋的进步。

215　即使实验结果确实指出对标准量子信仰的偏离，（或许给上述 $\tau \approx \hbar/E_G$ 准则带来观测的支持），也远未达到我们心目中扩展的量子论，其中 U 和 R 都以极佳近似的方式出现：U 表现在叠加态之间的质量位移小时，R 表现在位移大时。不过，这也足够给出对当下量子信念的极限（尚未证实）度量了。我将指出，所有量子态还原都源自后面要说的那种引力效应。在量子测量的很多标准情景中，主要的质量位移都发生在与测量仪器纠缠的环境中，传统的"环境脱散"观点可能以这样的方式获得一致的本体论。（坍缩模型（如这里所用的）具有的这一关键特征，是吉拉尔迪（Ghirardi）、雷米尼（Rimini）和惠勒在他们 1986 年的开拓性计划中指出的 [Ghirardi et al. 1986，1990]。）但这个思想要跑得远得多，而且可能得到目前活跃的各种建议的实验检验 [Marshall et al. 2003；Weaver et al. 2016；Eerkens et al. 2015；Pepper et al. 2012；Kaltenbaek et al. 2016；Li et al. 2011；Bedingham and Halliwell 2014]，可能就在未来 10 年左右，或许运用其他尚未发展的思想。

第 3 章
想象

3.1　大爆炸与 FLRW 宇宙学

　　想象在基本的物理学认识中真能起什么作用吗？当然，它正是科学的对立面，在真正的科学论述里不该有它的位置。然而，这个问题却不能想当然地置之不理。当我们要说明实实在在的观测结果时，根据理性的科学思想得出的结论，大自然的运行中就有好多奇幻的东西。我们已经（特别是在前一章）看到，当我们在量子现象主导的小尺度下审视世界时，它确实像在有谋划地以奇幻的方式表演着。一个物体可以在同一个时刻占据多个位置，犹如小说里的吸血鬼（能随心所欲在蝙蝠与人之间变化），运行如波或粒子，似乎任由它选择，其行为取决于一组神秘的数字，包括想象的"虚"数（即 -1 的平方根）。

　　另外，在尺度的另一端，我们也发现了很奇幻的东西，甚至超出了科幻小说家们的想象。例如，我们观测到全部星系有时都在碰撞中，令我们不得不相信它们曾经通过它们的时空变形而相互拖拽。实际上，这种时空变形效应有时可以从遥远星系图像的总体扭曲中直接看出来。而且，我们所知的最极端时空变形会在空间生成大质量的黑洞，最近我们还识别出其中的一对在相互吞噬，正当形成一个更大的黑洞

[Abbott et al. 2016]。其他黑洞的质量也比太阳大数百万甚至数千万倍，在那些地方，这样的黑洞很容易吞噬整个太阳系。然而，如此巨大的怪物与它们所处其中心的星系本身比起来也是小得可怜。这样一个黑洞显现其存在，通常是生成两束平行的能量和物质粒子束，从其所在星系的中心区域沿相反的方向发射出来，速度接近 99.5% 光速[Tombesi et al. 2012；Piner 2006]。在我们观测的一个例子中，这样的能量束正对准另一个星系轰击，仿佛加入一场星系大战。

在更大的尺度上，还存在一些充满了不可见物的巨大区域，它们渗透在整个宇宙——这是某种我们全然未知的物质，大概占据了整个宇宙构成物的 84.5%。在那些区域里还有一种东西伸手更长，以不断增加的速度撕裂所有的事物。这两类实体各自被安上一个绝望的却不含任何信息的名字——"暗物质"和"暗能量"，是决定我们已知宇宙的整体结构的两个主要因子。比这更令人惊讶的是，当前的宇宙学证据似乎迫使我们确立一个牢不可破的认识：我们所知的整个宇宙开始于一场巨大的爆炸，而那之前是一无所有——假如"之前"的概念在用于物质实在基础的时空连续统起源时还有什么意义的话。当然，这个大爆炸的概念就是一个地道的想象的概念！

确实如此；不过，有很多观测证据支持我们的宇宙有一个极端致密和剧烈膨胀的极早阶段，不仅包容了已知宇宙的所有物质，还包含了整个时空——它在所有方向上膨胀，今天所有的物质都在其中表现它们的存在。我们所知的一切似乎都在那个暴胀中生成。证据是什么呢？我们必须评估其可信度，看它能将我们引向何处。

本章将审查关于宇宙起源的一些流行思想，特别要看有几分想象能正大光明地引进来解释观测证据。近年来，众多的实验确实给我们带来了大量与极早期宇宙直接相关的数据，使过去的一堆未经检验的假定成为精确的科学。最令人瞩目的是 1989 年发射的空间卫星 COBE（宇宙背景探测器）、2001 年发射的 WMAP（威尔金森微波各向异性探针）和 2009 年发射的普朗克空间天文台，它们以不断精密的细节探测了宇宙微波背景（见 3.4 节）。不过，深层的问题依然存在，一些令人疑惑的问题将宇宙学理论家们引向了也许可以说是特别虚幻的方向。

一定的想象无疑是正当的，但今天的理论家们是不是在想象的方向上跑得太远了呢？在 4.3 节我将提出自己对这些问题的反传统答案，它本身也杂糅了一些看似荒诞的思想，我也只是为了严肃看待这些问题才勾勒我的想法。但在本书中我更关心当下流行的我们这个令人惊异的宇宙最早时期的传统图景，并且考察现代宇宙学家被驱使着走上的某些方向的合理性。

开始，我们有爱因斯坦辉煌的广义相对论，我们现在知道它以异乎寻常的精度描述了弯曲时空的结构和天体的运动（见 1.1 和 1.7 节）。俄罗斯数学家弗里德曼（Alexander Friedmann）跟着爱因斯坦将理论用于宇宙结构的初始尝试，在 1922 年和 1924 年，在膨胀物质分布 —— 近似作为无压力流体，或称尘埃，代表星系的光滑物质分布 —— 为完全空间均匀（均匀且各向同性）的背景下，首先发现了爱因斯坦场方程的恰当解 [Rindler 2001；Wald 1984；Hartle 2003；Weinberg 1972]。从观测说，这个描述确乎为实际宇宙中的光滑物质分布给出了一个很好的合理的总体近似，它提供了一个能量张量 **T**，是弗里德曼需要的爱因斯坦方程 $\mathbf{G}=8\pi\gamma\mathbf{T}+\Lambda\mathbf{g}$（见 1.1 节）的引力源项。弗里德曼模型的一个特征是，膨胀的起源是一个奇点，现在叫大爆炸，它的时空曲率从无穷大开始，当我们回溯时空奇点，物质源 $\mathbf{T}$ 的质量−能量密度向无限发散。（奇怪的是，现在通用的名词"大爆炸"本来是霍伊尔（Fred Hoyle）1950 年在 BBC 广播的谈话节目里引进的一个贬义词，他本人是稳恒态理论的强烈支持者，见 3.2 节。这些谈话还将在 3.10 节在不同背景下提及；后来霍伊尔将它们编辑成书 [Hoyle 1950]。）

这会儿，我暂时将爱因斯坦的小小宇宙学常数 Λ 视为零 —— 它是上面提到的宇宙加速膨胀的"表面"来源（也见 1.1 节）。于是只需要考虑三种情形，依赖于空间几何的性质，其曲率可以为正（$K>0$）、为零（$K=0$）或负（$K<0$）。在标准宇宙学书中，K 通常正规化为 1，0，−1。这里，我发现以 K 作为描述空间实际弯曲程度的实数更容易说明问题。我们可以将 K 视为某个正则选择的时间参数值 t 下的确定的空间曲率值。例如，我们可以选正则 t 值为宇宙微波背景形成的退耦时间（见 3.4 节），但具体的选择在这里无关紧要。关键是 K 的符号不随时间改变，所以不管 K 为正负或零，都是模型的整体特征，与任何"正则时间"的选择无关。

然而应该指出的是，K 的值单独不足以刻画空间几何特征。所有这些模型都有非标准的"折叠"形式，其空间几何可能很复杂，在一些例子中空间几何即使在 $K=0$ 或 $K<0$ 时也可以是无限的。对这些模型的兴趣，见 [Levin 2012；Luminet et al. 2003 和 Schwarzschild 1900]。然而，这类模型对我们无关紧要，这个问题对我们提出的多数论证都

没影响。如果忽略那些拓扑复杂性，我们面对的只是三类均匀的几何。可以借荷兰艺术家埃舍尔（M. C. Escher）的 2 维图形来进行美妙的说明，见图 3.1（比较 1.15 节图 1.38）。3 维情形是相似的。

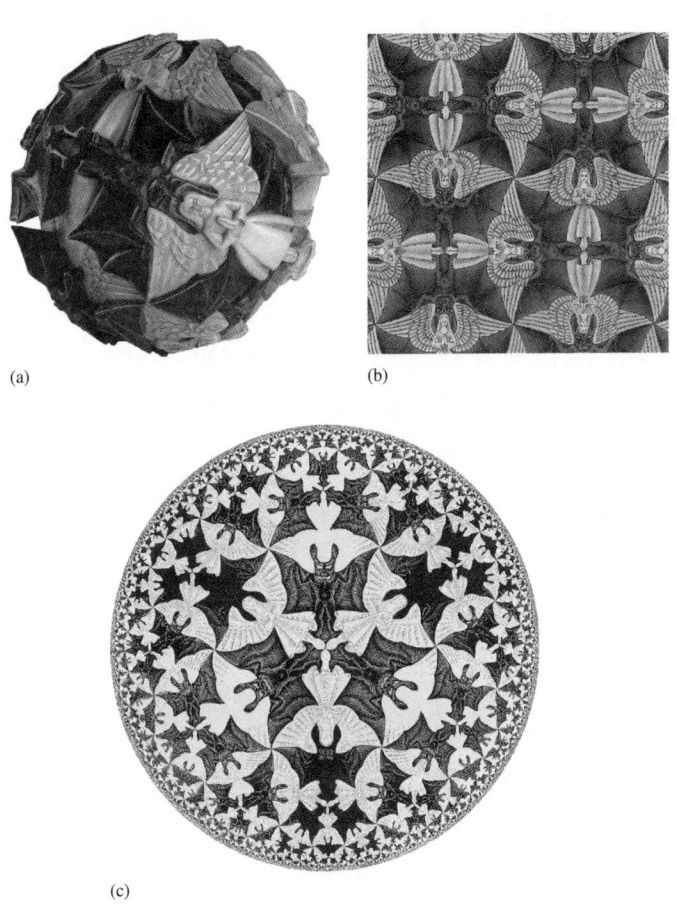

(a)

(b)

(c)

图 3.1 埃舍尔的图解方式，在 2 维情形，三个类型的均匀几何（a）正曲率（$K>0$），（b）平直欧几里得空间（$K=0$），（c）负曲率（$K<0$），用贝尔特拉米的双曲几何共形表示；也见图 1.38

$K=0$ 的情形最容易理解，因为空间截面就是平常的欧氏 3 维空间，尽管为了表示模型的膨胀特征我们必须将这些 3 维欧氏截面视为以膨胀方式彼此相连的；$K=0$ 的情形见图 3.2。（膨胀可以用发散类时直线来理解，这些直线代表模型所描述的理想化星系的世界线，我们稍后还要讨论。）$K>0$ 的 3 维空间截面理解起来要略微困难一些，它们是 **3 维球面**（S^3），是普通 2 维球面（S^2）的 3 维类比，宇宙膨胀表示为随时间增大的球面半径；$K>0$ 的情形见图 3.2。在负曲率 $K<0$ 情形下，空间截面有双曲几何（即罗巴切夫斯基几何），由（贝尔特拉米－庞加莱）共形表示来巧妙地刻画；在 2 维情形，它呈现为欧氏平面圆周 $\mathscr{S}$ 的内部空间，其中几何"直线"为圆弧，与边界 $\mathscr{S}$ 以直角相交（$K<0$ 的情形见图 3.2 和 1.15 节图 1.38b，也见《通向实在之路》2.4～2.6 节，[Needham 1997]）。3 维双曲几何的图像是类似的，其中圆周 $\mathscr{S}$ 替换为（普通 2 维）球面，围出一部分 3 维欧氏空间（3 维球面）。

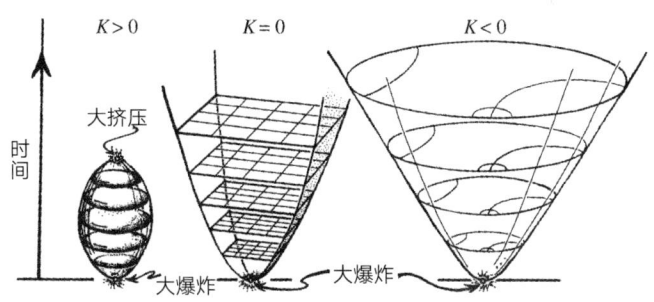

图 3.2 弗里德曼的充满尘埃的宇宙学模型，分别代表宇宙学常数 $\varLambda$ 为零的三个情形：（a）$K>0$，（b）$K=0$，（c）$K<0$

220 用于这些模型的名词"共形"源自如下事实：双曲几何赋予在一点相交的两条光滑曲线的角度度量等于在背景欧氏几何里的角度度量（例如，在图 1.38a 中鱼鳞尖端的角度或图 3.1c 中魔鬼翅膀的角

度，都正确表示出来了，不管它们距离边界圆多远）。共形的另一种 221
（粗略）说法是，不论多小的区域，其形状（通常不说大小）都准确呈
现在这些图形里了（也见 A 10 节图 A 39）。

　　正如前面指出的，现在有惊人证据证明在我们的宇宙中 Λ 其实
具有一个很小的正值，所以我们必须考虑对应的 $\Lambda > 0$ 的弗里德曼模
型。实际上，纵使 Λ 真的很小，其观测值（假定确如爱因斯坦方程所
要求的那样为常数）也大得足以克服图 3.2a 描绘的奔向"大挤压"
的坍缩。相反，在当下观测所允许的 K 值的所有三个可能情形中，宇
宙都将最终卷入加速膨胀。有了这个正常数 Λ，宇宙膨胀将一直无限
地加速下去，产生指数式的终极膨胀（见 A 1 节图 A 1）。根据这一点，
图 3.3 描绘了我们当前对宇宙总体历史的预期图景，图中背景模糊的
地方是为了兼容空间曲率 K 的所有三种可能。

　　对 $\Lambda > 0$，所有这些模型，即使受奇点扰动，其遥远未来也都是相

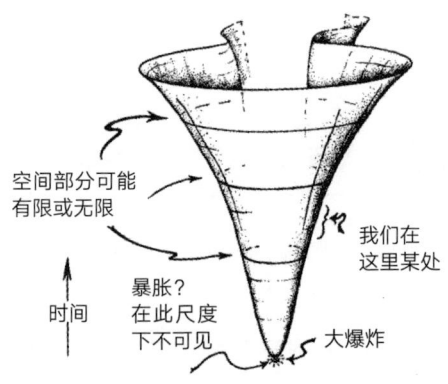

图 3.3　我们预期的宇宙演化时空图，经过修正，以包容观测到的（足够大的）
$\Lambda > 0$。图背后的不确定行为反映了总体空间几何的不确定性，没有重要的演化意义

似的，都可以用一种叫德西特空间的特殊时空模型来描述，其爱因斯坦张量 **G** 具有简单形式 $\Lambda\mathbf{g}$。这个模型是德西特（Willem de Sitter）（以及独立由列维-奇维塔（Tullio Levi-Civita））在 1917 年建立的，见 [de Sitter 1917a，b; Levi - Civita 1917; Schrodinger 1956;《通向实在之路》第 28.4 节]。现在大家公认它为我们现实宇宙的遥远未来

222 提供了一个良好的近似，其中预期遥远未来的能量张量完全由 Λ 决定，给出未来极限 $\mathbf{G} \approx \Lambda\mathbf{g}$。

当然，这假定爱因斯坦方程（$\mathbf{G}=8\pi\gamma\mathbf{T}+\Lambda\mathbf{g}$）无限成立，从而我们当下确定的 Λ 值保持为常数。我们将在 3.9 节看到，根据暴胀宇宙学的奇异思想，德西特模型也用来描述紧跟大爆炸之后的早期宇宙，尽管它的 Λ 值要大得多。这些问题对我们以后的讨论至关重要（特别是 3.7 和 4.3 节），但眼下没有特别的影响。

德西特空间是高度对称的时空，可以描述为 5 维闵可夫斯基空间里的一个（伪）球面；见图 3.4a。具体说来，它源自轨迹 $t^2 - w^2 - x^2 - y^2 - z^2 = -3/\Lambda$，从 坐 标（$t, w, x, y, t$）的 环 境 5 维闵氏空间度规得到自己的局域度规结构。（对熟悉以微分形式写度规的标准方法的读者来说，5 维闵氏空间的度规形式为 $\mathrm{d}s^2 = \mathrm{d}t^2 - \mathrm{d}w^2 - \mathrm{d}x^2 - \mathrm{d}y^2 - \mathrm{d}z^2$。）这个德西特空间与 4 维闵氏空间一样是完全对称的，都具有 10 参数对称群。我们也可以回想一下 1.15 节（脚注）考虑过的假设的反德西特空间，它与德西特空间密切相关，也有相同大小的对称群。

德西特空间是一个虚空模型，能量张量 **T** 为零，因而没有定义时

间线的（理想化）星系，其正交 3 维空间截面可以用来决定"同时刻"的特定 3 维几何。实际上，值得注意的是，我们可以在德西特空间中以三种根本不同的方式选择这样的（同时刻的）3 维空间截面，使德 [223] 西特空间能解释为一个膨胀的空间均匀的宇宙，其空间曲率为那三个类型之一，取决于它在不变的宇宙学时间下以什么方式切出那些 3 维曲面：$K>0$（时间为 $t=$ 常数），$K=0$（时间为 $t-w=$ 常数），$K<0$（时间为 $-w=$ 常数）；见图 3.4b～d。这是薛定谔在他 1956 年的书《膨胀的宇宙》中优美呈现的图像。我们将在 3.2 节讨论的旧稳恒态模型也用德西特空间描述，如图 3.4c 所示 $K=0$ 的截面（共形表示如 3.5 节图 3.26b）。大多数暴胀宇宙学形式（我们将在 3.9 节讨论）也用 [224] $K=0$ 截面，因为这允许暴胀以均匀指数形式无限持续下去。

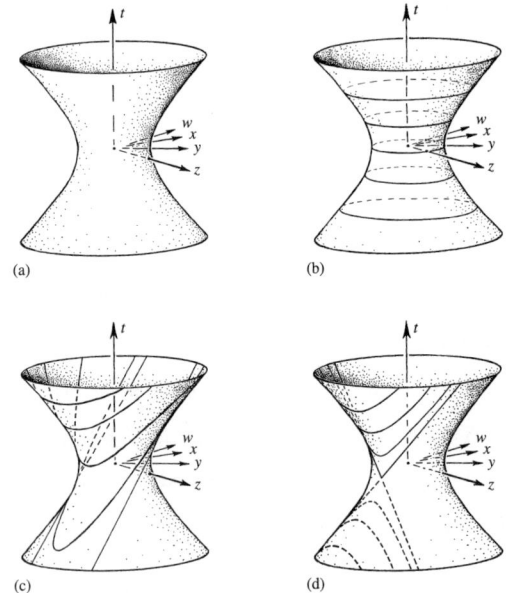

图 3.4 （a）德西特空间，（b）$K>0$ 的时间截面（$t=$ 常数），（c）$K=0$ 的时间截面（$t-w=$ 常数），与稳恒态宇宙学相同，（d）$K<0$ 的时间截面（$-w=$ 常数）

　　实际上，在极端大尺度上，我们目前关于现实宇宙的观测并未毫不含糊地指明哪个空间几何提供了最恰当的图像。但不管最终答案是什么，现在看来 $K=0$ 的情形是非常接近正确的（多少有些奇怪，这是从 20 世纪末出现的 $K<0$ 的强大证据来看的）。在某种意义上，这是最不令人满意的观测情形，因为假如我们只能说 K 非常接近零，我们仍然不能保证未来不会有更精密的观测（或更令人信服的理论）指明某个其他空间几何（即球面的或双曲的）才更适合我们的宇宙。假如（举例说）最后出现了 $K>0$ 的好证据，这将具有真正的哲学意义，因为它意味着宇宙不是空间无限的。然而，就眼下情形看，我们通常还是认为观测告诉 $K=0$。这也是一个非常好的近似，但我们丝毫不知道总体宇宙距离真实的空间均匀和各向同性到底有多近，特别是从 CMB 还看到了一定的反证据 [Starkman et al. 2012；Gurzadyan and Penrose 2013，2016]。

　　为完成时空的整体图景，根据弗里德曼的模型及其推广，我们需要知道空间几何的"尺寸"如何从开始随时间演化。在标准宇宙学模型中，如弗里德曼或推广的弗里德曼–勒梅特–罗伯逊–沃克（FLRW）模型——这一大类模型的空间截面都是均匀且各向同性的，整个时空都共享截面的对称——有一个描述宇宙模型演化的明确定义的宇宙时间 t 的概念。这个宇宙时间是时间的度量，从 $t=0$ 的大爆炸开始，可由沿理想星系的世界线的理想时钟来测量；见图 3.5（以及 1.7 节图 1.17）。我称这些世界线为 FLRW 模型的时间线（在宇宙学背景下，有时也称基本观测者的世界线）。时间线是正交于空间截面（即时间为常数 t 的 3 维曲面）的测地曲线。

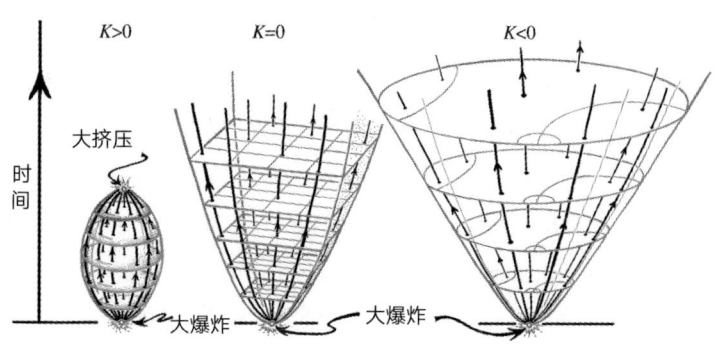

图 3.5　图 3.2 的弗里德曼模型，其中画出了时间线（理想星系的世界线）

在这方面，德西特空间的情形有些许反常，因为前面说过，它是虚空的，在爱因斯坦方程 $\mathbf{G}=8\pi\mathbf{T}+\Lambda\mathbf{g}$ 中 $\mathbf{T}=0$，从而没有物质世界线来确定时间线，因而也就无从定义空间几何，于是我们对模型究竟描述哪个宇宙（$K>0$，$K=0$ 或 $K<0$），有一个局域的选择。不过，三种情形在整体上是不同的，我们可以从图 3.4b ~ d 看到，在每个情形下截[225]面覆盖的德西特空间的比例是不同的。在下面的讨论中，我将假定 $\mathbf{T}$ 是非零的，提供了正的物质能量密度，这样时间线可以很好定义，每个常数时间 t 的类空 3 维曲面也可以如图 3.2 那样定义。

在正空间曲率 $K>0$ 的情形，对标准的满尘埃弗里德曼宇宙来说，我们可以用空间截面的 3 维球面半径来刻画"大小"，视它为时间 t 的函数。当 $\Lambda=0$ 时，我们发现一个在（R，t）平面中画出一条摆线的函数 $R(t)$（令光速 $c=1$），这条曲线描述了圆周（固定直径等于 $R(t)$ 能达到的最大值 $R_{\max}$）上的一点在圆周沿 t 轴滚动时经过的轨迹（见图 3.6b）。我们注意 R 的值（经过 $\pi R_{\max}$ 给出的时间后）重新回到 0，像大爆炸时一样，所以整个宇宙模型（$0<t<\pi R_{\max}$）坍缩到第二个奇

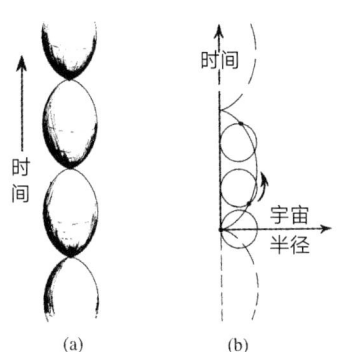

图 3.6 （a）振荡弗里德曼模型（$K>0$，$\varLambda=0$）；（b）作为时间函数的半径是一条摆线

点状态，通常被称为大挤压。

　　在其余 $K<0$ 和 $K=0$（都有 $\varLambda=0$）的两个情形，宇宙模型无限膨胀，不存在大挤压。对 $K<0$，有一个类似于 R 的恰当的"半径"概念，但对 $K=0$ 我们只能任意拿一对理想星系的世界线，令 R 为它们的空间分离。在 $K=0$ 情形，膨胀速率会逐渐减慢到零，但在 $K<0$ 情形它将达到一个正的极限值。由于当前观测令我们相信 $\varLambda$ 其实是正的而226 且大得足以最终决定膨胀速率，K 值对动力学就变得不那么重要了，宇宙将最终进入图 3.3 所示的加速膨胀。

　　在相对论宇宙学的早期，正 K 模型（$\varLambda=0$）常常被称为振荡模型（图 3.6a），因为如果我们允许圆圈像图 3.6b 那样在滚动一周后继续滚下去，则摆线将无限延续。可能有人想象摆线不断重复的圆周可能代表真实宇宙的持续循环，宇宙经历的每个大挤压都通过某种反弹转化为膨胀。类似的可能也出现在 $K \leqslant 0$ 的情形，我们可以想象时空先有一个坍缩期，与时间倒转的膨胀期一样，它的大挤压与我们视为宇

宙膨胀期的大爆炸相重合。这里，我们仍然需要构想某种反弹来把坍
缩转化为膨胀。

然而，为了物理的合理性，需要提出一个可信的数学纲领，它应
与当下的物理认识和过程一致，而且能包容那样的反弹。例如，我们
可以设想改变弗里德曼为描述他的"光滑星系"的总体物质分布而采
用的状态方程。弗里德曼用了所谓的尘埃近似，其组成"粒子"（即
"星系"，其世界线是时间线）之间被认为没有（引力之外的）相互作
用。物态方程的变化可以极大改变 $R(t)$ 在 $t=0$ 附近的行为。实际上，[227]
比弗里德曼的尘埃表现更好的近似，是后来美国数学物理学家和宇
宙学家托尔曼（Richard Chace Tolman）用的状态方程 [Tolman 1934]。
在托尔曼的（FLRW）模型中，他用的状态方程是纯辐射的。这可以
认为是对极早期宇宙物质状态的良好近似，那时温度极高，每个粒子
的能量都大大超过紧跟大爆炸之后可能出现的最大粒子（质量为 m）
的能量 $E=mc^2$。在托尔曼的纲领中，在 $K>0$ 情形，$R(t)$ 曲线的形
状不是摆线的一段弧，而是（在 R 和 t 的适当标度下）一个半圆（图
3.7）。在尘埃的情形，我们或许以为从挤压到暴胀的转变可借助解析
延拓来实现（见 A10），因为我们真的可以用这样的数学方法从摆线
的一段弧演化到下一段。但是在托尔曼纯辐射的半圆情形，解析延拓
过程只不过将半圆画成圆，如果我们想拿这个过程作反弹方法，允许
延拓到 t 的负值，那是没有任何意义的。

如果反弹仅仅通过状态方程的改变而出现，那就还需要比托尔曼
辐射更剧烈的东西。一个严峻的问题是，假如反弹通过某个奇异转变
而发生，整个时空是光滑的，且保留模型的空间对称性，则坍缩期的

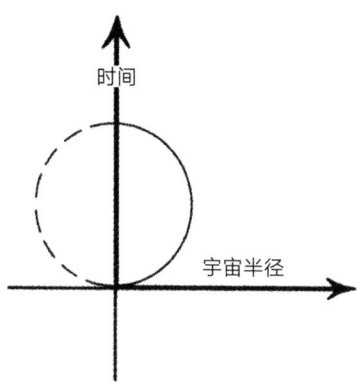

图 3.7　在托尔曼的满辐射（$K>0$，$\Lambda=0$）模型中，作为时间函数的半径表现为一个半圆

汇聚时间线必然沿着连接两期的"颈项"转为后来膨胀期的发散时间线。如果颈项光滑（非奇异），则时间线从极端汇聚向极端发散的倒转只能凭借颈项出现巨大的曲率，这是一种强烈的排斥作用，严重背离了普通物质满足的标准的能量正定条件（见 1.11，3.2 和 3.7 节；[Hawking and Penrose 1970]）。

　　因为这一点，我们不能指望任何经典状态方程能在 FLRW 模型背景下提供反弹，问题必须转向量子力学方程是否能使我们做得更好些。我们必须记住，接近经典 FLRW 奇点时，时空曲率变得无限大。假如我们用曲率半径来描述这个曲率，半径（曲率度量的倒数）将相应变得很小。只要我们继续用经典几何的概念，时空曲率半径在趋近经典奇点时将变得无限小，甚至小于普朗克尺度（$\sim 10^{-33}$ cm）（见 1.1 和 1.5 节）。量子引力的考虑令很多理论家预期在那样的尺度上必然严重偏离通常的光滑流形的时空图景（不过在 4.3 节我将就这个问题提出不同论证）。不管是否如此，都没有理由认为广义相对论过程必须经过修正才能适合在剧烈弯曲时空几何附近的量子力学过程。就是说，个别恰当的量子引力理论似乎需要应对那些爱因斯坦经典过程会导致奇点的情形（但与 4.3 节矛盾）。

普遍认为这样的事情是有先例的。正如我们在 2.1 节指出的，20 世纪之初原子的经典图景出现了严峻的问题，因为理论预言伴随着旋转的电子坠入原子核（辐射爆发），原子将灾难性地坍缩为奇态，这要求引进量子力学来解决问题。我们不可以期待整个宇宙的灾难性坍缩也有类似的东西吗？也许量子力学过程能解决这个问题呢？这里的麻烦是，即使今天也没有一个广泛接受的量子引力建议。更严峻的是，迄今提出的多数建议都没有解决奇点问题，奇点依然存在于量子化理论中。也有些值得注意的例外，断言它们没有奇点 [Bojowald 2007；Ashetekar et al. 2006]，但我还是要在 3.9 和 3.11 节（还有 4.3 节）回到这个问题，我将指出这类建议并没有真的为解决我们现实宇宙的奇点问题带来多大希望。[229]

还有一种完全不同的方法可能避免奇点，它指望在宇宙的坍缩期会些许偏离精确的时空对称，这个微小的偏离很可能在趋近大挤压时剧烈放大，从而时空结构在完全坍缩状态附近全然不能用 FLRW 模型来近似。于是，人们常常希望 FLRW 模型中呈现的奇点可能是假的，这些经典时空奇点在更一般的非对称情形下根本不会出现，这令人期盼一般的坍缩宇宙可以通过某种复杂的中间时空几何（图 3.8）而呈现出无规则的膨胀状态。连爱因斯坦本人也尝试过这个方法，这样奇点有可能避免，要么宇宙从无规则坍缩中反弹回来 [Einstein 1913；Einstein and Rosen 1935]，要么通过什么轨道运动阻止最后的奇点坍

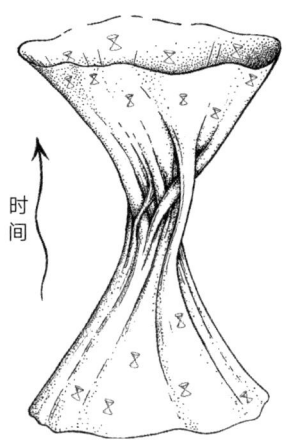

图 3.8　假想的反弹宇宙，想象极端的无规则使能坍缩无奇点地转化为膨胀

缩 [Einstein 1939]。

应该指出，随这样的近奇点（但假定没有真正的奇点）坍缩出现的状态，通过后来抹平那些不规则，有可能很快趋近如图 3.8 所示的膨胀 FLRW 模型。实际上，两个俄罗斯理论物理学家栗弗席兹（Evgeny Mikhailovich Lifshitz）和卡拉特尼科夫（Isaak Markovich Khalatnikov）在 1963 年曾做过详尽分析 [Lifshitz and Khalatnikov 1963]，证明奇点在一般情形下是不会出现的，从而支持了刚才描述的无奇点反弹的有效性。于是可以断言，在广义相对论中，引力坍缩之所以出现时空奇点 —— 如呈现在坍缩的弗里德曼模型或其他 FLRW 模型的已知精确解中的奇点 —— 只是因为那些解具有非现实的特征（诸如精确的对称性），因而这些奇点在一般的非对称扰动下不会长久持续。然而，我们将在下节看到，这是不对的。

3.2 黑洞与局域奇点

　　1964 年，我开始认真考虑与星体或星体集合向我们今天所说的黑洞发生更局域引力坍缩的密切相关问题。1930 年，令人瞩目的 19 岁印度天体物理学家钱德拉塞卡（Subrahmanyan Chandrasekhar）首先证明 [Wali 2010; Chandrasekhar 1931] 白矮星如果不在自身引力作用下灾难性地坍缩下去，那么它能获得的质量存在一个极限 —— 大约 1.4 倍太阳质量 —— 自那以后，黑洞的概念就一直藏在幕后。白矮星是极端致密的星体，我们发现的第一颗白矮星是星空中最亮的恒星天狼星的一个令人疑惑的小伙伴。那颗小伴星（天狼星 B）有着大约和太阳相当的质量，但直径还没有地球的大，体积大约为太阳的 $\frac{1}{10^6}$。如此的白矮星基本上燃尽了它的核燃料，现在全靠所谓的电子简并压力维持自身。这个压力源自泡利不相容原理（见 1.14 节），原理用于电子时，会阻止电子拥挤在一起。钱德拉塞卡证明，如果星体超过它的极限质量，电子就开始近光速地运动，这个过程的功效会遭遇根本阻碍，从而当星体充分冷却下来时，就不能靠它来阻止进一步的坍缩了。

　　还可以出现更致密的星体，它的坍缩有时可以通过所谓的中子简并压力来终止，这时电子被挤压进质子形成中子，泡利不相容原理对这些中子发生作用 [Landau 1932]。实际上，现在观测到了很多这样的中子星，星体的密度高得令人难以想象，堪比（有时甚至超[231]过）原子核本身的密度，比太阳略大的质量聚集在 10 km 左右的小球内，约为太阳的体积的 $\frac{1}{10^{14}}$。中子星常有巨大磁场，能快速旋转，旋转的磁场作用于局域的带电物质，生成电磁信号，哪怕远在 10^5 光年之外，地球也能探测到脉冲星的"哔哔哔"声响。但中子星的质量也有极限——叫朗道极限，类似于钱德拉塞卡极限。这个极限的精确值还有一定的不确定性，但不可能超过两个太阳质量。结果表明，已经（写作本书时）发现的最大质量的中子星，轨道接近一颗白矮星（周期为 2.5 小时），构成双星系统 J0348+0432，它的质量正好是 2 倍太阳质量。

至于局域的物理过程，就当下认识的理论来说，还没有进一步的方法来阻止更大质量的这种高度压缩物体的坍缩。不过，我们观测到很多质量大得多的星体（以及星体的密集集合），引发的基本问题是，当它们最终被引力坍缩主宰时（例如当巨大星体的核燃料燃尽时），会有什么样的终极命运？钱德拉塞卡在 1934 年那篇关于这个主题的开拓性论文里，说过一段温和的话：

> 小质量星体的生命史与大质量星体的生命史必然是根本不同的。对一个小质量星体，自然的白矮星阶段只是走向完全灭绝的第一步。质量大于临界质量 m 的星体不可能进入白矮星阶段，人们只有猜想其他的可能。

另一方面，很多其他东西依然疑惑。最特别的是，著名英国天体物理学家爱丁顿爵士 [Arthur Eddington 1935] 指出：

> 星体将不得不辐射又辐射，收缩、收缩再收缩，直到（我想）缩小到几千米的半径，那时引力强到足以抑制辐射，而星体也才能找到最后的安宁……我想应该有一个自然法则来阻止星体以如此荒唐的方式作为！

这个问题在 20 世纪 60 年代初尤为恼人，著名美国物理学家惠勒（John Archibald Wheeler）曾特别提出来，因为那时德国天体物理学家施密特（Maarten Schmidt）刚在 1963 年发现第一颗类星体（这是这类天体后来的名字）3 C 273。从它到我们的遥远距离（根据红移量推断），[232] 可以判断这种天体的内禀光度是超常地大，是太阳光度的 4×10^{12} 倍，于是它发出的亮光是整个银河系的 100 倍！从它独特的快速变化的发光（周期为几天）可以推测它的大小接近我们的太阳系——那么巨大的质能流量配以如此狭小的空间，令天文学家断言主导这些质能释放的中央物体肯定包含着巨大且极端致密的质量，它甚至可能被压缩到接近自身的史瓦西半径。对质量为 m 的球对称物体来说，这个临界半径的数值为

$$\frac{2\gamma m}{c^2},$$

这里 γ 为牛顿引力常数，c 为光速。

关于这个半径，需要做一些解释。它牵涉静态球对称有质量物体（理想化星体）周围真空引力场的爱因斯坦方程（$\mathbf{G}=0$，见 1.1 节）的著名史瓦西精确解。这个解是德国物理学家史瓦西（Karl Schwarzschild）在爱因斯坦 1915 年底完全确立广义相对论之后不久发现的（不幸的是，没过多久，史瓦西在第一次世界大战俄国前线染病去世了）。如果我们想象坍缩体向内对称地收缩，史瓦西解也唯一地（如方程要求的那样）随之向内延拓，则度规的坐标表示会在史瓦西半径遇到奇点，多数物理学家（包括爱因斯坦）认为真实的时空几何必然会在那个位置出现结构的奇点。

　　然而，后来认识到史瓦西半径不是时空奇点，只不过是坍缩体（球对称的）达到那个半径后，将进入我们现在所说的黑洞。任何挤压到史瓦西半径内的球对称物体都将不可避免地坍缩，并且迅速从我们的视野消失。我们看到的 3C273 的能量发射就可以认为是来自与这种引力坍缩相关的剧烈过程，其区域恰好在史瓦西半径之外。星体或其他物质将在这样的剧烈过程中完全扭曲和加热，然后被黑洞吞噬。

233　　在精确球对称假定下的向黑洞的引力坍缩，与弗里德曼模型出现的那种情形惊人地相似，那儿也有爱因斯坦方程的精确解——是奥本海默和斯尼德在 1939 年发现的——给出了球对称情形的引力坍缩的全几何时空图景。坍缩物质的能量张量 **T** 还是弗里德曼的尘埃。实际上，他们的解的"物质"部分正是弗里德曼尘埃模型的一部分——犹如坍缩宇宙的一部分。在奥本海默−斯尼德解中，有一个球对称物质（尘埃）分布，正好坍缩并经过史瓦西半径，在中心形成奇点，在那里，坍缩物质密度——还有时空曲率——变成无限大。

　　结果表明，史瓦西半径本身只是在史瓦西用的静态坐标系下才呈现为奇点，不过长期以来它一直被误会为真正的物理奇点。奇怪的是，第一个认识这一点的人可能是数学家潘勒韦（Paul Painleve），他曾在 1917 年做过几个月的法国总理，1925 年再次出任。他在 1921 年发现，史瓦西半径只不过是坐标奇点，而且有可能将解光滑地从这个区域延拓到中心的真实奇点 [Painleve 1921]。然而，他的理论结果似乎被相对论群体的人忽略了。实际上，爱因斯坦理论如何解释，在当时也有很多疑惑。后来，勒梅特（Abbe Georges Lemaitre）在 1932 年明确证明，自由下落的物体可以穿过那个半径而不遭遇奇

点 [Lemaitre 1933]。这个几何的简单描述是多年以后由芬克尔斯坦（David Finkelstein）提出的 [Finkelstein 1958]，他用了一种新的史瓦西度规形式。有趣的是，那个形式是爱丁顿早在 1924 年为不同目的发现的 [Edington 1924]，而且与引力坍缩无关！

史瓦西半径曲面现在叫（绝对的）事件视界。根据马上要说明的理由，物质可以落入那个半径，但一旦进去，它就出不来了。引出的一个问题是，偏离精确的球对称，抑或用奥本海默和斯尼德用过的比无压力尘埃更普遍的状态方程，究竟哪个方法能让坍缩避免达到奇点态呢？那样，我们就能设想一个很复杂的 —— 尽管实际上无奇点的 —— 中间构型，坍缩可通过它"反弹"，转为无规则的物质（由原先落进的物质形成的）膨胀。

图 3.9 刻画了奥本海默–斯尼德模型的时空描述（其中一个空间维被压缩了）。这个几何的关键在于它的零光锥（见图 1.18b），它们将所有信息传播限制在光锥之内（见 1.7 节）。这个图是基于芬克尔斯坦的描述画的 [Finkelstein 1958]。我们注意一个事实：高致密坍缩物质的出现导致光锥向内严重扭曲，越接近中心扭曲量越大，于是在一定半径处，未来锥的外边缘在图中变成垂直的，那个半径内的信号便不可能跑到外面的世界。那其实就是坍缩的史瓦西半径。我们可以从图断言，坍缩物质可以落进那个半径，但落进之后就失去了与外界交流的能力。我们在中心看到了时空奇点，那里的时空曲率确实发散为无穷，而坍缩物质也达到无限的密度。所有的（类时）世界线在穿进史瓦西半径之后，不论在坍缩物质内还是跟在它后面，都会在奇点终结。无路可逃！

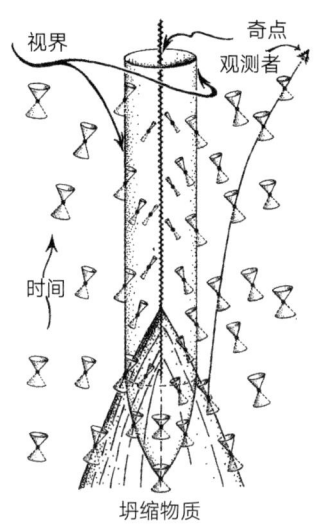

图 3.9 趋向黑洞的引力坍缩的标准图像。视界外的观测者不可能看见视界内的事件

　　还有一个有趣的问题，牵涉与牛顿理论的比较。人们常说，同一个半径在牛顿引力中也很重要，这一点，英国科学家米切尔牧师（Rev. John Michell）早在 1783 年就注意到了。他假定从那个曲面内以光速发出的光将重新落回而不可能跑出来，然后用牛顿理论得到了精确的史瓦西半径的值。就米切尔来说，这真是先见之明，但这个结论很有问题，因为在牛顿理论中，光速不是常数，而且还可以说，光速对那样尺度的牛顿体来说可以非常大，就像从远距离落到物体上的光一样。黑洞的概念真正只有从广义相对论的特征中产生出来，在牛顿理论中它是不会出现的；见 [Penrose 1975 a]。

　　现在问题来了：正如坍缩的 FLRW 宇宙学一样，球对称的偏离会引出截然不同的图景吗？确实，我们可以预期当坍缩物质不具有这里假定的精确球对称性时，这些偏离可能随趋近中心区域而增大，从而避免无限的密度和时空曲率（见3.1节图3.8）。从这点看，奇点的出现只是因为落向中心的物质会精确聚焦。相应地，如果坍缩没有精确焦点，即使密度可能变得很大，也可预期它不会变成无限大，而且在经过某些剧烈复杂的涡旋和喷洒过程之后，我们相信（根据这个图景）这些物质可能以某种形式重新出现，而不会真的达到什么奇点。至少，想法是这样的。

1964年秋，我开始认真思考这个问题，想知道我有没有可能用我先前在稳恒态宇宙模型背景下发展的数学方法来回答它。那是邦迪（Hermann Bondi）、古尔德（Thomas Gold）和霍伊尔（Fred Hoyle）在20世纪50年代提出的模型（见[Sciama 1959，1969]），它的宇宙没有开始，膨胀是持续的而且没有终结，物质因膨胀而变得稀薄，但是有在整个宇宙中不断（以很低速率）新生的物质（主要以氢的形式）来补充。通常的稳恒态图景用了完全的时空对称，我曾想知道，如果出现对这个完全对称的偏离，会不会避免稳恒态模型与标准广义相对论（连同前面3.1节说的关于普通物质的正能量要求）的明显矛盾呢？通过运用几何/拓扑方法，我相信这种对称偏离不能消除矛盾。我从没发表这个论证，但我在不同背景下用过同样的思想，应用于（以大致但不十分严格的方式）引力辐射系统的渐进结构[Penrose 1965b附录]。这些方法不同于广义相对论中常用的方法，那些方法通常需要寻求具体的特殊解或进行大量的数值计算。[236]

至于引力坍缩，我们的目的是证明在任何坍缩充分严峻的情形下，对称偏离的出现（以及比弗里德曼尘埃或托尔曼辐射等更一般的状态方程的运用）不会根本改变传统的奥本海默－斯尼德图景，因而不可避免地会出现某种阻碍任何完全光滑演化的奇点。需要记住的是，还有很多其他情形，物体可能以相对温和的方式发生引力收缩，而其他力的出现或许会产生一个稳定的构型或某种反弹。于是，我们就需要一个恰当的准则来刻画奥本海默－斯尼德情形下表现的这种不可挽回的坍缩（如图 3.9）。当然，基本的要求是，这个准则不能是那些依赖于任何对称假定的东西。

经过长久思考，我开始认识到没有完全局域的特征能满足这些要求，关于时空曲率的任何总体或平均意义的度量也毫无意义。最后，我想到了俘获曲面的概念，它在时空的出现是无限坍缩确实发生的良好信号。（对产生这个想法的奇怪背景感兴趣的读者，请参看 [Penrose 1989, p.420]）。专业地说，俘获曲面是一个闭合类空 2 维曲面，其所有零法向方向 —— 如图 3.10（也见 1.7 节）—— 都向未来方向汇聚。"法向"的意思是普通欧氏几何的"直角"（见图 1.7 节图 1.18），我们在图 3.10 看到，（指向未来的）零法向给出了从 2 维曲面发出的光线（即零测地线）的方向，从包含给定 2 维曲面的任何时刻的类空 3 维曲面看，光线都与曲面呈直角。

237 为了从空间理解这个思想，考虑普通欧氏 3 维空间中的一个 2 维光滑曲面 δ。想象在曲面 δ 上出现一道闪光，我们来看闪光的波前如何从 δ 向外传播，是朝 δ 的哪一边（图 3.11a）。在 δ 弯曲的地方，在凹面的波前面积会立即开始收缩，而凸面的波前会膨胀。然而，俘获曲面 δ 发生的事情却是 δ 两面的波前都开始收缩！见图 3.11b。乍看起来，这似乎是任何普通 2 维类空曲面都不可能实现的局域条件，但在

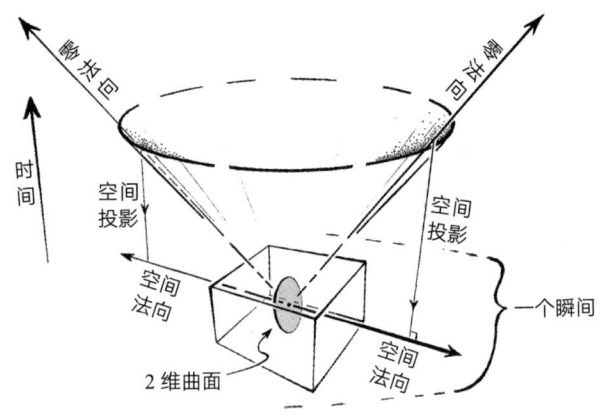

图 3.10　类空 2 维曲面的零法向方向是从与之呈直角的 2 维曲面发出的光线的
方向（从任意时刻的包含给定 2 维曲面的 3 维类空曲面看）

时空中就不是这样了。即使在平直时空（闵可夫斯基空间，见 1.7 节
图 1.23）中，也很容易构造一个局域俘获的 2 维曲面。最简单的例
子是将$\mathcal{S}$作为类空分离顶点为 P 和 Q 的两个过去光锥的相交面，见图
3.11c。这里，$\mathcal{S}$的零法向都聚向未来（朝 P 或 Q）（这之所以挑战我
们对 3 维欧氏空间中的 2 维曲面的直觉，是因为这个$\mathcal{S}$不可能包含在
单个 3 维欧氏空间或"时间片"）。然而，这个特殊$\mathcal{S}$不是俘获面，因
为它不是闭合（即紧致，见 A3）曲面。（在有些情形中，"闭合俘获
面"就是我说的俘获面 [Hawking and Ellis 1973]。）于是，时空包含
俘获面的条件其实不是局域条件。坍缩发生后，奥本海默－斯尼德
时空在史瓦西半径下的区域包了一个真实的（即闭合的）俘获面。[238]
根据俘获面条件的本性，任何导致这种坍缩的初始数据的可能小扰
动，也必然包含俘获面，与任何对称考虑无关。（令人疑惑的是，从
专业上说，这是所谓的"开"条件，意思是足够小的变化不会破坏这
个条件。）

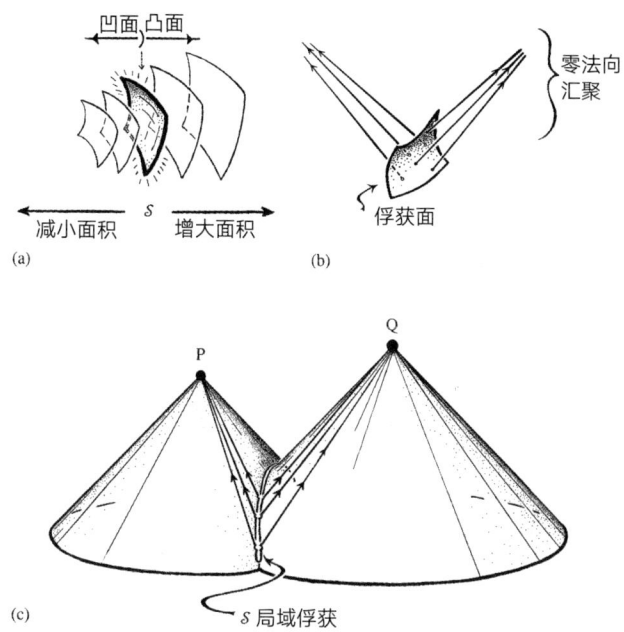

图 3.11　俘获面条件：(a) 在寻常欧氏 3 维空间，在弯曲 2 维面𝒮上瞬时出现的一个闪光，如果从凹面来，它将减小其面积；如果从凸面来，它将增大其面积。(b) 另一方面，对俘获面的任何局域空间碎片𝒮，光线在两面都将出现汇聚。(c) 对非紧致𝒮，"局域俘获"并不是时空中的反常行为，因为它在两个过去光锥交会的闵可夫斯基空间中已经出现了

我在 1964 年建立的定理 [Penrose 1965 a] 从根本上表明，当俘获面在时空出现时，它就要产生奇点。说得更准确些，它证明了假如时空（遵从我要在下面说的某些物理上合理的约束）包含俘获面，就不可能向未来无限延伸。这种非延伸性就是出现奇点的信号。虽然这样一个定理说明不了无限曲率或无限密度，但也很难看到在一般情形下有什么其他类型的阻碍能阻止时空向未来演化。理论上还有其他的可能，但在一般条件下它们是不会出现的（即它们只在限制的函数自由度下才会出现，见 A2 和 A8 ）。

定理还依赖于以下假定：爱因斯坦方程（有或没有宇宙学常数 Λ）成立的能量源张量 **T** 满足所谓的零能量条件（它断言，对任何零矢 **n**，**T** 缩并两次得到的量永远不会是负的）。[1] 这是对引力源的一个很弱的要求，对任何物理上合理的经典物质都是正确的。我需要做的其他假定是，认为时空是作为普通的时间演化从某种无空间边界的初始状态——技术上说，即是从一种非紧致的（即"开的"——见 A5）初始类空 3 维曲面——生成的。这基本上确立了以下结论：对物理上合理的经典物质来说，在引力坍缩的局域情形，一旦出现俘获面，奇点就不可避免，与任何对称假定无关。

当然，我们仍然可以问，俘获面是否可能在合理的天体物理学条件下出现？特别是可能有人抱有这样的观点：对那些比中子星还致密的物体，我们对在那样巨大密度下的相关粒子物理学的认识或许还不足以为实际发生的事情提供可靠的图像。然而，这算不得什么问题，因为也可能出现其他引力坍缩情景，其俘获面能在普通密度下生成。根本说来，这是广义相对论在总体尺度改变下的行为方式决定的。假如我们有张量场 **g** 给定度规的时空模型（见 1.1 和 1.7 节），满足能量源张量 **T**（和宇宙学常数 Λ）的爱因斯坦方程，然后以 $k\mathbf{g}$ 代替 **g**（其中 k 为某个正常数），则我们发现爱因斯坦方程仍然满足能量张量 **T**（和宇宙学常数 $k^{-1}\Lambda$，但我们可以忽略其微小贡献）。相应的，物质密度 ρ 嵌入 **T** 的方式隐含着 ρ 必须用 $k^{-1}\rho$ 来代替。[2] 于是，假如我们 240

---

1. 在指标约定下，这个条能量件是 $T_{ab}n^a n^b \geqslant 0$，其中 $n^a n_a=0$。在我的一些书中［如 Penrose 1969a，p.264］，我称这个是弱能量条件，可能令人混淆，因为霍金在不同（更强的）意义上用了同一个名词［Hawking and Ellis 1973］。

2. 在指标约定下，我们有 $\rho=T_{ab}t^a t^b$，其中 t^a 定义观测者的时间方向，依 $t^a t^b g_{ab}=1$ 正规化。于是，t^a 标度了因子 $k^{-1/2}$，从而具有 k^{-1} 的度量。

有什么模型,当物质密度达到某个特殊值时出现俘获面,那我们就能得到另一个模型,它仍然有俘获面,但对应的密度却可以随我们心愿而要多小有多小,只需要恰当地缩放度规就是了。如果我们有一个坍缩模型,其俘获面只出现在密度达到某个异常高的数值时(即远大于原子核或中子星的密度),那也将有另一个尺度高度放大的模型,其中的距离要大得多——如中央星系区域而非中子星——对它来说,密度并不比我们在地球上寻常遇到的大多少。这其实就是我们预期的存在于我们银河系中心的那个400万太阳质量的黑洞邻居的情形。当然,在类星体3C273的情形,在视界附近的平均密度可能还要小得多,在这些条件下,应该不会有什么障碍阻止俘获面的形成。

有关俘获面形成的其他观点和数学方法,见[Schoen and Yau 1993和Christodoulou 2009]。在我的书中[Penrose 1969a,特别是图3],我提出了一个简单直观的论证,说明在引力坍缩中,汇聚光锥的有效的等价条件可以很容易地在相对低的密度下出现。这个另类的刻画不可逆引力坍缩(导致奇点)的条件,就是霍金和我在数学上讨论过的那个条件[Hawking and Penrose 1970]。

由于这种剧烈的坍缩过程可以在合理的局域水平乃至在膨胀的宇宙中发生,我们预期这种更一般类型的过程也肯定会在更大的尺度上出现,例如在坍缩的宇宙中,这时坍缩物质的质量分布是毫无规则的。相应地,上面的考虑也适用于整个宇宙的整体性坍缩的情形,在经典广义相对论中奇点是引力坍缩的一般性特征。实际上,1965年初,当时还是年轻研究生的霍金就注意到,标准FLRW模型在坍缩阶段也会拥有俘获面,只不过在这个情形下它们是巨大的——尺度相当于我们整个宇宙的可观测部分 —— 所以我们必须再一次得出结论说，奇点对开空间坍缩宇宙是不可避免的。（我们需要"开"，是因为我 1965 年的定理假定了一个非紧致初始曲面。）实际上，霍金是在反时间方向上进行论证的，这样它也适用于膨胀宇宙的初始阶段 —— 即一般的扰动的大爆炸 —— 而不是坍缩宇宙的暮年阶段，但内容基本是一样的：在标准的对称的开宇宙学中引入不规则性，与在局域坍缩模型的情形一样，并不能去除它们的奇点 [Hawking 1965]。在后来的系列论文中 [Hawking 1966 a，b，1967]，霍金进一步发展了技术，从而基本上使得到的定理整体适用于闭空间宇宙模型（这种情形不需要俘获面条件）。然后，在 1970 年，我们合力证明了一个非常普适的定理，将我们以前的所有奇点都作为实际的特例包含其中 [Hawking and Penrose 1970]。

那么，这一切与 3.1 节最后提到的栗弗席兹和卡拉特尼科夫的结论如何协调呢？本来是可能有严重冲突的，但在听说了上述第一个奇点定理之后（他们是通过 1965 年伦敦国际广义相对论会议 GR 4 的工作了解的），他们根据别林斯基（Vladimir Belinskii）的重要建议，（与别林斯基一起）纠正了先前工作中的一个错误，发现了比以前更一般的解。他们的新结论是，奇点终究会在一般坍缩条件下出现，与我（和后来霍金）得到的结论一致。别林斯基、栗弗席兹和卡拉特尼科夫所做的具体分析，促使他们就一般奇点可能像什么样子，提出了一个非常复杂的图景 [Belinskiĭ et al. 1960，1972]，现在被称为 BKL 猜想。考虑到美国著名广义相对论专家迈斯纳（Charles W. Misner）的工作的早期影响，我要称它为 BKLM 猜想，因为他比俄国人稍前独立提出了一个呈现有相同复杂特征的奇点的宇宙学模型 [Misner 1969]。

3.3　热力学第二定律

从本质上说，3.2 节的要点就是，我们不能在经典广义相对论方程的框架内解决时空奇点问题。我们已经看到，奇点不仅仅是这些方程的某些特别的已知精确对称解的特殊性质，它们也会出现在引力坍缩的完全一般的情形。然而，也有 3.1 节最后提出的那种可能，即我们可以借助量子力学过程来期待更大的成功。这些过程大体上指某种形式的薛定谔方程（见 2.4，2.7 和 2.12 节），其相关的经典物理过程——这里即那些遵从广义相对论、从爱因斯坦弯曲时空概念产生的过程——将不得不遵照某个量子引力纲领进行恰当的量子化。

一个关键的问题是，薛定谔方程也分享了标准经典物理学（包括广义相对论）方程的时间反演对称的性质，这在遵从标准过程的任何形式的量子引力中都将是成立的。于是，不论我们有什么样的量子方程的解，我们应该总能构造另一个解，其中代表时间的参数 t 替换为 $-t$，而这应该总是给出方程的另一个解。不过需要注意的是，在薛定谔方程的情形（与标准经典方程相反）中，时间的替换必须伴随虚数单位 i 与 $-$i 的交换。就是说，在时间反演中，我们必须为涉及的所有复物理量取复共轭。（假如我们要求时间度量 t 指"大爆炸以来的时间"，而且要求 t 保持为正的，那么时间对称指的是用 $C-t$ 代替 t，这里 C 为某个大的正常数。）不管怎么说，时间反演对称都将是任何适用于引力论的传统量子化过程的清晰愿景。

为什么方程的这个时间对称，在我们关于时空奇点问题的讨论中那么重要而又令人困惑呢？核心问题在于热力学第二定律——以后简称"第二定律"。我们将看到，这个基本定律与时空结构的奇点的性质深刻而密切地关联着，它促使我们怀疑标准量子力学过程是否为奇点问题的圆满解决存留着大的希望。

为直观理解第二定律，想象我们熟悉的一个在时间中完全不可逆的过程，如水从杯子里溢出来，然后被下面的地毯吸收。我们可以完全用牛顿动力学来考虑这个过程，其中单个的水分子行为遵从标准的牛顿动力学，粒子的加速依赖于它们之间的作用力以及地球的引力场。在单个粒子的水平，粒子的所有作用都遵从完全时间可逆的定律。但 [243]是，假如我们想象溢流水在时间中倒转的情景，就会得到一幅显得很荒谬的图像：水分子自发地以高度有组织的方式从地毯里流出来，然后以异常精确的方式将自己向上抛出，一起汇聚到杯子里去。这个过程仍然完全是与牛顿定律一致的（即提升水分子进入杯子所需的能量来自它们在地毯中的随机运动的热能）。但这种情景在现实中永远不会遇到。

尽管时间对称存在于所有相关的亚微观作用中，物理学家描述这种宏观时间对称的方法却是通过熵的概念——粗略地说，熵是系统呈现无序的度量。第二定律大致断言，在所有宏观物理过程中，系统的熵随时间而增大（或至少不会减小，只有偶尔出现的对这个总趋势的微小涨落）。于是，第二定律似乎只是陈述了一个我们熟悉且令人失望的事实：如果任其自然，则事物随时间流逝会变得越来越无序。

稍后我们会看到，这个解释多少夸大了第二定律的负面效应。更仔细地考察这个问题，我们可以发现更有趣的正面图景。我们先来更准确地说明一个系统的熵的概念。这里我要澄清态的概念，特别是因为它与我们在 2.4 和 2.5 节遇到的量子态的概念没什么关系。我在这里说的是（经典的）物理系统的宏观状态。界定某个特殊系统的宏观态时，我们不关心单个粒子在什么地方或某个特殊粒子怎么运动等细节。相反，我们只关心平均量，诸如气体或固体内部的温度分布、密度和一般的运动流。我们关心不同位置的物质的一般组成，如氮（N_2）、氧（O_2）、CO_2 或 H_2O 或系统的别的什么组成的密度和运动，但不关心个别分子的位置或运动的细节。所有这些宏观参数值的知识将确定系统的宏观态。当然，这还有一点模糊，但实际上可以发现，即使这些宏观参数的选择更加精密（如改进的测量技术得到的结果），似乎也不大会改变熵值的结果。

244　　这里还应该说明人们经常混淆的一点。通俗地说，（"不那么随机的"）低熵态显得"更有组织"，因而第二定律告诉我们，系统的组织在不断地减弱。然而，换个角度我们也可以说，系统终结所在的高熵态的组织恰好与初始的低熵态一样"有组织"。这个结论的原因在于，系统的组织从未消失（有确定性的动力学方程），因为最终的高熵态包含着大量的粒子运动的具体关联，这些运动都有一个相同的特征，当我们精确倒转每个运动时，整个系统将回到过去，直到初始的"有组织的"低熵态。这正是动力学决定论的特征，它告诉我们，仅拿"组织"来说话，对认识熵和第二定律是毫无意义的。关键的一点是，低熵对应显现或宏观的有序，亚微观组成（粒子或原子）的位置或运动之间的微妙关系，不属于系统熵的贡献者。这其实是熵定义的核心问题，如果上面的熵概念描述中没有显现或宏观等名词，我们就不可能进一步认识熵和第二定律的物理内涵。

那么，熵的度量是什么呢？大概说，我们要做的就是去数构成给定宏观态的所有不同可能的亚微观态，这些态的数量 N 就提供了一个宏观态的熵的度量。N 越大，熵就越大。然而，拿一个与 N 成正比的东西来作为我们的熵度量却并不真的合理，这基本上是因为我们需要一种行为可以相加的量，这样在考虑两个相互独立的系统时，它们的熵可以加起来。于是，假如 Σ_1 和 Σ_2 是那样的两个独立系统，我们需要两个合在一起的系统的熵 S_{12} 等于各自的熵 S_1 和 S_2 之和：

$$S_{12} = S_1 + S_2.$$

然而，将 Σ_1 和 Σ_2 合并在一起的亚微观态的数量 N_{12} 将是构成 Σ_1 的态数 N_1 与构成 Σ_2 的态数 N_2 的乘积 $N_1 N_2$（因为构成 Σ_1 的 N_1 个方式中的每一个都可以配比构成 Σ_2 的 N_2 个方式中的任何一个）。为将乘积 $N_1 N_2$ 转为求和 $S_1 + S_2$，我们只需要在熵定义中用对数就可以了 [245]（A1）：

$$S = k \log N,$$

这里我们选择了某个方便的常数 k。

这实质上就是奥地利大物理学家玻尔兹曼（Ludwig Boltzmann）在 1872 年提出的著名的熵定义，但这个定义中还有一点需要说明。在经典物理学中，数 N 通常会变得无穷大！为了这个问题，我们只得以相当不同（也更连续）的方式来考虑"数"。为简单表示这个过程，我们最好回到 2.11 节简要引介的相空间概念（更完整的解释见 A6）。

回想一下，某个物理系统的相空间 $\mathcal{P}$ 是一个概念空间，通常有非常大的维数，空间的每一点都代表所考虑的（如经典的）物理系统的亚微观态的一个完整描述，这些态既包含所有运动（由它们的动量给出），也包含构成系统的所有粒子的所有位置。随着时间的演化，$\mathcal{P}$ 空间中代表系统亚微观态的点 P 将描绘 $\mathcal{P}$ 中的一条曲线 $\mathcal{C}$，它在 $\mathcal{P}$ 中的位置由动力学方程决定，只要给定曲线 $\mathcal{C}$ 上任意特殊（初始）点 P_0 在 P 中的位置。任何这样的 P_0 点将决定实际是哪一条曲线 $\mathcal{C}$ 决定我们 $\mathcal{P}$ 描述的特殊系统的时间演化（见 A6 节图 A22）（这里 P_0 点描述系统的初始亚微观态）。这就是经典物理学核心的决定论的本质。

现在，为定义熵，我们需要将 $\mathcal{P}$ 中所有那些我们认为具有相同宏观参数值的点聚在一起 —— 构成一个所谓的粗粒化区域。通过这样的方法，整个 $\mathcal{P}$ 可划分为这些粗粒化区域，见图 3.12。（我们或许必须认为这些区域有着非常"模糊的"边界，精确定义这些粗粒化区域的边界，总会遇到一些问题。）通常认为 $\mathcal{P}$ 空间中在这些边界邻近的点只占总数的很小部分，因而可以忽略。（见［Penrose 2010］1.4 节，特别是图 1.12。）于是，相空间 $\mathcal{P}$ 可划分为这样的一些区域，而粗粒化区域决定了特殊的宏观态；不同亚微观态可以通过多种方式构成一个宏观态。我们可以认为，粗粒化区域的体积 V 恰好为构成方式的多少提供了一个度量。

幸运的是，对 n 个自由度的系统，有一个天然的经典力学决定的相空间 $\mathcal{P}$ 上的 $2n$ 维体积度量（见 A6）。每个位置坐标 x 伴随着对应的动量坐标 p，$\mathcal{P}$ 的辛结构为每个这样的坐标对提供了一个面积度量，如图 A21 所示。当所有坐标集合起来，便得到 A6 所指的 $2n$ 维刘维尔度量。对量子系统来说，这个 $2n$ 维体积是 $\hbar^n$ 的倍数（见 2.2 和 2.11 节）。因所涉系统有着巨大的自由度，这个体积也将是非常高维的。然而，体积的自然量子力学度量允许我们以自然方式比较不同维相空间（见 2.11 节）。我们现在有能力提出宏观态的熵 S 的玻尔兹曼定义了：

$$S = k \log V$$

这里 V 是由确定状态的宏观参数在 $\mathcal{P}$ 中定义的粗粒化区域的体积。k 为基本常数，数值为 $1.28 \times 10^{-23} \mathrm{JK}^{-1}$（焦耳每开尔文），叫玻尔兹曼常量（已经在 2.2 和 2.11 节见过）。

　　为看清这一点如何帮助我们理解第二定律，我们要认识到不同粗粒化区域的大小会有着多么巨大的悬殊。玻尔兹曼公式里的对数连同普遍的小项 k，掩盖了巨大的体积差（比较 A1），这就令人容易忽略微小的熵差实际对应着绝对巨大的粗粒化体积差的事实。考虑相空间 $\mathcal{P}$ 中沿曲线 $\mathcal{C}$ 运动的一点 P，它代表我们关心的某个体系的（亚微观）态，而 $\mathcal{C}$ 描述它遵从动力学方程的时间演化。我们假定 P 从一个粗粒化区域 v_1 运动到临近的 v_2，体积分别为 V_1 和 V_2（见图 3.12）。如上所说，即使赋予 v_1 和 v_2 的熵差很小，它们的两个体积 V_1 和 V_2 之间的差也可能很大。假如 v_1 是体积大的区域，则它的点只有很小的比例能沿着 $\mathcal{C}$ 进到 v_2（现在图 3.12 中记作 v_2'）。而且，尽管代表（亚微观）[247] 态时间演化的曲线由确定性的经典方程在 $\mathcal{P}$ 中指引，这些方程却对粗粒化漠不关心，所以即使我们认为演化关于粗粒化区域真是随机的，也不会错得太远。于是，假如 v_1 确实比 v_2 大得多，则我们认为 $\mathcal{P}$ 在 v_1

中的 P 的未来演化是极不可能进入 v_2 的。另一方面，假如 v_2 比 v_1 大得多（图 3.12 的情形），则从 v_1 出发的曲线 $\mathcal{C}$ 极有可能进入 v_2，而且一旦"流落" v_2，它还很可能会接着进入更大的粗粒化区域 v_3，而不大可能回到像 v_1 那样的小区域。由于更大（大得多）的体积对应更大（通常大得不多）的熵，我们也就大致明白了，为什么我们预期熵会随时间无限地增加。实际上，这正是第二定律告诉我们的。

然而，这个解释只说了故事的一半，基本上是容易的那一半。它大致告诉我们，假如我们的系统从相对低熵的宏观态出发，为什么那个给定宏观态背后的大多数亚微观态会随时间而经历持续的熵增（也许在小小的涨落中出现偶尔的减小）？熵增就是第二定律告诉我们的，而上面的粗略论证为我们提供了熵增的某种理由。不过，仔细想来，可以发觉这个推导有些疑惑，我们似乎为遵从完全时间对称动力学定律的系统导出了一个时间不对称的结论。其实没有。时间不对称只是源于我们问了一个系统时间不对称的问题，即我们在给定当前宏观态下问系统可能的未来行为，因为这个问题，我们才得到与时间不对称的第二定律一致的结论。

那么我们来看看，假如问这个问题的时间倒转情形，结果会如何呢？假定我们有一个相对低熵的宏观态 —— 如一个装满水的杯子，高高举起在地毯上方，但有些不稳定。现在我们不问水杯最可能的未来行为，而问这个态可能以什么方式从它的过去活动演化而来。和刚才一样，考虑相空间 $\mathcal{P}$ 的两个相邻的粗粒化区域域 v_1 和 v_2，不过现在我们认为代表给定亚微观态的点 P 在图 3.12 的 v_2 中。假如 v_2 远大于 v_1，则 v_2 只有极小部分的点为 P 留位置让曲线 $\mathcal{C}$ 从 v_1 进来。相反，假

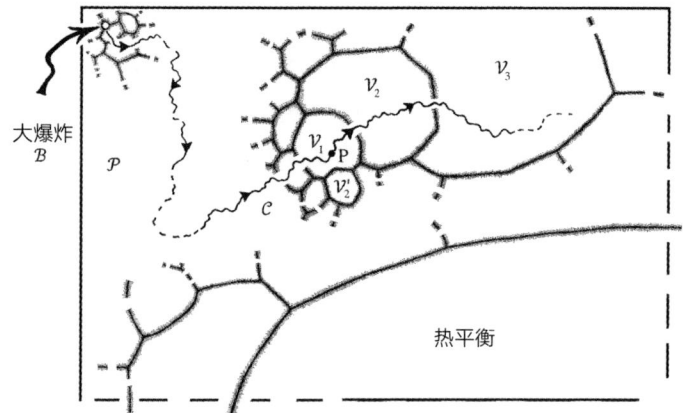

图 3.12   相空间 $\mathcal{P}$ 是其点代表系统整个（经典）态（所有位置和动量，见图 A 20）的高维流形，这里被分为不同的粗粒化区域（模糊边界），每个区域聚合了具有相同宏观态参数（在一定精度上）的所有态。赋予粗粒化区域 $\mathcal{V}$（体积为 V）的点 P 的玻尔兹曼熵为 $k\log V$。热力学第二定律被理解为体积沿 P 的演化曲线 $\mathcal{C}$ 无限增大的趋势（见图 A 22），这些巨大的体积差在图中只是通过一般的大小差别来示意。第二定律的最终出现，是因为曲线 $\mathcal{C}$ 的原点被限制在极小的区域 $\mathcal{B}$ 内，代表大爆炸

如 v_1 是更大的那一个，则 $\mathcal{C}$ 有很多可能从 v_2 进入 v_1。于是，运用在时间向前情形的那类成功的推理过程，似乎也发现我们的点从大粗粒化区域比从小粗粒化区域（即从高熵态比从低熵态）更容易进入 v_2。逆着时间重复这个论证，我们可以发现这时候大多数到 v_2 点的路径都来自高熵的曲线 $\mathcal{C}$，而且随着时间的后退越来越高（也许偶尔出现涨落）。

这当然是与第二定律直接冲突的，正如我们刚才看到的，随着时间从当前情景回溯，我们可能一路看到越来越高的熵。换句话说，在一定的低熵情形下，我们将压倒性地可能看到在当下之前的时间里存在着第二定律的*逆转*！假如我们想看到符合经验的行为，这显然是毫无意义的结论，因为所有证据都说明现在的时间相对于第二定律来说没什么特殊的，定律不论在当下之前还是在未来的情形，在我们的宇

宙中都是一样正确的。实际还不仅如此，因为我们所有的物质观测证据都明显来自过去，正是我们在过去方向看到的物理行为给我们带来了对第二定律的信心。这种观测行为似乎恰好与我们刚才理论推导的结果相反！

还来看我们水杯的例子。现在我们问水进入杯子的最可能方式，杯子还是摇晃晃地高举在地毯上方。刚才的理论推导证明，在当下情形之前"最可能"出现的图景是，熵随时间向前而不断减小（即逆时间增大）的系列事件，如水开始是溅落在地毯的一块地方，然后自发汇聚，通过流体随机运动自我组织起来，一致地向上向射向杯子的方向，从而所有的水同时落进杯子里。这当然是背离实际的事情。实际发生的将是完全符合第二定律的一系列熵随时间不断增大的事件，如水被某人从水壶倒进杯子，或者（假如我们不想有人来直接干预）水被某个自动机器开关水龙头放进杯子。

那么，我们的论证错在哪儿呢？如果我们寻求的是从随机涨落达到预期宏观态的最可能事件序列，就没有什么错。但这不是我们所知的世界真实发生的事情。第二定律告诉我们相信遥远的未来在宏观上将是高度无序的，而这不代表它否定我们对未来可能事件序列的论证。但只要第二定律确实在从宇宙开始以来的所有时间里成立，则遥远过去肯定是完全不同的景象，被约束在极端高度的宏观组织下。假如在我们的概率评价中加入这个额外的对宇宙初始宏观态的约束 —— 即它是一个极端低熵的态 —— 那么我们不得不放弃以上关于过去的可能行为的论证，因为它与这个约束条件冲突；相反，我们现在可以接受第二定律确实永远成立的图景。

于是，第二定律的关键是存在一个有着异常宏观组织的初始宇宙态。但那是什么态呢？我们在 3.1 节看到，当前理论——有令人信服的观测证据（即将在 3.4 节出现）支持的——告诉我们，那就是巨无霸的包罗万象的大爆炸！那样一个超乎想象的猛烈爆炸竟代表着一个令人难以置信的异常低熵的有组织的宏观态，怎么可能呢？我们在下一节来讨论，那里我们将看到潜藏在那个奇异事件里的疑惑。

3.4 大爆炸之谜

先问一个观测问题。什么直接证据告诉我们确乎有一个以与 3.1 节的**大爆炸**图景一致的方式存在的、包含整个可观测宇宙的极度压缩的巨热态？最令人信服的是显著的宇宙微波背景（CMB），有时也叫大爆炸闪光。CMB 包含电磁辐射——即光，但波长比可见光长得多——从四面八方向我们飞过来，极其均匀（但基本上是非相干的）。这是温度约为 2.725 K 的热辐射，意味着温度只是比绝对零度高大约 2.7 度（摄氏度）。实际上，看到的"闪光"来自高热的（约 3000 K）宇宙，时间大约是**大爆炸** 380000 年之后，被称为退耦时间，宇宙第一次变得对电磁辐射完全透明。（尽管这个事件当然不在大爆炸，但也仅仅是宇宙到今天的整个时间的 1/40000。）自退耦以来的宇宙膨胀将光的波长拉伸了大约 1100 倍——对应于宇宙膨胀的量——相 [251] 应地，能量密度也大为减小，于是我们今天看到的温度只是 CMB 呈现的 2.725 K。

CMB 的辐射本质上是非相干的（或热的），这一点得到了它的频率谱的严格证实，如图 3.13。图的垂直方向画出了每个特定频率的辐射强度，频率向右增大。这条连续曲线就是在温度为 2.725K 时的普朗克黑体曲线（2.2 节图 2.2）。曲线上的小记号是标记了误差线的实际观测值。实际上，误差线夸大了 500 倍，所以真实的误差线，即使在不确定性最大的右端，也是肉眼觉察不到的。观测与理论曲线之间的高度一致令人惊讶，无疑是外在世界自然出现的热谱线的最佳拟合。[1]

但这个一致告诉我们什么呢？它告诉我们，我们所见的似乎是一个非常接近热平衡的态（这也是上面说的非相干的意思）。可是，说极早期宇宙态处于热平衡，其真实含义又是什么呢？读者请回看 3.3 节图 3.12。最大的粗粒化区域（如图标记的）通常远大于其他粗粒化区域——而且，在普通环境下，它与其他区域相比，甚至会超过它们的总体积！热平衡代表系统最终归宿的宏观态，有时被称为宇宙的热死——尽管在这里（疑惑的是）它指的是宇宙的热生。然而，早期宇宙的迅速膨胀带来一个复杂的因子，所以我们并不是看见一个真的处于热平衡的态。不过，膨胀可以认为基本是绝热的——这一点托尔曼早在 1934 年就认识到了[Tolman 1934]——它告诉我们熵不会在膨胀中变化。（在这样的情形下，存在着维持热平衡的绝热膨胀，这在相空间中由一族等体积的粗粒化区域来描述，每个区域标记一个不同大小的宇宙。其实可以恰当地认为这个早期态在本质上是最大熵的，与膨胀无关！）

---

1. 人们常说 CMB 提供了观测现象与普朗克谱之间的最佳契合。然而，这会产生误导的，因为 COBE 只拿 CMB 谱与人为产生的热谱进行了比较，所以实际的 CMB 谱只是与人为谱一样被确定为普朗克谱。

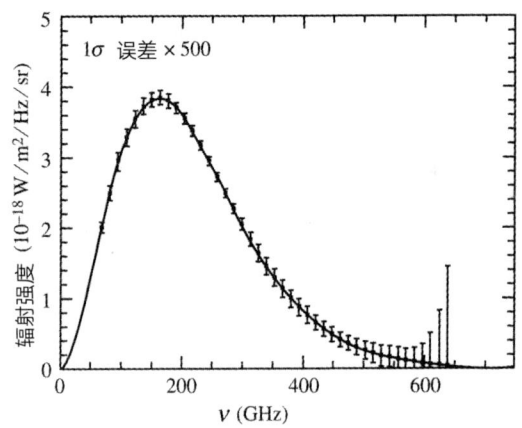

图 3.13　COBE 观测的 CMB 用热（普朗克）谱拟合得非常好，CMB 观测值的误差线放大了 500 倍

　　我们好像面对着一个奇异的悖论。3.3 节的论证告诉我们，第二定律要求 —— 基本上也靠它来解释 —— 大爆炸是极端低熵的宏观态。然而 CMB 证据似乎告诉我们大爆炸的宏观态有很高的熵，几乎等于所有可能的最大熵。那么，哪儿出了如此大错呢？

　　人们通常提出的一种悖论解释是用下面的观点：因宇宙极早期极端地"小"，则可能的熵一定存在某种"上限"，明显存在于那个时期的热平衡态只不过是具有当时可能出现的最大熵。然而，这个回答是不对的。诚然，这个图景在完全不同的情形下可能是恰当的 —— 例如当宇宙的大小决定于某种外在约束，就像封闭在活塞紧闭的圆柱体内的空气，活塞对它的压缩程度取决于某个外在机制，还有外在的能量源（或能量池）。但当宇宙作为整体时，情形就不同了，它的几何和能量，连同它的所有维度，都完全是通过爱因斯坦的广义相对论动力学方程（包括物态方程，见 3.1 和 3.2 节）而"内在"决定的。在这样的情形下（方程完全是确定性的，而且在时间方向倒转下保持不变——见 3.3 节），相空间总体积在随时间的演化中可以没有变化。是啊，实际上也并非相空间 $\mathcal{P}$ 本身在"演化"！所有演化都由 $\mathcal{P}$ 中（现在是整个宇宙）的 $\mathcal{C}$ 曲线的位置来描述（见 3.3 节）。

253

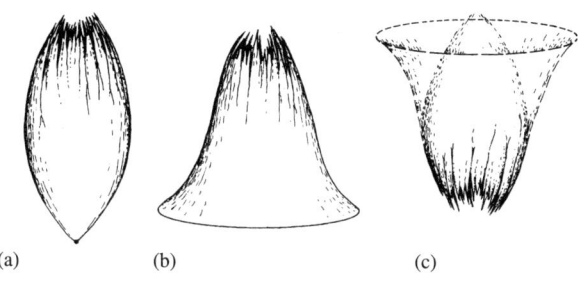

(a)　　　　　　(b)　　　　　　　　(c)

图 3.14 （a）一般扰动的弗里德曼模型（$K>0$，$\varLambda=0$）（与图 3.6a 对比），行为遵从第二定律，将通过大量黑洞的冷凝坍缩为极端混乱的奇点，而不像 FLRW 的奇点。（b）任意一般扰动坍缩模型的类似行为。（c）那些情形的时间反演，结果是一般的大爆炸

如果考虑宇宙模型向着大挤压坍缩的后期，也许问题会说得更清楚。回想 3.1 节图 3.2a 所示的 $K>0$，$\varLambda=0$ 的弗里德曼模型。我们现在假定宇宙被非规则物质分布扰动，其中某些物质最终会经历单独的坍缩形成黑洞。于是我们必须考虑某些黑洞最终会相互吞并，而向最终奇点的坍缩则将异常复杂，丝毫不像图 3.6a 描绘的精确球对称弗里德曼模型的高对称大挤压。相反，坍缩情形本质上更像图 3.14a 勾勒的一团乱麻，其中最后的奇点也可能满足 3.2 节最后提出的某个 BKLM 模型。最终的坍缩态将有很高的熵，尽管这时宇宙又回到了很小的尺度。虽然现在我们并不认为这个特殊的（空间闭合的）再坍缩弗里德曼模型有多大可能模拟我们的宇宙，同样的考虑也适用于任何其他弗里德曼模型（不管有没有宇宙学常数）。每个这种模型的坍缩形式（同样被物质分布所扰动）都可能导致吞噬一切的黑洞型奇点

（图 3.14b）。将这些态的时间反转，我们会发现有着对应的巨大熵的 254
初始奇点（可能的大爆炸），与这里提出的极限模型冲突（图 3.14c）。

这里我还应提及人们经常建议的其他可能。有的理论家提出，第
二定律可能会以某种方式在这样的坍缩模型中反转，从而宇宙总熵在
趋近大挤压时变得越来越小（伴随最大膨胀态）。然而，这个图景却
难以维持到黑洞的出现，而黑洞一旦形成，自身便定义了一个熵增的
方向（因为零锥在视界的排列是时间不对称的，如图 3.9），至少延续
到它们因霍金蒸发而消失的遥远时间，见 3.7 和 4.3 节。不管怎么说，
这种可能否决不了前面的论证。相关的另一个问题是，有些读者可能
疑虑，在那些复杂的坍缩模型中，黑洞奇点可以在非常不同的时间
生成，那就不能认为它们的时间反演构成了"一刹那"发生的大爆炸。
然而，人们普遍相信（虽然尚未证明），强宇宙监督假设的一个特征
[Penrose 1998a，《通向实在之路》第 28.8 节] 就是，那种奇点在一般
情形下是类空的（1.7 节），因而真可以认为是同时发生的事件。而且，
除了强宇宙监督的普遍正确性问题外，还有很多已知解满足这个条件，
所有这些可能（以膨胀形式）都将呈现不同的相对高熵的态。这本身
就将大为弱化人们疑虑的意义。

于是，我们没发现宇宙熵有下限的证据，那本来是解释宇宙小空
间维度的必要条件。在一般情形下，物质向黑洞汇聚、这些黑洞奇点
凝聚成最后的一团乱麻，都表现为与第二定律一致的过程，伴随着最
后的过程肯定是巨大的熵增。宇宙在几何上"微小"的终态实际上可
以拥有巨大的熵，远大于那种坍缩宇宙模型初态的熵。因为空间的微
小本身就代表着熵不存在什么上限，惹人试图拿它的时间反演形式

去作为大爆炸是极端低熵的理由。实际上，一般坍缩宇宙的这个图景（图 3.14a，b）为我们提供了一把钥匙，能解开黑洞怎么会 —— 与它本来可能的状态比 —— 真的处于极端低熵的悖论，即使它表现为一种热的（即极大熵）状态。答案在于，只要允许空间均匀性出现巨大偏离，熵就可以获得巨大的增加，最大的增量来自形成黑洞的那些不规则性。于是，空间均匀的大爆炸相对说来其实可以是非常低熵的，尽管它包含着热的性质。

大爆炸真的有着空间相当均匀的特征，与 FLRW 模型的几何非常一致（但与图 3.14 画的更一般的混乱型奇点矛盾），其最令人瞩目的证据还是来自 CMB，但这次是因为它的角均匀性而非热性质。这种均匀性表现为这样的事实：CMB 在天空各个方向的温度非常接近精确相等，与均匀性的偏差只有大约 10^{-5} 的水平（只要我们校正了因我们在介质中的相对运动引起的些许多普勒效应）。另外，在星系和其他物质的分布中，也存在相当普遍的规则性，因此重子在大尺度空间的分布（见 1.3 节）也有很好的均匀性，尽管也存在值得注意的不规则的东西，如所谓的大空洞，其可见物质的密度大大低于总的平均水平。我们大概可以说，我们回溯到宇宙越早的时期，规则性就显得越大，CMB 为我们观测到的最早的物质分布提供了证据。

这个图景符合极早期宇宙极端均匀但也有微弱密度不规则的观点。随着时间的进程（外加各种倾向于减缓相对运动的"摩擦"过程），这些密度的不规则偏差不断被引力加强，呈现一个新的图景：物质随时间逐渐聚集成团，生成星体，组成星系，在星系中央形成大质量黑洞，这些物质集团最终都受着不停歇的引力作用的驱使。这其实呈现了巨大的熵增，说明当引力进入角色后，由 CMB 证明的那个原初火球必然是远离最大熵态的。图 3.13 所示的普朗克谱所呈现的火球的热特征只不过告诉我们，假如认为宇宙（在退耦时期）只是一个包含相互作用的物质和辐射的系统，那么它就可以认为是基本处于热平衡的。但是当我们考虑引力的影响时，图景就完全改变了。

　　我们想象一盒密封的气体，很自然会认为当气体均匀分散在整个盒子时，宏观态达到了最大熵（图 3.15 a）。在这方面，它很像生成 CMB 的火球均匀扩散在整个天空。但假如我们用一个巨大的引力体（如一颗颗恒星）来代替气体中的分子，则我们会得到一个截然不同的图景（图 3.15 b）。引力效应将使星体分布变得不规则，而且聚集成团。最后，当众多星体坍缩或聚集成黑洞时，将导致巨大的熵增。虽然这可能经历漫长的时间（尽管一直有恒星气体的摩擦过程在帮忙），但我们看到，由于引力的终极主导作用，熵在远离均匀分布的过程中获得了巨大的增加。

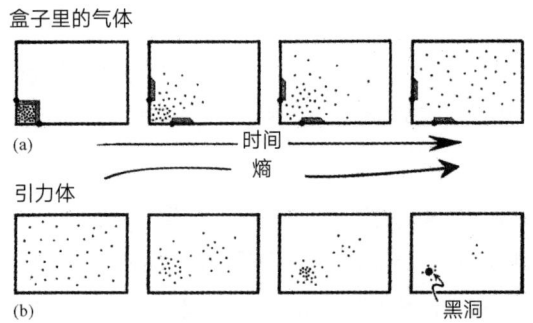

图 3.15 （a）对一盒气体分子而言，空间均匀伴随着最大熵；（b）对星系尺度的"盒子"中的引力体（恒星）来说，最大熵是最终伴随黑洞的聚集态

即使在日常经验中，我们也能看到这些效应。可能有人会问，第二定律在关乎地球生命的延续中如何发生作用。大家常说，我们在地球生存是因为汲取了太阳的能量。但当我们从整体看地球时，这个说法就不完全对了，因为地球白天吸收的几乎所有能量很快就回到天上，进入黑暗的夜空。（当然，精确的能量平衡需要一点修正，如全球变暖和地球内部的辐射热，等等。）否则地球会变得越来越热，过不了几天就不适于生存了！然而，我们直接从太阳得到的光子是相对高频的（大致处于光谱的黄光部分），而回到天空的是频率很低的红外光子。根据普朗克公式 $E=hv$（见 2.2 节），进来的一个个光子都比回去的光子有着更高的能量，所以进入地球的光子肯定比出去实现能量平衡的光子少得多（图 3.16）。对进来的能量，光子的平均自由度较小，而对出去的能量，光子的平均自由度较大，因此（根据玻尔兹曼的 $S=k\log V$），进来的光子比出去的光子有着更低的熵。绿色植物利用这一点，靠吸收的低熵能量生成它们的物质，同时释放高熵的能量。我们吃植物或吃素食动物时，也汲取植物的低熵能量来维持自身的低熵。地球的生命就通过这种方式生存和繁衍。（这些观点首先是薛定谔在他 1967 年的开拓性著作《生命是什么》[Schrödinger 2012] 里明确提出的。）

在这个低熵平衡中，决定性的事实在于太阳是黑暗夜空里的一个热点。但这是如何形成的呢？整个图景涉及很多复杂过程，例如热核反应等等，但关键一点是，太阳在那儿——之所以如此，是因为太阳的物质（和其他恒星一样）是从相对均匀的初始气体和暗物质分布，通过引力聚集过程演化而来的。

图 3.16 地球上的生命由天空的温度平衡维持。太阳的低熵能量通过相对较少的高频（近似黄光）光子带进来，然后被绿色植物转化为大量更低频（红外）的外出光子，以高熵形式从地球带走相等的能量。植物和地球的其他生物能通过这种方式形成和维持自己的结构

这所谓暗物质的神秘东西需要在这里说说，因为它貌似构成了宇 [258] 宙物质（非 Λ）组成的 85%，但它只能通过引力效应探测，其精确构成还是未知的。就我们眼下的考虑，它只是多少影响会在某些相关数值量中出现的总质量的数值（见 3.6，3.7 和 3.9 节；但暗物质可能更重要的理论角色要见 4.3 节）。不管暗物质问题如何，我们都可以看到初始均匀物质分布的低熵特征对我们今天的存在是多么重要。就我们的认识来说，我们的存在就依赖于初始均匀物质分布的内禀的低熵引力源。

这引发我们思考一件值得注意的 —— 其实是想象的 —— 关于大爆炸的事情。不仅仅是因为它发生得神秘，更因为它是一个异常低熵的事件。而且，事件之奇不仅如此，还在于熵之低是以一种特别的方式，且似乎只能以那样的方式，即引力自由度因某种原因被完全压缩了。这与物质自由度和（电磁）辐射自由度是完全相反的 —— 它们似乎被最大激活了，呈现为热的最大熵态的形式。在我看来，这也许是宇宙学最幽深的神秘；因某种理由，它还是多数人不曾认识的神秘！

我们需要更具体地说大爆炸态有多么特别，从引力聚集过程能获得多少熵。相应地，我们还需要坦然面对黑洞包含的巨大数量的熵（图 3.15b）。这一点将在 3.6 节谈。不过同时也有必要说明另一个问题，即宇宙很可能真是空间无限的（如 FLRW 模型在 $K \leq 0$ 的情形，见 3.1 节），或至少它的大部分存在于我们的观测范围之外。于是，我们还需要面对宇宙视界的问题，下一节就看到了。

3.5 视界、随动体积与共形图

在所有可能时空几何和物质分布的总体中，我们的大爆炸都是特殊的，但在更准确地度量它有多特殊之前，我们需要面对一种特别的可能，即很多有无限空间几何的模型都具有无限大的总熵，这就把问题搅乱了。不过，假如我们不考虑宇宙总熵，而是考虑诸如每个随动体积的熵，则上面所述论证的要旨不会受到严重影响。在 FLRW 模型中，随动区域的意思是，我们考虑一个随时间演化的空间区域，其边界遵从模型的时间线（理想化星系的世界线，见 3.1 节图 3.5）。当然，如果我们考虑黑洞——如我们将在下节看到的，它将为熵问题提供关键且精确 FLRW 形式出现严重偏离，"随动体积"的真正意思就不那么清楚了。然而，当我们在足够大的尺度上考虑事情时，这点不确定性也就不那么重要了。

在下面的讨论中，我们需要考虑精确 FLRW 模型在大尺度上发生了什么。在本章讨论过的那些 FLRW 模型中，都有一个叫粒子视界的概念，那是林德（Wolfgang Rindler）在 1956 年首先明确定义的 [Rindler 1956]。为得到它的普通定义，我们考虑时空的某点 P 并考察它的过去光锥$\mathcal{K}$。$\mathcal{K}$交会了很多时间线（见 3.1 节），可认为这些时间线扫过的时空部分$\mathcal{G}(P)$构成 P 的一族可观测星系。但有的时间线距离 P 太远，不能与$\mathcal{K}$相交，它们就为$\mathcal{G}(P)$提供了一个边界$\mathcal{H}(P)$，这是一个由时间线规定的类时超曲面。这个 3 维曲面$\mathcal{H}(P)$就是点 P 的粒子视界（图 3.17）。

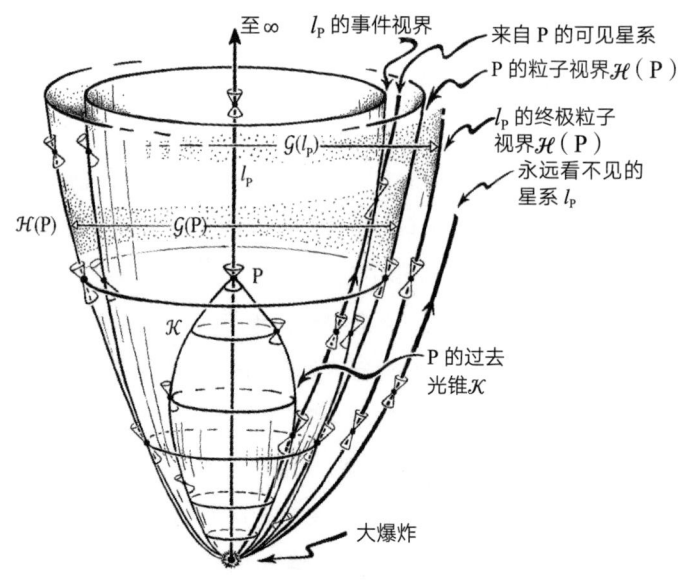

图 3.17　FLRW 模型的时空图，示意了不同类型的视界和星系世界线

对任意特定宇宙时间 t，t 的常数值确定的穿过宇宙模型的截面 $\mathcal{G}(P)$ 具有有限的体积，区域的最大熵值将是有限的。如果考虑通过 P 的整条时间线 l_P，则随着我们将点 P 沿 l_P 推向更远的未来，可观测星系的区域$\mathcal{G}(P)$很可能随之变大。对 $\varLambda > 0$ 的标准 FLRW 模型，存在一个极限的"最大"区域$\mathcal{G}(l_P)$，它对任意确定的宇宙时间 t 都是空间

有限的，可以认为 $\mathcal{G}(l_\mathrm{p})$ 所能获得的最大熵就是我们以上论证要考虑的。有些时候，也可以考虑另一种宇宙学视界，（也是林德首先明确定义的 [Rindler 1956]），即向未来无限延伸的世界线（如 l_p）的事件视界，是 l_p 过去点集的（未来）边界。这与通常的黑洞坍缩图景中出现的事件视界是一致的，不过 l_p 要替换为黑洞外遥远观测者（他不会落进洞里）的世界线（见 3.2 节图 3.9）。

260　　这些视界引发的问题在图中常常混淆不清，如 3.1 节的图 3.2 和 3.3——见图 3.17——并比较 3.2 节图 3.9。如果用共形图 [Penrose 1963，1964a，1965b，1967b，《通向实在之路》第 27.12 节；Carter 1966] 来展示，则我们可以得到非常清晰的认识。这些图的一个特别有用的特征是，它们常允许我们以有限的时空边界来代表无限远。我们已经在 1.15 节图 1.38a 和 1.40 的共形图像中见过这一面了。图的另一个特征是更清楚地表示了 FLRW 模型的**大爆炸**奇点的因果性（即粒子视界）。

这些图都将物理时空 $\mathcal{M}$ 的度规张量 $\mathbf{g}$（见 1.1，1.7 和 1.8 节）重新标度为一个共形关联的时空 $\hat{\mathcal{M}}$ 的新度规 $\hat{\mathbf{g}}$，遵从

$$\hat{\mathbf{g}} = \Omega^2 \mathbf{g}$$

这里 Ω 是在时空中光滑变化的标量（一般为正的），于是零锥在 $\mathbf{g}$ 替换为 $\hat{\mathbf{g}}$ 时是不变的。在很一般的情形下，$\hat{\mathcal{M}}$（连同其光滑度规 $\hat{\mathbf{g}}$）

261　确实需要一个光滑的边界（其上的 $\Omega=0$），代表原来时空 $\mathcal{M}$ 的无限远。值 $\Omega=0$ 代表 $\mathbf{g}$ 在 $\mathcal{M}$ 的无限区域中被无限"压扁"了，从而为 $\hat{\mathcal{M}}$ 提供一个有限的边界区域 $\mathscr{I}$。当然，这个过程只是在 $\mathcal{M}$ 的度规（或许还有

拓扑）适当"衰减"的条件下才为我们提供一个 $\hat{\mathcal{M}}$ 的光滑边界，但尤其值得注意的是，这个过程对有特别物理意义的时空 $\mathcal{M}$ 发挥了多好的作用。

一个相关的问题是补充这个过程来表示时空的无限远，在适当条件下，我们可以无限"向外延伸" $\mathcal{M}$ 度规的奇点，从而得到 $\hat{\mathcal{M}}$ 的边界区域 $\mathcal{B}$ 来代表那个奇点。有了宇宙学模型 $\mathcal{M}$，我们也可以得到 $\hat{\mathcal{M}}$ 的一个光滑相连的边界区域 $\mathcal{B}$，代表大爆炸。我们还可能足够幸运，宇宙尺度因子 Ω^{-1} 在到达 $\mathcal{B}$ 时光滑地趋近于零，其实这正是这里考虑的最重要 FLRW 宇宙学的大爆炸情形。（注意：楷体的"大爆炸"留给那个点燃我们宇宙的特定奇点事件；而普通的"大爆炸"指一般宇宙学模型的初始奇点；也见 4.3 节。）对托尔曼的满辐射模型，Ω^{-1} 在边界处就是简单的零，而对弗里德曼的尘埃模型，它是双重的零。让 $\mathcal{M}$ 的无限远和奇异原点都表示为附着于共形相关的 $\hat{\mathcal{M}}$ 的光滑边界区域，我们就能得到上述不同类型视界的清晰图像。

共形时空图的一个普遍约定是让零锥指向上，且（通常）让曲面尽可能倾斜，与垂向呈 45°。如图 3.18 和 3.19 所示，它们与 1.15 节图 1.43 一样，都是图解的共形草图，是定性的图像，其中的事件都调整过，使零锥都多少倾斜在 45° 左右。（我们也可以想象一个代表包含多个黑洞的、完全扰动模型宇宙的共形草图。）如果有正的宇宙学常数，边界 $\mathcal{I}$ 将呈现为类空的 [Penrose 1965 b；Penroseand Rindler 1986]，这意味着包含在任意世界线的事件视界的区域对任意给定（宇宙）时间来说都是空间有限的。为了与当下观测一致而又不在极早期宇宙（见 3.9 节）中装进（传统信任的）暴胀相，图 3.18 的点 P

大约处于 l_p 线的四分之三上。如果我们认为宇宙的未来演化遵从具有观测值 Λ（假定为常数）且用观测物质的爱因斯坦方程 [Tod 2012 ; Nelson and Wilson-Ewing 2011]，就会是这样的情形。另外，假如我们包含了暴胀相，则图景与图 3.18 定性相似，但点 P 将几乎接近 l_p 线的顶点，恰好在它的终点 Q 下。图中的这两个过去光锥在那儿几乎是重合的。（也见 4.3 节。）

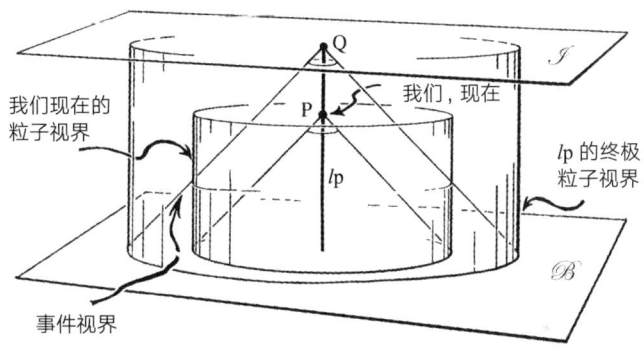

图 3.18　共形草图，基于当下理论说明宇宙的整个历史，不过没有画人们普遍相信的紧跟着大爆炸发生暴胀相（见 3.9 节）。没有暴胀，我们当下的时间位置 P 大约在图上时间线的四分之三处（近似表示）；如果有暴胀，整个图像还是定性相似的，只是 P 点会在图的顶端，恰好在 Q 的下面

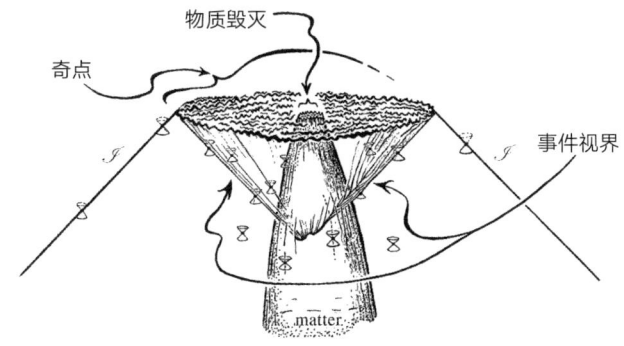

图 3.19　向黑洞坍缩的共形图（和 3.9 节一样），但不一定是球对称的。注意不规则奇点是类空的，遵从强宇宙监督

图 3.19 是代表（不一定球对称的）引力坍缩的共形草图。图中画了几个零锥，未来无限远 $\mathscr{I}$ 是零的，图像描绘了一个渐近平直时空，$\Lambda=0$。对 $\Lambda>0$，图像基本相似，但 $\mathscr{I}$ 将像图 3.18 那样是类空的。

如果考虑具有球对称的时空（如 3.1 节图 3.2 和 3.3 的 FLRW 模型，或 3.2 节图 3.9 的奥本海默–斯尼德黑洞坍缩），我们可以得到更精确和简洁的严格的共形图（这基本上是卡特尔（Brandon Carter）在他 1966 年的博士论文里确立的 [Carter 1966]）。这是一个平直平面图，$\mathscr{D}$ 描绘一个由线界定的边界区域（代表无限区域、奇点或对称轴），其中 $\mathscr{D}$ 的每个内点被视为寻常（类空的）2 维球面（S^2），所以我们可以认为整个时空 $\hat{\mathcal{M}}$ 是通过这个区域绕着对称轴"旋转"出来的。见图 3.20。$\mathscr{D}$ 内的零方向都与垂向呈 45°，见图 3.21。这样便得到我们需要的时空 $\mathcal{M}$ 的一个优美的共形图，贴上它的共形边界就扩展到 $\hat{\mathcal{M}}$。

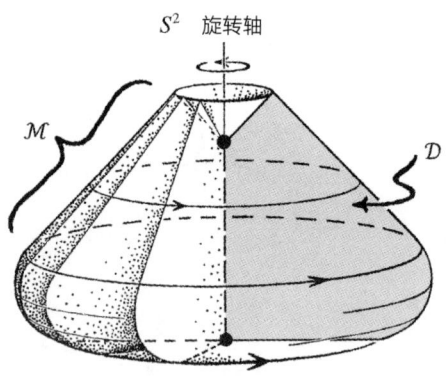

图 3.20　严格共形图描绘了球对称的时空。平面区域 $\mathscr{D}$ 是由 S^2 旋转而来的，提供了 4 维时空 $\mathcal{M}$。$\mathscr{D}$ 内的每一点代表（"扫过"）$\mathcal{M}$ 的一个球面 S^2；旋转轴上的点例外 —— 轴是 $\mathscr{D}$ 的虚线边界或黑点，代表 $\mathcal{M}$ 单独的一点

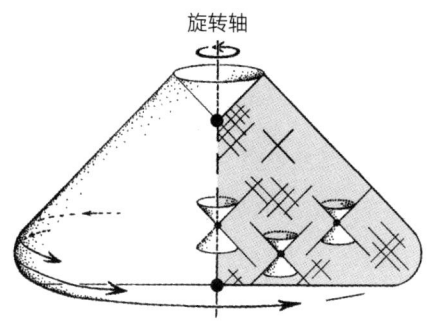

图 3.21　在严格共形图中，$\mathcal{D}$ 的零方向与垂向斜成 45°，它们是 $\mathcal{M}$ 的零锥与 $\mathcal{D}$ 的交线

在我们的图示中，可借助通过绕垂直（即类时的）轴以圆运动 (S^1) 旋转 $\mathcal{D}$ 构造的 3 维 $\mathcal{M}$ 来思考。然而应该记住，为得到完整的 4 维时空，我们必须想象旋转实际上是按照 2 维球面 (S^2) 的作用完成的。当我们考虑空间截面为 3 维球面 (S^3) 的模型时，偶尔也需要考虑存在两个旋转轴的情况，这很难形象地画出来！为了运用相关的严格共形图，我们有各种有用的约定，它们的说明如图 3.22。

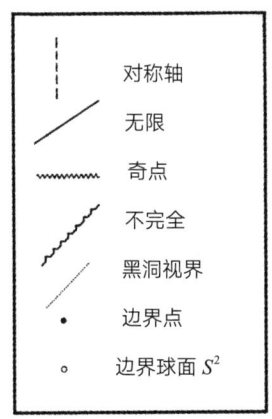

┆	对称轴
╱	无限
〰	奇点
〜	不完全
⋰	黑洞视界
●	边界点
○	边界球面 S^2

图 3.22　严格共形图的标准约定

　　在图 3.23a 中, 闵氏 4 维空间及其共形边界（见 1.15 节图 1.40）[265]用严格共形图表示。在图 3.23b 中, 它被视为爱因斯坦静态模型宇宙（$S^3 \times \mathbb{R}$）的一部分（见 1.15 节图 1.43）, 与图 1.43b 一致。爱因斯坦模型（如图 1.42 描述）本身由图 3.23c 的静态共形图表示（这里我们注意了前面说的用来生成 S^3 的两个旋转轴）, 或者, 如果我们想包括它（共形奇异的）过去和未来的无限缘边界, 则表示为 3.23d。

　　很多其他宇宙模型也可由严格共形图来表示。在图 3.24 中, 我画了三个 $\varLambda=0$ 的弗里德曼模型的图（前面 3.1 节图 3.2 画过草图）; 在图 3.25 中, 我们看到具有充分大 $\varLambda>0$ 的模型的共形图（在 3.1 节图 3.3 集中介绍过）。德西特 4 维空间（回想 3.1 节图 3.4a）的严格共形图呈现在图 3.26a, 其中图 3.26b 描绘了邦迪、古尔德和霍伊尔的旧稳恒态模型的那部分时空（见 3.2 节）。图 3.26 的（c）（d）部分是弯曲和未弯曲的反德西特空间$\mathscr{A}^4$和$\varUpsilon\mathscr{A}^4$的共形图（比较 1.15 节）。在图 3.27 中, 我们看到的是图 3.17 的早期图景的严格共形图, 不同[266]视界的作用现在呈现得比以前更加清楚了。

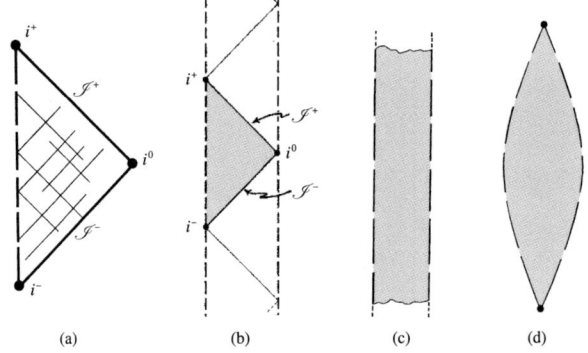

图 3.23　闵氏空间及其延展的严格共形图:（a）闵氏空间;（b）构成爱因斯坦宇宙$\mathscr{E}$系列的闵氏空间图, 闵氏空间本身是它的垂向序列一部分;（c）$\mathscr{E}$拓扑为$\mathbb{R}^1 \times S^3$的爱因斯坦宇宙;（d）$\mathscr{E}$仍然是爱因斯坦宇宙, 但包括了过去和未来无限远点

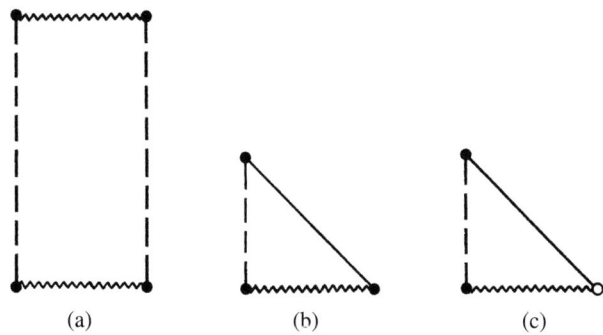

图 3.24　图 3.2 的 $\Lambda=0$ 弗里德曼尘埃模型的严格共形图：（a）$K>0$，（b）$K=0$，（c）$K<0$，其中双曲几何的空间共形无限远刻画为右边的开点（遵照图 3.1c 和 1.38b 的贝尔特拉米表示。）

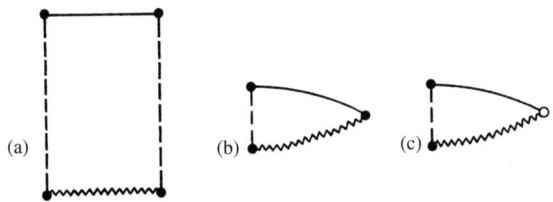

图 3.25　$\Lambda>0$ 弗里德曼模型的严格共形图，描绘了类空的未来无限远，$\mathscr{I}$：（a）$K>0$，有足够大的 Λ，因而最终有指数式膨胀；（b）$K=0$，（c）$K<0$

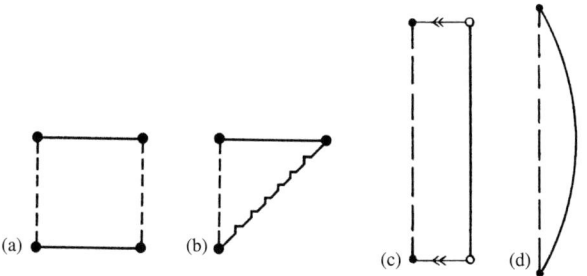

图 3.26　几个德西特空间的严格共形图：（a）整个德西特空间；（b）部分德西特空间（描绘稳恒态模型，见图 3.4c）；（c）反德西特空间 $\mathcal{A}^4$，其中顶边与底边是叠合的，形成圆柱；（d）未弯曲反德西特空间 $\Upsilon \mathcal{A}^4$（见 1.15 节）。$\mathcal{A}^5$ 和 $\Upsilon \mathcal{A}^5$ 的共形图与这里的（c）和（d）一样，不过旋转是穿过 S^3 而非 S^2

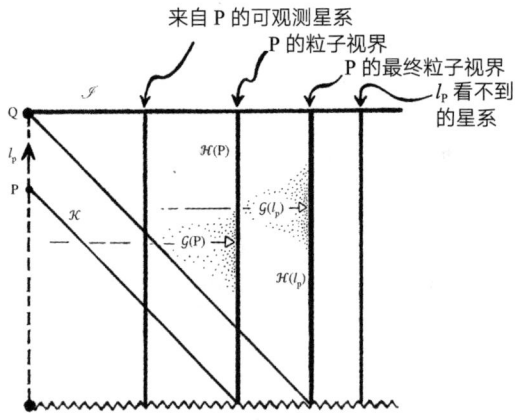

图 3.27　严格共形图表示图 3.17 的相同宇宙学特征，但清楚多了

　　史瓦西解（见 3.2 节）在其原始形式中终结于史瓦西半径，表示为图 3.28a 的严格共形图。在图 3.28b 中，我们看到穿过视界的扩张，遵从 3.2 节提到的著名的爱丁顿 – 芬克尔斯坦度规形式，它描述了黑洞的时空。图 3.28c 展现了史瓦西解的最大扩张的辛格–克鲁斯卡形式，这最先是辛格（John Lighton Synge）在 1950 年发现的 [Synge 1950]，几十年后又由其他人发现了 [Kruskal 1960 ; Szekeres 1960]。图 3.29a 以共形图形式描绘了图 3.9 的奥本海默–斯尼德黑洞坍缩；在图 3.29b，c 中，我们可以看到这个时空是如何通过图 3.24b 和 3.28b 两部分的缝合构造出来的。

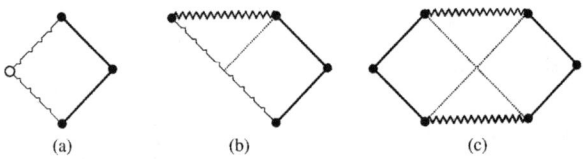

图 3.28　史瓦西度规及其扩张的严格共形图：（a）原始史瓦西时空；（b）通过视界的爱丁顿–芬克尔斯坦扩张；（c）辛格–克鲁斯卡最大扩张

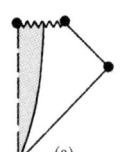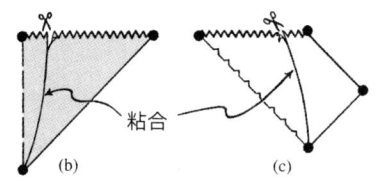

图 3.29 （a）奥本海默 – 斯尼德黑洞坍缩的严格共形图，可通过将（b）弗里德曼图景（图 3.24b）的时间反演与（c）爱丁顿 – 芬克尔斯坦图景（图 3.28b）两个部分粘合起来得到。充满物质的区域（尘埃）为阴影

268　　　我还需要再回到前面 3.4 节关心的问题，即那个明显的悖论：我们从第二定律知道大爆炸必须是一个异常低熵态，然而 CMB 赫然的热本性所标志的直接证据明显是一个高熵态。如我们在 3.4 节看到的，解决这个悖论的关键在于潜在的空间不规则性以及时空向奇点坍缩的本性——我们预期空间不规则的坍缩宇宙应该有奇点，如图 3.14a，b 描绘的，那里众多黑洞奇点汇聚在一起，形成一个极端复杂的巨无霸奇点。如此混乱的图像很难通过共形草图来描绘，特别是在强宇宙监督（见 3.4 节）成立（相当有可能）的条件下。这种坍缩也

269 可能多少符合 3.2 节末尾所说的 BKLM 行为，在图 3.30 中我试着画了一点线索，想说明那种奇异的狂野行为如何能在 BKLM 坍缩中形成。这个异常高熵的情景（也见图 3.14c）的时间反演图 3.31 将出现与 FLRW 模型有着截然不同结构的奇点，这样的特征当然不可能用严格的共形图来进行真实的刻画，不过也没什么东西妨碍我们用来表示这种极端复杂的普遍情形（图 3.31）。我们真正的大爆炸似乎在本质上可以很好地用一个 FLRW 奇点来模拟（它可能的向过去的共形扩张将是 4.3 节的一个关键问题），这个事实代表着一个很强的约束。

270 正是这个约束将它的熵限制在一个微不足道的小量；相比之下，一般类型的时空奇点却允许一个巨大的熵。我们将看到一个近似 FLRW

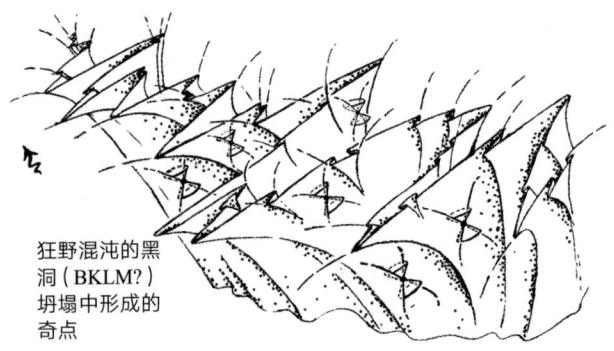

狂野混沌的黑
洞（BKLM？）
坍塌中形成的
奇点

图 3.30　这个图是想为时空从过去趋于一般 BKLM 型奇点时出现的狂野行为
提供一点线索

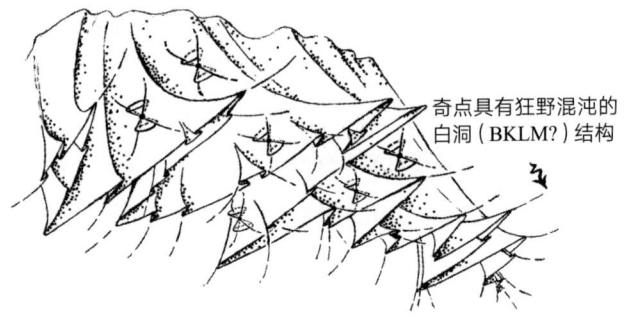

奇点具有狂野混沌的
白洞（BKLM？）结构

图 3.31　图 3.30 的时间反演：为时空从一般 BKLM 型初始奇点出现的狂野行
为提供一点线索

型的奇点是多么强大的限制。

3.6　大爆炸中的高精度

一旦我们纳入引力并允许偏离 FLRW 均匀性，熵就会增大，为
了对它的大小有一个明确概念，我们必须再回头来看看黑洞。黑
洞似乎代表了某种最大引力熵，所以我们必须问究竟为它们赋予
什么熵。实际上，有一个奇妙的黑洞熵 S_{bh} 公式，最先是贝肯斯坦

（Jacob Bekenstein）用一些普通但特别有说服力的物理论证得到的
[Bekenstein 1972, 1973]，后来霍金在经典讨论中加入了描述向黑
洞坍缩的弯曲时空背景下的量子场论，将公式精细化了 [Hawking
1974, 1975, 1976a]（精确得到了最后公式里的数字"4"）。公式为

$$S_{\text{bh}} = \frac{Akc^3}{4\gamma\hbar},$$

这里 A 为黑洞视界（或它的空间截面，见 3.2 节图 3.9）的面积。常
数 $k, \gamma, \hbar$ 分别是玻尔兹曼、牛顿和普朗克常数（用狄拉克形式），c 为
光速。应该指出，对质量为 m 的非旋转黑洞，我们发现

$$A = \frac{16\pi\gamma^2}{c^4}m^2,$$

于是

$$S_{\text{bh}} = \frac{4\pi m^2 k\gamma}{\hbar c}.$$

黑洞也可以旋转，如果其角动量为 am，则我们发现 [见 Kerr 1963;
Boyer and Lindquist 1967; Carter 1970]

$$A = \frac{8\pi\gamma^2}{c^4}m(m + \sqrt{m^2 - a^2}), \text{ 故 } S_{\text{bh}} = \frac{2\pi k\gamma}{\hbar c}m(m + \sqrt{m^2 - a^2}).$$

271　在以下讨论中，我们将更方便地采用长度、时间、质量和温度的自然
　　单位（也常称普朗克单位或绝对单位），可设定好每个单位，使其满足

$$c = \gamma = \hbar = k = 1,$$

这些自然单位与我们熟悉的单位有如下联系：

$$米 = 6.3 \times 10^{34},$$
$$秒 = 1.9 \times 10^{43},$$
$$克 = 4.7 \times 10^{4},$$
$$开尔文 = 7.1 \times 10^{-33},$$
$$宇宙学常数 = 5.6 \times 10^{-122},$$

这样，所有度量现在都成了纯数。于是，上面的公式（对非旋转黑洞）简单表示为

$$S_{\mathrm{bh}} = \tfrac{1}{4}A = 4\pi m^2, \ A = 16\pi m^2 .$$

对我们预期的通过天体物理过程形成的黑洞来说，可以发现这个熵是巨大的（因为这个理由，实际单位的选择其实影响相当小，虽然还是具体最好）。如果想到涉及黑洞的"不可逆"过程的真实情景，熵的巨大也许就不那么奇怪了。人们指出过 CMB 的熵有多大，即对宇宙的每个重子，大约为 10^8 或 10^9（见 1.3 节），这远大于通常天体物理过程的熵。但当我们拿这个数值与黑洞该有的熵进行比较时，它就是小巫见大巫了。对一个普通恒星质量的黑洞，可以预期它的每个重子的熵大约为 10^{20}。但我们自己的银河系有一个黑洞大约为 400 万个太阳质量，这给出每个重子的熵为 10^{26} 或更大。当前宇宙的多数质量几乎不可能都以黑洞形式存在，但是可以看到，当我们考虑一个模型，其中可观测宇宙充满银河系一样的星系，每个星系包含大约 10^{11} 颗

普通恒星和一个 10^6 太阳质量的中央黑洞（这可能低估了当下黑洞的平均贡献），那么黑洞实际上就会出来主导宇宙的熵。现在我们得到每个重子的熵为 10^{21} 左右的总体估计，完全碾压了我们赋予 CMB 的 10^8 或 10^9。

272　　从上面的公式我们看到，每个重子的熵对大黑洞来说可能变得非常大，基本上与黑洞质量成正比。于是，在给定物质质量下，我们以这种方式所能达到的最大熵，将是所有物质都聚集在一个黑洞的情形。如果令那个黑洞质量等于当前可观测宇宙（通常认为是我们当前的粒子视界内的宇宙）中所有重子的质量，将得出约 10^{80} 个重子，它产生的总熵大约是 10^{123}，远大于 CMB 证明的火球所具有的小小的 10^{89}。

在这些考虑中，我一直忽略了一个事实：重子物质似乎只代表大约 15% 的宇宙物质组成，其余 85% 是所谓的暗物质。（在这些考虑中我没有包含暗能量 —— 也就是 Λ，因为我取 Λ 为宇宙学常数，不包含对引力坍缩有贡献的实际"物质"。与 Λ 相关的"熵"的问题将在 3.7 节考虑。）还可以想象，我们假设的包含整个可观测宇宙物质组成的黑洞，也应该包括这个暗物质提供的质量。这将把我们的最大熵数字提升到 10^{124} 或 10^{125}。不过就眼下的讨论来说，我还是用更保守的数字 10^{123}，部分是因为我们完全不知道暗物质究竟是由什么组成的。对这个大数多加小心的更深层原因是，关于实际构建一个恰当的膨胀宇宙模型，并能合理认为全部物质都聚集在一个黑洞内部，可能还存在某个真正的几何问题。多允许几个较小的黑洞，让它们分布在整个可观测宇宙中，可能更有物理意义。为此，让熵小 10 倍左右会令图景更加合理。

　　还有一点需要在这里说明。可观测宇宙一词通常指我们当前时空位置 P 的过去光锥所拦截的物质，如图 3.17 和 3.27 所示。假如我们考虑标准经典宇宙学模型，这是毫不含糊的，尽管有一点小问题，不确定我们是否包括发生在退耦的 3 维曲面之前却在过去光锥以内的事件。这不会带来多大区别，除非在早期宇宙中牵涉通常假定的暴胀相（我们将在 3.9 节看到），那将极大增加粒子视界的距离和它包容的物质总量。在名词粒子视界的定义中不包含这个极早的暴胀期，似乎是通常的做法。 [273]

　　应该记住，在考虑大爆炸怎么特殊时，我们在 3.5 节所见的是坍缩模型的时间反演。我们那个假定的坍缩模型的图像，将是一个终极的奇点，是众多原先生成的小黑洞经过后来不断汇聚而形成的。可以假定，这大概能允许我们最终接近一个囊括万象的黑洞，即使我们还没到达就终结了。应该指出，当我们将这混乱不堪的坍缩进行时间反演时，我们在最大熵大爆炸下所达到的情景就不是包含（例如）一个大黑洞的爆炸，而是那种黑洞的时间反演，常称为白洞。为得到描述白洞的时空图像，我们考虑上下颠倒图 3.9，如图 3.32。于是，它的严格共形图（如图 3.33）就是图 3.29a 的颠倒。这种构形可以是比 FLRW 模型所描述的更一般大爆炸的一部分，其初始熵可以是一个大数，约为 10^{123}，而不是我们看到的 CMB 代表的原初火球的相对渺小 [274] 的 10^{89}。

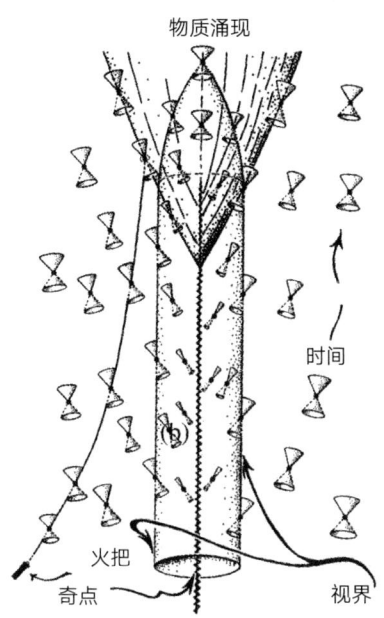

图 3.32　一个假想"白洞"的时空图：图 3.9 的时间反演。外来的光在爆炸形成物质之前不可能进入视界

在前一段中，我是用黑洞（而不是白洞）进行论证的，但从计算熵值的观点看，结果是一样的。熵的玻尔兹曼定义（想想 3.3 节）简单依赖于相空间粗粒化区域的体积。相空间本身的性质对时间方向不敏感（因为倒转时间方向只是把动量替换为它的负值），而定义粗粒化区域的宏观原则却不依赖于时间方向。当然，白洞在我们生存的宇宙中并不真的存在，因为它们基本违背了第二定律。然而，它们在上面计算大爆炸"特殊性"程度的考虑中却是完全合理的，因为正是那些态才真正违背了我们必须要考虑的第二定律。

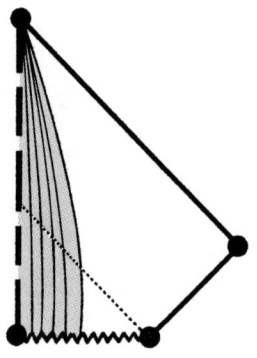

图 3.33　球对称白洞的严格共形图

于是我们发现，构成宇宙初始态的时空奇点很可能具有至少为 10^{123} 的熵值，在那个态下，那里我们只要求它遵从具有普通物质、可观测宇宙（以及相随的暗物质）的总重子数为 10^{80} 的（时间对称的）广义相对论方程。相应的，我们必须允许相空间 $\mathscr{P}$ 的总体积至少为

$$V = e^{10^{123}}$$

（因为 $k=1$，3.3 节的玻尔兹曼公式 $S = k\log V$ 需要满足 $S = 10^{123}$，见 A1）。实际上，正如 A1 表明的，如果将"e"替换为"10"，也不会有多大差别（也就精确到公式里的"124"），所以我要说 $\mathscr{P}$ 的总体积至少为

$$10^{10^{123}}。$$

我们在宇宙中实际看到的是退耦时的一个原初火球，它的熵不会

大于 10^{90}（10^{80} 个重子乘以每个重子的熵 10^9，也把暗物质的量考虑进来），所以它占据的粗粒化区域 $\mathcal{D}$ 只有小得可怜的体积

$$10^{10^{90}}$$

$\mathcal{D}$ 的体积有多小呢？它占整个相空间 $\mathcal{P}$ 的比例是多少？答案很清楚，就是

$$10^{10^{90}} \div 10^{10^{123}},$$

如 A1 指出的，这个数几乎就等于

$$\frac{1}{10^{10^{123}}} \text{ 或 } 10^{-10^{123}},$$

需要赋予 $\mathcal{P}$ 的体积是那么巨大的 $10^{10^{123}}$，于是我们甚至察觉不到 $\mathcal{D}$ 的实际体积。我们这才得到一些概念，明白了我们当下所认识的宇宙在形成时隐含着多么异乎寻常的精度。实际上，涉及巨大熵增的过程也可能发生在实际的初始奇点 —— 我们表示为相空间 $\mathcal{P}$ 中的一个特别小的粗粒化区域 $\mathcal{B}$ —— 与退耦之间。（见图 3.34，其中图名中的数量考虑了暗物质贡献。）于是，我们相信，宇宙的形成必然还牵涉了更高的精度，现在由相空间 $\mathcal{P}$ 中区域 $\mathcal{B}$ 的大小来度量。结果还是 $10^{-10^{123}}$，区域 $\mathcal{B}$ 更小的特征也被刻画 $\mathcal{P}$ 本身的那个巨大数字 $10^{10^{123}}$ 给淹没了。

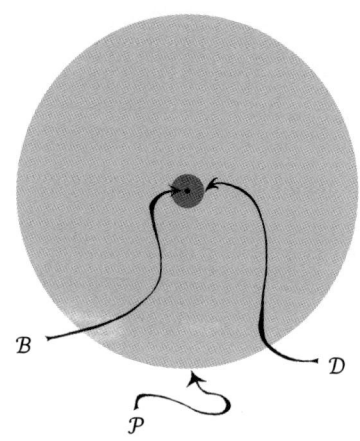

图 3.34　我们整个可观测宇宙的相空间$\mathcal{P}$的体积大约是$10^{10^{124}}$（普朗克单位或其他通常使用的单位）。代表退耦态的区域$\mathcal{B}$只有大约$10^{10^{92}}$的体积，而代表大爆炸态的区域$\mathcal{B}$的体积可能更小，只是总体积的$10^{-10^{124}}$。这个图根本不可能准确地表现这种差别

3.7　宇宙学熵？

还有一个问题需要在某种（"暗"）物质的熵贡献背景下做进一步说明，即我们如何估计通常所谓暗能量（就我的理解，也就是Λ）的贡献。很多物理学家认为，Λ的出现会在宇宙历史极后的某个（但不 ²⁷⁶ 确定）时期突然"闯进来"，给我们持续膨胀宇宙的遥远未来带来巨大的熵。这个观点的合理性主要来自一个普遍的经过严格检验的信念［Gibbons and Hawking 1977］：出现在这些模型的宇宙学事件视界应该作为黑洞视界来处理；因为我们看到的是巨大的视界——面积比观测到的最大黑洞（显然大约为10^{10}太阳质量）的视界还大10^{24}倍——我们将达到一个巨大的"熵"S_{cosm}，其值近似为

$$S_{\text{cosm}} \approx 6.7 \times 10^{122}.$$

这个数字是从当前估计的 Λ 观测值直接计算的：

$$\Lambda = 5.6 \times 10^{-122}.$$

277　它还将贝肯斯坦-霍金熵公式（假定我们在这些条件下接受其应用）用于宇宙学事件视界的面积 A_{cosm}，精确给定如下：

$$A_{\mathrm{cosm}} = \frac{12\pi}{\Lambda}.$$

应该注意，如果这个视界论证是对的 —— 就像我们相信贝肯斯坦-霍金黑洞熵公式一样 —— 那么它将代表一个总熵值，而不仅仅来自什么"暗能量"的贡献。然而事实上我们看到，视界面积纯粹是根据 Λ 的值提供" S_{cosm} "这个量的，完全独立于物质分布或其他具体的对图 3.4 的精确德西特几何的偏离 [Penrose 2010, B 5]。不过，尽管 S_{cosm}（ $\sim 6.7 \times 10^{122}$ ）看起来比我在前面考虑的总熵 $\sim 10^{124}$（包括暗物质的贡献）小一点，它还是大大超过了约为 10^{110} 的最大总熵 —— 这大概是黑洞最终所能达到的，假如我们在当下的可观测宇宙中只考虑重子物质；暗物质或许能提供大概 10^{112}。

然而我们还是要问 S_{cosm} 这个最终的"总熵"值（ $\sim 6.7 \times 10^{122}$ ）究竟指什么。由于它只依赖于 Λ，且与宇宙物质的内容无关，我们可以认为 S_{cosm} 应该是赋予整个宇宙的熵。但假如宇宙是空间无限的（宇宙学家的普遍观点），那么这个单一的"熵"值将分散在无限的空间体积，从而对这里考虑的有限的随动区域的贡献量只能是越变越小。基于宇宙熵的这个解释，" 6×10^{122} "只算得上一个零熵密度，因而在我们关于动态宇宙的熵平衡考虑中，应该完全把它忽略。

　　另一方面，我们可以试着考虑这个熵值是针对基于可观测宇宙物质内容的随动体积，即我们粒子视界 $\mathcal{H}(P)$ 内的随动体积 $\mathcal{G}(P)$（见3.5 节；图 3.17 和 3.27），P 是我们当下时空的位置。但这不可能是合理的，特别是因为决定点 P 在我们世界线 l_P 位置的"现在时刻"，在这个背景下没有特殊的意义。更恰当的做法似乎是用 3.5 节考虑的随动体积 $\mathcal{G}(l_P)$，在那儿，我们的世界线 l_P 必须无限延展到未来。在这个区域里的物质的度量对我们现在观测宇宙的"时间"不敏感；将 ²⁷⁸ 永远进入我们可观测宇宙的是物质的总量。在共形图像中（3.5 节图3.18），完全延展的 l_P 与未来共形无限远 $\mathscr{I}$（这里回想一下，在 $\Lambda > 0$时，$\mathscr{I}$ 是类空超曲面）相交于某点 Q，现在我们关心 Q 的过去光锥截获的物质总量。这个过去光锥其实就是我们的宇宙学事件视界，它比我们现在的粒子视界内的物质有着更"绝对的"特征。随着时间流逝，我们的粒子视界向外扩张，体积 $\mathcal{G}(l_P)$ 内的物质代表它扩张的终极极限。

　　实际上（假定时间演化遵从有观测正 Λ（认为是常数）的爱因斯坦方程），我们发现 $\mathcal{C}_Q$ 截获的物质总量接近现在粒子视界内的物质的2.5 倍 [Tod 2012；Nelson and Wilson-Ewing 2011]。假如所有这些物质都落进一个黑洞，它能达到的最大可能熵就可以认为是那些物质所能达到的那种数值，大约比我们先前只用现在粒子视界内的物质计算的结果大 5 倍。这个更大的数字约为 10^{124}，而不是上面得到的 10^{123}。当我们包含来自暗物质的贡献，结果是 $\sim 10^{125}$。这个值比 S_{cosm} 大几百倍，所以选择一个具有和我们总物质密度相同但又有足够大黑洞的宇宙模型，似乎就能打破 S_{cosm} 所能提供的那个与第二定律完全冲突的终极数值！（这些黑洞最终的霍金蒸发还引出一个问题，但不会破坏这里的论证；见 [Penrose 2010 3.5 节]。）

考虑到这些数字的不确定性，或许还有可能认为我们得到的宇宙学熵 6×10^{122} 真的是 $\mathcal{C}_{\mathrm{Q}}$ 内所有物质的"正确的"最大熵。但我们有更强的理由怀疑把 S_{cosm} 作为这部分宇宙的真正的终极熵——或认为它是真有什么物理意义的"熵"。现在我们回到基本论证，可见宇宙学视界 $\mathcal{C}_{\mathrm{Q}}$ 与黑洞事件视界 $\mathcal{E}$ 是类似的。当我们想用这种类比来说明宇宙学熵真的属于哪部分宇宙时，便会发现一个奇异的矛盾。我们已经看到，根据以上论证，这个部分不可能是整个宇宙，似乎可以合理地假定这个所指的部分就是宇宙学视界区域的内部。然而，当我们用这个
279　宇宙学情形与黑洞对比时，会发现这个解释全然没有逻辑。在向黑洞坍缩的情形，贝肯斯坦-霍金熵通常被认为是黑洞的熵，这是一个完全合理的解释。但当与宇宙学情形比较，对比图 3.35 所示严格共形图的宇宙学事件视界 $\mathcal{C}_{\mathrm{Q}}$ 与黑洞事件视界 $\mathcal{E}$ 时，我们看到黑洞视界 $\mathcal{E}$ 内的时空区域所对应的是宇宙学事件视界 $\mathcal{C}_{\mathrm{Q}}$ 外的宇宙区域。它们是处于各视界"未来"一边——即未来零锥指向的那边——的区域。我们在上面已经看到，对空间无限宇宙来说，这将给出一个遍及整个外在宇宙的零熵密度！如果我们想将 S_{cosm} 解释为对宇宙物理熵的主要物理贡献，这似乎还是没有意义。（至于 S_{cosm} 的熵藏在"哪儿"，可以提出其他建议，如在 $\mathcal{C}_{\mathrm{Q}}$ 的因果未来的时空区域，但这似乎也没什么意义，因为 S_{cosm} 完全独立于可能进入那个区域的任何物质或黑洞。）

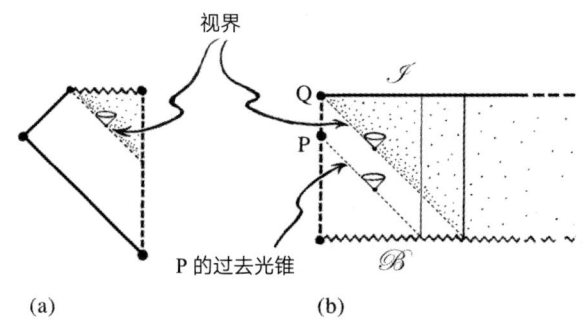

图 3.35　说明对应于（a）黑洞和（b）正 Λ 宇宙学熵的（点画）区域的严格共形图。对空间无限的宇宙，"宇宙学熵"的密度将为零

这个论证中可能令某些读者不安的一点大概是，3.6 节引入了白洞的概念，那儿的零锥从中心指向外面，进入未来，其方式类似于宇宙学视界的情形。那里还指出，贝肯斯坦－霍金熵对白洞和黑洞应该一样成立，因为玻尔兹曼熵定义对时间方向没有感觉。于是我们可以说，宇宙学视界的白洞类比可能为 S_{cosm} 解释为真实的物理熵提供了依据。然而，白洞不是我们宇宙中的真实物理实体，它违背了第二定律，在 3.6 节里也只是作为一个假想理由引进的。为了进行与第二定律中熵随时间增大的作用直接相关的比较，就像前面那段一样，比较必须在宇宙学视界和黑洞视界而不是白洞视界之间进行。于是，S_{cosm} 度量的"熵"应该是指宇宙视界之外的区域，而不是它的内部，如前面指出的，这将给空间无限的宇宙带来一个逐渐趋于零的空间熵密度（论证如上）。

然而，还有一点需要提出，与玻尔兹曼公式 $S=k\log V$（见 3.3 节）在黑洞背景下的应用有关。不得不承认，在我看来，黑洞的熵 S_{bh}（见 3.6 节）尚未完全和令人信服地等同于玻尔兹曼型的熵，其中相关的相空间体积 V 是清楚认定的。实现这一点有很多不同的方法 [Strominger and Vifa 1996；Ashtekar et al. 1998]，但我真的对它们的任何一种都感觉不好。（关于刺激性的全息原理的思想，见 1.15 节，我也不感兴趣。）我们有理由严肃地将 S_{bh} 作为黑洞熵的一个真实度量，但它们与迄今为止来自直接运用玻尔兹曼公式的理由是截然不同的。不过，这些理由 [Bekenstein 1972，1973；Hawking 1974，1975；Unruh and Wald 1982] 在我看来都很强大，而且是量子背景下的第二定律的一致性所需要的。尽管它们不直接用玻尔兹曼公式，但并不意味着有什么矛盾，只是说明在广义相对论背景下把握当前未解的量子时空问题还有内在的困难（比较 1.15 和 4.3 节）。

依我的观点，读者应该清楚，以这种方式为宇宙赋予一份来自 Λ 的熵贡献（$12\pi/\Lambda$），在物理上是极其可疑的。但这不是因为上面提出的理由。如果认为 S_{cosm} 在第二定律的动力学中扮演了某个角色，也不过是在我们宇宙的德西特式的指数膨胀的后期有些许表现。于是我们需要一个理论来说明，这个熵是"什么时候""闯进来"的？德西特时空有着高度的对称（一个 10 参数群，与 4 维闵氏空间的对称群一样大，见 3.1 节；另见，例如 [Schrödinger 1956] 和 [《通向实在之路》18.2 和 28.4 节]），本身不允许自然地确定那样一个时间。即使真拿 S_{cosm} 给出的"熵"有什么意义（如来自真空涨落），似乎也看不出有任何动力学角色与其他形式的熵发生联系。S_{cosm} 只是一个常量，不论给它赋予什么意义，也不论我们是否把它当什么熵，它对第二定律的运行都无关紧要。

另一方面，在普通黑洞的情形，有贝肯斯坦的原始论证

[Bekenstein 1972, 1973]，它用了一个思想实验，让冷物质慢慢冷凝成黑洞，这样就可以想象把它的热转化为有用的功。结果表明，假如黑洞没有被赋予一个熵（大概像上面的 S_{bh} 那样的），那么在原则上是有可能以这种方式打破第二定律的。于是，贝肯斯坦－霍金熵就表现为第二定律在黑洞背景下整体和谐的一个根本要素。这个熵与其他形式的熵有明确的相互关系，对黑洞背景下的热力学的整体和谐也有着根本性的意义。这与黑洞视界的动力学有关，特别是视界面积可以不断扩大；否则熵就会减小 —— 就像物质冷凝成洞然后将全部质量／能量转化为"有用"能量 —— 从而违背第二定律。

宇宙学视界的情形是完全不同的。它们的实际位置非常依赖于观测者，而不像渐近平直空间中静态黑洞的绝对事件视界（见 3.2 节）。不过，宇宙学视界的面积 A 只是一个固定的数，完全由宇宙学常数 Λ 的值决定，即上面的 $12\pi/\Lambda$，而无关乎宇宙中发生的任何动力学过程，诸如多少物质－能量穿过视界、物质如何分布等，这些当然会影响视界的局域几何。这就大不同于黑洞的情形，黑洞视界面积在物质穿过时总是不可避免地增加的。S_{cosm} 不受任何动力学过程的影响，它稳定地保持为 $12\pi/\Lambda$，不管它是什么。

这当然依赖于 Λ 是一个真正的常数值，而不是什么神秘未知的动力学的"暗能量场"。这样的"Λ 场"具有能量张量 $(8\pi)^{-1}\Lambda\mathbf{g}$，所以爱因斯坦方程 $\mathbf{G} = 8\pi\gamma\mathbf{T} + \Lambda\mathbf{g}$ 可以写成形式

$$\mathbf{G} = 8\pi\gamma\left(\mathbf{T} + \frac{\Lambda}{8\pi\gamma}\mathbf{g}\right),$$

282 这在形式上就像方程没有爱因斯坦 1917 年修正理论的宇宙学项，而是在其余所有物质的能量张量 **T** 外多出一项可简单视为 Λ 场贡献的 $(8\pi)^{-1}\Lambda g$，一起构成总能量张量（右边括弧里的项）。然而，这个附加项完全不像普通物质。最显著的是，它虽然有正质量 / 能量密度，却是引力排斥的。而且，允许 Λ 变化带来了很多技术难题，其中最值得注意的一点是，这有违背 3.2 节零能量条件的危险。若想把暗能量视为不与其他场发生相互作用的某种物质或物质集合，则我们发现微分几何的方程（实际上是缩并的比安基恒等式）告诉我们，Λ 必须是常数，但如果允许总能量张量偏离这种形式，则零能量条件很可能被打破，因为它只是在能量张量为 Λg 形式时才勉强满足。

与熵问题密切相关的是所谓宇宙学温度 T_{cosm} 问题。在黑洞情形，有一个与贝肯斯坦–霍金黑洞熵相关的温度（反过来也是），这正是基本热力学原理的结果 [Bekenstein et al. 1973]。实际上，霍金在建立精确黑洞熵公式的原始论文中 [Hawking 1974, 1975]，也得到了黑洞温度的公式。在非旋转（球对称）情形，其值在自然单位（或普朗克单位）下为

$$T_{\text{bh}} = \frac{1}{8\pi m},$$

对一个能从普通天体物理过程生成的那种尺度的黑洞（质量 m 不会小于 1 个太阳质量），这个温度极低，而对极小质量的黑洞，它将达到极高，而在一般水平上，它不会比地球上人工产生的最低温度高多少。

宇宙学温度 T_{cosm} 是通过与黑洞的类比引出的，假如视界面积相当于宇宙学视界 $\mathcal{C}_{\mathrm{Q}}$，我们得到它在自然单位下为

$$T_{\mathrm{cosm}} = \frac{1}{2\pi}\sqrt{\frac{\Lambda}{3}},$$

而以开尔文为单位则是

$$T_{\mathrm{cosm}} \approx 3 \times 10^{-30}\,\mathrm{K}.$$

这实际上是一个低得离奇的温度，远低于任何能构想的从我们宇宙 [283] 生成的黑洞的霍金温度。可 T_{cosm} 真是通常物理意义下的那个温度吗？严肃思考这个问题的宇宙学家们似乎达成一个共识，认为确实应该这样想。

有多种论证号称支持这种解释，有的出发点更好，不仅仅借助黑洞类比，但在我看来都有严重问题。其中也许在数学上最吸引人的（也用于静态宇宙）是基于时空4维流形 $\mathcal{M}$ 的复化，将其扩张到复4维流形 $\mathbb{C}\mathcal{M}$［Gibbons and Perry 1978］。复化的想法就是把复函数用于足够光滑方程（专业说法是解析方程）定义的实流形，复化过程只需要用复数坐标替换实数坐标（A5和A9），同时保持方程完全不变，这样我们便得到一个4维复流形（也就是实数8维的，见A10）。爱因斯坦方程（不管有没有宇宙学常数 Λ）的所有标准静态黑洞解都允许复化，结果得到具有复周期的空间，其尺度恰好通过微妙的热力学原理产生一个与霍金先前为黑洞（旋转或不旋转的）所得的惊人一致的温度［Bloch 1932］。这就令人欣喜地得到一个结论：这个温度

值应该以相同方式赋予宇宙学视界，当论证用于宇宙学常数 Λ 的虚空德西特空间时，我们确实得到 $T_{\mathrm{cosm}}=(2\pi)^{-1}(\Lambda/3)^{1/2}$，与上面的值一样。

然而，对（带 Λ 项的）爱因斯坦方程的那些既有宇宙学事件视界又有黑洞事件视界的解来说，疑惑就来了：因为这时复化过程同时产生它们两个的复周期，为两个同时存在的不同温度提供相互矛盾的解释。这不完全是数学的矛盾，因为复化过程可以在不同地方以不同方式进行（或许不那么优美）。相应地，人们也许可以说一个温度与黑洞密切相关而另一个温度与任何黑洞都没有关系。然而，如果想让结论在物理上更令人信服，这个例子还是太弱了。

将 T_{cosm} 解释为真实物理温度的原始（物理上更直接的）论证基于弯曲背景时空的量子场论考虑，将其应用于德西特时空 284 [Davies 1975；Gibbons and Hawking 1976]。然而，结果表明这相当依赖于 QFT 背景所用的特殊坐标系[Shankaranarayanan 2003；Bojowald 2011]。可以认为这种模糊性关系到富林（Stephen Fulling）、戴维斯（Paul Davies），特别是盎鲁（William Unruh）在 20 世纪 70 年代中期预言的所谓盎鲁效应（或富林–戴维斯–盎鲁效应）[Fulling 1973；Davies 1975；Unruh 1976]。根据这个效应，加速的观测者会经历因量子场论考虑而生成的温度。这个温度对普通加速度极其微小。对大小为 a 的加速度，温度由如下公式给出

$$T_{\mathrm{accn}} = \frac{\hbar a}{2\pi k c},$$

在自然单位下，

$$T_{accn} = \frac{a}{2\pi}.$$

在黑洞情形，靠固定在遥远物体的绳子悬在洞上方的观测者将感觉到霍金辐射的这种（极低的）温度，在视界处的值为 $T_{bh} = (8\pi m)^{-1}$。在视界的 a 值用"牛顿"加速度来算，在径向距离视界 $2m$ 处，$m \cdot (2m)^{-2} = (4m)^{-1}$。（在视界处，观测者实际感受的加速度严格说来是无限大的，但计算考虑了时间膨胀因子，它在视界也是无限大，于是得到这里用的有限的"牛顿的"加速度。）

　　另一方面，直接落进黑洞的观测者会感觉零盎鲁温度，因为自由下落的观测者感觉不到加速度（根据伽利略和爱因斯坦的等效原理，它实际上断言一个在重力下自由下落的观测者不会感觉任何加速度的力，见 4.2 节）。这样，当我们将霍金黑洞温度解释为盎鲁效应的一个例子时，我们看到这个温度可以被自由下落抵消。当我们在宇宙学背景下运用同样的思想并以同样方式解释宇宙学"温度" T_{cosm} 时，我们必然还会得到自由下落观测者"感觉"不到这个温度的结论。实际上，这适宜于标准宇宙学模型 —— 特别是德西特空间 —— 的任何随动观测者，所以我们说随动观测者感觉不到加速度，因而也没有盎鲁温度。由此，从这个"温度" T_{cosm} 的观点看，不论它的高低，实际上随动观测者是根本感觉不到的！

　　这为我们怀疑"熵" S_{cosm} 扮演什么与第二定律相关的动力学角色[285]提供了额外的理由，我本人认为 T_{cosm} 和 S_{cosm} 都是令人怀疑的。这不

是说我认为 T_{cosm} 没有任何物理意义。我想它可能也代表某种关键的低温，或许会在 4.3 节的思想中起着某种作用。

3.8 真空能量

在前一章我说宇宙学家们倾向称为暗能量的东西（当然，不要与完全不同的暗物质混淆了）就是爱因斯坦 1917 年的宇宙学常数 Λ，这是一个完全合理的立场，符合当下的所有观测结果。爱因斯坦原先把这个项引进他的方程 $\mathbf{G}=8\pi\gamma\mathbf{T}+\Lambda\mathbf{g}$（见 1.1 节），是因为一个后来证明很不恰当的理由。他提出方程的修正是为了实现静态 3 维空间闭合球面宇宙（1.15 节的 $\mathcal{E}$），然而大约 10 年后，哈勃（Edwin Hubble）令人信服地证明宇宙实际是膨胀的。于是，爱因斯坦认为 Λ 的引入是他犯的最大的错误，或许是因为它令他错失了预言宇宙膨胀的机会！实际上，根据宇宙学家盖莫夫（George Gamow）的回忆，爱因斯坦曾向他说过 "宇宙学项的引入是他一生犯过的最大错误" [Gamow 1979]。然而，根据我们现在的认识，爱因斯坦认为 Λ 的引入是错误的想法，却是极具讽刺意味的，因为今天 Λ 在现代宇宙学中正扮演着基本重要的角色，2011 年的诺贝尔物理学奖就颁给了 "因通过遥远超新星观测发现宇宙加速膨胀" 的佩尔穆特（Saul Perlmutter）、施密特（Brian P. Schmidt）和瑞斯（Adam G. Riess）[Perlmutter et al. 1998, 1999; Riess et al. 1998]，这个加速膨胀大多直接用爱因斯坦的 Λ 来解释。

当然，也不能无视宇宙加速有其他原因的可能性。物理学家的一个普遍观点是，不管是否将 Λ 作为常数（实际上也许还是可以解释为爱因斯坦的宇宙学常数），Λ（或张量 $\Lambda\mathbf{g}$，$\mathbf{g}$ 为度规张量）在爱因斯

坦方程 $G = 8\pi\gamma T + \varLambda g$ 的出现，是源于渗透整个虚空空间的真空能量。物理学家相信真空有非零（正）能量——从而也有非零的质量（根据 [286] 爱因斯坦的 $E = mc^2$）——的理由来自量子力学和量子场论（QFT；见 1.3 到 1.5 节）的考虑。

在 QFT 中，普通的做法是将场分解为各有其确定能量的振动模式（见 A11）。在这些不同的振动模式（各有其对应的特定频率，遵从普朗克的 $E = h\nu$）中，有一个最低能量值，结果表明这个能量值不是零——被称为零点能。于是，即使在真空，任意场的潜在存在都会至少以微小的能量表现出来。对不同的振动可能性，将有不同的能量极小值，而所有不同场的这些能量的总量将呈现为我们所说的真空能，即真空自身的能量。

在非引力条件下，通常观点是，可以安全地忽略真空能量背景，因为它只提供一个普适的常量，完全可以从总能量贡献中扣除，与这个背景值的能量差就是在（非引力）物理过程起作用的能量。但当引力进入时，事情就完全不同了，因为这个能量应该有一个质量（$E = mc^2$），而质量就是引力源。假如背景值足够小，这在局域水平上可能完全没有问题。虽然这个背景引力场可以足够强大，能影响我们的宇宙学思考，但也应该不会在局域的物理中发挥什么作用，因为引力本身的影响是很微弱的。然而，当所有不同的零点能加在一起时，我们会发现一个令人不安的答案：无穷大，因为所有不同振动模式的求和是一个发散级数，就像 A10 讨论的。我们如何处理这个显然的灾难性情景呢？

发散级数通常也可以有有限的"和"，如 $1-4+16-64+256-\cdots\cdots$（如 A 10 表明的，这个结果是 $1/5$），这个答案不可能通过简单把各项加起来，但可以有多种方式让它在数学上合理，其中最重要的方式是借助解析延拓的思想（简单介绍如 A 10）。类似论证也可以提出来证明一个更惊人的结论：$1+2+3+4+5+6+\cdots\cdots=-1/12$。QFT 的物理学家用这些方法（以及其他相关过程）经常可以为发散级数赋予有限的结果，这样他们常常可以为本可能得出无用的"∞"的计算提供

287　有限的结果。奇怪的是，第二个求和（所有自然数之和）甚至在原始玻色弦论（见 1.6 节）所要求的 26 个时空维的确定中也发挥着作用。这里相关的是时空符号，即空间与时间维度之差，也就是 $24=25-1$，这个"24"关联着发散和中的"12"。

这个过程也用来为真空问题寻求有限的答案。应该指出，真空能量的物理实在性常常被断言为一个实验观测现象，它体现在著名的卡西米尔效应的物理现象中。这个效应表现为两个平行不带电的导电金属平板之间的一个力。当平板密切靠近但不实际接触时，它们之间会出现一个吸引力，这非常符合荷兰物理学家卡西米尔（Hendrik Casimir）最初基于上述真空能量效应进行的计算 [1948]。人们成功进行过多次实验，证明了这个效应以及俄罗斯物理学家栗弗席兹和他的学生们对它的推广 [Lamoreaux 1997]。（这个栗弗席兹就是 3.1 和 3.2 节提到的那个与广义相对论奇点有关的人。）

然而，所有这些都不需要知道真空能量的具体数值，因为效应的出现只是因为与背景能量之差，正如前面说过的。而且，著名美国数学物理学家杰夫（Robert L. Jafe）[2005] 指出，卡西米尔力可以用标

准 QFT 技术获得（尽管方法有些复杂），而根本不需要参考真空能量。于是，除了计算实际真空能量所遇到的发散级数问题，实验证明的卡西米尔效应也没有真的确立真空能量的物理实在性。这与人们常说的真空能量的物理实在性已然确立的观点相反。

不过，我们还是必须认真对待真空能量具有引力效应（即作为引力场源）的可能。假如有引力作用的真空能量确实存在，那么它肯定不会有无限的密度。假如它可以用本节前面的那种方法（对所有振动模式求和）获得，那就需要某种方式来"规范"模式求和必然导致的无限值，有一种规范过程就是上面提到的解析延拓。解析延拓当然是有明确定义的强有力的数学技术，它可以将貌似无限的数值有限化。[288]不过我确实相信，在物理背景下（如与这里相关的），有些话还得谨慎说才好。

回想一下这个过程（A10 有简要说明）。解析延拓与复变量 z 的那些全纯函数有关。"全纯"的意思就是复数意义上的光滑（见 A10）。一个著名定理说，任意在维塞尔平面原点的某个邻域内全纯的函数 f 可以表示为级数

$$f(z) = a_0 + a_1 z + a_2 z^2 + a_3 z^3 + a_4 z^4 + \cdots,$$

这里 $a_0, a_1, a_2 \cdots$ 为复常数。假如这样的级数对某非零 z 收敛，则它对维塞尔平面原点 0 附近的其他任意 z 也收敛。在这个平面内存在某个固定的以 0 为圆心的圆，它的半径 $\rho\,(>0)$ 叫级数的收敛半径 —— 这样当 $|z| < \rho$ 时，级数收敛，当 $|z| > \rho$ 时发散。假如级数对所有非零 z

发散, 我们就说 $\rho=0$。但我们也允许半径无限大（$\rho=\infty$）, 在这种情形下, 函数由整个维塞尔平面的级数来定义 —— 被称为整体函数 —— 就解析延拓而言, 没有更多可以说的了。

但如果 ρ 是某个有限正数, 则函数有可能通过解析延拓扩展自身。一个例子是 A 10（例 B）考虑的级数

$$1 - x^2 + x^4 - x^6 + x^8 - \cdots$$

复化（允许实数 x 替换为复数 z）之后, 其和为收敛半径 $\rho=1$ 内的确定函数 $f(z)=1/(1+z^2)$。然而, 级数在 $|z|>1$ 发散, 尽管它求和的结果是整个维塞尔平面上完全确定的函数, 即 $f(z)=1/(1+z^2)$, 除了两个奇点 $z=\pm\mathrm{i}$, 这时 $1+z^2$ 为零（从而 $f=\infty$）。见 A 10 图 A 38。令 $z=2$, 则级数证明答案 $1 - 4 + 16 - 64 + 256 - \cdots = \dfrac{1}{5}$。

在更一般的情形, 我们可以没有具体的级数和表达式, 仍然可以将函数拓展到收敛圆之外且保持全纯性。做法之一（通常不那么实用）是认识到, 因为 f 在收敛圆内处处全纯, 我们可以选收敛圆内的任意其他点 Q（复数 Q, 满足 $|Q|>\rho$）, 这样 f 在那儿肯定还是全纯的, 然后我们用 f 关于 Q 的级数展开, 即将 f 表示为如下形式

$$f(z) = a_0 + a_1(z-Q) + a_2(z-Q)^2 + a_3(z-Q)^3 + \cdots.$$

我们可以认为这是函数关于复数 $w=z-Q$ 在维塞尔平面中关于原点 $w=0$ 的标准级数展开, 新原点与点 $z=Q$ 在 z 平面中是一样的, 这样

收敛圆的中心现在是 z 的维塞尔平面中的 Q 点。这可以将函数定义扩展到更大的区域，然后我们可以重复这个过程以至更大的区域。图 3.36 示意了特别函数 $f(z)=1/(1+z^2)$，在第三次扩展中，过程允许我们将函数扩展到奇点 $z=i$ 的另一边（具体为 $z=6i/5$），相继的圆心 [290]（Q 值）为 0, $3(1+i)/5$ 和 $3(1+2i)/5$。

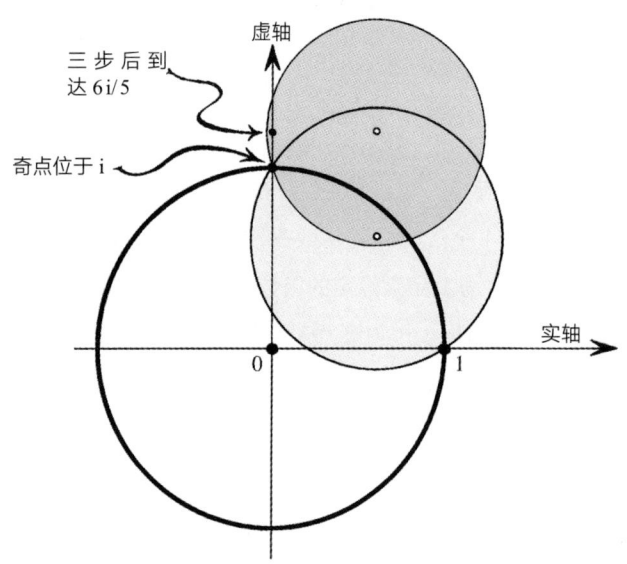

图 3.36　解析延拓示意图。级数 $f(z)=1/(1+z^2)$ 的收敛圆是单位圆，级数在圆外（因而在点 $z=6i/5$）发散。先将圆心移到 $z=3(1+i)/5$，然后到 $3(1+2i)/5$（图中用小圆表示），收敛圆半径决定于 $z=i$ 的奇点，我们可以将级数拓展到点 $z=6i/5$

对包含我们称为分支奇点的函数来说，我们发现解析延拓过程会导致模糊结果，它依赖于我们选分支奇点的哪条路线来扩展函数。这种分支的基本例子出现在分数级数，如 $(1-z)^{-1/2}$（在这个情形下，我们沿分支奇点 $z=1$ 的不同路线将出现不同符号），或 $\log(1+z)$（分支出现在 $z=-1$），它对加 $2\pi i$ 的整数倍是模糊的，依赖于我们绕

奇点 $z=-1$ 的分支走几圈。除了这种分支产生的模糊性（这是一个非平凡问题）外，解析延拓在恰当意义上总是唯一的。

　　然而，这种唯一性多少有些微妙的问题，最好用 A10 说的黎曼曲面来理解。基本说来，就是以某种方式"解开"所有分支，用多层曲面的形式来替代维塞尔平面，然后将其解释为某个黎曼曲面，在它上面，函数 f 的多重扩展就变成单值的了。于是，解析延拓的 f 在这个黎曼曲面上是完全唯一的（见 [Miranda 1995]；这些思想的简单介绍，见《通向实在之路》8.1 ~ 8.3 节）。不过，我们还是需要习惯有些看起来很寻常（并不总是发散）的级数带来的怪异而模糊的"和"。例如，对上面考虑的函数 $(1-z)^{-1/2}$，$z=2$ 给出一个奇怪而模糊的发散和

$$1+\frac{1}{1}+\frac{1\times3}{1\times2}+\frac{1\times3\times5}{1\times2\times3}+\frac{1\times3\times5\times7}{1\times2\times3\times4}+\frac{1\times3\times5\times7\times9}{1\times2\times3\times4\times5}+\cdots=\pm\mathrm{i},$$

对 $\log(1+z)$，$z=1$ 给的结果是收敛的，但根据上面的过程，它也是更模糊的：

$$1-\frac{1}{2}+\frac{1}{3}-\frac{1}{4}+\frac{1}{5}-\frac{1}{6}+\cdots=\log 2+2n\pi\mathrm{i},$$

这里 n 是任意整数。在真正的物理问题中严肃看待这些结果，可能是非常危险的，近乎幻想，要让这些东西在物理上可信，必须有明确的理论动机。

　　这些微妙的东西提醒我们，在需要对发散级数进行适当求和的问题中用解析延拓来获取物理答案时，要特别小心。不过，刚才指出的

这些问题，相关的理论物理学家（特别是那些弦论和相关题目的专家们）通常都是心知肚明的。但这不是我要在这儿说明的问题。我的问题更多涉及人们对级数 $a_0 + a_1 z + a_2 z^2 + a_3 z^3 + \cdots$ 中的那些特殊系数 a_0，a_1，a_2，a_3，$\cdots$ 的信心。假如这些数来自要求它们的值必须由理论精确决定的某个基本理论，那么上面勾勒的过程就可能在适当情形下有物理意义。然而，假如来自包含近似、不确定性或外在环境影响的计算，那么我们对其依赖于解析延拓过程（或就我所知的其他无限发散级数求和方法）的结果就必须多加小心。

举例说明，我们来看级数 $1 - z^2 + z^4 - z^6 + z^8 \cdots$ $(= 1 + 0z - z^2 + 0z^3 + z^4 + 0z^5 - \cdots)$，回想它的收敛半径为 $\rho = 1$。想象我们随机（但微弱）扰动这个级数的系数（$1, 0, -1, 0, 1, -1, 0, 1 \cdots$），且级数仍以这种方式在单位圆收敛（保持扰动系数界定在某数之下，这是可以保证的），则我们几乎肯定可以得到全纯函数的一个级数，在单位圆有自然边界 [Littlewood and Offord 1948；Eremenkno and Ostrovskii 2007]（具有这种性质的一类特殊函数见图 3.37）。就是说，单位圆具有这样的性质：扰动函数在其上是奇异的，沿圆周的任何地方都不可能有任何解析延拓。于是我们清楚地看到，在定义于这个（开）单位圆盘上（即 $|z| < 1$）的全纯函数中，那些可以通过圆周全纯延拓到任意地方的函数，只占一个近乎为零的小部分。这清楚地告诉我们，我们只有非常幸运的时候才可能用解析延拓程序来算在一般物理情形下经过扰动的发散级数的和。

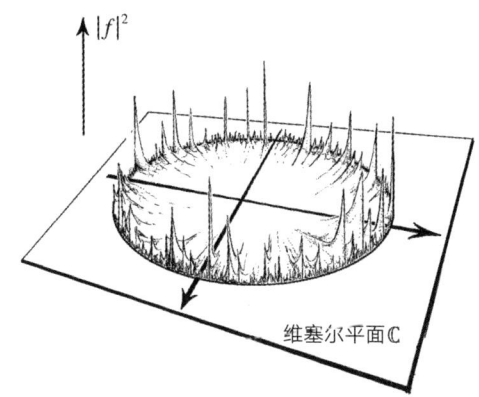

图 3.37　这个图说明了全纯函数的一种阻碍：全纯函数 f 的自然边界。在单位圆的任一点，这个函数 f 向圆外延拓是不可能的，即使 f 在圆上是处处全纯的（只画了 $|f|$）

　　这并不是说这种规范无限大的程序在一般物理条件下必然没有意义。作为真空能量的一种可能，或许存在发散级数定义的什么"背景"，它可以通过解析延拓程序求和得到有意义的有限答案，对这个级数还可以添加一个高度收敛的部分，可以单独用通常方法求和。例如，假如我们在上面由系数（$1, 0, -1, 0, 1, -1, 0, 1 \cdots$）定义的 $1/(1+z^2)$ 的级数中，加一个系数（$\varepsilon_0, \varepsilon_1, \varepsilon_2, \varepsilon_3, \varepsilon_4, \cdots$）定义的"小"部分，其级数 $\varepsilon_0 + \varepsilon_1 z + \varepsilon_2 z^2 + \varepsilon_3 z^3 + \varepsilon_4 z^4 + \cdots$ 为一整体函数（$\rho = \infty$），则向单位圆外的解析延拓可以像没有扰动那样去做，解析延拓论证可以像以前一样进行。然而，说这些话是为了警告读者在用这些发散级数求和的程序时可能会遇到很多陷阱和微妙的问题。在特殊情形下，结果可能是恰当的，但在用它们做物理结论时，必须极端小心。

　　我们现在回来看真空能量这个特殊问题，看我们是否能合理地将爱因斯坦的 Λ 作为真实的虚空时空的度量。特别是，从那些可以认为对真空能量有（潜在）贡献的物理场的大小来考虑，具体实施这样的计算几乎是希望渺茫的。不过，我们还是显然可以相当自信地说明一些事情，而不必进入任何细节。关键的一点是，从局域洛伦兹不变性考虑——基本意思是不存在"偏好的"时空方向——通常可以强有力地论证，真空能量张量 $\mathbf{T}_{\text{vac}}$ 应该正比于度规张量 $\mathbf{g}$（对某个 λ）：

$$\mathbf{T}_{\text{vac}} = \lambda\mathbf{g}.$$

于是我们有望找到一种方法来证明 $\mathbf{T}_{\text{vac}}$ 确实表现为对爱因斯坦方程的贡献，恰好对应于观测到的宇宙学常数值；换句话说（在自然单[293]位下），

$$\lambda = \frac{\Lambda}{8\pi}.$$

这样就给出爱因斯坦方程右边的恰当贡献；那么 $\mathbf{G}=8\pi\mathbf{T}+\Lambda\mathbf{g}$（自然单位下）现在可以写成

$$\mathbf{G} = 8\pi(\mathbf{T} + \mathbf{T}_{\text{vac}}),$$

然而，从 QFT 考虑获得的结果来看，要么 λ=∞，要么 λ=0。如果不用前面考虑的那些数学技巧，前者是最"实诚"的答案，尽管没用；后者曾经是最令人欢喜的观点，但后来的观测表明，必然存在某种具有正宇宙学常数性质的东西，或者在自然单位下具有单位量级的东西（若准确度量，或需加入 π 的简单幂次）。显然，后一个答案本该是非常令人满意的，然而观测数据却提供了下面那个小小的数值（自然单

位下）

$$\Lambda \approx 6 \times 10^{-122}$$

这当然是一个不可思议的巨大偏离！

　　对我来说，这给 Λ 作为真空能量实际度量的解释带来了严峻的疑虑。但多数物理学家在放弃这个解释时似乎都显得异常犹豫。当然，假如 Λ 不是真空能量，我们就需要为爱因斯坦的 Λ 项的正值寻求其他理论根据（特别注意到，如 1.15 节指出的，弦论家似乎主张负 Λ 的理论倾向）。在任何情形下，Λ 都将是一种有趣的能量，虽然在效果上补给正能量，却表现为引力排斥。这是非常奇异的能量张量形式（即 $\lambda\mathbf{g}$）产生的结果，它大不同于如 3.7 节评说的其他任何已知（或认真考虑过的）物理场的能量张量。

　　正 Λ 如何像正质量那样发生空间曲率的作用却同时提供引起宇宙加速膨胀的排斥力？对这一点感到疑惑的读者，请看 3.8 节末尾的一点。"$\Lambda\mathbf{g}$"并不真的是物理意义的能量张量，虽然它享有"暗能量"的名字。具体说来，正是 $\Lambda\mathbf{g}$ 的三个负压分量提供了排斥作用，而正能量项贡献空间曲率。

　　另外，这个能量张量的特殊形式也是人们常说的"宇宙 68% 以上的物质组成呈现为未知的暗能量形式"所牵涉的"悖论"背后的基础。因为 Λ 不同于其他形式的质量能量，是引力排斥而非吸引的，所以它在这方面与普通物质的表现完全相反。而且，由于它在时间中是

294

常数（假如它确实是爱因斯坦的宇宙学常数 Λ），这个"68%"的比例将随宇宙膨胀持续增高，所有"寻常"形式物质（包括暗物质）的平均密度却随时间无情地减小，乃至在总体上无足轻重！

最后一个特征引出另一个令宇宙学家感到不安的问题：只是在宇宙历史的现在附近（这里的"现在"，在通常意义下的解释其实很宽泛——即大爆炸之后 $10^9 \sim 10^{12}$ 年之间的某个时期），Λ 贡献的"能量密度"才与普通物质（保括不管是什么的暗物质）的能量密度不相上下。在宇宙历史的更早时期（如小于 10^9 年），Λ 的贡献是微不足道的，而在很久以后（如大于 10^{12} 年）Λ 才主导一切。这难道是惊人的巧合吗——奇情异状竟成为某种解释的必须？很多宇宙学家似乎相信这一点，还有些倾向"Λ"真是某种演化场，被称为"第五元素"。我将在下面两节回到这些问题，但我本人的观点是，将暗能量视为任何类型的材料物质甚或真空能量，都完全是误入迷途的。在 Λ 的实际值的背后可能还有未解之谜（例如见 3.10 节），但应该记住，爱因斯坦的 Λ 项根本说来只是对他原始方程（$G = 8\pi T$）的修正，用不着剧烈改变他的宏大理论的基本特征。我看不出大自然有什么理由不发挥这种耀眼的可能性。

3.9 暴胀宇宙学

我们接着考虑为什么多数宇宙学家感到强烈需要支持那个明显像幻想的暴胀宇宙学的建议。那个建议说了什么？这是一个异乎寻常的纲领，最初大约在 1980 年由俄罗斯的斯塔罗宾斯基（Alexei Starobinsky）和美国的古斯（Alan Guth）独立提出。根据他们的思想，我们实际的宇宙在紧跟大爆炸起源之后，在一个极短的时间内（约大

295 爆炸瞬间之后 10^{-36} 到 10^{-32} 秒之间），经历了一场指数式膨胀（叫暴胀），其效应类似于出现了一个巨大的宇宙学常数 Λ_{infl} —— 远远超出现在观测的 Λ 值，大约高出 10^{100} 个量级：

$$\Lambda_{\text{infl}} \approx 10^{100}\Lambda.$$

（当然，暴胀有很多不同版本，会给出些许不同的数值。）应该注意，这个 Λ_{infl} 与真空能量预期的 $10^{121}\Lambda$ 相比还是极其微小的（只是它的 $\sim 10^{-21}$）。通俗介绍见 [Guth 1997]；更专业的解说见 [Blau and Guth 1987；Liddle and Lyth 2000；Muckhanov 2005]。

在考虑大多数宇宙学家今天接受这个惊奇概念 —— 暴胀出现在现代宇宙学的所有（不论普及的还是专业的）严肃论证中 —— 的原因之前，我要提醒读者本章（以及本书）标题的"想象"一词实际上主要就是针对这个纲领。我们将看到（特别在 3.11 节），宇宙学家当下讨论的很多其他思想可以认为比暴胀宇宙学更富想象，但暴胀特别值得关注的地方在于它几乎被宇宙学团体普遍接受了！

不过应该说，暴胀不仅仅是一个普遍认同的建议。暴胀大旗下有众多不同的纲领，还有很多旨在区分这些纲领的实验。特别是，2014 年 3 月 BICEP 2 小组公开报告的 CMB 光极化的 B 模式问题 [Ade et al. 2014]，声称是一大类暴胀模型的强力证据 —— 甚至被称为判决性证据 —— 在很大程度上就是为了区分不同形式的暴胀。这种 B 模式的存在被判断为存在原初引力波的信号，这也是有些暴胀模型所预言的（但 B 模式的生成也有其他可能，见 4.3 节末尾）。写作本书时，这些信号的解释还有很大争议，而观测到的信号也有其他可能的解释。不过，似乎很少有宇宙学家怀疑这个想象的暴胀的总体思想在关乎宇宙膨胀的极早期方面还是具有一定的真实性。

但我在前言和 3.1 节解释过，我不是说暴胀的想象特征应该从严[296]肃考虑中清除出去。它的提出实际上是为了解释我们宇宙观测到的一些非常惊人的 —— 甚至"想象的"—— 特征。而且，暴胀在当下的普遍接受在于它的强大解释能力，它解释了其他看似独立且以前未能解释的显著宇宙特征。那么，重要的是要记住，假如暴胀对我们宇宙并不真是正确的 —— 我将很快提出我的观点，相信它可以是不正确的 —— 则必然应该有其他正确的东西，或许也包含看似想象的同样奇异思想！

暴胀以不同形式提出来，在本节中，我没有知识和勇气去描述任何一个，而只能说说原始的和当下最流行的版本（也见 3.11 节，我在那儿简要提及了一些更狂野的宇宙学暴胀形式）。在最先提出的原始形式中，宇宙暴胀源是一个"伪真空"初始态，它通过相变 —— 类似条件改变时液体变成气体的沸腾现象 —— 宇宙通过量子力学的隧穿效应进入不同的真空态。这些不同真空在爱因斯坦方程中用不同数值的有效 Λ 项来表征。

我没有在本书前面讨论过这种（很好确立的）量子隧穿现象。在通常应用中，它发生在量子系统被能量位垒分离的两个能量极小值 A 和 B 之间，其中，初始在较高的能量态 A 的系统可以自发穿越到 B，而不需要能量补给来克服那个位垒。我不想让读者在这里纠结这个过程的细节，但我相信应该明确指出，它与当下情景的关系是非常可疑的。

我在 1.16 节让读者注意真空态的选择问题，这是 QFT 法则的基本要素。对一个 QFT 可能有两个不同的建议，而它们可以是相同的（即它们的生成和湮灭算子等有相同的代数法则），只要不会在每种情形下确定不同的真空态。在 1.16 节，这关乎构成所谓弦景观的多余的不同弦论（或 M 理论），是一个关键问题。如 1.16 节指出的，这个问题就是，在那个巨大的景观，每个 QFT 都将构成一个完整的分离的宇宙，一个宇宙中的态与另一个宇宙中的态不会发生物理迁移。然而，量子隧穿涉及的过程是完全可以接受的量子力学行为，因而通常不认为它会允许一个"宇宙"中的态迁移为另一个宇宙中的态，它们两个的区别就在于真空的选择。

不过，在宇宙学团体的一些分支里，还是有很多人支持这个思想 [Coleman 1977；Coleman and de Luccia 1980]：宇宙暴胀的来源，可以是一个伪真空态——它有一个选择的真空态，真空能量由 Λ_{infl} 决定——靠隧穿效应穿越到另一个伪真空态——它的真空能量由观测的宇宙学常数 Λ 决定。从我自己的特别观点来看，我还是想提醒读者注意我在 3.8 节指出的那些困难，它们甚至是每个以宇宙学常数为真空能量表现的思想都要面对的。当然，如果认为想象的思想确实有助于恰当理解我们宇宙的起源，而它又有诸多显著特征颇能代表宇宙极早期的一些方面（如 3.4 节），那么这种冲破正统物理藩篱的思想当然不能弃之不顾。然而，我还是相信，如果一些思想常常游离在我们需要的过程范围之外，对它们还是多加小心为好。

即使 3.11 节要回到这个问题，我也不想多说暴胀源自真空间的隧道效应的原始概念，特别是因为那似乎不是现在普遍相信的形式——原纲领中暴胀相的"优雅谢幕"（约 10^{-32} 秒时）面临着很多理论问题，其中宇宙的暴胀需要在瞬间从各处消失，然后经历所谓的"回炉"再加热的过程。为克服这些困难，后来在 1982 年，林德（Andrei Linde）以及阿尔布雷希特（Andreas Albrecht）和斯泰恩哈特（Paul Steinhardt）独立提出了一个叫"慢滚暴胀"的纲领［Linde 1982；Albrecht and Steinhardt 1982］，我的多数评说都针对这个类型的思想。在慢滚暴胀中，有一个叫暴胀子场的标量场 φ（在一些早期出版物中，φ 被作为一个希格斯场，这个错误的说法如今被丢弃了），被认为是宇宙极早期爆发式膨胀的根源。

慢滚一词指 φ 场能量的势函数 $V(\varphi)$ 的图像特征（图 3.38），宇宙态表示为沿曲线向下滚动的一点。势函数在不同（很多）慢滚暴胀形式中是特别设定的，而不是从更基本的原理导出的，目的是使它的滚动能产生暴胀运行所要求的性质。不论从接受的粒子物理学还是就我所知从其他任何物理学来看，$V(\varphi)$ 曲线的形态都找不到根据。[298] 曲线包含慢滚部分是为了允许宇宙暴胀延续实际的时间长度，然后曲线趋于极小值，使暴胀以合理的均匀的方式趋近尾声，在能量势函数 $V(\varphi)$ 达到稳定极小值时，终结暴胀。实际上，不同作者提出了很多不同形态的 $V(\varphi)$［Liddle and Leach 2003；Antusch and Nolde 2014；Martin et al. 2013；Byrnes et al. 2008］，这个过程的随意性或许暴露了暴胀建议的弱点。

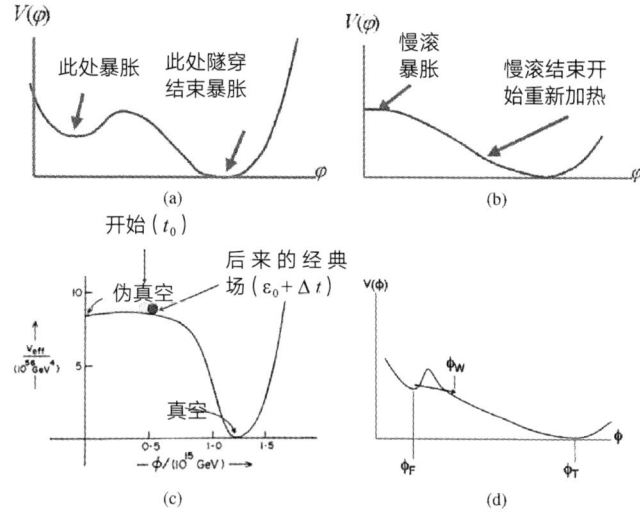

图 3.38　暴胀子场 φ 的势函数的几个例子，如此建议是为了得到需要的性质。φ 曲线的多样性说明暴胀子 φ 场缺乏基本的物理

不管怎么说，如果没有强烈的动机，这种思想显然是不会被提出来的。那么我们就来看看暴胀纲领在 1980 年左右初次被提出来想要说明的问题。其中一个问题是流行的各种粒子物理学大统一理论（GUT）带来的令人不安的结果。有几个 GUT 预言存在磁单极 [Wen and Witten 1985；Langacker and Pi 1980]，即单个分离的磁南极或北极。

²⁹⁹ 在传统物理学（以及迄今为止的观测中），磁极从未以单独实体出现，而是呈现为偶极子的部分，就像普通磁铁一样，南极和北极总是成对出现。如果分裂一块磁体，把磁极分开，则断裂的磁铁会形成新磁极对。原先北极的半块生成新南极，原先南极的半块生成新北极。见图 3.39。实际上，我们说的磁极源自内部的循环电流。单个粒子也能表现为磁体（偶极子），但从未见它像单极，即单独的南极或北极。

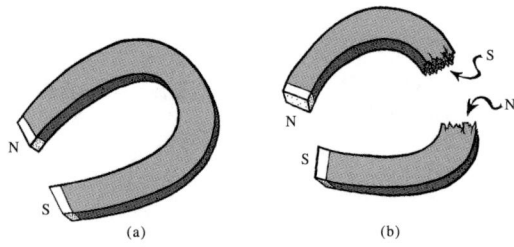

图 3.39 传统物理学不会出现单个的磁极 —— 分离的南极或北极。一块普通磁铁的北极和南极各在一端,如果我们将它一分为二,则断裂的磁铁会形成新磁极,使得每块磁铁的总磁 "荷" 保持为零

然而,这种单极的理论存在不论过去还是现在都得到一些理论家的强力论证,最值得注意的一些杰出的弦论家们,如玻尔钦斯基(Joseph Polchinski)在 2003 年说过 [Polchinski 2004] :

> 磁单极的存在就未知的物理来说看起来就像一个稳赢不赔的赌博。

根据这样的 GUT,这些磁单极在宇宙极早期里大量繁殖,但实际上没观测到一个实体,也没有它们存在于宇宙的直接观测证据。为避免与观测的灾难性偏差,人们提出一种暴胀想法,其中早期的指数式膨胀将弱化这些磁单极起初的优势,降到不与观测发生实际冲突的微弱水平。[300]

当然,单凭这个动机不会给理论家(包括我本人)带来多少有分量的东西,因为这种偏差还可以简单地解决,那就是我们考虑的 GUT 对我们的宇宙来说没有一个是真正正确的 —— 不管它的鼓吹者们感觉它是多么诱人。不过,我们还是可以由此得出一个结论:如果没有暴胀，当下很多关于基本物理学本性的思想，特别是不同形式的弦论，都将面临一个严峻的问题。然而，磁单极问题在当下关于暴胀的必然性论断里并没有特别的作用，那些论断来自别处。下面我们就来看看。

以前作为宇宙暴胀关键起因而提出的论证与我在 3.6 节提出的观点密切相关，牵涉早期宇宙物质分布的巨大均匀性。然而我的论证路线和暴胀的路线还有关键的差别。我的重点主要是从两个方面来考虑的，一个是热力学第二定律呈现的悖论（见 3.3，3.4 和 3.6 节），一个是 CMB 呈现初始异常低熵的奇怪倾向方式，其中恰好是引力自由度从那么多可能被压缩的自由度中唯一地解放出来了（见 3.4 节末）。另一方面，暴胀的支持者只关注这个大悖论的一些特殊方面，从完全不同的角度提出他们的观点，而不管它们与 3.4 和 3.6 节的那些问题的重要联系。

我将在后面说明，确实存在其他观测理由让我们认真看待暴胀思想，不过它们的解释至少需要一些非常奇异的真实性，但这些不代表暴胀的初始动机。在理论之初，人们只挑出三个特别令人疑惑的宇宙学观测事实，被称为视界问题、光滑问题和平直问题。大家普遍相信——暴胀理论家们常引以为荣的成功——这三个问题实际上都由暴胀解决了。真是这样吗？

我们从视界问题说起。这里特别重要的一点在于（已在 3.4 节指出），来自天空各个方向的 CMB 具有几乎处处精确相等的温度——在修正因地球相对于辐射的固有运动而产生的多普勒效应之后，偏差不足十万分之一。这种均匀性的一个可能解释，特别考虑到辐射极其近似的热性质（3.4 节图 3.13），可能是宇宙的整个火球都来自某个 [301] 早期的巨大热过程，它将整个宇宙（至少在我们可观测的范围内）带进膨胀的热（即最大熵）状态。

然而，这个图景有一个困难，那就是，根据标准弗里德曼／托尔曼宇宙学模型（3.1 节），退耦 3 维曲面 $\mathscr{D}$（即辐射产生的地方，见 3.4 节）上的事件是远远分离的，都远在其他的粒子视界之外，因而是因果独立的。即使在天空只分隔 2°（从我们的角度看）的两点 P 和 Q（如图 3.40 的共形草图所示），它们也是独立的。根据这个宇宙学图景，这样的两点在 $\mathscr{D}$ 上不会有任何类型的因果关联，因为它们的过去光锥回到大爆炸（3 维曲面 $\mathscr{B}$）也是完全分离的。相应地，热化过程也不会有任何机会来均等 P 和 Q 的温度。

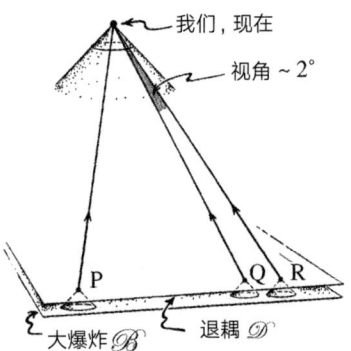

图 3.40　在没有暴胀的标准宇宙学图景中，共形图中的大爆炸 3 维曲面只是略微超前退耦 3 维曲面。相应地，$\mathscr{D}$ 上的两个事件 Q 和 R（从我们的时空点看，视觉分离大约 2°）不可能有因果关联，因为当我们随它们回到过去、在 $\mathscr{B}$ 介入之前时，两点的过去光锥不会相交

这个问题曾困扰宇宙学家，但在古斯（以及斯塔宾斯基）提出

宇宙暴胀的非凡思想之后，人们似乎就有了可能解决这个难题的路线。早期暴胀相的引入有一个显著效应，极大增加共形图中的 3 维曲面 $\mathscr{B}$ 和 $\mathscr{D}$ 之间的间隔，这就使得我们在 CMB 天空可见的退耦面和 $\mathscr{D}$ 上的任意两点 P 和 Q（即使在我们所见的相反方向上），在沿时间回溯到与大爆炸 3 维曲面 $\mathscr{B}$（图 3.41）相遇时，会有大量重叠的过去光锥。$\mathscr{B}$ 和 $\mathscr{D}$ 之间的这个扩展区域 —— 对 10^{26} 倍的指数式膨胀来说，它实际上远大于图 3.41 所描绘的区域 —— 是德西特时空（见 3.1 节）的一部分。图 3.42 中，我提供了一个暴胀模型的剪贴构造，希望它能直观表现向大爆炸的共形回溯。于是，有了暴胀也就有了足够的完全热化时间。视界问题的这个解决办法，将为原初火球在我们粒子视界内的整个部分提供方便而充分的交流时间，进入膨胀的热化平衡，从而 CMB 各点的温度也就变得几乎精确地相等了。

在提出我认为是对这个论证的根本性反驳之前，我们先来考虑暴胀声称已经解决的第二个问题，即光滑问题。这个问题与我们在整个宇宙看到的或多或少的均匀物质分布和时空结构有关（空洞等等的存在被认为是对均匀性的相对微小的偏离）。论证说，10^{26} 倍的指数式膨胀本身就会抹平出现在（假定是非常不规则的）宇宙初始态的任何显著的不规则性。这个想法是，不论初始呈现什么非均匀特征，它们都将扩张一个线性因子（即 $\times 10^{26}$），产生高度的光滑，与观测结果一致。

这两个论证都代表了借助在它存在的极早期的一个剧烈膨胀相来解释宇宙的均匀性的尝试。不过我要说的是，它们从根本上说都是荒谬的 [Penrose 1990；《通向实在之路》第 28 章]。我这么说的最大

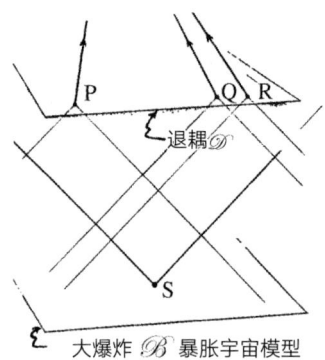

图 3.41　当图 3.40 的模型包含暴胀时，大爆炸 3 维曲面 $\mathscr{B}$ 在共形图中将向下移动很远（其实通常比这图中画的远得多），它的效应是 P 和 Q 的过去光锥在达到 $\mathscr{B}$ 之前会永远相交，而不管它们在我们看来分离多远（例如图中的 P 和 R）

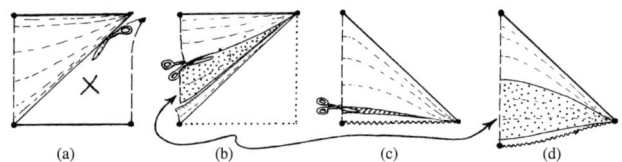

图 3.42　如何用严格共形图构造暴胀宇宙模型。（a）用德西特空间（图 3.26a）的稳恒态部分（图 3.26b），（b）从中割去一长段时间（图中点画区）；（c）从弗里德曼模型（图 3.26b）（假定 $\Lambda=0$，$K=0$）中去掉一节很短的早期时间段，然后（d）将稳恒态时间段粘贴进来

理由基于这样的事实：如我们在 3.5 节看到的，在我们宇宙中观测到的异常低熵——对第二定律的存在至关重要的低熵——实际上就是通过这个均匀性表现的。暴胀论的整个基础思想似乎是说我们的宇宙可以从一个根本随机的不规则（从而有最大熵）的起点开始，由此达到惊人的均匀，从而达到引力作用下的低熵，即我们在 CMB 火球看到的情形，也是我们在今天的宇宙仍然可以看到的显著均匀的情形（见 3.4 节）。关键问题在于第二定律及其来源。第二定律不可能单纯来自寻常的时间可逆的动力学方程决定的物理演化，在那里我们是从

相当随机（即高熵）的起点出发的。

　　需要考虑的重要事实是，暴胀所依赖的所有动力学过程其实都是时间对称的，我还没触及慢滚暴胀用的这类方程。它需要很多要素，其中之一就是标量暴胀子场 φ，满足为暴胀运行而特别构造的方程。我们讨论过一些过程，如表现为时间不对称的相变（像前面说的"沸腾"），但这是宏观熵增过程，依赖于时间对称的微观过程，时间不对称是第二定律的表现，而不是它的解释。暴胀论的表达方式是为了从直观看，总体的熵减过程是可以合理地通过动力学来实现的 —— 而第二定律告诉我们不是那样的！

　　为了证明光滑宇宙将不可避免地从暴胀过程产生，我们从上面的第二个暴胀论证说起。假定暴胀过程（有一般性的起点）确实几乎总能在暴胀结束后生成一个光滑膨胀的宇宙。这个概念根本说来是与第二定律冲突的。如果只是构想在那个后来的时间，那么很多态将不会是光滑的（如果不是这样，就没必要让暴胀来清除它们了）。从这样的宏观态倒转时间方向 —— 但保留一般扰动的微观要素 —— 并让逆时间的动力学演化（方程仍允许 φ 场等暴胀的可能）来主导，必然将我们引向某个地方 —— 现在是坍缩方向上的熵增。它带我们去的地方一般应是某个非常复杂的高熵黑洞聚合态，完全不像 FLRW 模型，但很像 3.3 节图 3.14c 描绘的情形。再倒转时间得到一个像图 3.14c 的初始图景，我们会发现 φ 是没有能力来光滑这个（非常可能的）初始态的。实际上，暴胀计算几乎毫无例外都在 FLRW 背景下进行，这完全回避了问题。因为，如我们在 3.4 节看到的，构成宇宙绝大部分的正是非 FLRW 初始态，因而没有任何理由相信它们真的会暴胀。

那第一个论证呢？暴胀通过将退耦天空的点带进因果关联来解释近乎各向同性的 CMB 温度。其问题还是在于我们不得不解释，低熵情景是如何从本来是"一般的"（因而高熵的）初始态开始产生出来的。为此，将点带进因果关联对我们毫无意义。或许这种因果关联确实允许热化的发生，但那对我们有什么用呢？我们需要的是解释熵为什么和以什么方式变得那么异乎寻常的低。热化过程提高了熵（让以前不同的温度变得相等，这也仅仅是第二定律的一个表现）。所以，[305]在这个阶段求助热化，我们实际上是把过去的熵压得更低了，这使宇宙为什么出现那个特殊初始态的问题变得更糟了！

实际上，暴胀在这方面根本没有真正触及问题。在我看来，CMB 中观测到的各向同性其实是一个更大问题 —— 呈现在大爆炸奇点均匀性中的异常初始低熵 —— 背景下的次级效应。若仅仅是 CMB 温度各向同性本身，它对作为整体的宇宙的低熵问题是没有重要贡献的（如我们在 3.5 节看到的）。它只是反映了一个更重要的各向同性，即最早期宇宙（初始奇点）的具体空间几何的各向同性。在最早的宇宙中，引力自由度尚未激发 —— 那时还没有构成大爆炸部分的白洞奇点，这个事实才是我们需要面对的基本问题。由于一定的深层原因（一个暴胀宇宙完全不曾触及的原因），初始奇点其实是非常均匀的，这个均匀性决定了我们在 CMB 中观测到的一个均匀的且均匀演化的原初火球，因而它也可能决定了整个 CMB 天空的温度均匀性，与热化毫不相干。

对不相信暴胀的人（如我本人）来说，在标准非暴胀宇宙学中不存在整个 CMB 天空的热化发生的可能，其实是很幸运的。它只能起

到抹杀关于初始态 $\mathscr{B}$ 的本性的信息的作用，因此如果保证整体热化没机会发生，那就说明 CMB 天空直接揭示了 $\mathscr{B}$ 的某些几何。我将在 4.3 节给出我自己对这个问题的重要性的观点。

　　暴胀声称的第三个作用是解决了所谓的平直问题。这里我承认，从观测方面说，暴胀看起来确实取得了真正预言性的成功，且不管真正的暴胀论证有什么理论的优（缺）点。平直性论证在（20 世纪 80 年代）初次提出时，似乎就已经有明确的观测证据表明宇宙的物质组成（包括暗物质）不可能超过空间平直宇宙（$K=0$）所需总物质的三分之一，因而证据似乎指向一个负曲率空间的宇宙（$K<0$），而暴胀的预言，作为其必然结果，似乎指向整体的平直空间。然而，有几个坚定的暴胀论者信心满满地预言，当观测更加精细时，会发现更多的材料，给出与 $K=0$ 一致的结果。改变观测状况的是 1998 年发现了正 Λ 的证据（见 1.1，3.1，3.7 和 3.8 节），它提供了额外的有效物质密度，其数值恰到好处地导致了 $K=0$ 的理论结论。这当然可以认为是众多暴胀论者在一段时间里竭力制造的关键预言之一的某种观测证明。

　　暴胀的平直性论证基本相似于光滑性问题的论证。这里的逻辑是，即使宇宙在暴胀相之前存在严峻的空间曲率，暴胀可能促成的巨大扩张（大约 10^{26} 倍，依赖于所用暴胀的形式）也将生成一种空间曲率与 $K=0$ 难以分辨的几何。然而，我对这个实际的论证还是很不满意，基本上也是因为与光滑论证情形相同的理由。假如"现在"碰巧发现一个结构不同于我们的、即剧烈不规则或大致光滑但 $K\neq0$ 的宇宙，那么我们可以让它倒着时间演化（遵从容许具有潜在生成暴胀的"φ"的时间对称的方程），看它能给我们带来什么初始奇点。相应的，那个初始奇点沿时间的演化不会生成大概光滑的 $K=0$ 的宇宙。

    还有一个相关的微调论证，有时提出来作为劝人相信暴胀的理由。它涉及局域物质密度 ρ 与生成平直空间宇宙的临界密度 ρ_c 之比 ρ/ρ_c。其论证是，在宇宙极早期，ρ/ρ_c 必然非常接近 1（精确到小数点后大约 100 位）。假如不是如此，则宇宙现在就不会有当下的 ρ/ρ_c 值，观测发现它仍然接近 1（大约小数点后 3 位）。于是，我们需要解释在宇宙早期膨胀中异常接近 1 的 ρ/ρ_c 的起源。暴胀理论家的论证是，这个早期极端接近 1 的 ρ/ρ_c 源于更早期的暴胀，它抹平了 ρ/ρ_c 对 1 的任何偏离 —— 假如偏离出现在大爆炸本身 —— 生成近于 1 的值，这是紧跟暴胀相结束后所需要的。然而，真正的问题是（与前面同样的理由，见 3.6 节），暴胀是否真的必然会如我们所愿去抹平密度的偏差呢？

    不过我也明白，还有一个需要面对的问题，如果谁拒绝了暴胀，[307] 那么他就得提出一个替代的理论论证。（我将在 4.3 节指出我本人的替代观点。）更深入的问题是关于暴胀相的关闭（前面说的"优雅谢幕"问题），为了以空间均匀的方式精确得到需要的密度 ρ，它必须异常精确地同时发生，恰好赶在暴胀结束的"一刹那"。这似乎又将遇到难题，必须满足相对论关于同时性要求的要求。

    不管怎么说，"固定"ρ 值只是问题的一小部分，因为这里还隐含假定只有一个数"ρ"需要具有特殊的值。这是整个问题的一小部分，即密度的空间均匀性，是假定早期宇宙近似某个 FLRW 模型的问题。正如 3.6 节指出的，真正的问题恰在于空间的均匀性及其与引力对熵的极低贡献的关系，而前面的论证表明，暴胀根本不管这个问题。

然而，不管暴胀背后的这些动机有什么缺陷，至少有两个观测事实为理论提供了一定的值得关注的支持。一个是在天空宽广的角度内观测到 CMB 均匀性的微弱偏离之间存在着关联，这强烈暗示着在 CMB 天空分隔遥远的点（如图 3.40 的 P 和 Q）之间确实存在联系它们的因果影响。这个重要事实其实不符合标准的弗里德曼 / 托尔曼大爆炸宇宙学，但完全符合暴胀（图 3.41）。如果暴胀错了，这些关联就需要其他纲领的解释，显然涉及前大爆炸活动！具有这种特征的纲领将在 3.11 和 4.3 节讨论。

暴胀的另一个重要观测支持来自整个 CMB 天空温度均匀性的微弱偏离的性质（通常叫温度涨落）。观测表明它们非常接近标度不变（即不同尺度有相同的变化幅度）。这个证据早在暴胀思想出现多年之前，就被哈里森（Edward R. Harrison）和泽尔多维奇（Yakov Borisovich Zel'dovich）独立注意到了 [Zel'dovich 1972 ; Harrison 1970]，但 CMB 后来的观测 [Liddle and Lyth 2000 ; Lyth and Liddle 2009 ; Mukhanov 2005] 大大扩展了所见标度不变性的范围。暴胀的指数（因而自相似）特征为这个不变性提供了一般的解释。在暴胀纲领中，起初的不规则性种子被认为是 φ 场的早期量子涨落，然后随膨胀而变成经典的涨落。（这是理论论证中最薄弱的要素，因为在标准量子力学框架内没有提供这种量子 – 经典转换 [Perez et al. 2006]）暴胀声称它所解释的，不仅是标度不变性，还有所谓谱参数决定的对那种不变性的小偏离。这些涨落为 CMB 的所谓功率谱的计算（源自 CMB 在整个天球的调和分析，见 A11）提供了关键的初始数据。图 3.43 显示了观测的 CMB 数据（来自 2009 年发射的普朗克空间天文台）与理论计算（至少在大 l 值——即 A 11 的 k 值）的契合。然而应该记住，这些计算中的暴胀输入的数据量是很小的（基本上只有两个数），本应来自标准宇宙学的具体的曲线形态、粒子的物理，以及与从暴胀结束到退耦之间的物理活动相关的流体力学。这是一个很漫长的非暴胀宇宙学时期（大约 380 000 年），由图 3.40 所示的 3 维曲面 $\mathscr{B}$ 和 $\mathscr{D}$ 之间的区域表示，但现在 $\mathscr{B}$ 代表暴胀终止的瞬间而不是大爆炸本身。这期间的物理学是很好认识的，来自暴胀的输入相当小 [Peebles 1980 ; Borner 1988]。 [309]

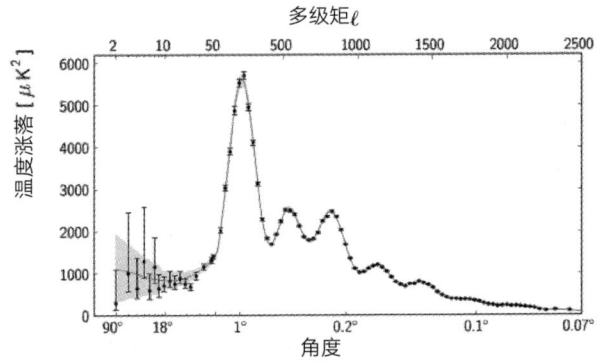

图 3.43 普朗克卫星观测的 CMB 功率谱。垂直坐标度量温度涨落，水平坐标（图顶上）度量整个球谐函数的参数 ℓ（与 A 11 的 k 相同）

对比这些公认的令人难忘的成功，暴胀还有令人疑惑的反常，尽管有些与暴胀无关。一个反常的事实是，CMB 中分隔遥远的点的温度之间的关联似乎不超过 60 ° 的角度范围（从我们的视角看），而暴胀论证里不存在这样的关联角度极限。而且，大尺度质量分布中也存在一定的不规则性，如 3.5 节说的巨大空洞以及在所有尺度中最大的非对称和非均匀性 [Starkman et al. 2012 ; Gurzadyan and Penrose 2013]，它们几乎颠覆传统暴胀图景 —— 其中密度涨落的最初来源被认为具有随机的量子起源。这些问题都亟须解释，而且似乎并不很好契合传统暴胀的思想。我们将在 4.3 节回来讨论。

这里值得指出的一点牵涉人们所用的独特的分析方法，即整个 CMB 天空的调和分析（见 A 11），其兴趣几乎都集中在功率谱（即每个 ℓ 值的所有模式对整个 CMB 密度的贡献）。虽然这个过程无疑取得了某种令人瞩目的成功，如图 3.43 所示的理论与观测之间的异乎寻常的契合（对大于 30 左右的 ℓ），但还是应该指出这种分析存在一定的极限。它们可能让我们的兴趣偏向某些方向，代价是忽略了其他方向。

应该指出，首先，如果仅关注功率谱，我们就无视了当 ℓ 越来越大时出现的越来越多的信息。我们更仔细地来看这一点。在 A 11，量 $Y_{\ell m}(\theta, \varphi)$（叫球谐函数）是 CMB 天空看到的温度图样所分解成的不同模式。如果我们固定 ℓ（非负整数 $\ell = 0, 1, 2, 3, \cdots$），则整数 m 允许有 $2\ell + 1$ 个可能的值，$-\ell, -\ell+1, -\ell+2, -\ell+3, \cdots,$ $\ell-2, \ell-1, \ell$，对每个数对（ℓ, m），球谐函数 $Y_{\ell m}(\theta, \varphi)$ 是球面的一个特定函数 —— 这里我们可以将球面视为天球（球面极坐标为 θ, φ；见 A 11）。对给定的 ℓ 的极大值 L，不同 m 的总数将是 L^2，远大于 ℓ 的数目（仅为 L）。在图 3.43 呈现的功率谱（通过普朗克卫星得到）中，ℓ 取的最大值到 $L = 2500$，所以它提供了 6250000 个不同的数来表征 CMB 天空的温度分布。但如果我们用这个精度上的所有 CMB 天空的信息，我们将有 $L^2 = 6250000$ 个数。于是我们看到，功率谱只注意了所有信息的 $1/L = 1/2500$！

　　总之，尽管通过功率谱取得了公认的理论与观测数据的契合，肯定还有其他方法能从 CMB 分析出更多的东西来。例如，CMB 天空的模式分解（如球谐函数提供的）就是可能的一种方法，可用来分析气球的弹性振动模式。这可以认为是我们能想象的大爆炸的某种类比，但也可能有其他类比。考虑我们地球的天空。对它来说，分解为球谐函数就几乎没什么用！很难想象，如果夜空只用功率谱来分析，满天的星星该是如何升起呢？探测作为局域天体的月亮就够困难了，还没管它那显而易见的周期性形状变化特征（月相）（只要我们抬眼看就行）—— 更别说用这种方法来探测恒星和星系。我相信，CMB 情形的对调和分析的强烈依赖，主要是对大爆炸本身的先入之见的特征，还有其他的观点，将在 4.3 节讨论。

3.10　人存原理

　　似乎至少有些暴胀论者开始意识到暴胀不可能仅靠自身就能解释我们在早期宇宙看到的光滑的极端引力低熵态，他们也意识到宇宙的这种均匀性不单是暴胀发生的动力学可能性所能解决的。即使暴胀正确构成宇宙演化史的一部分，它也需要更多的东西，如生成近似 FLRW 型初始奇点的条件。如果我们想坚持暴胀论者的最初哲学的核心东西 —— 宇宙的起点应该是根本随机的，而不是以某种根本低熵的方式调节的 —— 那我们要么需要打破第二定律，要么需要为宇宙可能的早期态寻求别的选择原则。人们经常讨论的一个可能的原则是人存原理 [Dicke 1961；Carter 1983；Barrow and Tipler 1986；Rees [311] 2000]，1.15 节曾简要介绍过。

人存原理基于这样的思想：不管宇宙本性是什么，也不管我们看到的是宇宙的多大部分，它都遵从一定的主宰其行为的动力学定律，这些都必然是强有利于我们存在的东西。因为，假如它不利于我们，我们肯定就不会在这里而可能在别的地方，或在别的空间（如其他行星），别的时间（或许完全不同的时间），甚或别的某个完全不同的宇宙。当然，这里考虑的"我们"不必是人类或人类遇见的任何种类的生物，而可以是某种能感觉和推理的生命。通常我们用智能生命来表述这些必要条件。

于是，就像人们常说的，对我们感知的宇宙，初始条件满足允许智能生命出现的特殊条件是必然的。像 3.3 节图 3.14c 描绘的那种完全随机的初始态可以合理地认为是完全不利于智能生命发展的。首先，它不会产生高度组织的低熵态，而这对人存原理主张的任何像智能信息处理的生命来说是绝对根本的东西。因此我们大概可以持这样的观点：人存论其实要求对大爆炸几何有更强的限制，假如它真是可居、因而也是智能生命可感的宇宙的一部分。

但这样的人存要求就足以将 $\mathcal{B}$ 几何（即我们大爆炸的几何）的众多可能性限定在很窄的范围内，从而让暴胀来做其余的事情就够了？实际上，并不是没人提出过让暴胀来扮演这类角色 [Lind 2004]。相应地，我们需要想象初始 3 维曲面 $\mathcal{B}$ 其实是（曾经是！）一团乱麻，就像图 3.14c 画的那样，但因 $\mathcal{B}$ 是无限延展的，它将纯粹靠运气包含一些奇异的地方，它们足够光滑，可能交给暴胀来接管。这个论证的逻辑是，这些特殊地方将以暴胀方式指数式地向外扩张，最终形成整个宇宙的宜居部分。尽管提出任何与此相关的严格论证都有内在的困难，我还是相信总能找一个强力的例子来反驳这些可能性。

为在这一点上进行严格论证，我需要假定成立"宇宙监督"的强形式（见 3.4 节），它意味着 $\mathscr{B}$ 大致可以认为是一个类空的 3 维曲面（见 1.7 节图 1.21），这样 $\mathscr{B}$ 的不同部分将是因果独立的。然而，曲面 $\mathscr{B}$ 也就不必要求是非常光滑的了。不过，还是存在从 $\mathscr{B}$ 的每点——当然是根据 $\mathscr{B}$ 的"点"的含义的精确定义 [见 Penrose 1998a]——出发的半向未来的"光锥"。（奇异边界 $\mathscr{B}$ 的"点"由时空非奇异部分的因果结构来精确定义，确定为时空的终不可分未来集（TIF），见 [Geroch et al. 1972]。）

3.6 节的论证表明，不论暴胀效应如何，$\mathscr{B}$ 的（恰当意义上的）总"体积"中能生成类似我们生存的宇宙空间——尽我们的粒子视界所及——的那部分，不会超过 $10^{-10^{124}}$，因为我们需要 $\mathscr{B}$ 的一个区域 $\mathfrak{R}$ 具有那样的不可能性，这样熵才可能足够低，以满足 3.6 节末的讨论。（为确定起见，我包含了暗物质贡献，但后面的论证对这个问题并不敏感。）这个计算只依赖于贝肯斯坦-霍金黑洞熵公式和所涉总质量的一些估计，对暴胀效应不敏感。只不过暴胀涉及的熵增过程会增大 $\mathscr{B}$ 的将适当暴胀的区域的稀有性（即减小数字 $10^{-10^{124}}$）。假如 $\mathscr{B}$ 是无限延展的，那么不管多么不可能，那个异常低熵的光滑区域 $\mathfrak{R}$ 总会存在于 $\mathscr{B}$ 的某个地方。这样，根据暴胀建议，$\mathfrak{R}$ 部分将暴胀成具有我们宇宙性质的整个宇宙（图 3.44a），而智能生命能且只能从这样的指数式暴胀区中产生出来。根据这个图景，熵问题就解决了——至少它是那么说的。

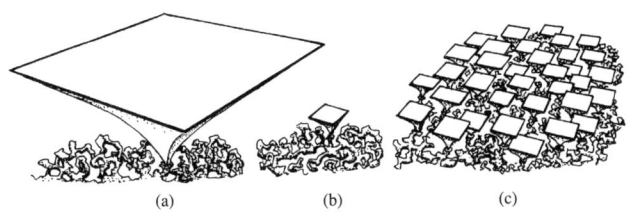

图 3.44 暴胀论者的图，说明足够光滑的区域是多么多么难得让暴胀发生、生成我们的宇宙，靠第二定律满足智能生命的繁衍。（b）暴胀一个小小的区域更容易，但产生智能生命的可能性更小了。（c）为得到在大区域看到的生命数量，更方便的办法是在众多更小的区域里暴胀

但问题真能这样解决吗？关于我们现实宇宙的低熵本性，有一样显著的东西，那就是它不仅仅是局域的、只在我们邻近活动的东西，而是在整个可观测宇宙中以大致相似的形式（就我们能肯定的）繁衍的一些基本结构——行星、恒星、星系、星系团。最特别的是，第二定律在我们巨大的宇宙空间内、在我们所见的每个地方，都像在我们邻近一样以相同方式运行。我们看到物质最初以相当均匀的方式分布，聚集成恒星、星系和黑洞。我们看到从引力聚集的最终结果产生出巨大的温度变化（在炽热的恒星与虚空空间之间）。正是这样生成了生命繁衍所必须的低熵的星体能源，从而（大概）智能生命才在这里和那里出现（见 3.4 节后面部分）。

不过，我们地球上的智能生命只需要引力低熵体积的很小一部分。很难想象我们的生命会依赖于天鹅座星系也满足类似的条件，尽管也许需要某些温和的限制来阻止发射任何有害于我们生存的东西。更有甚者，我们看到，有着我们在本地宇宙区域熟悉的那些条件的遥远宇宙，都有着无限的相似，不论我们看多远，似乎都是如此。如果我们只是仅仅要求适于我们这里的智能生命演化的条件，那么，对我们实

际发现自己在那样的宇宙条件下的可能性，数字~$10^{-10^{124}}$也确实太小了，远小于只需要我们自己满足生存的更适度的数字。我们不需要天鹅座星系有适宜我们生存的条件，更不需要遥远的后发星系团有那样的条件，也不需要可见宇宙的其他任何遥远地方有那些条件。正是那些遥远区域的相对低熵才从根本上导致了$10^{-10^{124}}$这个微小的数字，它那么微乎其微，令人难以想象地小于在地球上发现智能生命所要求的任何概率。

为说明这一点，我们想象一下，假如我们看不到如此巨大的与我们一般邻居相似的宇宙的体积，而只能看到它的十分之一距离 —— 要么因为粒子视界太近，要么因为更远的宇宙根本不像我们熟悉的引力低熵态。这将从我们计算的物质量$10^{10^{124}}$中减去一个10^3的因子，从而将最大黑洞熵减小（10^3）$^2 = 10^6$倍。这就将10^{124}减小到10^{118}，则我们得到在 $\mathscr{B}$ 中确定一个可能暴胀成刚才描述的宇宙（图 3.44b）的区域（如$\mathfrak{Q}$）的不可能概率为$10^{-10^{118}}$，可能性大大增加了。

可能有人会说这个从$\mathscr{D}$暴胀起来的更有限的宇宙区域包容不了那么多的智能生命，所以我们加强的概率区域不如我们实际看到的更大宇宙那样更能创生生命。但这个论证没什么分量，因为尽管我们在这个更小的宜居区域内只有 1/1000 的生命，但我们只需要考虑 1000 个这样的限制性暴胀宇宙（图 3.44c）就能得到我们实际宇宙要求的数量 —— 它的不可能概率为

$$10^{-10^{118}} \times 10^{-10^{118}} \times 10^{-10^{118}} \times \cdots \times 10^{-10^{118}}$$

乘数是 1000 个，即$(10^{-10^{118}})^{10^3} = 10^{-10^{121}}$，比我们实际宇宙需要的那个数字$10^{-10^{124}}$大多了。于是，从不可能概率看，制造更多宜居小宇宙区域（即 $\mathscr{B}$ 中 1000 个类似 $\mathscr{D}$ 的区域）比制造一个大的（从 $\mathfrak{R}$ 暴胀）要"便宜"得多。人存论证在这儿不起任何作用！

可能有些暴胀论者会说，我上面提出的图像没有给出恰当的观点来说明有限暴胀区域是以什么方式活动的，而类似暴胀泡沫的东西可能更为适当。直观地看，可能有人会想暴胀泡沫的"边界"应该是（大概说来）随动的 2 维曲面，如图 3.45a，其中发生在暴胀期间的尺度的指数增长简单用一个指数式增大的共形因子 Ω 来代表，而 Ω 将共形图的度规与图中所示暴胀宇宙部分的度规联系起来了。但这种泡沫暴胀（整个宇宙只有一部分牵涉其中）的支持者并不总是清楚如何处理暴胀部分与非暴胀部分的边界。

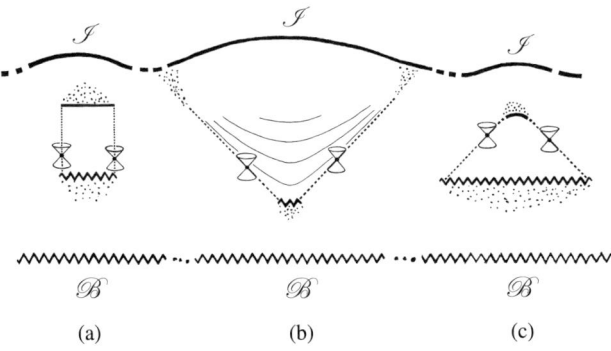

图 3.45　不同暴胀泡沫思想的原理共形图：(a) 沿时间线的泡沫边界；(b) 泡沫边界以光速向外扩张；(c) 泡沫边界以光速向内运动，其体积随时间增大。顶部的虚线代表这些模型的未来无限如何与周围背景相关的不确定性

通常，语言描述建议暴胀区域的边界（如新的"伪真空"）以光速

向外扩张，在扩张中吞噬周围时空。这似乎需要一幅类似图 3.45b 的 315
图像，但接着可能有人会以为来自 $\mathscr{B}$ 的 $\mathfrak{R}$ 以外的区域的随机影响将
剧烈破坏暴胀图景的纯粹性。而且，从前面论述的观点看，这对我们
毫无意义，因为暴胀区的时间线现在完全是从 $\mathscr{B}$ 的一个点生出来的，
常数（暴胀）时间的 3 维曲面这时由 3 维超曲面代表，如图中的灰线，
而这些 3 维曲面将具有无限的体积 —— 在暴胀区生成一个空间无限
的（双曲）宇宙。暴胀区现在描绘了一个具有我们宇宙特征的无限宇
宙，因而不可能概率的数字从 $10^{-10^{124}}$ 变成 $10^{-10^{\infty}}$，这算什么进步呢！
不管怎么说，即使这个区域并不真是空间无限的，而是有某种边界，
依然存在严峻的问题需要回答：如何处置这个边界的不连续的尚未解
释的物理呢？

其他可能性似乎就是图 3.45c 描绘的那种了。这里，整个暴胀的
演化和随它的宇宙历史 —— 或许最终导致我们今天在我们宇宙看到
的非暴胀德西特型指数式膨胀 —— 被描绘为一个削了尖顶的金字塔
小区域。尽管这看起来是相当不可能的，但图像在某些方面却是最符
合逻辑的，因为假如暴胀相被视为一个伪真空，则可以期待它衰变为
其他态。这里的论证是说，它表观的小"尺码"将由巨大的共形因子 316
Ω 来弥补，这会将它的几何转化为巨大的或许双倍指数膨胀的度规区
域（我们当下看到的宇宙就是这样的）！这种图景当然有严峻的问题，
而且像上面的那些一样，没有真正回答那个荒唐的不可能概率数字
$10^{-10^{124}}$ 引发的反驳。

我考虑的这些不可能概率因子的问题，虽然可能有些粗野，却直
接关联着如玻尔兹曼、贝肯斯坦和霍金描述的传统的熵概念［Unruh

and Wald 1982]，但暴胀理论家似乎很少认真容许这些考虑的掺和。我完全不相信暴胀能以任何方式帮助我们解决 3.6 节的难题，那里的初始态表现为极低的熵，这只不过是引力自由度的约束，因而呈现在我们面前的是一个近似均匀的 FLRW 式的宇宙。人存论证在这个问题上对暴胀是无能为力的。

实际上，人存论证对第二定律的问题还远不如我前面说过的那些有力。诚然，我们认识的生命的出现是与我们认识的第二定律和谐的，但基于生命存在的人存论证对第二定律的存在的证明几乎什么也没说。为什么呢？

事实是这样的：地球上的生命的出现，是通过不停歇的自然选择的进化过程作用，生成越来越精密的结构，而其存在和延续要求低熵。而且，这一切都依赖于黑暗背景天空里的火热太阳提供的低熵源，而那需要一个初始的（引力作用的）极低熵态（3.4 节）。重要的是要认识到所有这些都符合第二定律。尽管自然选择呈现在我们面前的组织效应千姿百态 —— 如奇异的植物和结构精巧的动物 —— 总熵却一直是随时间增加的。所以我们可能会情不自禁地得出与人有关的结论：生命的存在多少解释了第二定律的事实，从我们自己的存在为定律找了一个人的必然性。

在我们熟悉的世界里，生命确实是以这种方式出现的。我们已经习惯了。但从低熵要求来看，这是生成我们周围世界的最"便宜"（即"最可能"）的方式吗？几乎可以肯定它不是！我们可以粗略估计生命（如地球上存在的）——连同它的分子和原子的具体位置和运动 ——

仅通过（举例说在六天里）靠与空间粒子的偶然相遇而出现的概率！[317] 这种事情的自发发生将牵涉一个大约量级为$10^{-10^{60}}$的不可能概率，从概率看以这种方式产生智能生命比它实际出现的方式要"便宜"多了！这类事情确实明显源自第二定律的本性。如果宇宙在其最早阶段（因第二定律而处于更低熵态）开始产生人类，那更早、更低熵态必然远比当下的情形更为不可能（在这个意义上）。这只不过是第二定律的作用。所以，这个态像今天这样靠随机方式出现，比它从更早的更低熵态——假如这原来也是随机产生的——生出来，肯定更"便宜"（从不可能概率说）。这个论证可以一直回溯到大爆炸。假如我们要找一个基于随机的人存论证，就像这里考虑的（涉及$\mathscr{B}$的子区域$\mathfrak{R}$和$\mathscr{D}$），则我们认为的创生发生的时间越晚，它就越"便宜"！显然，初始态（大爆炸）的低熵肯定还有别的不同于纯随机的理由。初始态（显然有引力自由度，只是被完全压缩了）的倾向本性必然源自完全不同的更深层的原因。人存论证与暴胀论一样，对我们认识这些问题没有添加任何东西。（这类难题有时被称为"玻尔兹曼大脑"疑难，我们将在3.11节回到这个问题来。）

另一方面（对暴胀也是一样的情形），人存论证确实扮演着一些其他重要的诠释者角色，关乎基本物理学的某些深层特征。我所知的最早例子是著名天体物理学家和宇宙学家霍伊尔（3.2节中说稳恒态宇宙学模型时提到过）在一个演讲里提出的。我在剑桥听演讲时，还是圣约翰学院的年轻研究人员。演讲的题目是"作为科学的宗教"（假如我没记错的话），我想那可能是1957年秋在大学教堂讲的。在演讲中，霍伊尔触及了一个微妙的问题：物理学定律是否可能以某种适宜生命存在的方式精细调节？

就在那几年前（1953 年），霍伊尔提出过一个非凡的预言：肯定存在某个迄今显然被忽略了的碳能级（约 7.68 MeV），碳（和比碳重的其他众多元素）才能在星体（红巨星）内形成 —— 然后在超新星爆发中消散在空间里。霍伊尔费了不少工夫劝说核物理学家福勒（William Fowler，加州理工的）去看看是否存在那个能级。福勒最后答应了，马上就发现霍伊尔的预言是正确的！那个能级现在的观测值（约 7.65 MeV）略低于霍伊尔的预言，但在接受的范围内。（奇怪的是，霍伊尔没能与福勒和钱德拉塞卡一起分享 1983 年的诺贝尔物理学奖。）令人好奇的是，虽然已经是明确的观测事实了，从理论核物理学家当下的认识来看，这个能级的理论存在似乎仍有一定的问题[Jenkins and Kirseborn 2013]。在 1957 年的演讲中，霍伊尔指出，如果这个碳能级和另一个氧能级（以前观测到的）不是相互调配得那么精确，则氧和碳将不会那么容易达成生命存在所必须的比例。

霍伊尔非凡而成功的碳能级预言常常被用来作为基于人存原理的预言 —— 实际上这也是这个原理迄今为止唯一的一个明确的预言性胜利[Barrow and Tipler 1986；Rees 2000]。然而，也有人指出[Kraagh 2010]，霍伊尔的预言最初并不是从人的观点出发的。我认为这一点无关紧要。很清楚，霍伊尔有很好的预言理由，因为已经发现碳在地球上占很大的比例（确凿无疑！），因而总该以什么方式产生。这无须求助那些比例也碰巧适合地球生命（包括智能生命）演化的事实。甚至可以认为，如果他只关注其生物学意义，反倒削弱了论证的力量。碳就是含量丰富，而根据当时的物理学认识，很难想象它除了在星体（红巨星）中生成外还有其他什么途径。不过，就与生命存在的关系而言，问题的重要性肯定在霍伊尔追寻地球碳总量起源的动力中起着主要作用。

实际上，我很清楚霍伊尔那时确实也对"人存论证"感兴趣。1950 年我在伦敦大学学院读数学本科时，听过霍伊尔激动人心的关于"宇宙的本性"的系列广播讲座。我还清楚记得他提过的一个问题，与地球生命的适宜条件有关，有人认为这颗行星的所有条件在各方面都那么理想地适宜生命演化，真是"天意"——他对此的回答是，假如不是这样，"那么我们就不会在这儿；我们会在别的什么地方。"[1] 霍 [319] 伊尔奇怪的"人存"表述给我留下了特别深刻的印象——不过我们要记住，专门的人存一词是多年以后才由卡特尔提出的 [Carter 1983]，他更清楚地规范了人存原理的思想。

事实上，霍伊尔广播讲座里所说的那种形式的人存论证将是卡特尔所指的弱人存原理，即本节开头提及的（几乎同义反复的）问题，它断言需要在我们给定的时空宇宙中找到适宜的位置，不论空间的还是时间的。另一方面，卡特尔的强人存原理则是这样一个问题：自然律或那些定律运行的数值常数（如质子 / 电子质量比）是否可以"微调"来满足智能生命的出现？只有在这个强人存原理形式下，霍伊尔的 7.68 MeV 碳能级的非凡预言才可以认为具有示范意义。

另一个人存推理的重要例子，虽然回答了基础物理的深层问题，最终看来却是弱形式的，它源自狄拉克大数假说 [Dirac 1937, 1938]。狄拉克考察过物理学中的一些纯数，即不依赖于所用单位的

---

1. 据我的记忆，这个"天意"一词在这里明显是霍伊尔在广播讲座里实际使用的形式，尽管我没能在这些讲话后来的文字版本里找到它 [Hoyle 1950]。

表示大小的数字。其中一些是我们可以想象并根据一定数学公式解释的大小适当的数（如涉及 π，$\sqrt{2}$，等等）。这样的数大概包括精细结构常数的倒数

$$\frac{\hbar c}{e^2} = 137.0359990\cdots$$

（$-e$ 为电子电荷），以及质子质量 m_p 与电子质量 m_e 之比，即

$$\frac{m_\mathrm{p}}{m_\mathrm{e}} = 1836.152672\cdots,$$

尽管我们并不知道这些情形的数学公式。

然而，狄拉克指出基础物理学中的其他纯数却大（或小）得离谱，可能不会有它们的公式。其中一个是电子与质子（如氢原子中）之间的电荷吸力与引力之比。这个比例非常大（与它们之间的距离无关，因为都是平方反比力），近似为

$$2.26874 \times 10^{39} = 2268740000000000000000000000000000000000,$$

当然，我们不指望后面的位数都真的是零！狄拉克指出，如果用质子质量 m_p 或电子质量 m_e 定义一个自然时间单位，即分别为量 T_prot 和 T_elect：

$$T_\mathrm{prot} = \frac{\hbar}{m_\mathrm{p}c^2} = 7.01 \times 10^{-25}秒,$$

$$T_{\text{elect}} = \frac{\hbar}{m_e c^2} = 1.29 \times 10^{-21} \text{秒} ,$$

则我们将看到宇宙年龄（近似为 1.38×10^{10} 年 $= 4.35 \times 10^{17}$ 秒）大约为

$$6.21 \times 10^{41} \text{ 质子时间单位} ,$$

$$3.37 \times 10^{38} \text{ 电子时间单位} 。$$

这些巨大的纯数（多少有赖于我们选作自然时钟的粒子）非常接近电力与引力之比。

　　狄拉克持这样的观点：这些大数 —— 以及我们马上看到的其他大数 —— 的相似必然有着深层的理由。于是，他根据他的大数假说论证，必然存在（未知的）物理原因，这些数字才可能如此密切相关，只是在比例上差一个相对小的因子（如质子/电子质量比 1836），或者就是这个大数的简单幂次。这些幂次的例子如普朗克（即绝对）单位下的 m_p 和 m_e 的值：

$$m_p = 7.685 \times 10^{-20} ,$$

$$m_e = 4.185 \times 10^{-23} ,$$

它们大约为前面说的那些数的平方根的倒数。我们可以认为所有这些数都是某个量级大概为

$$N \approx 10^{20}$$

[321] 的大数 N 的简单幂次的合理的小倍数，于是我们看到寻常粒子（电子、质子、中子、π 介子等）在普朗克单位下都是 $\sim N^{-1}$。普通粒子的电力与引力之比为 $\sim N^{2}$。以普通粒子时间为单位的宇宙年龄为 $\sim N^{2}$，于是普朗克单位的宇宙年龄为 $\sim N^{3}$。我们当下（或最终）粒子视界内的宇宙总质量也是 $\sim N^{3}$（普朗克单位），这个区域的实际有质量粒子数量为 $\sim N^{4}$。而且，宇宙学常数 Λ 的粗略值为 $\sim N^{-6}$（普朗克单位）。

这些数字，诸如电力与引力之比或普朗克单位的粒子质量，似乎大都为内置的常数（至少十分近似），是宇宙的动力学定律的要素，但宇宙的实际年龄（从大爆炸算起）却不可能是常数，因为它是随时间增大的！于是狄拉克据此指出，数字 N 不可能是常数，因而其他任何大数（或对应的小数）也不可能是；它们必然会变化，变化率决定于相关情形下的 N 的幂次。这样，狄拉克希望，"不合理"大数 N 根本用不着什么基本的物理学／数学解释，因为 N 就是日期！

这当然是优美而别致的设想，当狄拉克提出时，它与观测是一致的。根本说来，狄拉克的设想需要引力强度随时间逐渐变弱，而普朗克单位（依赖于将引力常数 γ 设置为 1）本身也不得不随时间变化。然而，不幸的是，后来更精确的观测表明 γ 是不变的 —— 当然也没有设想要求的变化率 [Teller 1948；Hellings et al. 1983；Wesson 1980；Bisnovatyi-Kogan 2006]。而且，这似乎将我们当下对应于 N^{3}（普朗克单位的）宇宙年龄 —— 显然不变的物理学定律决定的数字 —— 置于异常侥幸的尴尬境地。

这时，（弱）人存原理来救场了。迪克（Robert Dicke）在 1957 年、后来卡特尔在 1983 年更周密地指出 [Dicke 1961；Carter 1983]，假如考虑决定一颗寻常主序星（如我们的太阳）一生的所有主要物理过程 —— 它们实际上都将牵涉作用于电子和质子的电力和引力的强度 —— 那我们就可以计算这样一个星体的寿命量级。结果是 N^2 或其附近。于是，若有依赖于这种星体、需要它持续而可靠的辐射来源的智能生命，能仰望宇宙并形成宇宙年龄的可靠估计，则很可能会发现，[322] 他们估计的年龄恰好也是在 N^2（通常粒子定义的单位下）或 N^3（绝对单位下）左右。

这是弱人存原理的一个经典应用，解决了一个深刻的疑难问题。不过我担心大概也找不出更多例子了（实际上，我就不知道有什么别的例子）。当然，论证没假定智能生命是我们熟悉的一般类型，其演化依赖于稳定而适当的以某合适主序星为中心的行星-太阳系统。而且，在我们知道的宇宙中 —— 满足产生足够多样化学元素所要求的各种霍伊尔式巧合，那些元素的生成依赖于貌似幸运的能级安排 —— 我们可以问，假如我们的物理定律的那些看起来幸运的细节特征出现了一丁点儿不同（甚或完全不同），生命是否还有可能？这些问题都属于强人存原理的地盘，我将在下面考虑。

强原理有时以准宗教的形式呈现，仿佛物理学定律真是在宇宙创生时为了能让（智能）生命出现而遵天意调节来的。基本相同的论证也可以略微不同的方式构建起来，即想象存在大量平行宇宙，每个宇宙可能有不同的一组物理学常数值甚或完全不同的一组决定其行为的（大概还是数学的）定律。这个强人存原理思想可以换一种说法：

这些不同宇宙以某种方式并存，在不存在有意识的（智能）生命的意义上，它们多数是死的。只有在能出现那些生命的宇宙中，才可能由生命本身发现并惊讶他们的存在所需要的巧合。

在我看来，理论物理学家们为了补救他们五花八门的理论表现出的预言力的欠缺，最后竟三番五次地跑去依靠这样的论证，实在是令人疑惑。我们已经在 1.16 节的景观见识过了。弦论及其衍生理论的初心本来是找到某个唯一的归宿，使理论能为实验物理的各种测量数据提供数学解释。结果，弦论家却有那么巨量的可能性需要减除，只得被驱赶着去向强人存论证寻求庇护。从我的观点看，理论到了这一步，真是悲哀而无助的。

323　　而且，我们对（智能）生命真的需要什么，也是知之甚少。人们常用类似人的生命的需求来说，诸如类地的行星、液态的水、氧气、基于碳的结构，等等，或者干脆只说普通化学的基本要求。我们必须记住，从人类的观点来看，我们对什么事物可能发生的观点是非常极限和偏执的。我们看到周围的智能生命就可能忘了我们对生命的真正需求或它出现的初始条件是多么无知。科幻小说偶尔会提醒，我们对什么可能是智能发展的根本要素几乎一无所知，两个非凡的例子是霍伊尔的《黑云》和福沃德的《恐龙蛋》（及其后续《星震》）［Hoyle 1957；Forward 1980，1985］。这两本书都引人入胜，洋溢着独创的有科学基础的思想。霍伊尔提出在一个星系云中出现了独立发达的智能。福沃德则更详尽地描述了生命形式如何在中子星的表面以远比我们快的速度演化。不过，这些还是人类想象的智能生命形式，没有跳出我们在宇宙中遇到的结构的范畴。

最后说一句，真不能认为智能生命的条件就是我们生存的宇宙的那些适宜条件。行星地球上存在某种智能，但我们没有直接证据说在我们宇宙的其他地方智能生命就只能是极端稀有的。我们还可以问，我们现实的宇宙在什么程度上真的非常适于有意识的存在？！

3.11　更多的奇异宇宙学

我要再次提醒读者，想象一词不一定从贬义去理解。我早先已经说过（特别是 3.1 和 3.5 节），我们现实的宇宙本身在多个意义上都是想象的，似乎还缺少领会它的奇幻思想。这些都在 CMB 中直接揭示出来了，它不仅提供了大爆炸存在的最直接证据，还揭示了大爆炸特殊本性的某些奇妙方面。我们发现它的本性是两个对立面的奇异组合：几乎完全地随机（如 CMB 热谱所呈现的）搭配异乎寻常的有序，不可能概率小到 $10^{-10^{123}}$（CMB 天空的均匀性所揭示的）。人们迄今所提模型的主要困惑并不在于思想的疯狂（尽管多数确实有些许疯狂），而在于它们疯得不够，不足以同时解释这两个极端对立的观测事实——实际上，多数理论家似乎甚至没有意识到这个量级或极早期宇宙呈现的这些特殊事实的奇异本性，尽管确实有人彻底考察过 CMB 揭示的其他疑难问题。[324]

近年来，我本人也在特别融合大爆炸的这些观测事实的努力中，试着提出自己的貌似疯狂的宇宙学模型。不过，我在前几章还是尽量注意不把个人的特殊纲领强加给读者。但是现在我想"放纵"自己，把本书倒数第二节（4.3 节）的那个"疯狂"纲领非常简单地描述一下。我对本节的那些相关建议的处理方法会说得更简单，因为我认为我不适合对它们做详细说明，那对我来说也太难了。这主要是因为所虑纲领的数量范围变化太大 —— 大到令人难以置信。

有一大类非常建议确实值得我们注意，它们流行于科学讨论中，似乎真被大众当成科学已经接受的思想了！这里说的那些理论，它们认为我们的宇宙只是大量平行宇宙中的一个。人们陷入这样的信念，基本上是因为两个（或许三个）不同的推理线索。

一条线索来自第 2 章讨论的一个关键问题，在 2.13 节提出的，即量子力学形式体系的诠释导致量子力学的所谓埃弗雷特解释或多世界解释。从一定意义上说，假如我们持么正演化观点，认为 U 精确适用于整体的宇宙而没有任何物理意义上的真实的态还原 R，则我们就会被引向多世界。相应地，如 2.13 节描述的薛定谔的猫，小猫的两种可能状态（穿过 A 门或穿过 B 门）被认为都会发生，不过是发生在不同的平行世界里。因为这种分岔是随时发生的，照这个观点，我们最终将被引向这样的同时共存的数不清的世界。我在 2.13 节最后说过，我自己并不认为这幅图景为物理实在性提供了合理的观点，尽管我理解那些坚定不移坚信量子体系是物理真理的人们为什么会走向那样的立场。

325　　然而这还不是我想在此描述的平行宇宙图景。与此相关的另一条可能的推理路线是不同的（尽管可能有人认为这两个图景在恰当意义上是相同的，或者至少是以某种方式相互关联的）。这个推理在 3.10 节末尾描述为强人存原理的一种解释，认为可能真有平行宇宙存在，只是没有办法与我们的宇宙交流，它们的纯数字自然常数（甚或自然律）可能各不相同，也不同于我们直接感觉必将特别适宜于生命的宇宙。这个论证认为，如果想象和我们自己不是相差太远的宇宙历史确实彼此"平行地"存在着，只是各有一组纯数字的常数，则貌似"天意"的自然常数的适宜数值也就好理解了。只有那些纯数具有适宜数值的宇宙才是有意识的智能生命栖居的地方，因为我们是那样的生命——依论证所言——我们当然发现这些数字的集合是适宜的。

与第二个观点密切相关但也许有更直接物理动机的，是从暴胀宇宙学思想产生的立场。我们可以从 3.9 节开头的讨论想到，原来的观点（关于暴胀的）是，宇宙开始不久（大爆炸后大约 10^{-36} 秒），存在一个宇宙的初始态（"伪真空"），其宇宙学常数实际上有着与现在的 Λ 非常不同的数值（相差一个大约 $\sim 10^{100}$ 的因子），然后宇宙在暴胀末期（约 10^{-32} 秒）通过"隧道"进入我们现在的真空——但要记住我在 3.9 节对这种隧穿效应提出的警告。回想 3.10 节"狄拉克猜想"的建议，大纯数应该都表现为某个特殊大数 N（那儿说的"宇宙年龄"现在替换为"主序星的平均寿命"）的简单幂次，而且我们还特别发现，宇宙学常数在普朗克单位下为 $\Lambda \approx N^{-6}$。为符合这个观点，我们赋予暴胀宇宙学常数为 $\Lambda_{\mathrm{infl}} \approx 10^{100}\Lambda$，意味着 N 在暴胀下的数值 N_{infl} 大约为

$$N_{\mathrm{infl}} \approx 2000,$$

因为这时 $N_{\mathrm{infl}}^{-6} \approx (2 \times 10^{3})^{-6} \approx 10^{-20} = 10^{100} \times 10^{-120} \approx 10^{100}\Lambda \approx \Lambda_{\mathrm{infl}}$，正满足要求，所以暴胀相中的有效纯大数应该参照它们现在的数值做相应的修正。这将是遵从狄拉克大数假说（经过迪克-卡特尔人存论证宇 [326]

宙年龄修正）的预期结果。2×10^3 的数值对 N_{infl} 来说想来也不会是暴胀相中适宜智能生命演化的 —— 但它也算得是一个思想！

原始的暴胀思想有不同的外延，影响最大的几个分别叫永恒暴胀 [Guth 2007 ; Harter et al. 2011]、混沌暴胀 [Linde 1983] 和永恒混沌暴胀 [Linde 1986]。([Vilenkin 2004] 解释过这些名词。) 这些建议的一般思想似乎是说，暴胀可以在整个时空的不同地方开启，它们因指数式膨胀而产生一些（非常稀有的）空间区域，即刻主导其邻近的一切事物。这些区域常被称为泡沫（也见 3.10 节），我们自己感觉的宇宙区域也被认为是这样的泡沫。在这类建议的某些版本中，设想这种行为没有真正的开始，而且通常认为也不会有终结。这种行为的合理性似乎源自这样的暴胀论预期：虽然从一个真空到另一个真空的隧道效应以非常小的概率发生，但这些事件在无限的指数式膨胀的无限宇宙（德西特空间模拟的，见 3.1 节）中必然一直发生着。这种行为的共形图有时画成图 3.46 的样子（基本上基于 3.10 节图 3.45 b）。人们有时设想，这些膨胀泡沫可能相交，但其观测结果还不十分清楚，也难以得到几何意义，但有时也有人声称发现了它的观测证据 [Feeney et al. 2011 a , b]。

这些宇宙学纲领常被认为具有平行宇宙建议的某些特征，因为各种不同的泡沫可能有不同的宇宙学常数 Λ（有些泡沫还是负 Λ）。根据前面考虑的（迪克－卡特尔修正的）狄拉克大数假说，我们也可以期待某些纯数值会发生改变，因而有些泡沫可能适宜生命，而另一些则不适宜。3.10 节考虑的那种人存讨论便又有了关系。然而，读者现在应该清楚看到我对那些将其可靠性寄托于这类人存论证的纲领是

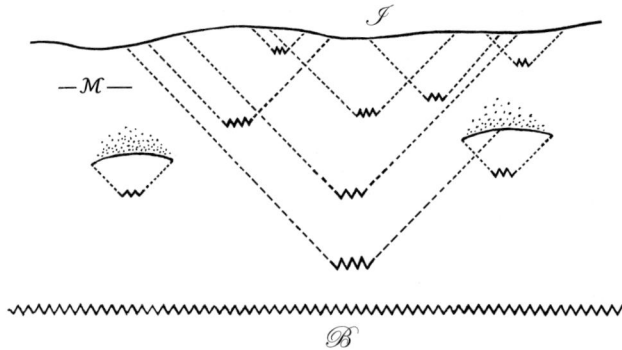

图 3.46 永恒暴胀的原理共形图：尽管概率很小，偶然事件的发生将开启局域的暴胀气泡（主要根据图 3.45 b）

没有几分同情的！

这些泡沫宇宙暴胀图景的一个公认的困难在于"玻尔兹曼大脑问题"。（这个思想冠以玻尔兹曼的名字，其理由大概是他在一篇短文里考虑过第二定律可能源于极不可能的随机涨落［Boltzmann 1895］，但他并没有将这个想法提出来作为他相信的东西，甚至还将它的来源归结为他的"老助手舒茨博士"。实际上，这个基本考虑我已经在 3.10 节提过，用来说明人存论证对解释我们真实的第二定律没有任何作用。但这也引出一个相似类型的论证，是永恒暴胀那样的建议所遭遇的严峻问题。）

困难表述如下。假定（如暴胀纲领显然要求的）有一个极不可能的时空区域 $\mathfrak{R}$ —— 可能是**大爆炸** 3 维曲面 $\mathscr{B}$ 的一部分，但也可能只是在时空深部的某个地方（如永恒暴胀图景设想的）—— 这里，$\mathfrak{R}$ 是激发生成我们所感知的宇宙的暴胀相的"种子"。如果一定要说我们必然出现在这样的一个泡沫里，其实可以非常"便宜"地实现（在不可能概率的意义下，见 3.9 节），仅通过粒子的随机碰撞就能简单地生成整个太阳系及其所有待发的生命，甚至几个有意识的大脑——即玻尔兹曼大脑，想到这一点，那人存式的解释该是多么荒谬！于是问题变成，为什么我们不是以这种方式出现，而是要从极不可能的大爆炸开始并经历 140 亿年漫长沉闷的不必要演化？在我看来这个问题很干脆地证明了，为我们现实宇宙的低熵要求去寻求那种人存解释，是毫无意义的——它还清楚地向我说明，泡沫宇宙的思想是错误的。我在 3.10 节指出，它也说明人存论证作为我们宇宙及其以我们所见方式运行的第二定律的一种解释，是有重要意义的。对我们的**大爆炸**为什么有它实际呈现的那种显著形式，我们需要一个完全不同的解释（见 4.3 节）。假如永恒暴胀或混沌暴胀确实需要这样的人存论证来证明其可行性，我就只能说这些思想简直就是不可行的。

　　为结束这一章，我再提两个不如刚才考虑的那么疯狂的宇宙学建议，但它们也是以不同的方式有着诱人的想象特征。至少从原始形式看，它们都依赖于高维弦论的某些思想，因而（根据我在第一章论述的观点）大家可以感觉我是不会完全赞同这些建议的。不过，正如我在本章说过多次的，我相信，要一个理论为我们提供极其特殊的初始几何（这里表示为 3 维曲面$\mathscr{B}$的结构），这对暴胀和非暴胀来说都是基本的。这样，理论家也就不是完全没有道理地转向弦论思想去找灵感，寻找某种几何来打破经典广义相对论的结构，特别是寻找曲面$\mathscr{B}$的相关物理。另外我也相信，我要描述的这两种建议都有非常重要的思想，尽管我对两个都不满意。它们都是前大爆炸纲领，但在诸多方面都有不同。一个是维内齐亚诺（Gabrielle Veneziano）提出的，然后经过他和盖斯佩里尼（Gasperini）在细节上的发展 [Veneziano 1991，1998；Gasperini and Veneziano 1993，2003；Bounanno et al. 1998a，b]，另一个是斯坦因哈特（Steinhardt）、图罗克（Turok）及其合作者的火 / 循环宇宙 [Khoury et al. 2001，2002b；Steinhardt and Turok 2002，2007]。

我们可以问，为什么应该将我们的宇宙模型延伸到大爆炸之前呢？特别是，从奇点定理（见 3.2 节）的观点看，如果要维护爱因斯坦的经典方程（附带合理的物理假定，如关于物质的标准局域能量正定假设），则无奇性地延拓到大爆炸之前是不可能的。而且，虽然有些思想很有趣，但还没有普遍接受的建议可借以让量子引力来在一般环境下实现这种延拓；关于圈量子引力内的延拓建议，见 [Ashtekar et al. 2006；Bojowald 2007]。不过，假如谁不选择用标准暴胀图景[329]（从我在 3.9 和 3.10 节提出的问题来看，我认为这是一个合理的立场），则肯定需要认真考虑一种可能：我们的大爆炸 3 维曲面 $\mathscr{B}$ 也可能是跟在某个"更早的"时空区域之后。

为什么这样呢？如 3.9 节提及并通过图 3.40 说明的，在标准（弗里德曼 / 托尔曼）宇宙学中，CMB 的关联（远不仅是 2° 左右的天空）是不应该观测到的。然而现在有了这种关联的强硬观测证据，甚至影响到 60° 天空。标准暴胀是通过拉大 3 维曲面 $\mathscr{B}$ 和 $\mathscr{D}$（退耦时）之间的"共形距离"来解决这个问题；见 3.9 节图 3.41。但假如在 $\mathscr{B}$ 之前就有充分大的真实时空，那么这样的关联当然可以通过前大爆炸区域的活动产生，如图 3.47 所示。这样，如果拒绝暴胀，我们就有明确的观测动机去考虑大爆炸之前也许真的发生过什么事情！

在盖斯佩里尼-维内齐亚诺建议中，提出的独创思想是，暴胀本身就是发生在大爆炸之前的事情——这是转移目标的一个精彩例子！这些作者转移暴胀时间自有他们的理由，依赖于某些牵涉叫伸缩子场的一个弦论自由度的考虑。这与出现在度规的共形标度（$\hat{\mathbf{g}} = \Omega^2 \mathbf{g}$）（3.5 节考虑过）中的 Ω 有密切关系——在本书中，这些标度是从一个共形框架转移到另一个。在高维弦论中，还有一个问题，即同时存在"内"维（即看不见的微小的卷曲维）和寻常的"外"维，它们在不同标度下的行为是不同的。但不管考虑共形标度的这些特殊理由怎么样，它肯定都是一种有趣的可能（也与我在 4.3 节描述的纲领有根本性的关联）。例如，在维内齐亚诺的纲领中，可能会出现一种几何怪癖，想在坍缩的前大爆炸阶段里设置一个伸缩子驱动的暴胀，但如何解读这一点却关乎选择哪个共形框架。一个共形框架下的暴胀论收缩可能看起来像另一个框架下的膨胀。这个纲领有力说明了高度不可能的**大爆炸**结构（初始 3 维曲面 $\mathscr{B}$）问题，还通过论证导出了在 CMB 中观测到的温度涨落的近似标度不变性，解除了传统暴胀的需要。

斯坦因哈特、图罗克和同事们的火（ekpyrotic）宇宙建议 [1] 从弦论借了第 5 个空间维，用它连接两个 4 维时空，这样的时空被称为膜（大致具有 D 膜或膜世界的性质，如 1.15 节讨论的，尽管没有像文章那样描述；文章还用了 **M** 理论膜和轨形膜等名词）。建议的大意是，就在将大挤压转为大爆炸的反弹发生之前，两个膜之间的距离迅速减小，在反弹瞬间变为零，然后又立即开始增大。尽管投影的 4 维

---

1. 根据古希腊语 ekpyrosis，"斯多葛学派相信，宇宙每个大年 [25800 年] 都会遭遇大火的周期性毁灭。然后宇宙重生，等着在新一轮的终结再遭毁灭。"

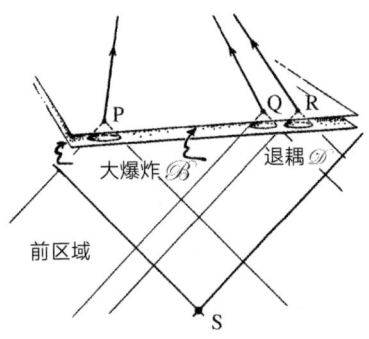

图 3.47　如果没有暴胀，CMB 源之间的关联可以发生在经典宇宙学视界极限之外，只要有一个前大爆炸区域。在这个原理共形图中，前大爆炸事件 S 可以发生作用来关联 Q 和 R 甚至与它们相隔相当角距离的 P

时空具有奇点，5 维几何的结构却一直保持为非奇异的，而且有一致的方程。即使普通意义的暴胀没有出现，但论证还是指出它确实能逼近 CMB 的温度涨落呈现的标度不变性［Khoury et al. 2002 a］。

人们有理由问，3.9 节提出的问题 —— 通过它，凌乱的引力熵不断增大的坍缩的挤压过程（3.4 节图 3.14 a，b）转为引力低熵的大爆炸过程 —— 是如何避免的（图 3.48）。这里的思想是，在最终坍缩为大挤压之前，前反弹相出现在德西特类型的指数式膨胀相（我们观测到的 Λ 驱动的膨胀，它在这个纲领中将持续 10^{12} 年），在这期间，膨胀相将彻底稀释黑洞和其他任何残存的高熵碎屑的密度。（不过要注意，这个膨胀时间还不足以长到使黑洞通过霍金蒸发消失，那需要大约 10^{100} 年，见 3.4 节。）这里，被"稀释"的是相对于随动体积的熵密度；每个随动体积的总熵不会减少，这就没有破坏第二定律。这也适用于后来的坍缩相，即发生在 10^{12} 年之后的坍缩，于是每个随动体积的总熵仍然不会减少。那么，这究竟是如何以恰当方式满足第二定律

331

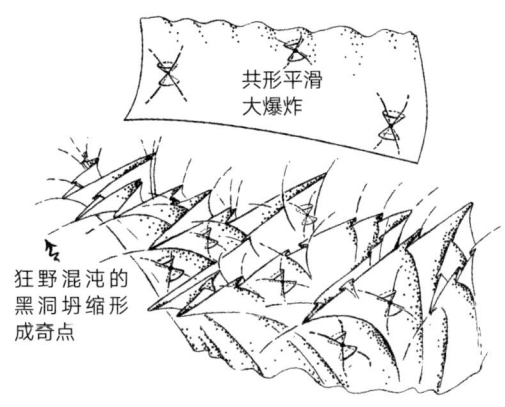

共形平滑
大爆炸

狂野混沌的
黑洞坍缩形
成奇点

图 3.48 前大爆炸理论的一个关键问题是，坍缩的宇宙相如何 "反弹" 为我们的膨胀宇宙。假如膨胀相的初始态的引力熵很低（即有着近似均匀的空间几何），就像我们自己的宇宙，而坍缩相却预期有高引力熵的混沌行为（也许 BKLM），那这是怎么出现的呢

的呢？为明白这是怎么行的，我们还是来看看这个理论的循环形式。

好了，我已经描述了原始的火宇宙纲领，它（如维内齐亚诺的建议）只应对从收缩相到膨胀相的一个反弹。但斯坦因哈特和图罗克将模型推广到连续的循环系列，每个循环都从它的大爆炸开始，起初近似遵从传统 FLRW 的 Λ 宇宙学演化（没有早期的暴胀相），但经过 10^{12} 年的（几乎指数式）膨胀之后，它变成收缩模型，终结于大挤压，然后经过"浴火涅槃"式的反弹，发生新的大爆炸，重启整个过程。这为我们呈现一个无尽的循环序列，在两个方向都是无限的。所有非标准 FLRW 行为（即与爱因斯坦的 Λ 方程不一致）都以膜为界由第 5 维决定，就像单个火反弹情形中考虑的一样。在每个反弹时刻，膜之间的距离减小到零，以无奇点的方式决定着时空的行为。

我们还需要说明一个问题：这个循环模型如何避免与第二定律的

冲突？就我所见，问题有两个方面。一个方面用上面考虑的随动体积来说明，事实是，尽管这些体积确实可以跟着穿越反弹的随动时间线而连续地经历反弹，但它们的大小并不需要在两个循环间对应——实际上，它们也不会那样。我们考虑某个特殊时间截面$\mathcal{S}_1$，处于一个特殊循环的$t=t_0$时刻，然后选择下一个循环中精确对应的时间截面$\mathcal{S}_2$，仍然在$t=t_0$（从每个循环的大爆炸开始度量时间）。我们可以跟着一个在较早的时间截面$\mathcal{S}_1$中选定的随动区域Q_1，跟着它的时间线穿过反弹，到达时间截面$\mathcal{S}_2$。这时我们看到，忠实地跟着时间线，我们在$\mathcal{S}_2$到达的区域Q_2要大得多，因而熵值虽然比它在Q_1时增大了很多，但也分散在更大的区域，所以熵密度可以恰好与先前在$\mathcal{S}_1$一样，与第二定律一致。

然而还有理由问，我们整个宇宙循环的历史所预期的巨大熵增能否通过这种体积增大来实现？这个问题与前面说的第二个问题有关；因为我们宇宙迄今的最大熵，甚至今天的，更别说遥远未来的，都藏在星系核的超大质量黑洞中。在我们宇宙循环的整个历史阶段中——设想大约为10^{12}年（至少对膨胀相）——这些黑洞应该还在，而且以绝对的比例代表宇宙熵的主要贡献。黑洞虽然会分散在指数式膨胀的空间里，但也会在最后的坍缩中重新聚集起来，构成最终挤压的主要部分。我一点儿都不明白，为什么在火宇宙的挤压-爆炸转换[333]中会把这些都忘了！

应该指出，还有些别的建议也代表了人们为描述大爆炸的特殊性质而付出的艰辛。在我看来，其中最值得注意的是哈特尔和霍金的无边界纲领［Hartle and Hawking 1983］，虽然它有高度的独创性，但我并不认为它是十分想象的。就我的认识，这些建议没有一个解释了（a）黑洞奇点的高熵几何与（b）大爆炸的异常特殊几何之间的想象的差别。或许还需要更多的想象元素！

总的说来，这些纲领都是想象的，是为了解决大爆炸的奇异性质引出的严肃问题。它们更多地依赖于物理学领域的流行思维方式而不是宇宙学问题（如弦论、额外维，等等）。它们包含着有趣而发人深省的思想，背后有着严肃的动机。不过，在我看来，它们至少就其现在的形式还不那么令人相信，还不能充分解决 3.4 节提出的基本问题，即第二定律在大爆炸的奇异特殊性中究竟扮演着什么样的基本角色。

第 4 章
宇宙的新物理学？

334

4.1 扭量理论：弦论的替代物？

据我的回忆，在普林斯顿做第一个演讲（关于时尚）时，有个理论物理学的准研究生走过来，似乎正为他的研究路线感到困惑，想要我提些建议。我说要把目标转向推进基本科学认识边界的动人世界，大概扰乱了他的热情。他和许多人一样，发现弦论很诱人；但他又因我的讲话中关于主题方向转移的负面评论感到些许沮丧。那时，我还不能向他提供任何有意义的正面的或建设性的忠告。我不想建议我本人的扭量理论领域或许是恰当的选择，不仅因为在这个主题上他可能找不到合作者，还因为它对渴望真进步的学生（特别是只有物理而没有数学背景的学生）来说是一个困难的领域。随着扭量理论的发展，它需要一些依赖于概念的数学技巧，而不能仅靠通常的物理学生的训练。而且，这个理论蹒跚 30 多年了，遇着似乎难以逾越的困难（我们称它为曲球问题），我将在本节末尾说明。

这次相遇大概是在与普林斯顿的明星数学家威腾（Edward Witten）相约午餐的前一天，我很紧张，怕威腾会因我对弦论方向表示的困惑感到不快。结果令我惊讶，威腾向我描述了他新近的一些工作，实际上已经能将弦论和扭量理论的一些思想融合起来了，在把握强相互作用的复杂数学上算是取得了一点明显的进步。令我特别吃惊的是威腾的形式专门针对发生在 4 维时空里的过程。第 1 章的读者应该清楚，我对现代弦论的反感几乎完全源于它显然的对额外空间（时间）维度的要求。我对超对称性（也出现在威腾的扭量−弦论纲领中）也有自己的困难，但这些还不那么根深蒂固。不管怎么说，威腾的新思想似乎远不像主流弦论依赖于高维时空那样依赖于超对称性。

威腾向我展示的东西令我很感兴趣，因为它不仅可以用于我认为正确的时空维度，还可以直接用于基本的已知粒子物理学过程，如对强相互作用有着根本意义的胶子相互散射的过程（见 1.3 节）。胶子是强力的携带者，就像光子是电磁力的携带者一样。然而，光子并不直接相互作用，因为它们只与带电（或磁）荷的粒子相互作用，而不与其他光子相互作用。这是麦克斯韦电磁理论的线性的基础（见 2.7 和 2.13 节）。但强相互作用是极度非线性的（满足杨−米尔斯方程，见 1.8 节），胶子之间的相互作用是强相互作用的本质的基础。威腾的新思想 [Witten 2004] 植根于别人以前的工作 [Nair 1988；Parke and Taylor 1986；Penrose 1967]，说明了当时用传统费曼图方法（见 1.5 节）计算胶子散射过程的标准程序如何能够大为简化，正如结果表明的那样，有时需要一本书的计算机计算量可以减为简单的几行。

从那以后，很多人跟上了这些发展，主要是因为威腾在数学物理界令人尊崇的地位，而扭量理论也在一场积极的运动中获得了新生，在粒子质量（即静止质量）变得相对不重要而粒子实际上可视为无质量的高能极限下，为粒子散射振幅的计算找到了越来越强大的技术。

并不是所有技术都涉及扭量，关于这一点有很多不同的思想派别，但一般结论是这些计算的新方法比标准的费曼图技术高效得多。尽管弦论概念在这些发展背后的初始思想中起着重要作用，现在它们似乎已经淡出了，让位给了其他更新的发展，只有一些与弦有关的概念元素 [336]（在 4 维时空里）还保持着它们的作用。

不过应该指出，很多这些计算是对一类特殊理论进行的，最特别的如 $n = 4$ 的超对称杨–米尔斯理论（见 1.4 节），它们有着非常特殊的、大为简化的且总体上并非现实物理的性质。一个普遍的观点是，这些模型类似于经典力学中非常简单的理想化情形，我们首先把握简单的，就像寻常量子物理中的简单谐振子。在正确认识了简单系统之后，更复杂现实的系统的认识也就随之而来了。对我来说，当然理解研究简单模型的价值，从它们可以引出真正的进步，获得切实的认识，但我觉得谐振子的类比是非常误导的。简单谐振子在非耗散经典系统的小振动中几乎无处不在，而 $n=4$ 超对称杨–米尔斯场在自然的真实物理的量子场中似乎没有扮演任何对应的角色。

这里应该相对简要地介绍扭量理论的基础，提出主要思想，触及一些细节，但我还不能讨论这些散射理论的发展，也不会深入扭量理论。更详尽的内容见 [Penrose 1967a；Huggett and Tod 1985；Ward and Wells 1989；Penrose and Rindler 1986；Penrose and MacCallum 1972] 以及《通向实在之路》第 33 章。中心思想是，时空本身将被视为次生的概念，由一些更基本的与量子论相关的扭量空间构成。作为基本的指导原则，理论形式统一了量子力学的基本概念和（传统 4 维的）相对论时空物理，通过复数的魔幻性质（A9 和 A10 节）将它们结合在一起。

在量子力学中我们有叠加原理，通过它用复数（即振幅）将不同的态组合起来，这是量子论的基础（见1.4和2.7节）。在2.9节我们看到，在量子力学的自旋概念中（特别是1/2自旋），复数是如何与23维空间几何密切联系的，其中复振幅对的不同可能比值的黎曼球面（A10图A43和2.9节图2.18）可以认同为普通3维空间里的不同方向——也就是自旋1/2粒子的可能的自旋轴方向。在相对论物理中，黎曼球面有着明显独立的角色，仍然针对3维空间（但沿着1维时间）。结果表明，在这种情形下，可自然认同为黎曼球面的正是沿观测者过去光锥不同方向的*天球* [Penrose 1959][1]。在一定意义上，扭量理论将复数的量子力学角色与相对论角色通过它们在黎曼球面的作用而结合在一起了。于是，我们可以来看复数的魔术是如何为统一小东西的量子世界与大东西的时空物理的相对论原理提供联系的。

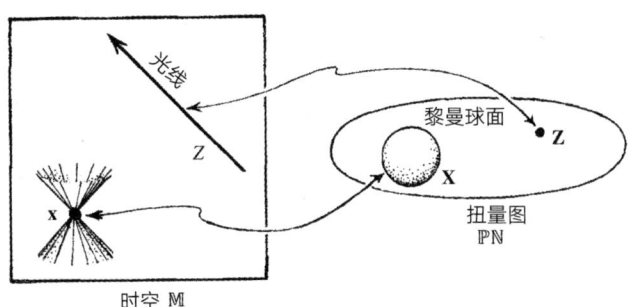

图4.1　基本扭量对应。扭量空间$\mathbb{PN}$的每点Z对应于闵氏空间$\mathbb{M}$（可能无限远）中的一条光线Z（零线）。$\mathbb{M}$的每点x对应于$\mathbb{PN}$中的一个黎曼球面X

这是怎么做的呢？作为扭量理论的初始图像，我们考虑空间$\mathbb{PN}$

1．这儿有一点微妙，可能会令读者疑惑，即量子力学的黎曼球面的对称群SU（2）比相对论群SL（2，C）更多限制。然而，后者在扭量算子的自旋提升和下降的作用中只与量子自旋有关，是彭罗斯的*第四物理近似*，见 [Penrose and Rindler 1986，6.4节]。

（这个特殊记号的原因马上会说明，"$\mathbb{P}$"代表投影，与 2.8 节希尔伯特空间情形的意思一样）。$\mathbb{PN}$的每个点在物理上代表一条完整的光线 —— 用时空的名词说即一条零线：一个自由运动的无质量（类光）粒子（如光子）的整个历史（图 4.1）。这条光线将是传统时空物理呈现的图像，物理过程可认为发生在狭义相对论的闵氏空间$\mathbb{PN}$（见 1.7 节，记号同 1.11 节），但在扭量图景中，整条光线将几何呈现为$\mathbb{PN}$的单个点。反过来，为代表$\mathbb{PN}$中的时空点（即事件）x，用扭量空间$\mathbb{PN}$ [338] 中的结构来说，我们简单考虑$\mathbb{PN}$的所有经过点 x 的一族光线，看这族线在$\mathbb{PN}$中会有什么样的结构。根据前面说的，$\mathbb{PN}$中代表时空点 x 的焦点就是一个黎曼球面（基本上就是 x 的天球）—— 最简单的一种黎曼曲面。因为黎曼曲面不过就是复曲线（A 10），那么让$\mathbb{PN}$成为真实的复流形将是有意义的，这样黎曼球面即呈现为复 1 维子流形。然而，这不可能做到，因为$\mathbb{PN}$是奇数维（5 维）的，要有机会表示为复流形，必须是实偶数维的（见 A 10）。我们还需要一个维度！但接着我们发现，令人惊奇的是，当我们将无质量粒子的能量和螺旋（即自旋）包括进来，$\mathbb{PN}$确实以物理的方式扩张到实 6 维流形$\mathbb{PT}$，具有复 3 维流形的自然结构，其实就是一个复 3 维投影空间（$\mathbb{CP}^3$），被称为投影扭量空间，见图 4.2。

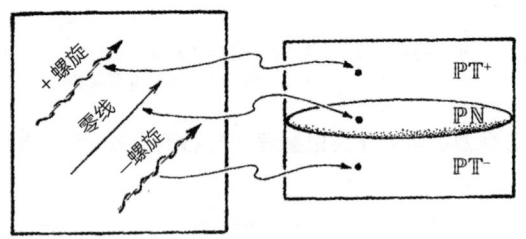

图 4.2　投影扭量空间由三部分构成：$\mathbb{PT}^+$，代表右旋无质量粒子；$\mathbb{PT}^-$代表左旋无质量粒子；$\mathbb{PN}$代表无自旋粒子

　　具体是怎么实现的呢？为明白扭量形式，我们最好考虑复 4 维矢量空间 $\mathbb{T}$（见 A3），有时也称非投影扭量空间或简称扭量空间，上面的 $\mathbb{PT}$ 即是它的投影形式。$\mathbb{T}$ 与 $\mathbb{PT}$ 的关系犹如我们在 2.8 节看到的希尔伯特空间 $\mathcal{H}^n$ 与其投影形式 $\mathbb{P}\mathcal{H}^n$ 的关系（2.8 节图 2.16b）；就是说，给定非零扭量 $\mathbf{Z}$（$\mathbb{T}$ 的元）的所有非零复倍数 $\lambda\mathbf{Z}$ 给出相同的投影扭量（$\mathbb{PT}$ 的元）。实际上，就其代数结构而言，扭量空间 $\mathbb{T}$ 非常相似于 4 维希尔伯特空间，尽管它的物理解释完全不同于量子力学的希尔伯特空间。一般说来，如果我们考虑几何问题，有用的恰好是投影的扭量空间 $\mathbb{PT}$，而空间 $\mathbb{T}$ 适合我们考虑扭量的代数。

　　与希尔伯特空间情形一样，$\mathbb{T}$ 的元遵从内积、模和正交性概念，但我们不用 2.8 节用过的记号如⟨⋯⟩，我们会发现更简便的是将扭量 $\mathbf{Y}$ 和 $\mathbf{Z}$ 的内积表示为

$$\bar{\mathbf{Y}} \cdot \mathbf{Z},$$

这里 $\mathbf{Y}$ 的复共轭扭量 $\bar{\mathbf{Y}}$ 是对偶扭量空间 $\mathbb{T}^*$ 的元，于是扭量 $\mathbf{Z}$ 的模 $\|\mathbf{Z}\|$ 为

$$\|\mathbf{Z}\| = \bar{\mathbf{Z}} \cdot \mathbf{Z},$$

而扭量 $\mathbf{Y}$ 和 $\mathbf{Z}$ 的正交性为 $\bar{\mathbf{Y}} \cdot \mathbf{Z} = 0$。然而，扭量空间 $\mathbb{T}$ 从代数来看不完全是希尔伯特空间（除了在量子力学中的服务目的不同于希尔伯特空间外）。具体说来，模 $\|\mathbf{Z}\|$ 不是正定的（而对适当希尔伯特空间它是正

的）[1]，等于说对非零扭量 $\mathbf{Z}$，我们可以有三种可能：

$\|\mathbf{Z}\| > 0$ 对正或右手扭量 $\mathbf{Z}$，属于空间 $\mathbb{T}^+$；

$\|\mathbf{Z}\| < 0$ 对负或左手扭量 $\mathbf{Z}$，属于空间 $\mathbb{T}^-$；

$\|\mathbf{Z}\| = 0$ 对零扭量，属于空间 $\mathbb{N}$。

整个扭量空间 $\mathbb{T}$ 是三个部分 $\mathbb{T}^+$，$\mathbb{T}^-$ 和 $\mathbb{N}$ 的不相交并，正如它的投影 $\mathbb{PT}$ 是 $\mathbb{PT}^+$，$\mathbb{PT}^-$ 和 $\mathbb{PN}$ 的不相交并一样（图 4.3）。

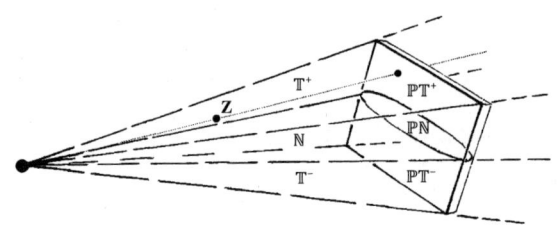

图 4.3　通过非投影扭量空间 $\mathbb{T}$ 的原点的复直线对应于投影空间 $\mathbb{PT}$ 的点

直接与时空光线联系的是零扭量，$\mathbb{N}$ 的投影形式 $\mathbb{PN}$ 实际上代表闵氏空间 $\mathbb{M}$ 的光线空间（有时，当 $\mathbb{M}$ 扩张为 1.15 节所说的紧化闵氏空间 $\mathbb{M}^{\#}$（图 1.41）时，也包括特殊的无限远 $\mathscr{I}$ 的"理想化"光线）。在零扭量情形，我们对正交关系 $\bar{\mathbf{Y}} \cdot \mathbf{Z} = 0$（或等价的 $\bar{\mathbf{Z}} \cdot \mathbf{Y} = 0$）有非常直接的几何解释。正交性条件只不过是说 $\mathbf{Y}$ 和 $\mathbf{Z}$ 代表的光线是相交的 340（可能交于无限远）。

---

1. 在 2.8 节我们有（有限维）希尔伯特空间的概念。这是具有正定符号 $(+, +, +, ...+)$ 的厄米结构的复矢量空间。这里我们要求符号为 $(+, +, -, -)$，意味着在传统复坐标下，矢量 $\mathbf{z} = (z_1, z_2, z_3, z_4)$ 的模（平方）将是 $\|\mathbf{z}\| = z_1\bar{z}_1 + z_2\bar{z}_2 - z_3\bar{z}_3 - z_4\bar{z}_4$。然而在标准扭量符号下，用（完全等价的）扭量坐标 $\mathbf{Z} = (z^0, z^1, z^2, z^3)$（不能读作每个 $\mathbf{z}$ 的幂次）更方便，这样我们有 $\|\mathbf{Z}\| = z^0\overline{z^2} + z^1\overline{z^3} + z^2\overline{z^0} + z^3\overline{z^1}$。

　　和普通希尔伯特空间的元一样，$\mathbb{T}$ 的元 $\mathbf{Z}$ 也有一种相，取决于乘数 $e^{i\theta}$（θ 为实数）。尽管这个相也有某种几何意义，但我在这里要忽略它，而考虑扭量 $\mathbf{Z}$ 在精确到这个相位因子的物理意义。我们发现，$\mathbf{Z}$ 代表自由无质量粒子的动量和角动量，遵从通常的经典狭义相对论约定（这里包含一定的极限情形，即 4 维动量为零，无质量粒子在无限远）。于是，我们为自由运动的无质量粒子找到了一个真正恰当的物理结构，比仅仅是光线更多意义，因为这个解释既包含了零扭量，也包含了非零扭量。我们发现扭量确实为无质量粒子正确定义了能量 − 动量和角动量，还容纳了它沿运动方向的自旋。然而，这实际上给出了无质量粒子在具有非零内禀自旋时的非定域描述，从而在这个情形下它的光线世界线就只能是近似定义的。

　　应该强调的是，这个非定域性不是人为的、源自扭量描述的非传统特性；如果用动量和角动量（也叫相对于某个特定点的动量矩，见 1.14 节图 1.36）来表示，它其实是带自旋的无质量粒子的传统描述的一个（经常被忽视的）方面。尽管扭量理论的特殊代数描述不同于传统，我刚才的解释并没有非传统的东西。至少在这个阶段，扭量理论只是提供了一个独特的形式。它没有带入任何关于物理世界的新假定（不像弦论）。不过它确实带来了对事物的不同观点，提醒我们或许时空概念可以有用地认为是物理世界的次生性质，扭量空间的几何则更为基本。还必须指出，扭量理论的框架当然还未能达到任何令人欣喜的地步，它当下在非常高能粒子的散射理论的应用（如上所述）还完全依赖于静止质量可以忽略的过程的扭量形式描述。

　　对扭量 $\mathbf{Z}$ 通常用 4 复数坐标，前两个分量 Z^0, Z^1 为 2 − 旋量 ω

（比较 1.14 节）的两个复分量，第二对分量 Z^2, Z^3 是略微不同的 2-旋量 π（不同在对偶、复共轭类型）的两个分量，于是我们可以将整个扭量表示为

$$\mathbf{Z} = (\boldsymbol{\omega}, \boldsymbol{\pi}).$$

（在很多新近文献中，"$\boldsymbol{\pi}$"记作"$\boldsymbol{\lambda}$"，"$\boldsymbol{\omega}$"记作"$\boldsymbol{\mu}$"，遵从我最先用的符号 [Penrose 1967a]，我在那儿用过一些不恰当的约定 —— 主要与指标的上下位置有关 —— 而实际上也就常常沿袭了这些不当的约定。）我不想深入这里所谓的 2-旋量的精确概念（有时被称为外尔旋量），但我们可以从回顾 2.9 节获得一点概念。分量（振幅）w 和 z 可以认为是定义 2-旋量的两个分量（其比 $z:w$ 定义了 $-\frac{1}{2}$ 自旋粒子的自旋方向，见图 2.18），这同样适用于 $\boldsymbol{\omega}$ 和 $\boldsymbol{\pi}$。[1]

　　然而，关于 2-旋量的更好的几何思想，我请读者看图 4.4，它说明非零 2-旋量如何用时空方法来表现。严格说来，图 4.4b 应视为处于时空某点的切空间内（见图 1.18c），但我们这里的时空是平直闵氏空间 $\mathbb{M}$，因此可以认为这个图指的就是相对于某坐标原点 O 的整个 $\mathbb{M}$。2-旋量表示为未来指向的零矢量（精确到一个相因子），叫作它的旗杆（图 4.4 线段 OF）。我们可以认为旗杆方向由未来零方向的抽象黎曼球面 $\mathcal{S}$ 的一点 P 给定（图 4.4a）。这个 2-旋量本身由 $\mathcal{S}$ 在 P 点的切矢量 $\vec{PP'}$ 给定，P' 为 P 在 $\mathcal{S}$ 的邻近点。用时空语言说，相是旗杆界定的零半平面决定的，叫旗平面（图 4.4b）。尽管细节对我们这儿的讨论 ³⁴²

---

1. 在标准 2-旋量指标记号下 [Penrose and Rindler 1984]，$\boldsymbol{\omega}$ 和 $\boldsymbol{\pi}$ 分别有指标结构 $\boldsymbol{\omega}^A$ 和 $\boldsymbol{\pi}_{A'}$。

不那么重要，脑子里有一个图像还是好的：2-旋量是一种明确的几何客体（唯一模糊的地方在于我们的图不能区分特定的 2-旋量和它的负 2-旋量）。

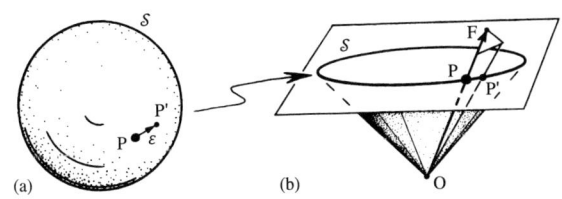

图 4.4 　 2-旋量的几何解释，可认为它在时空点 O 的切空间（或相对于某坐标原点 O 的整个闵氏空间 $\mathbb{M}$）内。（a）黎曼球面 $\mathcal{S}$ 代表（b）未来零旗杆方向 OF。$\mathcal{S}$ 的一点 P 的切矢量 $\overrightarrow{PP'}$ 代表沿 OF 的 "旗平面" 的方向，而它代表 2-旋量的相（只差一个符号）

对扭量 $\mathbf{Z}$，其 2-旋量部分 $\boldsymbol{\pi}$（精确到相）将粒子的能量-动量 4 矢描述为外积（见 1.5 节）[1]

$$\mathbf{p} = \boldsymbol{\pi}\bar{\boldsymbol{\pi}}$$

上面的短线表示复共轭。如果 $\boldsymbol{\pi}$ 乘以相因子 $e^{i\theta}$（θ 为实数），则 $\bar{\boldsymbol{\pi}}$ 乘以 $e^{-i\theta}$，于是 $\mathbf{p}$ 保持不变；实际上，$\mathbf{p}$ 是 2-旋量 $\boldsymbol{\pi}$ 的旗杆。一旦 $\boldsymbol{\pi}$ 已知，则 $\boldsymbol{\omega}$ 的其他数据等价于粒子的相对论角动量（见 1.14 节），相对于坐标原点，可用（对称化的）乘积 $\boldsymbol{\omega}\bar{\boldsymbol{\pi}}$ 和 $\boldsymbol{\pi}\bar{\boldsymbol{\omega}}$ 表示。

---

1. 通过简单并列表示的旋量积是非缩并积，因此乘积 $\boldsymbol{\pi}\bar{\boldsymbol{\pi}}$ 给出一个矢量（其实是一个余矢量），$p_a = p_{AA'} = \pi_{A'}\bar{\pi}_A$，其中每个 4-空间指标（在这里所用的臭腺指标形式下）都表示为一对旋量指标 [Penrose and Rindler 1984]，一个带 "′"，一个不带。明确地说，用 ω^A 和 π_A 可将角动量张量 M^{ab} 表示为旋量形式 [Penrose and Rindler 1986]，$M^{ab} = M^{AA'BB'} = \mathrm{i}\omega^{(A}\bar{\pi}^{B)}\varepsilon^{A'B'} - \mathrm{i}\bar{\omega}^{(A'}\pi^{B')}\varepsilon^{AB}$，圆括弧表示对称化，$\varepsilon$ 表示斜对称。

复共轭量$\bar{\mathbf{Z}}$相应地表示为

343

$$\bar{\mathbf{Z}} = (\bar{\boldsymbol{\pi}}, \bar{\boldsymbol{\omega}}),$$

是一个对偶扭量（即$\mathbb{T}^*$的元），意味着它是与扭量形成标量积的一个自然对象（A4）。于是，如果$\mathbf{W}$为任意对偶扭量（$\boldsymbol{\lambda}, \boldsymbol{\mu}$），我们可以构造它与$\mathbf{Z}$的乘积，结果是复数

$$\mathbf{W} \cdot \mathbf{Z} = \boldsymbol{\lambda} \cdot \boldsymbol{\omega} + \boldsymbol{\mu} \cdot \boldsymbol{\pi}.$$

则扭量$\mathbf{Z}$的模$\|\mathbf{Z}\|$为（实）数

$$\begin{aligned}\|\mathbf{Z}\| = \bar{\mathbf{Z}} \cdot \mathbf{Z} &= \bar{\boldsymbol{\pi}} \cdot \boldsymbol{\omega} + \bar{\boldsymbol{\omega}} \cdot \boldsymbol{\pi} \\ &= 2\hbar s.\end{aligned}$$

结果表明，s是$\mathbf{Z}$描述的无质量粒子的螺旋度。如果s为正，则粒子为右手自旋，其值为s；如果s为负，则自旋是左手的，其值为$|s|$。这样，右手（圆极化）光子有$s=1$，而左手光子为$s=-1$（见2.6节）。这证明了图4.2的图形描述是合理的。对引力子来说，左右的螺旋度分别为$s=-2$和$s=2$。对中微子和反中微子（假定无质量）来说，我们分别有$s=-1$和$s=+1$。

如果$s=0$，则粒子无自旋，扭量$\mathbf{Z}$（称为零扭量，$\bar{\mathbf{Z}} \cdot \mathbf{Z}=0$）实际上在闵氏空间$\mathbb{M}$（或其紧致化$\mathbb{M}^\#$，假如允许$\boldsymbol{\pi}=0$）中可几何解释为光线或零直线$\mathbf{z}$（零测地线——见1.7节）。这是粒子的世界线，遵从上面为图4.1所示零扭量的"初始图"所给的描述。光线$\mathbf{z}$有$\mathbf{p}$的时空方

向，**p** 也为 **z** 提供了一个能量标度，这个标度也取决于实际扭量 **Z**。现在，只要光线 **z** 与坐标原点 O 的光锥相交于某有限点 Q，则 **ω** 的旗杆方向可直接解释为 OQ 的方向，y 的位置矢量为 $\omega\bar{\omega}(i\bar{\omega}\cdot\boldsymbol{\pi})^{-1}$；见图 4.5。

闵氏空间 $\mathbb{M}$ 与扭量空间 $\mathbb{PN}$ 的基本对应，在代数上可体现为零扭量 **Z** 与时空点 **x** 之间的所谓重合关系 [1]：

$$\boldsymbol{\omega} = i\mathbf{x}\cdot\boldsymbol{\pi}$$

344 熟悉矩阵记号的读者可以看到它表示

$$\begin{pmatrix} Z^0 \\ Z^1 \end{pmatrix} = \frac{i}{\sqrt{2}} \begin{pmatrix} t+z & x+iy \\ x-iy & t-z \end{pmatrix} \begin{pmatrix} Z^2 \\ Z^3 \end{pmatrix}$$

这里 (t, x, y, z) 是点 **x** 的标准闵氏时空坐标（取 $c=1$）。在 $\mathbb{M}$ 中，重合解释为零直线 **z** 上的时空点 **x**；用 $\mathbb{PN}$ 的话说，重合解释为点 $\mathbb{P}\mathbf{Z}$ 在投影直线 **X** 上，这条线是根据我们上面的初始图代表 **x** 的黎曼球面，而这个黎曼球面是 3 维投影空间 $\mathbb{PT}$ 中的复投影直线，实际上在 $\mathbb{PT}$ 的子空间 $\mathbb{PN}$ 中。见图 4.1。

当 $s \neq 0$（于是扭量 **Z** 为非零）时，重合关系 $\boldsymbol{\omega} = i\mathbf{x}\cdot\boldsymbol{\pi}$ 不可能为任何实数点 **x** 满足，也就没有从它发出的世界线。如上面说的，粒子的位置这时在一定程度上是非定域的 [Penrose and Rindler 1986 第 6.2 和 6.3 节]。然而，重合关系可以为复点 **x** 所满足（闵氏空间 $\mathbb{M}$ 的

---

1. 这个关系的指标形式为 $\omega^A = ix^{AB'}\pi B'$。

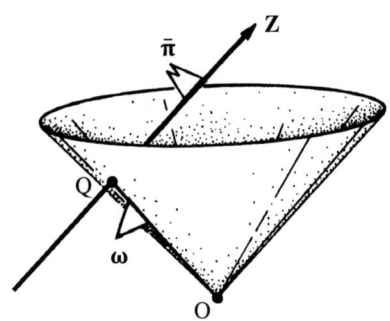

图 4.5 零扭量 $\mathbf{Z}=(\boldsymbol{\omega}, \boldsymbol{\pi})$ 的 $\boldsymbol{\omega}$ 部分的旗杆方向。假定光线 $\mathbf{Z}$ 与坐标原点的光锥相交于某有限点 Q，则 $\boldsymbol{\omega}$ 的旗杆在 OQ 方向；而且 $\boldsymbol{\omega}$ 本身（给定 $\boldsymbol{\pi}$ 时）由 Q 的位置矢量 $\boldsymbol{\omega}\bar{\boldsymbol{\omega}}(i\bar{\boldsymbol{\omega}}\cdot\boldsymbol{\pi})^{-1}$ 确定

复化CM中的点），实际上，它对扭量波函数满足的正频率条件有着根本的意义，我们马上会关注这一点。

以扭量空间方式看物理（与上述几何有关），有一点重要而且神奇的特征，那就是程序非常简单，扭量理论为具有任意特定螺旋度的无质量粒子的场方程提供了所有的解 [Penrose 1969 b；也见 Penrose 1968；Hughston 1979；Penrose and MacCallum 1972；Eastwood et al. 1981；Eastwood 1990]。这种公式的某些形式实际上早就发现了 [见 [345] Whittaker 1903；Baterman 1904，1910]。当我们考虑如何用扭量描述无质量粒子波函数时，它们就自然出现了。在传统物理描述中，粒子的波函数（2.5 和 2.6 节）可以表示为（空间）位置 $\mathbf{x}$ 的复函数 $\psi(\mathbf{x})$，也可以表示为 3 维动量 $\mathbf{p}$ 的复函数 $\tilde{\psi}(\mathbf{p})$。扭量理论带来两种进一步表示无质量粒子波函数的方法，一种是扭量 $\mathbf{Z}$ 的复函数 $f(\mathbf{Z})$，被简单称为扭量函数；另一种是对偶扭量 $\mathbf{W}$ 的复值函数 $\tilde{f}(\mathbf{W})$，即粒子的对偶扭量函数。结果表明，函数 f 和 $\tilde{f}$ 必然是全纯的，即复解析的（所以它们并不"牵扯"复共轭变量$\bar{\mathbf{Z}}$或$\bar{\mathbf{W}}$，见 A 10）。在 2.13 节说过，$\mathbf{x}$ 和 $\mathbf{p}$ 是所谓的正则共轭变量；与此对应的是，$\mathbf{Z}$ 和 $\bar{\mathbf{Z}}$ 也是互为正则共 轭的。

　　这些扭量函数（和对偶扭量函数 —— 不过为明确起见，我们只 考虑扭量函数）有很多显著性质。最直接的是，对具有确定螺旋的粒 子，其扭量函数 f 是齐次的，意思是对某个数 d（叫齐次度），对任意 非零复数 λ，

$$f(\lambda\mathbf{Z}) = \lambda^d f(\mathbf{Z}),$$

数 d 取决于螺旋度 s：

$$d = -2s - 2$$

齐次性条件告诉我们，f 可以确实看作完全是投影扭量空间 $\mathbb{PT}$ 上的一类 函数。（这种函数有时被称为 $\mathbb{PT}$ 上的扭函数，"扭"的圈数由 d 确定。）

　　给定螺旋度 s 的无质量粒子波函数的扭量形式就这么简单 —— 尽管还有一点重要的问题，我们马上就会看到。这个表示的简单一面 在于决定对应位置空间波函数 $\psi(\mathbf{x})$ 的场方程（基本上都是恰当的薛 定谔方程）实际上完全消失了！我们所需要的只是扭量变量 $\mathbf{Z}$ 的扭 量函数 $f(\mathbf{Z})$，它是全纯的（即不涉及 $\bar{\mathbf{Z}}$，见 A 10）和齐次的。

　　这些场方程在经典物理中也很重要。例如，当 $s = \pm 1$（对应于齐

次度 $d = -4$ 和 $d = 0$）时，我们得到麦克斯韦电磁方程（见 2.6 节）的一般解。当 $s = \pm 2$（对应于齐次度 $d = -6$ 和 $d = +2$）时，我们得到弱场 [346]（即"线性化"）爱因斯坦真空方程（$\mathbf{G} = 0$，这里"真空"意味着 $\mathbf{T} = 0$；见 1.1 节）的一般解。在每种情形下，场方程的解都自动从扭量函数产生出来，程序很简单，在围道积分的复分析中我们都熟悉 [例如见《通向实在之路》第 7.2 节]。

在量子背景下，（自由无质量粒子）波函数还有一个特征，我们可以直接从扭量形式得到。这就是，自由粒子的波函数要满足一个叫正频率的基本条件，意思是在波函数中其实没有负能量贡献（见 4.2 节）。这个结果会自动出现 —— 假如我们保证扭量函数（在某种奇异然而适当的意义上）定义在投影扭量空间 $\mathbb{PT}^+$ 的上半部分。图 4.6 给出了相关几何的示意图。这里，我们认为波函数是在复时空点 $\mathbf{x}$ 上取值，$\mathbf{x}$ 点在图中由标记为 $\mathbf{X}$ 的整个处于 $\mathbb{PT}^+$ 的直线代表，这条线实际上是一个黎曼球面，如图 4.6 右边部分所示。

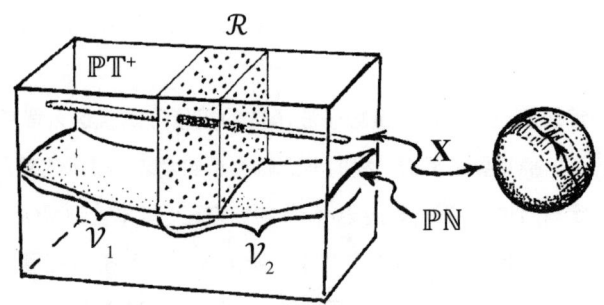

图 4.6 与得到给定螺旋度的自由无质量粒子的正频率场方程（薛定谔方程）的围道积分相关的扭量几何。扭量函数可定义在共同覆盖 $\mathbb{PT}^+$ 的两个开集 $\mathcal{V}_1$ 和 $\mathcal{V}_2$ 的交集 $\mathcal{R} = \mathcal{V}_1 \cap \mathcal{V}_2$ 上

f 确实在"奇异的"适当意义上"定义"于 $\mathbb{PT}^+$，其意义通过 $\mathbb{PT}^+$ 内的点画区域 $\mathcal{R}$ 来说明，这是函数的真实定义域。于是，f 可以在 $\mathbb{PT}^+$ 的居于 $\mathcal{R}$ 之外的那些部分有奇点（图 4.6 中 $\mathcal{R}$ 的左边或右边）。直线（黎曼球面）$\mathbf{X}$ 与 $\mathcal{R}$ 相交于一个环形区域，围道积分就绕着这些区域内的闭合线路。这给出了位置空间波函数 $\psi(\mathbf{x})$ 在（复）时空点 $\mathbf{x}$ 的值，它通过这种构造方式自动满足适当的场方程和能量正定性！

347　　那么，前面所说的问题是什么呢？上述 f "定义在 $\mathbb{PT}^+$" 而其定义域实际上却是更小的区域 $\mathcal{R}$，问题就在于这个奇异概念背后的适当意义。我们如何让它有数学意义呢？

实际上，这里藏着一个技巧，但要恰当说明，需要一些不相称的技术细节。不过关于 $\mathcal{R}$ 的基本点很简单，可视它为两个开区域 $\mathcal{V}_1$ 和 $\mathcal{V}_2$（它们一起覆盖 $\mathbb{PT}^+$）的重叠区域（见 A 5）：

$$\mathcal{V}_1 \cap \mathcal{V}_2 = \mathcal{R} \text{ 和 } \mathcal{V}_2 \cup \mathcal{V}_1 = \mathbb{PT}^+;$$

见图 4.6。（符号 $\cap$ 和 $\cup$ 分别为集合的交和并；见 A 5。）更一般地，我们可以考虑 $\mathbb{PT}^+$ 为更大数量的开集所覆盖，这样，我们的扭量函数就得用定义在这些开集的两两交集上的全纯函数的集合来定义了。从这个函数集我们将抽象出一个特殊的量，叫一阶上同调的元。就这个一阶上同调元，才真正是提供波函数的扭量概念的那个量！

这似乎太复杂，可要把我们做的每件事情都详加解释，也只能如此了。然而，这样的复杂也真表述了一个非常重要的基本思想，我相信它与量子世界实际呈现的神秘的非定域性（如 2.10 节所指的）有着根本的联系。为了把事情说得简单些，我先简化名词，将一阶上同调元简称为 1-函数。这样，普通函数为 0-函数，当然我们也可以有更高阶的 2-函数（二阶上同调元，用定义在三个覆盖开集重叠区的函数集来定义的函数），3-函数，4-函数，等等。（我这里用的上同调类型叫切克（Cech）上同调；还有其他（等价但形式不同的）程序，如多尔波特（Dolbeault）上同调 [Gunning and Rossi 1965；Wells 1991]。）

那么我们要如何理解 1-函数究竟代表什么类似的东西呢？我所知道的解释这个思想的最清楚方式，请读者参考图 4.7 描绘的不可能三角形。这里，我们有一个 3 维结构的印象，但它不可能呈现在寻常的 3 维欧氏空间。想象我们有一个装满木棍和边角的盒子，然后得到一系列指令，告诉我们如何将它们粘结起来。假定我们根据指令将材料一对对粘结成一幅图，从观者角度看是局部契合的，但因眼睛距 [348] 离的不确定而显得模糊。不管怎么说，整个感知的物体和图 4.7 一样，也许真的不能在 3 维空间构造出来，观者没有一致的办法为图像的不同部分找到合适的观察距离。

这个图呈现的非定域不可能，为一阶上同调是关于什么的以及 1-函数表达的那种东西，提供了很好的图像。实际上，只要有了粘结指令，上同调程序就能使我们精确构造 1-函数来度量所得图形的不可能度，这样，只要度量结果不等于零，我们就得到一个图 4.7 那样的不可能物体。注意，如果覆盖图的任何角或边，我们都将得到一个可以在 3 维欧氏空间实现的图像。于是，图中的不可能性不是局部

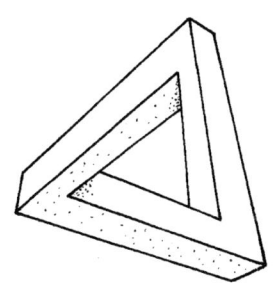

图 4.7　不可能二角形（三角棍）为一阶上同调提供了很好的例子。图中的不可能程度是一个非定域量，它实际上可以精确量化为一阶上同调元。如果我们在任何地方切开三角形，不可能性就消失了，这说明了那个量不可能在任何特殊地方都是定域的。扭量函数扮演着非常相似的非定域角色，实际上也可以解释为一个（全纯的）一阶上同调元

的，而是图像作为整体的全局性特征。相应地，描述这种不可能度量的 1- 函数也是非定域的量，它针对整个结构而不是结构的任何单独一部分 [Penrose 1991 ; Penrose and Penrose 1958]。埃舍尔（Maurits C. Escher）、路特斯沃德（Oscar Reutersward）等人更早描绘的这种不可能结构，见 [Ernst 1986, pp. 125 ~ 134 ; Seckel 2004]。

同样，单个粒子的扭量波函数也是非定域实体，也就是一个 1- 函数，基本上可以像构造不可能图像那样通过重叠区块的局部函数拼接来获取。上面说的上同调源自寻常 3 维欧氏空间的木块的刚性，而现在，正如 A 10（也见 3.8 节）指出的，这里的刚性是解析延拓过程所表示的全纯函数的刚性。全纯函数所呈现的显著 " 刚性 " 似乎提供了一个 " 自带头脑 " 的函数，它知道要去哪儿而不会偏离方向。在当下的情形，这种刚性可以阻止这种函数定义在整个 $\mathbb{PT}^+$ 上。全纯 1- 函数可视为这种整体性阻碍的一个表示，这实际上就是扭量波函数的非定域特征。

　　扭量理论以这种方式在其形式体现下揭示了甚至单粒子波函数的非定域特征的东西，单粒子总会以某种方式表现为一个个实体（"粒子"），尽管它们的波函数可能在非常广大的范围延展——或许远达很多光年，如遥遥星系传来的单个光子就是这样的情形（见2.6节）。我们必须将这种扭量1-函数视为确实像不可能三角形那样的东西，在如此广大的距离延展。最后，在某个特殊位置找到粒子，就打破了这种不可能性，不论光子最终在什么地方发现，都将是这种情形。1-函数就这样完成了使命，以后就不可能在其他任何地方发现那个特定的光子了。

　　在多粒子波函数的情形，n 个无质量粒子波函数的扭量描述是一个（全纯）n-函数，问题实际上要复杂得多。在我看来，贝尔不等式在纠缠的 n 粒子态中被打破的疑惑，可以通过这些扭量描述的考察来说明。但据我所知，这方面还没有认真的尝试［见 Penrose 1998 b，2005，2015 a］。

　　威腾 2003 年引进扭量弦论的创新思想避免了那些上同调问题，他灵巧地将反维克旋转用于闵氏空间（比较1.9节），将一个空间维"旋转"到时间维，从而得到一个平直的有两个类时维和两个类空维的4维"时空"。于是，它的（投影的）"扭量空间"呈现为一个实3维空间$\mathbb{RP}^3$，而不是实质上等同于$\mathbb{PT}$的复$\mathbb{CP}^3$。乍看起来，这使问题轻松些了，因为上同调避免了，狄拉克 δ- 函数可以像标准量子力学那么用（见2.5节）。然而，在我看来，虽然我欣赏过程的应用，却强烈感到它在深度考察物理时丢失了很多扭量理论固有的潜力。

350　　　威腾的原初思想还涉及一个有趣的建议：代表$\mathbb{CM}$的点的$\mathbb{PT}$的黎曼球面（直线）应该推广到高阶黎曼曲面，如光锥截面、立方体和四次曲线，等等（"弦"，如 1.6 节），这引出胶子散射的直接计算程序。（更早就有人提出过具有这种一般性质的思想[Shaw and Hughston 1990]，但心目中的应用场合大为不同。）这些思想为胶子散射及其计算推导的基础理论激发了很多新的兴趣，特别是关联着霍奇斯（Andrew Hodges）很早以前在发展扭量图理论中完成的先驱性工作——他几乎独自奋斗了 30 年[Hodges and Huggett 1980；Penrose and MacCallum 1972；Hodges 1982，1985 a，b，1990，1998，2006 b]——那种扭量图类似于标准粒子物理的费曼图形式（1.5 节）。尽管近年来这些新进展在弦方面的兴趣似乎多少有些衰减（或者说转向了所谓的双边扭量，即复零测地线的扭量/对偶扭量复合表示[LeBrun 1985，1990]），与扭量相关的发展还是自有其成果，而且很多新近工作进一步简化了胶子散射，从而更多更复杂的过程都可以计算了。在这些显著的新进展中，有两个概念很有用：动量扭量（源自霍奇斯）和阿卡尼-哈姆德（Nima Arkani-Hamed）引进的振幅多面体——也从霍奇斯以前的思想发展而来，它处于扭量空间的高维形式（"格拉斯曼流形"），代表着我们有新的希望能以更综合的方式描述散射振幅[Hodges 2006 a，2013 a，b；Bullimore et al. 2013；Mason and Skinner 2009；Arkani-Hamed et al. 2010，2014；Cachazo et al. 2014]。

　　不过，这些诱人的进展都有着微扰论的性质，其中关心的量都是通过一些幂级数（A 10，A 11，1.5，1.11 和 3.8 节）计算的。虽然这些方法力量大，但还是有好多性质难以触及。其中最特别的是引力论的根本性弯曲时空方面。当引力场相对微弱，能对牛顿平直时空理论进行高度精确的微扰修正时，广义相对论问题的幂级数方法确实能导出很多东西来，可是为了恰当认识黑洞，问题就完全不同了。对扭量理论也必然是这种情况，其非线性场的处理方法，如微扰散射理论方法下的杨−米尔斯理论和广义相对论，完全触及不到我相信潜藏在基[351]本物理的扭量方法中的强大力量。

扭量理论真有一种强力的办法用于非线性物理理论（尽管迄今还以根本不完备的方式在用），确实能导出非线性物理场（爱因斯坦的广义相对论和杨−米尔斯理论，以及相互作用的麦克斯韦理论）的非微扰处理方法。这个方法的不完备性，近 40 年来一直是扭量理论发展的令人彻底沮丧的根本性障碍，来自上述无质量粒子的扭量函数表示的奇异的倾向性，我们在其中可以看到左手螺旋与右手螺旋之间奇异的不平衡。如果我们坚持上面的自由线性无质量场的描述（扭量波函数），这是无关紧要的。但迄今为止，只有对左手螺旋部分，才有可能非微扰地处理这些场的非线性相互作用。

这些场的相互作用（与自相互作用）原来也能有精确描述 —— 不过只是在场的左手部分的情形 —— 这正是上述无质量场扭量形式的显著效益之一。我 1975 年发现的"非线性引力子"构造产生了一个代表爱因斯坦方程每个左手解的弯曲扭量空间，实际上描述了左手引力子如何与其自身相互作用。大约一年后，沃德（Richard S. Ward）将那个过程推广去处理左手规范（麦克斯韦和杨−米尔斯）的电磁场、强场和弱相互作用场 [Penrose 1976b ; Ward 1977, 1980]。但所谓曲球问题的基本问题依然悬而未决。（曲球一词用于板球运动，指投出的右手旋转的球，却显然是以左旋的作用投射出来的。）这个问题原来是为了给右手引力和规范相互作用找一个对应于上述非线性引力子的过程，这样两者就可以结合起来，给已知的基本物理相互作用带来一个完整的扭量形式。

应该说明的是，如果我们已经用了对偶扭量空间，则自旋的手性和（对偶的）扭量函数的齐次度将颠倒过来。将对偶扭量空间用于相反的螺旋情形解决不了曲球问题，因为我们需要同时处理两种螺旋的一致方法——尤其是因为我们需要处理涉及两种螺旋的量子叠加的无质量粒子（如平面极化光子，见 2.5 节）。当然，我们一直都可以用对偶扭量空间代替扭量空间，但曲球问题一样存在。关键问题似乎不在于能够在扭量理论的原始框架下用扭量空间的变化形式完全解决问题，尽管这些年来在这方面有一些前景很好的进展 [例如见 Penrose 2000 a]。

然而，过去几年里扭量纲领产生了一个新概念，我称它为宫式扭量理论（名字源于一个非同寻常的场所，在白金汉宫令人兴奋的氛围下，我与阿提亚（Michael Atiyah）在午餐会前有过简短的讨论，这个思想最初的关键要素就在那儿产生了）[Penrose 2015 a, b]，它有望在扭量思想的应用中打开新的愿景。这依赖于扭量理论的一个曾在许多早期发展中起过重要作用的旧特征（不过前面没有明确指出来）。这是扭量几何与存在于扭量量子化过程中的量子力学思想之间的基本联系，由此扭量变量 Z 和 $\bar{Z}$ 被认为是相互正则共轭的（如上面说的，这犹如粒子的位置和动量变量 $\mathbf{x}$ 和 $\mathbf{p}$；见 2.13 节），也是复共轭的。在标准正则量子化过程中，这些正则共轭变量被非对易算子

（2.13 节）所代替。几十年来，同样的思想也曾用于各种发展的扭量理论情形 [Penrose 1968, 1975b; Penrose and Rindler 1986]，其中非对易性（$Z\bar{Z} \neq \bar{Z}Z$）在物理上是自然的，每个算子 Z 和 $\bar{Z}$ 表现为相对于彼此的微分（见 A 11）。宫式扭量理论的新颖之处在将这种非对易扭量变量融入非线性几何构造（非线性引力子和上面指的沃德规范场构造）。从以前不曾考察过的结构（包含来自非对易几何和几何量子化的思想）来看，非对易代数确实呈现出一定的几何意义，见 [Connes and Berberian 1995; Woodhouse 1991]。这个过程也似乎真的提供了一个宏大的形式体系，足以同时容纳左手螺旋和右手螺旋，而且还能以某种方式完整地描述弯曲时空，从而简单地包容爱因斯坦真空方程（有或没有 $\varLambda$），但它是否恰当地满足我们的需要，还要拭目以待。

可以说，近年来在威腾的扭量弦论思想启发下获得的扭量理论的新认识，在非常高能的粒子过程中找到了特别的用武之地。在这个背景下的扭量的特殊角色主要是因为在这些条件下，粒子可以视为无质量的。对无质量粒子的研究来说，扭量理论当然是步调一致的，[353]但它并不局限于此。实际上有很多不同的思想将质量融入一般的纲领 [Penrose 1975b; Perjes 1977, pp. 53 ~ 72, 1982, pp. 53 ~ 72; Perjes and Sparling 1979; Hughston 1979, 1980; Hodges 1985b; Penrose and Rindler 1986]，但它们似乎在这些新进展中还没起过任何作用。扭量理论未来如何向静止质量发展，将是一个非常有意义的问题。

4.2 量子基础何处去？

我在 2.13 节试着说明，不论标准量子力学体系得到了多少实验

结果的支持 —— 迄今还没有实验证据表明它需要修正 —— 仍然有强大的理由相信理论其实只是暂时性的，对我们当下理解量子论显得不可或缺的线性特征终将以某种方式被超越，从而其（互不相容的）U和 R 要素将沦为某个包罗更多的和谐纲领的很好近似。实际上，狄拉克［Dirac 1963］曾雄辩地指出：

> 大家对（量子物理）体系达成了共识。它运行那么好，没人能反对。但我们要在这个体系背后建立的图景却仍然是一个有争议的主题。我要说的是大家不必担心争议。我强烈感到物理学今天达到的境地还不是最后的境地。它只是我们自然图景演化中的一幕，我们应该希望这个演化过程在未来持续下去，就像生物演化持续走向未来一样。物理学理论当下的舞台只是迈向未来更好舞台的阶梯。我们能非常确定未来有更好舞台，恰好是因为今天物理学出现的问题。

如果接受他的话，我们需要知道某种迹象 —— 改进的量子论法则究竟会是什么形式？或者，至少我们需要知道在什么实验环境下可以期待观测结果开始出现对标准量子论预言的显著偏离。

354　　　　我已经在 2.13 节说过，这些环境必然是引力开始在量子叠加中凸显的情形。意思是说，达到这个水平时，某种非线性不稳定性就会跑出来，限制叠加的持续时间，而在一定预估时间段之后，其中的某个可能的参与部分就会落实下来。而且，我还断言，所有量子态还原（R）都是以这种"OR"（客观还原）的方式发生的。

对这类建议的普遍反应是，引力实在太弱，眼下不能指望有什么可信的实验室实验能受引力存在时的量子结果的影响；更不能指望无处不在的量子态还原现象是那么微弱的引力或能量的量子表现的结果——它们都远远小于所虑情景下可能与它们竞争的那些效应。一个互补的问题似乎是，假如我们确实相信量子引力与（例如）某个简单的台面量子实验有关，我们又如何能指望量子态还原过程调用巨大的（量子引力）普朗克能量 E_P 呢？那个能量尺度大约是 LHC 的单个粒子所能达到的能量的 10^{15} 倍（见 1.1 和 1.10 节），大约等于一颗炮弹爆炸所释放的能量。而且，假如我们要求时空基本结构的量子引力效应为我们提供某种在事物行为中至关紧要的东西，我们必须记住量子引力产生影响的尺度是普朗克长度 l_P 和普朗克时间 t_P，它们都极其微小（见 3.6 节），几乎与寻常的宏观物理无关。

不过，我这里的论证截然不同。我并不是真的建议量子实验所涉及的小引力应该是相关的 OR 激发因子，也不要求在量子态还原过程中需要唤起普朗克能量。相反，我要求的是我们必须期待量子观点的根本改变，这种改变很看重爱因斯坦作为弯曲时空现象的引力图景。我们还应该记住，普朗克长度 l_P 和普朗克时间 t_P：

$$l_\mathrm{P} = \sqrt{\frac{\gamma \hbar}{c^3}}, \qquad t_\mathrm{P} = \sqrt{\frac{\gamma \hbar}{c^5}},$$

这两个数都是把两个量——引力常数 γ 和约化普朗克常量 $\hbar$，从我们经验的寻常事物尺度来看都是极其微小的——乘在一起（取方根），[355] 然后除以一个非常大的数（光速 c）的正幂次方，难怪这些计算会得到小得几乎超出我们理解的尺度，比基本粒子相互作用中发生最小和最快过程的尺度还小 10^{20}。

虽然如此，我在 2.13 节论证过的客观态还原的建议和我刚才说的 OR（这与迪奥西（Lajos Diosi）前些年的提议 [Diosi 1984, 1987, 1989] 基本相似，尽管他不像我有广义相对论原理的动机 [Penrose 1993, 1996, 2000b, pp. 266 ~ 282]），还是给我们带来了很多看起来合理的态还原的时间尺度。实际上，对处于两个分离位置的静态物体（如 2.13 节）的叠加的衰变时间，OR 提出的平均寿命为 $\tau \approx \hbar/E_G$，其中引力（自）能 E_G（在牛顿理论中）是正比于 γ 的，这导致我们要考虑这样的时间尺度（光速甚至不在其中出现），其计算实际牵涉两个非常小量 $\hbar$ 和 γ 的商 $\hbar/\gamma$，而非它们的乘积。因为没有特殊理由说 $\hbar/E_G$ 为什么该特别大或特别小，我们需要在任何特定情形下仔细审查，看这个公式是否为可以作为现实客观量子态还原基础的真实物理过程提供了合理的时间尺度。还可以指出，普朗克能量

$$E_P = \sqrt{\frac{\hbar c^5}{\gamma}},$$

虽然本身包含同一个商 $\hbar/\gamma$，却在分子具有光速的高幂次，这大大提高了它的量级。

不论什么情形，牛顿理论中引力自能的计算总是得到与 γ 正比的表达式，所以我们看到，τ 确实是一个正比于商 $\hbar/\gamma$ 的尺度。因为 γ 太小，量 E_G 在我要考虑的实验情景（特别是因为这里有关的是质量位移的分布，总质量在减掉这个分布下为零）当然很可能非常小，所以这可能使我们期待一个漫长的量子叠加衰减时间 —— 正比于

γ^{-1} ——这符合标准量子力学中量子叠加持续时间为无限长 ($\gamma \to 0$ 的极限情形) 的事实。但我们还需要记住,$\hbar$ 通常也是小量,那么比值 $\hbar / E_G$ 得出一个可观测的数也不是不可能的。另一种思考方式是,在 自然单位 (普朗克单位,见 3.6 节) 下,1 秒是很长的时间,即大约为 2×10^{43},为得到可观测效应 (如秒量级的),这里考虑的引力自能只 需要是自然单位下的一个小量就行了。 [356]

另一个相关的问题是我们的表达式 $\hbar / E_G$ 不涉及光速 c。这有着 简化问题的意义:我们可以考虑质量运动很慢的情形。这有很多实际 的好处,也有理论上的好处,因为我们不需要担心爱因斯坦广义相对 论的整个复杂性,而可以满足于牛顿的处理方式。而且,我们可以把 对"违背因果律"的物理真实的量子态还原的非定域性方面 (就像在 2.10 节考虑的 EPR 情形下那样困惑) 的忧虑抛在脑后,因为在牛顿 理论中,光速 (无限的) 没有为信号速度规定极限,引力影响可以认 为是瞬时的。

我考虑 OR 建议的极简形式 (包含最少的额外假定),其中我们 有一对态的近似等振幅的量子叠加,其中每个态就其自身而言都是静 止的。这是 2.13 节考虑的情形,在那儿我粗略论证说应该存在一个 近似的时间尺度 τ,它限制了那种叠加的可能延续,过后它将自发分 解为那些可能性中的某一个状态,这个衰减时间为

$$\tau \approx \frac{\hbar}{E_G},$$

其中 E_G 为叠加中的一个态与另一个态的质量分布之差的引力自

能。如果位移只是从一个位置到另一个位置的刚性平移，则可以得到 2.13 节所指 E_G 的更简单描述，即相互作用能，如果考虑到每个态都只受另一个态的引力场的作用，则这个能量是可以用来产生位移的。

　　相当一般地说，引力束缚系统的引力自能，就是在忽略所有其他力且照牛顿理论处理引力的情况下，系统消散到它的引力组成部分（直到无限远）所耗费的能量。例如，质量为 m 半径为 r 的均匀球体的引力自能是 $3m^2\gamma/5r$。为估计这里所虑情形下的 E_G，我们将根据一个理论质量分布来计算它 —— 那个分布是从一个静态的质量分布减去另一个静态的质量分布得到的，所以相关的质量分布在某些区域为正而在另一些区域为负（图 4.8），这不是计算引力自能的常规情形！

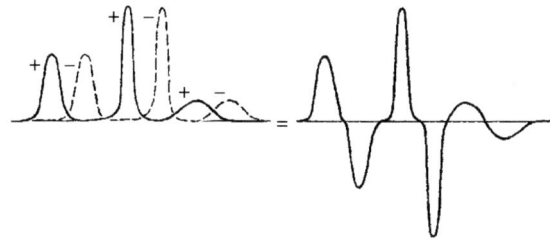

图 4.8　E_G 是从叠加中的一个量子态的质量分布减去另一个分布得到的质量分布的引力自能。对每个态我们可以发现质量密度在某些区域高度集中（如原子核），密度之差产生一个正质量和负质量的拼图，导致相对大的 E_G

　　作为例子，我们可以考虑上述均匀球体的情形（半径为 r 质量为 m），将其置于（大致等振幅的）两个水平分离位置的叠加之中，其圆心分开距离 q。E_G（两个质量分布之差的引力自能）的（牛顿）计算给出结果

$$E_G = \begin{cases} \dfrac{m^2\gamma}{r}\left(2\lambda^2 - \dfrac{3\lambda^3}{2} + \dfrac{\lambda^5}{5}\right), & 0 \leqslant \lambda \leqslant 1, \\ \dfrac{m^2\gamma}{r}\left(\dfrac{6}{5} - \dfrac{1}{2\lambda}\right), & 1 < \lambda, \end{cases} \quad 其中\ \lambda = \dfrac{q}{2r}.$$

（左侧页边）357

我们看到，随距离 q 增大，E_G 的值也增大，当两球接触（$\lambda=1$）时达到

$$\frac{7}{10} \times \frac{m^2\gamma}{r},$$

接着，当 q 继续增大时，E_G 的增长速度会慢下来，在分离无限远（$\lambda=\infty$）时得到总的极限值

$$\frac{6}{5} \times \frac{m^2\gamma}{r}.$$

于是，对 E_G 的主要影响出现在两球从重叠到分开接触时，继续分离 [358] 并不能产生多少额外的影响。

当然，任何实际材料在细节结构上都不会是真正均匀的，质量主要集中在原子核。这意味着在两个不同位置的实体的量子叠加中，其中核只需要移动一个直径，很小的位移就可能达到主要效应。这是很有可能的，但这里有一点把问题弄复杂了：我们在考虑量子态，原子核应该被认为是按照海森伯不确定性原理"涂抹开的"（2.13 节）。实际上，假如不是这样，我们可能同样担心我们更应该考虑组成核的单个中子和质子。因为夸克（还有电子）都视为类点粒子 —— 在上面公式中取 $r=0$ —— 我们似乎得到 $E_G \approx \infty$，从而 $\tau \approx 0$，这将引出一个结论：几乎所有叠加都将瞬时坍缩 [Ghirardi et al. 1990]，于是，根据这个建议也就没有量子力学了！

是的，如果当真认为 $\tau \approx \hbar/E_G$，我们确实需要考虑"量子扩散"。

回想 2.13 节说的，海森伯不确定性原理告诉我们，粒子态的位置越是能精确确定，它的动量就越是分散。相应地，我们不能指望定域的粒子能保持静态，它的静态性只是我们当下考虑的要求。当然，对我们要考虑的延展物体来说，在 E_G 计算中，我们将考虑众多粒子的集合，其中每个粒子都将对物体的静态有贡献。我们需要求解物体的静态波函数 ψ，然后计算每一点的密度期望值（这是标准的量子力学过程），得出整个物体的质量分布。要为叠加所涉及的每个位置上的物体施行这个过程，然后要把（预期的）一个质量分布从另一个分布中减去，从而计算需要的引力自能 E_G。（还有一点技术问题，如 1.10 节提出的，即量子静态严格说来是分散在整个宇宙的——但这可以通过经典处理质心的小技巧来应对。我们将在本节稍后回到这个问题。）

359　　现在我们要问，是否可以为这个 OR 建议找一个比 2.13 节提出的暂时性考虑更坚实的理性基础。问题是，爱因斯坦广义相对论原理与量子力学原理之间存在着根本的紧张关系，其张力只有在基本原理发生根本改变时才可能得以适当的舒缓。我的一点偏见是，对广义相对论的基本原理给予更大的信任，而对标准量子力学赖以为基础的东西表示更多的怀疑。这一点强调不同于大家在多数量子引力处理方法中看到的情形。实际上，物理学家中流行的普遍观点可能是，在这个原理碰撞中，广义相对论原理应该更有可能被抛弃，因为它的实验基础不如量子力学原理那样牢固。我想从相反方面来论证，将爱因斯坦的等效原理（见 1.12 和 3.7 节）作为比量子的线性叠加原理更基本的东西——主要是因为正是量子体系的这一点将我们引入了将理论用于宏观物体的困境（如薛定谔的猫，见 1.4，2.5 和 2.11 节）。

读者也可能想起（伽利略-）爱因斯坦等效原理，它断言引力场的局域效应与加速度效应是一样的。或换句话说，在引力中自由下落的局域观察者感觉不到引力的作用。这个原理的另一种说法是，作用于物体的引力正比于物体的惯性质量（对加速度的阻力），这是其他自然力没有的性质。自由轨道上的宇航员在空间站漂浮或者太空漫步，感觉不到任何引力的拉扯，这是我们今天都熟悉的现象。伽利略（和牛顿）也认识到了 —— 爱因斯坦则将它作为广义相对论的基本原理。

现在我们想象一个量子实验，并把地球引力场的影响考虑进来。我们可以设想两个不同的程序 —— 我称为两个观点 —— 以适应地球的场。更直截了当的是牛顿观点，它认为地球场对质量为 m 的任何粒子施加了一个向下的力 ma（引力加速度矢量 a 在这里假定为空间和时间的常数）。牛顿坐标是 (x, t)，其中 3- 矢量 x 表示空间位置，t 为时间。在标准的量子力学语言下，这个观点将以标准的量子程序来处理引力场，是这样表述的："在哈密顿量中加入引力势的项"，这遵从用于任何其他物理力的同一个程序。另一个是爱因斯坦观点，它想象[360] 物理描述是相对于自由下落观察者用的时空坐标 (X, T) 进行的，这样，在那个观察者看来，地球的引力场消失了。然后，将这个描述转换到静止实验室的实验者的坐标（图 4.9）。两组坐标间的关系是

$$x = X + \frac{1}{2}t^2 a, \ t = T.$$

我们发现 [Penrose 2009a，2014a；Greenberger and Overhauser 1978；Beyer and Nitsch 1986；Rosu 1999；Rauch and Werner 2015]，爱因斯坦观点下的波函数 ψ_E（2.5～2.7 节）通过以下关系联系牛顿观点的

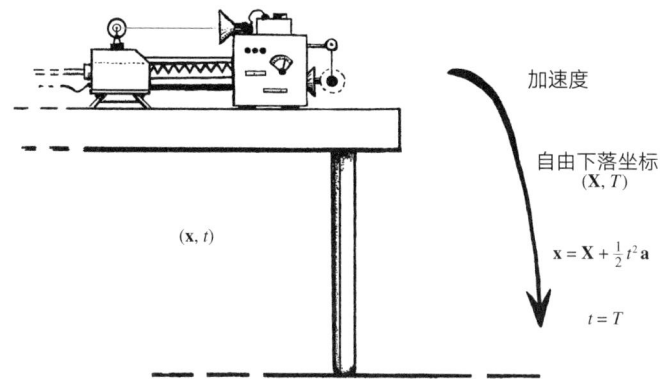

加速度

自由下落坐标
$(\mathbf{X}, T)$

$(\mathbf{x}, t)$

$\mathbf{x} = \mathbf{X} + \frac{1}{2}t^2\mathbf{a}$

$t = T$

图 4.9　包含地球引力场效应的一个（虚设）量子实验。（传统的）牛顿地球引力观点用固定在实验室的坐标（$\mathbf{x}, t$），像其他力一样地看待地球的引力场。爱因斯坦的观点则用自由下落的坐标（$\mathbf{X}, T$），其中地球引力场消失了

波函数 ψ_N（在适当坐标选择下）：

$$\psi_E = \exp\left(i(\tfrac{1}{6}t^3\mathbf{a}\cdot\mathbf{a} - t\bar{\mathbf{x}}\cdot\mathbf{a})\frac{M}{h}\right)\psi_N$$

其中 M 为研究的量子系统总质量，$\bar{\mathbf{x}}$ 是系统质心的位置矢量。两者偏差只是一个相因子，所以这应该不会导致两个观点间的任何可观测差别（见 2.5 节）——真应该如此吗？在这里考虑的情形，两个描述确实应该是等价的。还有 1975 年首次进行的一个著名实验 [Colella et al. 1975 ; Colella and Overhauser 1980 ; Wemer 1994 ; Rauch and Werner 2015]，也说明两个观点的一致，从而支持了在这个背景下量子力学与爱因斯坦的等效原理是一致的想法。

　　然而，应该注意那个相因子的一个奇异事实，即它在指数中包含了下面一项（乘以因子 $iM/\hbar$）

$$\frac{1}{6} t^3 \mathbf{a} \cdot \mathbf{a}$$

这意味着，如果想将注意力集中在薛定谔方程的正能量解（具有正频率的"物理解"，见 4.1 节），与负能量的贡献（"非物理解"）分开，我们会发现爱因斯坦与牛顿波函数之间的偏离。量子场论考虑（也和普通量子力学有关；见 [Penrose 2014a]）会告诉我们，爱因斯坦和牛顿观点提供了不同的真空（见 1.16 和 3.9 节），因而两个观点生成的希尔伯特空间在一定意义上是互不相容的，我们不可能和谐地把一个空间的态矢加到另一个空间里去。

实际上，这只是 3.7 节简要描述的**盖鲁效应**的 $c \to \infty$ 极限，通常在黑洞背景下考虑，那里在真空的加速观察者被认为要经历 $\hbar a/2\pi kc$ 的温度（自然单位下即 $a/2\pi$）。加速观察者经历的这个真空是所谓的**热真空**，有非零的环境温度（在这里取值 $\hbar a/2\pi kc$）。在这儿考虑的 $c \to \infty$ 的牛顿极限下，盖鲁温度变成零，但这里考虑的两个真空（即牛顿观点和爱因斯坦观点下的）依然是不同的，因为上述非线性相因子在 $c \to \infty$ 极限用于盖鲁真空时仍然存在。[1]

这本不会引出什么困难，假如我们（像这里一样）只考虑单个背景引力场（如地球引力场），而且叠加的态不论用牛顿或爱因斯坦的观点都有相同的真空态。但现在的问题是，假定我们要考虑有两个引力场叠加的背景条件，这就是涉及两个位置的有质量物体叠加的桌面实验的情形（见 2.13 节图 2.28）。物体本身的小引力场在每个位置

362

1．我感谢凯伊（Bernard Kay）在计算中为我证实了这个预期的结果。

略有不同，在描述物体在两个位置的叠加的量子态中，两个引力场的叠加也必须考虑进来。这样我们就确实需要担心用哪种观点了。

在这样的考虑中，地球引力也对总引力场有贡献，但当我们计算 E_G 需要的引力场差时，就会发现地球的场被抵消了，从而对 E_G 有贡献的就只有量子位移物体的引力场。然而，在引力场的消减中有一点微妙的因素需要考虑。当所虑物体沿某方向位移时，地球必然有一个相反方向的位移补偿，这样地球－物体系统的引力中心仍然保持不变。当然，地球的位移是极其微小的，因为它的质量与物体相比实在太大了。但地球的巨大可能引出一个问题：是否地球的微小位移就会产生对 E_G 的可观贡献呢？幸运的是，对其中细节的考察令我们很快得出一个结论：引力场的消减确实是有效的，地球位移对 E_G 的贡献完全可以忽略。

但我们为什么要考虑任意情形的量 E_G 呢？如果我们用牛顿观点一般地处理引力场，则处理物体在两个位置的量子叠加，像其他场那样去看引力场，遵从通常的量子力学过程，也就不存在问题了。在这个观点下，引力态的线性叠加是允许的，只生成一个真空。然而，我的意见是，从广义相对论惊人的大尺度观测支持来看，我们应该采纳爱因斯坦的观点，最终这极可能比牛顿观点更符合自然的方式。于是我们被驱向这样的观点：在两个引力场的叠加中，两个场都必须用爱因斯坦观点来处理。这需要我们把属于两个不同真空（即两个不相容的希尔伯特空间）的态叠加起来 —— 这种叠加本被认为是不允许的（见 1.16 节和 3.9 节前面部分）。

我们需要更仔细地考察这个情形，得在相当小的尺度上想象事 [363]
物，它主要处于叠加物的原子核所在区域之间，而又在物体之外。尽
管前几段的考虑关乎在空间为*常数*的引力加速度场 $\mathbf{a}$，我们可以假定
这些考虑仍然局域地（至少近似地）适用于这些大部分是虚空的区域，
其中有两个不同引力场的叠加。我这里采纳的观点是，每个场都将单
独根据爱因斯坦观点来处理，从而其物理具有一种结构，牵涉"非法
的"属于两个不同希尔伯特空间的量子态的叠加。在一个引力场自由
下落的态将通过一个相因子与另一个场的自由下落态发生联系。我们
在前面遇到过那个形式的相因子，在指数 $e^{iMQt^3/\hbar}$ 中包含一个时间 t
的非线性项，其中 Q 为一个特殊的量，像上面的 $\frac{1}{6}\mathbf{a}\cdot\mathbf{a}$。但因现在考
虑的是从一个自由下落态（以加速度矢量 $\mathbf{a}_1$）到另一个自由下落态
（以加速度矢量 $\mathbf{a}_2$），我们的 Q 形如 $\frac{1}{6}(\mathbf{a}_1-\mathbf{a}_2)\cdot(\mathbf{a}_1-\mathbf{a}_2)$，而不是前面
那个简单的 $\frac{1}{6}\mathbf{a}\cdot\mathbf{a}$，因为起作用的是物体在两个不同位置的场之间的
差 $\mathbf{a}_1-\mathbf{a}_2$，单个加速度 $\mathbf{a}_1$ 和 $\mathbf{a}_2$ 只有以地球为参照系的相对意义。

实际上，$\mathbf{a}_1$ 和 $\mathbf{a}_2$ 现在都是位置的函数，但我要假定，至少在任
意小局部区域的良好近似下，正是这个 Q 项给我们引来了问题。来自
不同希尔伯特空间（即有不同的真空）的态的叠加在技术上是非法的，
现在，在两个局部区域的态之间有一个局域的相因子

$$\exp\left(\frac{iM(\mathbf{a}_1-\mathbf{a}_2)^2 t^3}{6\hbar}\right),$$

这告诉我们态属于不相容的两个希尔伯特空间，即使两个自由下落加
速度之差 $\mathbf{a}_1-\mathbf{a}_2$ 在我们考虑的实验中几乎肯定是异乎寻常地小。

　　严格说来，多个可能真空的概念是 QFT 的特征，而不是这里考虑的非相对论量子力学的特征，但问题与后者也有直接关系。标准量子力学要求能量保持为正的（即频率保持为正），但这通常不是正常量子力学的问题（因技术的理由，正常量子动力学由正定哈密顿 ³⁶⁴ 量决定，它将保持这种正定性）。但这里的情形不是那样的，我们似乎确实被迫着去破坏这个条件，除非真空一直是分离的，即属于一个希尔伯特空间的态矢不会加在（叠加到）另一个的态矢 [Penrose 2014a]。

　　这样，我们似乎被带出了量子力学的正常框架，而且似乎没有明确的方法继续下去。我现阶段所能提出的是，跟着 2.13 节那样的路线走，即我们不直接面对不同希尔伯特空间真空的叠加难题，而只是估计忽略这个问题所牵涉的误差。和前面（2.13 节）一样，问题项是量（$\mathbf{a}_1 - \mathbf{a}_2$）^{2}，我的建议是将这个量在整个 3 维空间的总和（即空间积分）作为忽略非法叠加问题的误差度量。于是，忽略这个问题带来的不确定性又将我们带回作为系统内禀能量不确定性的度量的 E_G，就像前面 2.13 节一样 [Penrose 1996]。

　　为能估计我们的叠加在其非法性所涉及的数学冲突出现之前可能持续的时间长度，我们可以借助海森伯的时间-能量不确定性原理 $\Delta E \Delta t \geqslant \dfrac{1}{2}\hbar$，以它作为叠加持续时间的估量，其中 $\Delta E \approx E_G$（仍与 2.13 节一样）。这其实就像不稳定原子核在一定平均时间跨度 τ 之后衰变的情形。像 2.13 节那样，我们取 τ 基本上等于海森伯关系里的 "Δt"，因为正是这个不确定性才引起衰变在有限时间内发生。于是，我们总能找到一个基本的能量不确定性 ΔE（或由爱因斯坦的 $E = Mc^2$

联系的质量不确定性 $c^2 \Delta M$ ），它通过海森伯关系大致联系着衰变时间，因此 $\tau \approx \hbar / 2 \Delta E$。于是（忽略小数字因子）我们再次得到

$$\tau \approx \frac{\hbar}{E_G}$$

作为叠加的预期寿命的建议，与 2.13 一样。

　　尽管上面所说的指出了客观的 R（即 OR）事件能在"普通"时间尺度发生在不那么异常微小的物体上，我们实际上还是可以从它看到与普朗克时间和普朗克长度的直接联系。在图 4.10 中，我试着勾画了这样一个 OR 事件的时空史，其中一团物质被置于两个分离位置的量子叠加中，描述为一个在 OR 发生前逐渐分岔的时空。在 OR 事件上，分岔的一个分量消失了，留下一个代表团块最终位置的时空。我 [365] 在图中指示了分岔发生的那个有限时空区域（在它被 OR 过程毁灭之前）。它与普朗克单位的关系来自这样的事实：在这个建议中，分岔延续的时空 4-体积具有普朗克单位的单位（1）量级！这样，当时空分岔时，空间分离越小，分岔持续时间就越长；而空间分离越大，分岔持续时间就越短。（不过，时空分离的度量必须用空间的恰当辛结构 [366] 度量来理解，这不容易把握，虽然能以这种方式得到估计 $\tau \approx \hbar / E_G$ 的一个相当粗略的推导 [Penrose 1993, pp. 178 ~ 189；Hameroff and Penrose 2014]。）

　　一个自然的问题是，有没有观测证据支持或否定这个建议？很容易设想 $\hbar / E_G$ 代表的时间段要么很长要么很短的情形。在 1.4 和 2.13 节的薛定谔的猫的例子中，猫在 A 门和 B 门位置之间的质量位移大

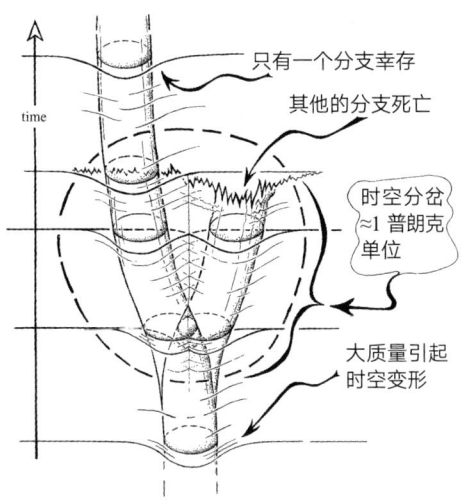

图 4.10　时空草图，说明一块物质的两个不同位移的量子叠加如何导致叠加时空（且因物质的不同位置而分别变形）的巨大分离。引力的 OR 建议断言其中一个时空会在两个分量间的时空分离达到普朗克单位时"消失"

得足以使 τ 呈现为极其短暂的时间（远小于普朗克时间～ 10^{-43} 秒），这样，从任意一个叠加的猫位置的自发迁移基本上是瞬间发生的。另一方面，在不同位置的一个个中子的量子叠加的实验中，τ 的值将是巨大的天文数字。这同样适用于 C_{60} 和 C_{70} 巴克球（具有 60 或 70 碳原子的单个分子），它们是迄今所观测到的参与不同位置的量子叠加的最大客体［Amdt et al. 1999］，而这些分子能在叠加中实际保持独立的时间长度只是一秒的微小部分。

　　实际上，在两种情形下，我们都需要记住所考虑的量子态也可能没有从周围独立出来，这样就会有很多额外的事物，即系统的环境，它们的态可能与我们考虑的量子态纠缠在一起。相应地，卷入叠加的质量位移也得把所有扰动的环境位移考虑进来，正是这些环境位移

（涉及大量不同方向运动的粒子）才常常为 E_G 提供主要的贡献。环境脱散问题凸显于大多数传统观点——由这些观点，量子系统的幺正演化（U）产生了有效的遵从玻恩定则的量子态还原（R）（2.6 节）。具体的想法是，环境对所考虑量子系统的贡献是不可控的，而 2.13 描述的程序就是去抹平所有环境贡献的自由度，从而叠加的量子态表现为参与贡献的不同可能的概率混合。我在 2.13 节说量子态中卷进系统混乱的环境并不能真正解决量子力学的测量难题，不过我在这里要说的是它在标准量子论的 OR 修正中起着重要作用。一旦外面的环境开始卷入量子态，就会很快通过系统与环境的纠缠获得充分的质量位移，为迅速自发的态从叠加中的一个还原到另一个提供足够的能量 E_G。（这个思想主要借鉴吉拉尔迪和助手们早期的 OR 建议 [Ghirardi et al. 1986]。） ^367

写作本书时，还没有足够灵敏的实验证明或否定这个建议。环境对 E_G 的贡献必须很小才有望看到相关效应。有几个执行中的计划 [Kleckner et al. 2008，2015；Pikovski et al. 2012；Kaltenbaek et al. 2012]，最终应该能对这个问题说些什么。我本人只参与了莱顿大学和圣芭芭拉大学的鲍威米斯特（Dirk Bouwmeester）领导的一个实验 [Marshall et al. 2003；Kleckner et al. 2011]。在这个实验中，大约 10 微米（10^{-5} 米，约头发丝粗细的十分之一）的立方体小镜面被置于两个位置的量子叠加中，两个位置大约偏差一个原子核的直径。实验的意图是让叠加持续几秒或几分钟的时段，然后将它还原到初始态，看是否一定会丢失任何相位的相干性。

这个叠加可以通过用分光镜将量子态分成单个光子来实现（见

2.3 节）。那么，光子波函数的一部分会打在小镜子上，这样，光子的动量可以使镜子轻微移动（大概与小镜子的原子核差不多），镜子是精巧挂在一个旋臂上的。因为光子态被一分为二，镜子的状态就变成移动和未移动的叠加——犹如一只薛定谔小猫。然而，对可见光光子，单个打击可能不满足需要，所以会设计让同样的光子从一个固定（半球形）镜面反射来反复打击小镜子，大约百万次。这么多重的打击或许足以让小镜子在几秒的时间里移动一个原子核的直径，或者更多（如果需要的话）。

至于需要考虑多精密的质量分布，存在一定的理论不确定性。因叠加的每个分量都被视为各自静止的，这就会有质量分布的扩散，大概依赖于所用的材料。薛定谔方程的静态解必然涉及物质分布的扩散，遵从海森伯不确定性原理（幸运的是，如前面所说，E_G 不用像赋有类点位置的粒子那样计算，因为那将给出无限大的 E_G）。均匀的物质分布扩散可能也不会合适（这是实验最不喜欢的情形，在给定总质量大小 / 形状和分开距离下，只得到最小可能 E_G）。E_G 的精确估计需要（至少近似地）求解静态薛定谔方程，这样才好估计预期的质量分布。想成功做这样一个实验，除了要系统保持在接近理想真空的极低温、特别是超高品质的镜子，还需要远离振动。

还有一个本节前面提出的技术问题（也见 1.10 节），涉及薛定谔方程静态解必然在整个宇宙扩散。这可以用常规（而非特设）的程序来解决，即把质心置于固定位置，或者用（也许更合适）薛定谔 - 牛顿（SN）方程。后者是标准薛定谔方程的非线性推广，在方程中考虑了波函数本身提供的物质分布的期待值的引力效应，作为牛顿引力场

加在哈密顿量中 [Ruffini and Bonazzola 1969 ; Diosi 1984 ; Moroz et al. 1998 ; Tod and Moroz 1999 ; Robertshaw and Tod 2006]。这个 SN 方程关于 OR 的主要价值在于提出一个建议，说明系统在 OR 作用下可能还原到什么样的静态。

悬挂小镜子的悬臂使它在某个预设的时间间隔（如几秒或几分钟）内荡回起初的位置。为确定小镜子的态是否真的在光子撞击下自发还原，或者量子相干性是否还保留，光子将从这个反射腔（小镜面和半球形镜面）释放出来，这样它就能向分光镜追溯它的轨迹、同时，光子波函数的另一部分被另一个反射腔（由两个镜面组成）俘获，将用来计时。假如像标准量子论主张的，相位的相干性在光子分离的两个部分之间仍然保留着，这可以通过在分光镜的另一边安排光子探测器来证实（图4.11），这样，只要系统的相干性不丢失，返回的光子[369]总可以激活那个特殊的探测器（如果另外设置，则不可能）。

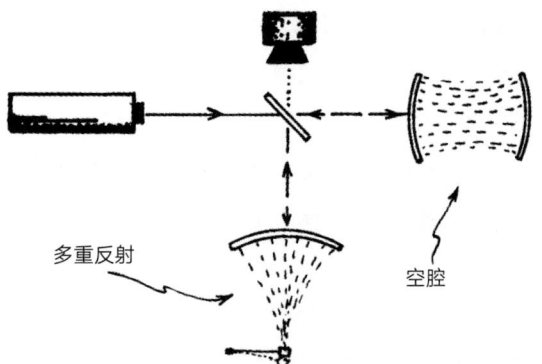

图 4.11　检验自然是否遵从引力 OR 的鲍威米斯特实验的草图。从激光仪发射出来的一个光子飞向分光镜，于是它的路径被分为水平和垂直两条轨迹。水平轨迹通向一个反射腔，光子可以在那儿被镜面反复前后反射，而垂直轨迹通向另一个反射腔，其中一个镜面很小且悬挂空中，这样光子多重反射的压力会使它轻微移动。OR 建议断言，经过可测的时间间隔之后，小镜面的两个悬挂位置将自发还原到某一个，而不是悬在空中。这可以通过倒转光子的运动，用顶部的探测器来判别

这个实验眼下的状况是还缺少对建议的批评性考察。在某种意义上，它的成功应该证明标准量子力学的预言，但要在远超迄今已经达到的水平上（用两个叠加态之间的质量位移看）。不过，我们的预期是，经过进一步的技术改善，有可能开始探测标准量子论的实际边界，而且，在几年内还有可能从实验上决定像我提出的这些建议能否有观测事实的基础 [Weaver et al. 2016；Eerkene et al. 2015；Pepper et al. 2012；Kaltenback et al. 2016；Li et al. 2011]。

为结束这一节，我要提几个与态还原建议相关的问题，如果纲领得到实验证实，它们将是非常重要的。从上面的描述应该清楚地看到，这个建议是真正客观的，例如从 OR 那样的纲领说，其中 R 被认为是在世界的某个地方发生着的，而非借助某种宇宙实体实际看到的量子系统以某种方式强加给世界的东西。在完全远离任何有意识观测者的宇宙部分，R 事件也会在完全相同的环境下发生，有着相同的频率，相同的概率结果，就像它们在这儿被众多有意识的生命看到的一样。另一方面，我曾在不同场合宣扬过这样的思想：意识现象本身也可能依赖于这个 OR 事件（主要发生在神经元微管），每个这样的事件在一定意义上提供一个"原初意识"瞬间，即真正的意识所赖以构成的基元 [Hameroff and Penrose 2014]。

作为这些考察的一部分，我考虑过上面勾勒的 OR 建议的略微推广，它可以用于两个能量 E_1 和 E_2 彼此略有不同的静态的量子叠加。在标准量子力学中，这种叠加将在频率为 $|E_1-E_2|/h$ 的态之间振荡，并结合频率更高的 $|E_1-E_2|/2h$ 量子振荡。推广的 OR 建议是，在这样的情形下，经过平均时间 $\tau \approx \hbar/E_G$ 之后，态将自发还原为两个可

能态之间的频率为 $|E_1-E_2|/h$ 的经典振荡，这个振荡的实际相位将由 OR 进行"随机"选择。然而，这不可能是一个完全普遍的建议，因为可能存在经典能量势垒，会阻碍经典振荡的发生。

显然，所有这些都远没有一个关于一般化量子力学的和谐的数学理论 —— 它将以适当的极限形式包容 U 和 R（以及广义相对论）。关于这样一个理论的真正本质，我准备提出什么建议呢？我想恐怕是没什么可说的，尽管我认为这样的理论必须代表量子力学框架的重大变革，而远非对现在形式的修补。更确切地说，我倾向于猜想扭量理论应该在其中发挥作用，因为它展现了一定的希望，发现令人困惑的量子纠缠和量子测量的非定域特征可能关联着扭量技术显然要求我们面对的全纯同调的非定域性（见 4.1 节）。我相信，4.1 节末尾简单提及的宫式扭量理论的新近发展有望给我们提供一些关于可能的进步路线的建议［Penrose 2015a, b］。

4.3　共形疯狂宇宙学？

除了 2.13 和 4.2 节的刺激性论证外，还有其他多个理由令人怀疑，在引力作用从量子力学看来也很显著的系统中，量子论还能以标准方式用于引力场。一个这样的理由来自所谓的黑洞霍金蒸发的信息疑难。这当然是与量子引力的可能性质相关的问题，我将很快回到它来。但还有别的原因，一直萦绕在第 3 章的讨论中。这就是 3.4 和 3.6 节特别提出的大爆炸的奇异本质，即它在引力自由度而且显然仅在引力自由度上被极大约束了。

我们应该怎样描述大爆炸物理？传统观点认为，它是量子引力（不管理论到底是什么）效应在其中显著表现的唯一观测现象（尽管多少是间接的观测）。实际上，为了更好地理解大爆炸，常常被作为认真进入令人沮丧的量子引力的困难领域的重要理由。事实上，我自己有时也用那种论证来支持量子引力研究（见《量子引力》序言[Isham et al. 1975]）。

但我们真能希望任何传统的用于引力场的量子（场）论能解释大爆炸显然呈现的极端奇异的结构，不论那个刹那的事件是否紧跟一个暴胀相？基于我在第 3 章提出的理由，我相信不可能是这样的。我们得解释大爆炸引力自由度的异常压缩。假如所有其他$10^{10^{124}}$种可能都如量子力学体系所主张的那样潜藏在大爆炸事件中，则我们应期待它们都为那个初始态做出自己的贡献。如果谁能随便判决这些东西就该缺席，那就背离了 QFT 的正常程序。而且，很难看清 3.11 节的前大爆炸纲领如何逃避这些问题，本来我们指望那些引力自由度会在反弹之后的几何中留下它们巨大的印记，就像它们肯定在反弹之前留下过印迹一样。

有一个任何正常类型的量子引力理论都遵从的相关特征，即动态的时间对称，这里我们是看一种像薛定谔方程（U-过程）的东西，它在 $i \to -i$ 的替代下是时间对称的，就像它用于时间对称的爱因斯坦广义相对论方程一样。如果假定量子论适用于预期出现在黑洞的极端高熵的奇点（很可能是一般的 BKLW 型奇点），则同样的时空奇点（以时间反演形式）应该也适用于大爆炸，因为这是同样"正常类型"的量子论所允许的。但那没有在大爆炸发生。而且，如我希望在 3.10

节中说明的，人存论证在解释对大爆炸的这种巨大约束时几乎不起任何作用。

然而大爆炸是被异常地约束了，以某种我们在黑洞奇点中没有见过的方式。证据其实很强，就在那些量子引力效应"应该"在现象中留下巨大印记的地方，在那些奇点附近，存在着绝对惊人的时间不对称。假如简单解释为正常类型的量子论的结果，即使再加上一般的人存贡献，情形也不会是那样的。如我以前说过的，必须有别的解释。

我本人对这个问题的观点是暂且把量子论放在一边，好好想想邻近大爆炸该有的那种类型的几何，然后用它来比较预期出现在黑洞奇点附近的狂野（很可能是 3.2 节末尾说的 BKLW）型几何。第一个问题就是刻画引力自由度在大爆炸被压缩的条件。多年来（大约要回溯到 1976 年），我用我后来所指的外尔曲率假设来表述它［Penrose 1976a，1989，第 7 章，《通向实在之路》第 28.8 节］。外尔共形张量 **C** 度量与共形时空几何有关的那类时空曲率，正如我们在 3.1，3.5，3.7 和 3.9 节看到的，那是由时空中的光锥（或零锥）系统定义的几何。为了用一个公式来写 **C** 的定义，需要大量张量计算，这远远超出了本书的专业范围。幸运的是，对我的讨论来说，我们这里不需要那个公式，尽管 **C** 的某些在标度的共形变换（$\hat{\mathbf{g}} = \Omega^2\mathbf{g}$）下的性质确实很快就会表现出它们的重要性。

张量 **C** 的特殊几何角色值得关注。这就是，在某个不太延展的单联通开时空区域 R 成立的方程 **C** = 0 断言，$\Re$（有度规 **g**）是共形平直的。这意味着存在一个实标量场 Ω（叫共形因子），使得共形相关的

时空度规 $\hat{\mathbf{g}} = \Omega^2\mathbf{g}$ 是 $\mathfrak{R}$ 中的平直闵氏度规。（单联通和开的直观意思见 A6 和 A7，但这些名词在这里没有任何重要作用。）

373　完全黎曼曲率张量 $\mathbf{R}$ 在每一点有 20 个独立分量，它实际上可以分解为爱因斯坦张量 $\mathbf{G}$（见 1.1 和 3.1 节）和外尔张量，各自在每点有 10 个分量。我们回想一下爱因斯坦方程 $\mathbf{G} = 8\pi\gamma\mathbf{T} + \Lambda\mathbf{g}$。这里，$\mathbf{T}$ 为物质的能量张量，告诉我们所有物质自由度是如何通过完全时空曲率 $\mathbf{R}$ 的 $\mathbf{G}$ 部分而直接影响时空曲率的，另外我们还有一项来自宇宙学常数的贡献 $\Lambda\mathbf{g}$。$\mathbf{R}$ 的其余 10 个独立分量描述的是引力场，通常由外尔张量 $\mathbf{C}$ 描述。

外尔曲率假设说的是，任意过去型时空奇点——即从它发出的类时曲线可以进入未来，但不能从过去进入它（图 4.12a，b）——在从未来沿任意类时曲线趋近奇点的极限中，它必然有零外尔张量。根据这个假设，大爆炸（以及任意其他可能存在的那种"爆炸"奇点，或许诸如像黑洞通过霍金蒸发消失时瞬间的"砰砰"爆炸，见图 4.12c 和本节后面的讨论 [1]）必然没有独立的引力自由度。这个假设对未来型奇点——或裸奇点（图 4.12d），即进出它的类时曲线都是现

374　在的（这个类型的经典奇点是被强宇宙监督禁止出现的，见 3.4 和 3.10 节）——没有什么说法。

关于外尔曲率假设，这里还需要说明一点。它只是作为一个几何

---

1. 在我看来，图 4.12c 的"小爆炸"不像图 4.12d 的类时奇点，它不能视为背离了宇宙监督原理，因为它更像两个分离的奇点，即不规则锯齿线表示的 BKLM 未来部分和代表"小爆炸"的过去部分。两者的因果结构实际上是截然不同的，识别它们没什么意义。

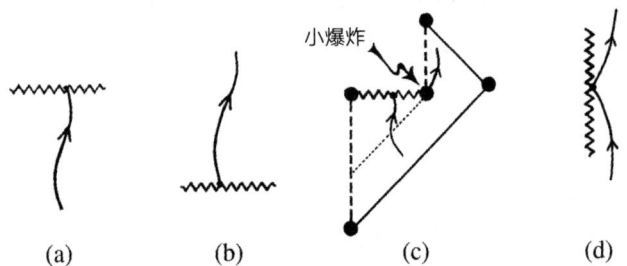

图 4.12　不同类型的时空奇点：（a）未来型，只与从过去进来的世界线相交；（b）过去型，只与从它出发进入未来的世界线相交；（c）霍金蒸发黑洞，内部奇点是未来型，但最终的爆炸似乎是过去型；（d）假想的裸奇点，世界线可以从过去进入它，也可以从它进入未来。根据宇宙监督假设，类型 d 不会出现在一般的经典情景。根据外尔曲率假设，类型 b 的奇点像大爆炸，应该被外尔曲率压缩极大地约束了

论断呈现出来，在非常清楚的意义上表示引力自由度在大爆炸或其他过去型奇点（假如存在）中是被高度压缩的。至于我们如何才可能提出一个引力场的熵的定义（如某些人建议的，从 C 代数地构造一个标量的物理量 —— 并不真的很合适），它没有任何断言。这个假设可能对大爆炸低熵值（3.6 节）产生的巨大影响，只不过是假设的一个直接结果，源自它潜在地消除了原初白洞（或黑洞）。实际的"低熵"和计算的不可能性（即 $10^{-10^{124}}$）是直接用贝肯斯坦-霍金公式（3.6 节）得到的。

　　然而，关于外尔曲率的精确数学解释还有一些技术性问题，一个问题源自这样的事实：C 本身作为一个张量，并不真的定义在时空奇点上。严格说来，这种张量的概念在那儿是没有明确界定的。相应地，断言在那样的奇点处 $C = 0$，也需要在趋近奇点的某种极限意义下表述。这类事情的麻烦在于，陈述这些条件有多种不等价的方式，还不清楚哪一种方式最恰当。从这些不确定性来看，我牛津的同事托德

（Paul Tod）很幸运，他提出并仔细研究了另一种可能形式的（用 **C** 根本说不清楚的）大爆炸数学条件。

托德的建议是（和 FLRW 大爆炸奇点的情形一样，见 3.5 节末尾），我们的大爆炸可以共形地表示为一个光滑类空 3 维曲面$\mathscr{B}$，穿过它的时空在原则上可以共形光滑地延伸到过去。就是说，用适当的共形因子 Ω，我们可以将我们物理的后大爆炸度规重标度为新度规

$$\mathbf{g} = \Omega^2 \check{\mathbf{g}},$$

根据这个，时空现在获得一个光滑的过去边界$\mathscr{B}$（这里 $\Omega = \infty$），新度规 **g** 穿过边界仍然是明确定义且光滑的。这允许 **g** 继续进入假想的"前大爆炸"时空区域；见图 4.13。（我希望这个略显奇异的概念 —— 通过它，"$\check{\mathbf{g}}$"才代表实际的物理度规 —— 不会扰乱读者；它使我们不用多余的东西就能参考定义在$\mathscr{B}$上的量，这对以后是有帮助的。）不过应该指出，托德的建议没告诉我们在$\mathscr{B}$上 **C**=0，但它确实告诉我们 **C** 在$\mathscr{B}$上必须保持为有限的（因共形时空在这里是光滑的），这总归还是对$\mathscr{B}$的引力自由度的一个很强的约束，当然地排除了任何像 BKLM 的行为。

在托德的原始建议中，没想为增加的这个大爆炸之前的区域赋予任何物理"实在性"；它只是作为一个整洁的数学玩具提出的，使我们能为外尔曲率假设的本质更清楚地构建一些东西，而不需要借助笨拙和人为的数学极限条件。在实质上，这种方法就像人们常将广义相对论时空未来渐近形式的研究（我在 20 世纪 60 年代提出的一个

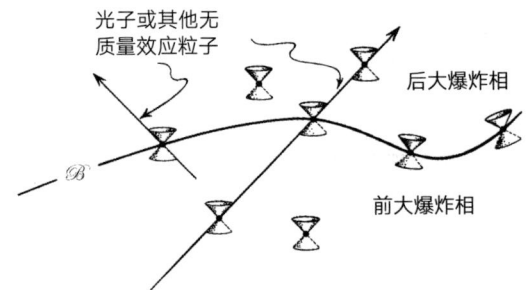

图 4.13　托德的大爆炸（外尔曲率假设型）约束建议。它提出时空可以光滑形式向过去延伸，从而初始奇点成为一个光滑超曲面𝓑，共形时空光滑穿越它成为一个假想的前大爆炸区域。如果为那个前区域赋予物理实在性，如光子那样的无质量粒子就能从𝓑 之前穿越到𝓑 之后

思想），作为分析引力辐射外流行为的工具［Penrose 1964b，1965b，1978；Penrose and Rindler 1986，第 9 章］。在那个方法中，渐近未来可通过在时空流形的未来加一个光滑共形边界而用几何方式去看（见3.5 节）。在当下的情形，我们称遥远未来物理度规为$\check{\mathbf{g}}$（抱歉又出现怪符号，包括改变 3.5 节的符号，而且这里还将物理度规从$\check{\mathbf{g}}$变为$\hat{\mathbf{g}}$，[376]这一点很快会清楚的），并将它重标度为一个新度规，共形地与度规 **g**联系如下：

$$\mathbf{g} = \omega^2 \hat{\mathbf{g}}.$$

现在这里的度规 **g** 光滑穿过光滑 3 维曲面 𝓘，其上 $\omega = 0$。再看图4.13，这时要看成图的底部物理时空穿过未来无限远 𝓘（而不是𝓑）向"无限远未来"的假想区域的延伸。

这两个技巧都在本书广泛运用了，在 3.5 节的共形图中，它代

表 FLRW 宇宙学模型，根据图 3.22 所示严格共形图（3.5 节）的约定，每个模型的大爆炸 $\mathscr{B}$ 在其过去边界表示为锯齿线，而未来无限远 $\mathscr{I}$ 在其未来边界表示为光滑线。根据这些图的约定，沿对称轴旋转时，我们得到每种情形下的 3 维共形时空边界。当下考虑的不同之处在于，我们考虑的是更一般的时空模型，所以没预期会出现旋转对称，没有 FLRW 模型假定的高度对称性。

我们怎么知道这些技巧还能在更一般的条件下应用呢？这里，我们看到了光滑 $\mathscr{B}$ 和光滑 $\mathscr{I}$ 情形的巨大逻辑差异。我们发现，在非常宽泛的物理假定下（假设宇宙学常数如观测结果表明是正的），则可以普遍预期光滑共形未来无限远 $\mathscr{I}$ 的数学存在（这是弗雷德里希（Helmut Friedrich）的定理蕴含的结果 [Friedrich 1986]）。另一方面，光滑初始共形大爆炸 3 维曲面 $\mathscr{B}$ 的存在则代表着对宇宙学模型的一个巨大约束 —— 从托德的建议看，这是预料中的，因为它就是为了这样的约束而提出的，这样，我们有望从数学上为即使数字表达如 $10^{-10^{124}}$ 的不可能性找到密码。

用数学语言来说，光滑共形边界（过去是 $\mathscr{B}$，未来是 $\mathscr{I}$）的存在可以方便地表述为在理论上有多大可能让时空延伸到具有这种 3 维曲面边界的另一边，但这样的延伸实际上只能视为一种数学技巧，只是为了便于构造一些条件（用其他方式表述会多少有些笨拙），从而使局域的几何概念能取代笨拙的渐近极限。这种观点理论家们在运用那些共形边界（未来和过去情形的）思想时已经用过了。不过，我们发现物理学本身似乎相当适应这些数学程序，而且似乎还隐含一种相当奇异（虚幻？）的可能性：世界的真实物理或能允许通过这种 3 维共形边界

（不论情形 $\mathscr{B}$ 还是情形 $\mathscr{I}$）的有意义的延伸。这激起我们的好奇，是否真的可能存在前大爆炸世界或我们未来无限远之外的另一个世界？

关键的问题是，大部分物理 —— 基本上是与质量无关的那部分物理 —— 在这里考虑的共形标度下似乎是不变的（即标度不变性）。这对麦克斯韦电磁方程明显是对的，不仅在自由电磁场的情形，也在电荷和电流为电磁源的情形。决定强弱核力的（经典）杨－米尔斯方程也是如此，它们都是麦克斯韦方程的延伸，其中相旋转的对称群扩张为更大的强弱相互作用需要的群（见 1.8 和 1.15 节）。

然而，当我们考虑理论（特别是牵涉杨－米尔斯方程）的量子形式时，还需指出重要的一点，因为这时会出现共形反常，从而量子论不能享有经典理论的完全对称 [Polyakov 1981 a，b；Deser 1996]。我们可以回想一下，这些问题与弦论发展有着特别的联系（见 1.6 和 1.11 节）。尽管我真的感觉共形反常很可能对我这里描述的思想的更具体涵义有重大影响，但我还是要说它们没有以任何形式否定主要计划。

共形不变性是无质量粒子（在电磁和强相互作用等情形下的力的携带者分别是光子和胶子 —— 尽管弱相互作用情形很复杂，携带者通常认为是质量很大的 W 和 Z 粒子）场方程的一个确定的性质。可以考虑，当我们逆着时间回溯大爆炸时，温度会越来越高，直到所考虑的一切粒子的静止质量相对于巨大的高动能的粒子运动都变得完全无关紧要（如共形反常问题一样）。大爆炸的相关物理（实际上是无质量粒子的物理）将是共形不变的物理，于是，假如我们追溯事物

378 到 3 维边界 $\mathscr{B}$，物质根本不会注意到 $\mathscr{B}$。就物质而言，它在 $\mathscr{B}$ 时应该有过一个"过去"，就像其他所有地方的物理一样，而那个"过去"将由在托德建议所要求的时空的理论延伸中发生的过程来描述。

但在托德的假想扩张宇宙区域 —— 我们现在正认真考虑前大爆炸物理实在性的可能性 —— 能期待什么样的宇宙活动呢？最显而易见的事情应该是某个坍缩的宇宙相，如 3.1 节考虑的 ($K > 0$) 扩张的弗里德曼模型 (见图 3.6 或 3.8) 或众多其他建议的"反弹"模型，诸如 3.11 节描述的火宇宙建议。然而，所有这些都遭遇着第二定律引发的问题 (正如我们在第 3 章很多地方指出的)，即要么第二定律与前反弹相沿相同方向 —— 这时我们的困难是要将极端混乱的大挤压 (如图 3.48) 与光滑的大爆炸匹配起来；要么第二定律沿相反方向 (在两个方向背离反弹) —— 这种情形下，就没有为那些异常不可能的 (如 3.6 节遇到的 $10^{-10^{124}}$ 那样的数字) 瞬间 (反弹瞬间) 提供存在的理由。

我提出的想法迥然不同，即我们考察时间 / 距离尺度的对立两端，然后重新审视刚才考虑的其他共形数学技巧 (即遥远未来的共形"压缩"，如 3.5 节图 3.25 和 3.26a 的诸多例子)，以获得光滑 3 维曲面 $\mathscr{I}$ 在未来无限远的延伸。这里有两点要说明的。首先，正宇宙学常数的存在使 $\mathscr{I}$ 是类空 3 维曲面 [Penrose 1964b；Penrose and Rindler 1986，第 9 章]；其次，如前面说的，穿越 $\mathscr{I}$ 的延拓是一定宽泛假定下的一般性现象 (如弗雷德里希确定证明的 [Friedrich 1988])。前面强调过，这后一点极不同于大爆炸的一般情形，因为托德的建议 (需要时空穿越 $\mathscr{B}$ 光滑延伸) 代表了 (非常需要的) 对大爆炸的巨大约束。

如果遥远未来宇宙的物质组成包含所有无质量成分，则至少穿越 $\mathscr{I}$ 的光滑共形延拓就将是这样的，因为这是上述论断的推论。极其遥远的未来只会留下无质量成分，这合理吗？有两个主要问题需要考虑：一个是遥远未来残余粒子的性质，另一个是黑洞。

我们从黑洞说起。黑洞会在吞噬越来越多的物质中不断地增长，[379] 当周围没有其他东西可吞时，它们就吞噬宇宙背景辐射！可是，当宇宙背景温度最终跌落到每个黑洞的霍金温度以下时，黑洞就开始慢慢蒸发，直到在终结的爆炸（从天体物理的标准看是非常微小的）中消失 —— 星系中心的超大质量黑洞的消失时间要远大于只有几个太阳质量的小黑洞。根据这个图景，经过大约 10^{100} 年（依赖于最大黑洞有多大）的总时间之后，所有黑洞都将灰飞烟灭。这实质上是霍金最先在 1974 年提出的图景 —— 我也认为这是最可能的前景。

那么，我们能对残留在遥远未来的粒子有什么可说的吗？在数量上，绝大多数是光子。已经知道，光子–重子之比大约为 10^9，这些光子的大多数在 CMB 中。尽管星光最终会消失，重子会被黑洞吞噬，这个数字却将基本保持不变。另外还有来自超大质量黑洞的霍金蒸发的贡献，它们几乎完全是极端低频率光子的形式。

不过还有残余的有质量粒子需要考虑。有些粒子（当前认为是稳定的）可能最终会衰变，质子就常常被认为最终会衰变。然而质子带（正）电荷，只要电荷守恒保持为精确的自然律，就会有电荷留下来。最小质量的这种残余应该是正电子，即电子的反粒子。从视界等等的考虑（图 4.14 和 [Penrose 2010] 3.2 节图 3.4 ）可以清楚地看到，电子和正电子都将必然无限期地存在下去（就算没有其他更大质量的带电粒子）。它们无处可去，因为没有带电的无质量粒子（正如我们从粒子对湮灭过程知道的 [Bjorken and Drell 1964])。也值得考虑电荷守恒并不完全正确的可能性，但即使这种不大可能的选项成立，也不会给我们带来帮助，因为理论考虑告诉我们，那时光子自身会获得质量 [Bjorken and Drell 1964]。至于不带电粒子残余，最小质量的中微子大概会幸存下来，尽管我理解在实验允许的可能性中，或许令人信服地存在无质量的中微子类型；见 [Fogli et al. 2012]。

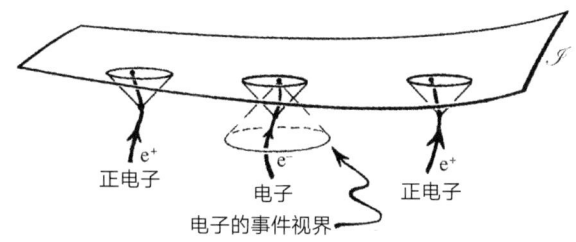

图 4.14 共形草图，说明单个带电粒子（如电子和正电子）在正 $\mathscr{I}$ 要求的类空无限远 $\mathscr{I}$ 是如何最终分离，从而失去彼此最终湮灭的可能性

380 以上考虑似乎告诉我们，尽管我们对存在光滑（类空）未来共形边界 $\mathscr{I}$ 的考虑几乎可以满意，但最终的未来似乎还是会偶尔残留一些有质量粒子，多少会破坏这个图景的纯粹性。对我将要描述的纲领 —— 共形循环宇宙学（*conformal cyclic cosmology*，CCC）—— 来说，只要无质量粒子幸存到 $\mathscr{I}$，事情就会变得很完美。相应地，我猜想在极其遥远的未来，静止质量本身最终会消失，在渐近无限时间的极限下变成零。变化的速率会非常缓慢，当然还需要不能与当下的观测发生冲突。我们大概可以将这想象为某种带有反希格斯机制性质的东西，当环境温度达到某个极端低值时才可能发生。实际上，粒子静止

质量的运行值是某些粒子物理学的特征 [Chan and Tsou 2007，2012；Bordes et al. 2015]，因此假定所有质量最终都运行到零 —— "最终"可以是漫长的时间 —— 也不算太没有理由。

可能有人期待，根据这样的理论，静止质量的衰变对不同类型粒子将不会是相同的速率，所以不能将其归因于引力常数的整体衰变。广义相对论形式本身要求，明确的时间概念应沿任何类时世界线界定。只要认为静止质量为常数，这个时间度量将最佳地由 1.8 节的描述给定，其中爱因斯坦的 $E=mc^2$ 与普朗克的 $E=hv$ 的结合告诉我们，任何质量为 m 的稳定粒子根本上都表现为一个频率为 mc^2/h 的理想时钟。但如果粒子质量以不同速率衰变，则这样的描述在非常遥远的未来就不适用了。

CCC 确实要求正宇宙学常数 $\varLambda$（这样，$\mathscr{I}$ 才是类空的）。于是，$\varLambda$ [381] 在一定意义上保持着标度轨迹，使得爱因斯坦的（$\varLambda$）方程在时空的整个有限区域都成立；然而，很难看出如何用 $\varLambda$ 来构建一个局域时钟。实际上，CCC 的一个重要组成要素是那些时钟在趋近 $\mathscr{I}$ 时失去了意义，从而在 $\mathscr{B}$ 和 $\mathscr{I}$ 上，都让共形几何的思想占上风，不同物理原理也变得重要。

现在我们来看实际的 CCC 建议，这样才能看出它为什么可以认为是我们需要的。基本想法 [Penrose 2006，2008，2009a，b，2010，2014b；Gurzadyan and Penrose 2013] 是，我们当下的膨胀宇宙图景，从它的大爆炸起源（但没有任何暴胀相）到它的指数式膨胀的无限未来，只不过是一个无限世代系列中的一个世代，其中每个世代的 $\mathscr{I}$ 共形光滑地串联着下一个世代的 $\mathscr{B}$（图 4.15），生成的 4 维流形光滑地穿越所有的接缝。在一定意义上，这个纲领多少有些像斯坦因哈特 – 图罗克的循环 / 火宇宙建议（见 3.11 节），但没有任何碰撞膜或其他来自弦论 /M 理论的东西。它还与维内齐亚诺的建议（3.11 节）有一些共同点，因为每个**大爆炸**后没有紧跟的暴胀相 [1]，但每个世代遥远未来的指数式膨胀却在一定意义上起着替代后续世代需要的任何暴胀的作用。于是，在我们自己的世代中，倒是前一个世代遥远未来的类似暴胀的膨胀为有利于暴胀的好理由提供了解释。那些理由都是 3.9 节指出的问题，其中最显著的是：(1) CMB 温度涨落的近似标度不变性，(2) CMB 视界尺度外的关联性的存在，(3) 早期宇宙的局域物质密度要求（ρ 必须格外接近临界值 ρ_c）—— 所有这几点都可视为 CCC 的非常合理的结论。

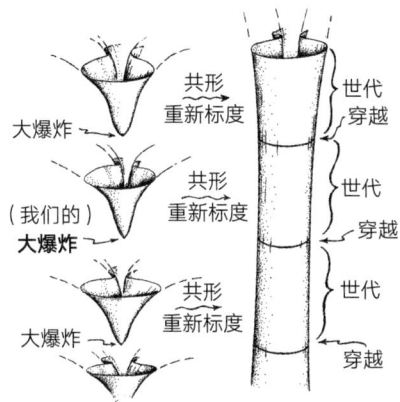

图 4.15　共形循环宇宙学的草图。在这个建议中，我们宇宙整个历史的传统图景（图 3.3）（但没有暴胀相），只是一系列总体相似 "世代" 中的一个。从一个世代到下一个世代的转化涉及每个世代的未来无限远向下一个世代的大爆炸的共形光滑延拓（每个世代的暴胀相被替代为前一个世代的最终的指数式膨胀）

---

1. 同在 3.4 和 3.5 节一样，我用黑体的 "**大爆炸**" 指开启我们自己世代的那个特殊事件，而非黑体的 "大爆炸" 指其他世代或这个名词的一般应用。

最后需要说明与 CCC 的可行性相关的几个重要问题。一个是，像这样的循环纲领如何能与第二定律一致？循环性似乎是与第二定律不相容的。然而，这里的关键点在于这样的事实（3.6 节已经注意了）：迄今为止，对宇宙熵（即使现在）的主要贡献是星系中心的超大质量黑洞，这个贡献在未来还将增大。但这些黑洞最终会遭遇什么呢？可以完全期待它们终将通过霍金蒸发消失殆尽。

这里我要说明，这种霍金蒸发尽管在细节上依赖于弯曲空间背 382 景的量子场论的微妙问题，却完全可以仅基于第二定律的一般考虑得到预期结果。这里我们要记住，赋予黑洞的巨大熵（通过贝肯斯坦－霍金公式基本正比于其质量的平方，见 3.6 节）明确引出黑洞霍金温度的预期（基本上反比于黑洞质量，见 3.7 节），导致它将最终失去质量并蒸发消失的事实 [Bekenstein 1972, 1973; Bardeen et al. 1973; Hawking 1975, 1976 a, b]。我对这些行为没有异议，它们实际上是第二定律驱动的。然而，霍金早年考虑中的一个重要结论是，在黑洞动力学中必然存在信息丢失 —— 或（我更喜欢说）黑洞动力学 383 自由度的丢失，这为我们的讨论引入了新的素材。

在我看来，自由度的丢失是向黑洞坍缩的时空几何所蕴含的明确结果，正如代表这些坍缩的共形图所揭示的，尽管很多物理学家持相反的观点。在 3.5 节图 3.29 a 的严格共形图中描绘了原始的奥本海默－斯尼德球对称坍缩图景，我们清楚地看到，所有物体在穿过视界以后将不可避免地在奇点毁灭，只要遵从经典因果律的正常思想，就没有办法向外面的世界发出它们内部结构细节的信号。而且，只要强宇宙监督成立（见 3.4 和 3.10 节和 [Penrose 1998 a，《通向实在之路》第 28.8 节]），一般性坍缩的整体图景就不会有多大的不同，我也在图 4.16a 的共形图中试着给人以这样的印象，其中我们可以想象图顶部的锯齿线代表某种像 BKLM 奇点的东西。同样，所有穿过视界的物质都将不可避免地在奇点遭遇毁灭。在图 4.16b 中，我修正了图来描绘霍金蒸发黑洞的例子，我们看到，就落进的物质来说，情形没什么不同的。如果要想象在考虑定域量子效应时情形真的是大不相同，我们就应该关心它可能涉及的时间尺度。落进超大质量黑洞的物体，在穿过视界之后，可能需要几个星期或几年才能到达奇点，很难想象一个经典描述不能广泛充分地刻画它趋向自己命运的进程。如果认为量子纠缠或许能将那个物体（邻近奇点时）的信息转移到视界外面（有些理论家是那么期待的）—— 那视界可能在几光周甚至光年之外 —— 那么我们将与量子纠缠的无信号约束产生非常严峻的矛盾（见 2.10 和 2.12 节）。

384

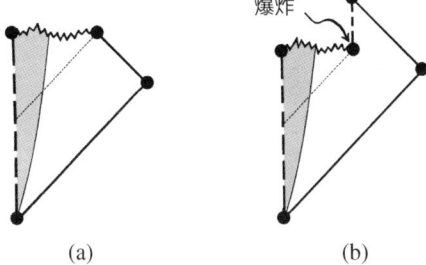

图 4.16　代表黑洞奇点的锯齿线波动，在这些共形图中用来说明它具有一般（或许 BKLM）的性质，不过保留着与强宇宙监督一致的时空：(a) 向黑洞的一般经典坍缩，(b) 向黑洞坍缩，然后因霍金蒸发而消失。阴影区为物质分布。比较图 3.19 和 3.29

在这里，我得说说火球的问题，有理论家认为这是黑洞视界的另一种可能 [Almheiri et al. 2013；Susskind et al. 1993；Stephens et al.

1994]。照这个建议，基于量子场论一般原理（与支持霍金温度相关）的论证被用来说明这些原理引出这样的结论：想穿过黑洞视界下落的观察者将看到一个火球，遭遇巨大的温度，然后自己灰飞烟灭。对我来说，这还提供了另一个论证，说明现在的量子力学基本原理（特别是幺正性 U）在引力背景下不可能普遍地成立。从广义相对论的观点看，黑洞视界的局域物理学应该不会不同于其他地方的物理学。实际上，视界本身甚至没有局域的定义，因为它的实际位置依赖于未来有多少物质落进黑洞。毕竟，尽管当前量子力学理论在小尺度现象上有着大量公认的证明，但在大尺度现象上，却是广义相对论享有不容辩驳的成功。

不过，认真考虑这个问题的多数物理学家似乎还是为信息丢失的前景感到不安，那就是著名的黑洞信息悖论。之所以叫悖论，是因为它隐含着对幺正性 U 的基本量子力学原理的整体性违背，会从基础上颠覆整个量子信心！坚信这点的读者会清楚地看到，我并不支持 U 一定在所有水平都成立。实际上，在引力进入时，它就将被打破（在测量中，多数条件下这也是肯定发生的）。因为黑洞，引力其实是深层卷入的，我本人不会为黑洞量子动力学的 U- 破坏的前景感到困惑。不管怎么说，我一直认为黑洞信息问题强有力地帮助我们证明了 U- 破坏（必然发生在客观 R 过程中）一定是以引力为基础的，而且可以[385] 与那所谓的黑洞信息悖论很好地联系起来 [Penrose 1981，《通向实在之路》第 30.9 节]。相应地，我这里强烈地认同（这在物理学家中是不受欢迎的，包括 2004 年以后的霍金本人 [Hawking 2005]）信息丢失确实在黑洞奇点处发生了。于是，作为这个过程的结果，在黑洞初始信息和它通过霍金蒸发最终消失之间，相空间体积将大为减小。

这在 CCC 中如何有助于第二定律呢？论证依赖于对熵定义的仔细考虑。从 3.3 节我们看到，玻尔兹曼的定义是以相空间体积 V 的对数来确定的：

$$S = k \log V$$

其中 V 的定义包含所有与所虑状态相似的状态，对应于所有相关的宏观参数。现在，当黑洞在此情形出现时，便生出一个问题：是否把描述落进黑洞的事物的所有自由度都考虑进来？这些自由度将直接落向奇点并在某个时刻毁灭 —— 从所有黑洞外的过程考虑中抹去。

当黑洞最终蒸发消失，可以认为所有那些被吞噬的自由度都将在那个时刻从我们的考虑中抹去。换句话说，我们可以选择在黑洞存在期间，在这些自由度穿过黑洞视界之后，都不再考虑它们。然而这实际上没什么不同，因为我们只关心黑洞整个历史的总信息丢失。

回想一下（3.3 节），玻尔兹曼公式中的对数允许我们将系统 S_{tot} 的总熵写成和（其中考虑了被吞噬的自由度）

$$S_{\text{tot}} = S_{\text{ext}} + k \log V_{\text{swal}}$$

这里 S_{ext} 是用相空间计算的熵（未考虑被吞噬自由度），V_{swal} 为所有被吞噬自由度的相空间体积。当黑洞最终蒸发时，熵 $S_{\text{swal}} = k \log V_{\text{swal}}$ 从系统的有用考虑中剔除了，因此它的物理意义就是将熵定义从 S_{tot} 转换为黑洞消失后的 S_{ext}。

由此我们看到，根据 CCC，第二定律没有违背 —— 黑洞的大量 [386] 行为及其蒸发其实可视为第二定律驱动的。然而，因为黑洞内的自由度丢失，第二定律在一定意义上被超越了。等所有黑洞在一个世代蒸发殆尽时（大约在它的大爆炸 10^{100} 年后），原来认为恰当的熵定义在那个时期之后将变得不再合适了，新定义（生成一个小得多的熵值）将在穿越进入下个世代之前的某个时刻显露其效用。

那为什么这会在下个世代出现引力自由度压缩的效应呢？为看清这一点，有必要来看决定世代转移的方程。用本节前面引入的记号，我们有图 4.17 呈现的图景。这里 $\hat{\mathbf{g}}$ 是前世代遥远未来（恰在穿越之前）的爱因斯坦物理度规，$\check{\mathbf{g}}$ 是紧跟后继世代大爆炸的爱因斯坦物理度规。我们可以回想一下，$\mathscr{I}$ 的邻域的光滑几何是用局域定义在一个包含 $\mathscr{I}$ 的狭小区域的度规 $\mathbf{g}$ 表示的，$\mathscr{I}$ 的几何相对于它将变成普通类空 3 [387] 维曲面的几何，而 $\mathbf{g}$ 共形地关联着前 $\mathscr{I}$ 的物理度规 $\hat{\mathbf{g}}$，即 $\mathbf{g} = \omega^2 \hat{\mathbf{g}}$。

同样，$\mathscr{B}$ 的光滑还是用某个我们叫 $\mathbf{g}$ 的度规表示，它局域地定义在包含 $\mathscr{B}$ 的一个狭小区域，$\mathscr{B}$ 的几何相对于它将变成普通类空 3 维曲面的几何，而 $\mathbf{g}$ 共形地关联着后 $\mathscr{B}$ 的物理度规 $\check{\mathbf{g}}$，即 $\mathbf{g} = \Omega^2 \check{\mathbf{g}}$。CCC 的建议是，这两个"$\mathbf{g}$"度规可以选成同一个覆盖穿越区域的度规（叫绷带度规）—— 那个区域包含前世代的 $\mathscr{I}$，而现在等同于后继世代的 $\mathscr{B}$。这就给出

$$\omega^2 \hat{\mathbf{g}} = \mathbf{g} = \Omega^2 \check{\mathbf{g}}$$

这里我还用了倒数假定，即 Ω 是 ω 的倒数，但多一个负号：

$$\Omega = -\omega^{-1}$$

这里，当我们从前世代向后世代转移时，ω 光滑地从负变为正，而在分界的 3 维曲面（$\mathscr{I} = \mathscr{B}$）处，$\omega = 0$。见图 4.17。这允许 Ω 和 ω 在它们作为相关共形因子的区域中都是正的。

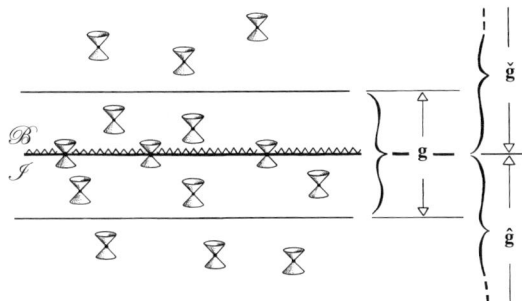

图 4.17　连接前后世代的 3 维曲面界面（既是前世的未来无限远 $\mathscr{I}$，也是后世的大爆炸 $\mathscr{B}$，即 $\mathscr{I} = \mathscr{B}$）。在包含界面的开"绷带"区域中，度规 $\mathbf{g}$ 共形于界面前的爱因斯坦物理度规 $\hat{\mathbf{g}}$（$\mathbf{g} = \omega^2 \hat{\mathbf{g}}$），和界面后的爱因斯坦物理度规 $\check{\mathbf{g}}$（$\mathbf{g} = \Omega^2 \check{\mathbf{g}}$）。$\omega-$ 场被认为在整个绷带区域是光滑的，在界面为零，倒数假定 $\Omega = -\omega^{-1}$ 也被认为在整个区域成立

为了从前一个世代唯一过渡到下一个，我们还需要更多的东西，而且为了最佳确保这种唯一性还存在一些问题（为了让质量在穿越界面后重新出现，显然牵涉一些与标准希格斯机制有关的对称破缺）。这些都超出了本书的技术范围，但这里应该指出，整个过程与有了量子引力才能认识大爆炸具体性质的普遍观点是格格不入的。这里我们只有经典微分方程，有着潜在的强大预言能力，特别是考虑到当下还没有真正为大家所接受的量子引力理论！在我看来，我们用不着去赶量子引力的舞台，理由是在 $\mathscr{B}$ 遇到的巨大的时空曲率（即非常小的普朗克尺度的曲率半径）都是爱因斯坦曲率 **G** 的形式（等价于里奇曲

率；见 1.1 节），它们并不度量引力。引力自由度不在 **G** 而在 **C**，而根据 CCC，**C** 在界面的邻域内一直完全保持为有限的，所以量子引力在这里无足轻重。

尽管 CCC 的具体方程的精确形式还存在不确定性，引力自由度在界面的传递却是可以说清楚的。这个问题有些怪异和微妙，但本质 [388] 可以像下面那样相当清楚地说明。外尔张量 **C** 描述共形曲率，因而必然是一个共形不变量，但还有一个我称之为 **K** 的量，可以认为在前世代的度规 $\hat{g}$ 下等于 **C**，于是我写成

$$\hat{K} = \hat{C}.$$

可是，这两个张量有着不同的共形解释。**C** 的解释（不管什么度规）是外尔的共形曲率，**K** 的解释却是引力场，满足共形不变的波动方程（实际上与 4.1 节扭量理论描述的方程相同，只要给定自旋 2，即 $|s|=2\,\hbar$，也就是 $d = +2$ 或 -6。）怪异的是，这个波动方程的共形不变性要求 **K** 和 **C** 有不同的权重，这样，假如上面的方程成立，我们就会发现在 **g** 度规下，

$$\mathbf{K} = \Omega\,\mathbf{C}。$$

由于 **K** 的方程的共形不变性，**K** 传播到 $\mathscr{I}$ 的一个有限值，由此我们立即可以推知 **C** 必然在那儿消失（因为 Ω 变成无限大了），又因共形几何在穿越 $\mathscr{I} = \mathscr{B}$ 时必须契合，我们看到 **C** 实际上在后继世代的大爆炸也为零。于是，CCC 为外尔曲率假设的原始形式 **C**=0 提供了一

个清晰而满意的图景，比我们从用于单个世代的托德建议直接得到的有限形式的 **C** 好得多。

我们有携带从前世到 $\mathscr{I}$ 进入后世 $\mathscr{B}$ 的所有信息的经典微分方程。引力波信息以 **K** 的形式到达 $\mathscr{I}$，然后凭借 Ω 而传播到后世。我们看到的是，共形因子必须获得一种作为后世新标量场的"实在性"，这个标量场主导着在后代大爆炸中出现的物质。我猜想这个 Ω 场其实是后续世代的暗物质的原始形式 —— 我们从 3.4 节看到这个神秘的物质提供了大约 85% 的宇宙物质组成。Ω 场实际上需要解释为后续世代的某种携带能量的物质；根据 CCC 的方程（也就是后续世代的爱因斯坦 $\Lambda-$ 方程），它必须存在，献给那个世代的能量张量。它还得为所有那些穿过前世的无质量场（如电磁场）—— 除了引力以外 —— 提供额外的贡献。正是这个 Ω 场从前世汲取了 **K** 的信息，才使 **K** 信息没有丢失，但它在后代却以 Ω 的分布而非引力自由度的形式出现 [Gurzadyan and Penrose 2013]。

389

事情是这样的：当希格斯机制接管后续世代时，Ω 场将获得质量然后变成与天体物理观测一致所需要的暗物质（3.4 节）。这需要在 Ω 场与希格斯场之间建立密切的联系。而且，暗物质将在后续世代的过程中完全衰变为其他粒子，因而不会有从世代到世代的累积。

最后是 CCC 观测检验问题。实际上整个纲领是相当紧凑的，所以 CCC 在很多领域都能说出可以真正通过观测来检验的事情。写作本书时，我只关注了纲领的两个特征。首先我考虑两个超大质量黑洞在我们前一个世代的相遇。在每个世代的整个历史中，这样的相遇必然是司空见惯的事情。(例如,在我们世代,银河系就正在与仙女座星系的碰撞,大约历时 10^9 年,我们星系的大约 4×10^6 个太阳质量的黑洞很可能就是那个碰撞的结果。)这样的相遇将产生大量的几乎都是脉冲的引力波能量的爆发,根据 CCC,它们都将在后继世代的初始暗物质分布中产生最初为脉冲的扰动。前世的这些事件将在我们的 CMB 中生成可以判识的环状信号 [Penrose 2010 ; Gurzadyan and Penrose 2013]。事实上,似乎真有显著的信号表明那样的行为确实在 CMB 中发生过,不论 WMAP 还是普朗克卫星的数据(见 3.1 节),在两个独立小组的分析中 [Gurzadyan and Penrose 2013 , 2016 ; Meissner et al. 2013],都看到了这一点。这将为前一个宇宙世代(令人惊奇地非均匀)的存在提供独特的证据,符合 CCC 的建议。假如这是数据的真解释,那么我们似乎可以得出结论说,在我们前世的超大质量黑洞分布中存在显著的非均匀性。尽管这不是 CCC 纲领的预言,它却可以当然地融入其中。从传统的暴胀图景生成这种非均匀性,[390] 就更难看得出来了,它的 CMB 温度涨落是有着随机的量子起源的。

CCC 还有第二个观测结果,是托德在 2014 年初引起我注意的,那就是 CCC 提供了*原初磁场*的可能起源。大爆炸初期显然需要磁场的存在(与 CCC 无关),这是因为在星系际空间的某些巨大区域的大孔洞中确实观察到了磁场 [Ananthaswamy 2006]。星系和星系际磁场存在的传统解释是,它们来自涉及等离子体(共存于空间巨大区域中的分离的质子和电子)的星系动力学过程,它们延伸和强化了先前存在的星系内和星系间的磁场。然而,这些过程在没有星系的地方是不存在的,这正是孔洞的情形,因此在孔洞中看到磁场的存在是很神秘的事情。那些磁场似乎应该是*原初*的,即在**大爆炸**初期就已经存在了。

根据托德的建议，这样的场其实可以无损伤地穿过前世的星系聚集区域，然后进入我们的**大爆炸**之初。磁场毕竟遵从麦克斯韦方程，正如前面说的，它们是*共形不变的*，从而这些场能穿过一个世代的遥远未来进入下一个世代的起源之初。于是，它们就呈现为我们世代的*原初磁场*。

这样的原初磁场可以为 CMB 的光子极化的所谓 B 模式提供可能的起源——那种模式是 BICEP 2 小组观测到的，并在 2014 年 3 月 17 日广泛报导 [Ade et al. 2014] 为宇宙暴胀的"判决性证据"！写作本书时，已经有人对这些观测的重要性提出了怀疑，认为星系际尘埃的角色没有得到充分考虑 [Mortonson and Seljak 2014]。不管怎么说，CCC 为 B 模式提供了另一种来源，至于哪种解释更符合事实，是很有趣的问题。在这里我最后想说的是，根据 CCC，这种前世星系团很可能会通过超大质量黑洞的碰撞而暴露它们自身的存在，那么这里提到的 CCC 的两个观测蕴含的结果就是相互联系的。所有这些都引出进一步观测检验的有趣问题，看 CCC 在这些预期方面如何表现，将是很诱人的事情。

391 4.4 尾声

几年前我接受一个德国记者的采访，他问我是否认为自己是"马弗雷克（maverick）"（"固执己见的人"）。我想在我的回答中，这个词的意思可能与他的本意有些许不同（我的《简明牛津词典》似乎证实了他的意思），我宁愿持这样的观点：马弗雷克是那样的人，不仅反对传统思想，而且可能在一定程度上是为了显得特立独行而故意那么做。我对采访者说，我根本没那么看自己，关于我们世界运行的当下图景的基本物理学，我在大多数方面是相当保守的，而且我认为我比认识的多数其他想在科学认识的前沿获得进步的人更接受传统智慧。

还是用爱因斯坦的广义相对论（带宇宙学常数 Λ）作为例子来说明我的意思吧，它作为引力和时空的美妙的经典理论，我是十分满意，完全相信的，只要我们不要向曲率变得狂野的奇点走得太近——爱因斯坦的理论在那儿同样可能走到尽头。我对广义相对论的结果可能比他本人（至少在他晚年的时候）感觉还要满意。如果说爱因斯坦的理论告诉我们必然存在基本由幻想构成的怪异客体，能吞噬全部星体，那一定会的——但爱因斯坦本人拒不接受我们现在说的黑洞概念，他还辩说这种终极的引力坍缩肯定不会发生。他显然相信他自己的广义相对论即使在经典水平上也需要根本的改变；因为他晚年（在普林斯顿期间）费尽心力以不同方式（在数学上通常没有吸引力）去修正他辉煌的广义相对论，试图将电磁带进这些修正的领地，而基本上忽略了其他物理领域。

当然，如我在 4.3 节说的，我很乐意将爱因斯坦的广义相对论推广到异常的方向上去——在那里，如果严格遵从它，我们将得到**大爆炸**必然是宇宙的开始；而向那个大事件之前延伸，必将呈现出爱因斯坦宏大理论之外的东西。不过，我还是要指出，我的推广是很温和的，只不过让它的概念略微拓展一下，使它的适用范围比以前略大一些罢了。实际上，CCC 完全赞同的广义相对论，就像爱因斯坦 1917 年提出的那样，而且它完全符合那个理论，就像所有旧的宇宙学著作发现的那样（尽管在那些书中找不到极早期宇宙的物质来源）。另外，

392

CCC 完全接受爱因斯坦的 Λ（像他提出的那样），而没有引入神秘的"暗能量"或"伪真空"或"第五元素"之类的东西，它们遵从的方程可能会狂野地偏离经典的爱因斯坦理论。

即使考虑量子力学，我在 2.13 节表达了对那么多物理学家坚守的整个量子信仰的怀疑，我完全接受它几乎所有的特殊蕴意，如 EPR（爱因斯坦–波多尔斯基–罗森）效应呈现的非定域性。只有当爱因斯坦的时空曲率表现出与量子原理的冲突时，我的接受才开始动摇。相应地，我乐于看到所有那些继续支持量子论的奇异性的实验，在它们与广义相对论的冲突没有显著表现的水平下，它们迄今依然是举足轻重的。

至于空间的高维度（以及程度略低的超对称性）的流行方面，我在拒绝这些概念时还是非常保守的，但有一点我要说明白。这里，我提出反对额外空间维几乎完全是出于那些额外维的巨大额外函数自由度呈现的困难。我真的相信这些反对是有效的，而我也从未看见有"超维论者们"恰当解决过这些问题。但这还不是我发自内心的对超维论的反驳！

那么我的反驳是什么呢？在其他访谈或被朋友或熟人提问的场合，我也被问过反对高维理论的理由是什么 —— 为此，我大概可以很好地回答说我既有公开的理由，也有私下的理由。公开的反对其实主要是基于这些额外自由度引发的问题，但私下的理由呢？我需要从历史的角度说明我自己的思想发展。

我本人开始尝试发展一些概念来结合时空思想与量子原理时，是在 20 世纪 50 年代读数学研究生，接着在剑桥圣约翰学院做博士后，常与朋友兼导师的席艾玛（Dennis Sciama）和皮拉尼（Felix Pirani）等人讨论问题，很受刺激；我也听过一些超级演讲，特别是邦迪和狄拉克的，受到很大启发。另外，我还在伦敦大学学院读本科时就被复分[393]析和几何的威力和魔力震撼了，相信这种魔力必然深藏在世界的基本运行中。我看到，在 2 分量旋量形式（我从狄拉克的演讲中弄明白的主题）中，不仅 3 维空间几何与量子力学振幅密切相关，而且洛仑兹群和黎曼几何（见 4.1 节）之间也有着些许不同的关系。这两种关系需要我们在周围直接看到的特别的时空维度，但我不能揭示它们之间的关键联系 —— 大约 10 年后（1963 年），扭量理论才将它解开。

对我来说，这是多年探索的顶点，尽管还有其他关键动机在这个特殊方向上驱动着这些思想 [Penrose 1987 c]，但空间 3 维与时间 1 维的基本的"洛仑兹"组合却始终贯穿在整个探索过程中。而且，很多后来的发展（如 4.1 节指出的无质量场波函数的扭量表示）似乎证明了这一系列动机的价值。我原先是特别被弦论吸引过的，特别是因为它起初用了黎曼曲面，可后来当我听说它转向要求那些额外空间维时，我惊骇了，那种浪漫的高维宇宙对我一点儿吸引力都没有。我那时就感到自己不可能相信大自然会拒绝那些与洛仑兹 4 维空间的美妙联系 —— 现在依然如此。

当然，可能有人认为我执着于洛仑兹 4 维空间是我在基础科学上内心保守的另一个例子。确实，当物理学家获得正确思想时，我没有理由改变他们。只是在他们不那么正确或远非正确时，我才感到忧虑。

当然，即使在理论运行很好时，也有可能需要根本的改变。牛顿力学就是一个例子，我相信量子论也必然是同样的情形。但这丝毫无损于两个宏大理论在基础科学发展中所占有的坚实地位。近乎两个世纪之后人们才清楚牛顿的微粒宇宙需要通过麦克斯韦的连续场来修正，然后又过了半个世纪相对论和量子论带来的变革才开始登上舞台。量子论能否无恙地度过那么长的时间，我们拭目以待吧。

最后我说说时尚在把握科学思想中的作用。我非常欣赏并受益于
394 现代技术，特别是网络技术，使我们能立刻进入那么广阔的科学知识体。不过我也担心如此广博的知识本身会令人紧跟时尚。那么多的东西现在就那么容易获取了，很难知道其中哪些事情包含了新思想，值得新关注。如何判断什么是真的重要、什么只是因为流行才显得突出呢？如何趟过那一片汪洋——它可能只是因为大，而不是因为蕴含着思想（不管新的还是旧的），有真料，有关联，有真理？这个难题我给不出清晰的回答。

然而，时尚在科学中的作用并不新鲜，我在 1.1 节已经指出它在过去科学中的作用。不受时尚的不恰当影响而形成独立但一致的判断，其平衡是很难达成的。就个人而言，我很幸运在才华横溢又循循善诱的父亲莱昂内尔（Lionel）的陪伴下长大，他是生物学家，专业是人类遗传学，兴趣广，多才艺，游于数学、艺术和音乐，还会写作——尽管我们在分享他的才艺和新奇的思想中得到了乐趣和启发，我怕他也有手足无措的时候，例如在家庭关系的处理中。我们家的智力水平与众不同，我也从早熟的哥哥奥利弗（Oliver）那儿学会了很多东西，特别是物理学领域的。

　　莱昂内尔有很独立的思想，如果他觉得某个普遍接受的思想路线错了，他不会隐忍不发。我特别记得，他的一个同事在他的书的封面上用了一个著名的家族谱系图，那个独特的家族被认为代表了 Y 染色体遗传的经典例子，即父亲的身体特征直接传给儿子，而且明显传递几代，但家族的女性不受影响。那个特征是一种严重的皮肤病（高起性鱼鳞病），患者有时也被称为豪猪。莱昂内尔告诉他的同事，他不相信这个谱系，因为他根本不接受这种特征是真正的 Y 染色体遗传。而且，这些人在 18 世纪的马戏团也展现过，他认为那可能是班主们被诱惑了去宣扬这类父子遗传的故事。他的同事对莱昂内尔的疑虑表示非常怀疑，于是莱昂内尔自己把事情揽过来。他在母亲玛丽特（Margaret）的陪伴下多次远足旅行，考察了很多相关的老教会登记册，想看看豪猪人的谱系到底像什么样子。几周以后，他成功绘制了一幅非常不同但更合理的谱系图，证明这种特征绝不可能是 Y 染色体遗传的例子，而可以直接解释为一种简单的显性特征。[395]

　　我总是感到莱昂内尔对什么是真的有着很强的直觉（虽然他并不总是对的）。他的直觉也不都在科学领域，他特别有感觉的是关于莎士比亚的作者资格问题。他曾被鲁尼（Thomas Looney）的一本书 [Looney 1920] 洗了脑，认为莎士比亚戏剧的真正作者是牛津第十七代伯爵德维尔（Edward de Vere），他甚至想通过公认的德维尔作品的统计分析与剧本比较去检验作者资格（结果表明这得不出什么结论）。莱昂内尔的多数同事都认为他的迷信走得太远了。就我而言，我发现这个例子是很强的，不利于通常认定的作者资格（在我看来，那些伟大的作品没有书，没留下手稿证据，只有几个像文盲的签字，这几乎是不可能的事情；但至于谁是真正的作者，我也没什么真正的想法）。

有趣的是，近年安德森（Mark Anderson）有一本书［Anderson 2005］强烈主张作者就是德维尔。不论转变业已普遍确立的科学观点有多难，要在文学世界做同样的事情 —— 特别是对如此有着巨大商业利益的根深蒂固的教条 —— 相比之下要艰难得多！

数学附录

A1　迭代指数

本节说数的幂次，也就是一个数自乘多次。于是，记号 a^b（a，b 为正整数）的意思是 a 自乘 b 次（所以 $a^1=a$，$a^2=a \times a$，$a^3 = a \times a \times a$）；这样，$2^3=8$，$2^4=16$，$2^5=32$，$3^2=9$，$3^3=27$，$4^2=16$，$5^2=25$，$10^5=100000$，等等。我们也可以毫不困难地将其推广到 a 不必为正的情形，若 $a \neq 0$，则 b 也不必为正（如 $a^{-2}=1/a^2$），这个记号还适用于 a 和 b 都不是整数的情形（例如，它们可以为实数甚至复数，我们将在 A9 和 A10 讨论）。（然而，那将出现多值问题，参见《通向实在之路》5.4 节。）再说一点，我在本书中自始至终都用指数记号来表示百万（10^6）以上的大数，如 10^{12}，而不用十亿万亿万千万亿之类的文字，以避免遭遇极端大数（特别是第 3 章）时模糊不清。

这些都是一目了然的，但我们或许会对多重的幂次运算感兴趣，例如考虑如下的量

$$a^{b^c}.$$

我应该说明这个记号的意思。它不是 $(a^b)^c$，即 a^b 的 c 次幂 —— 我

398 们有很好的理由将这个数写成 a^{bc}（即 a 的 $b\times c$ 次幂）。上面表示的那个数实际上等于下面的数（通常是非常大的）：

$$a^{(b^c)}$$

也就是 a 的 b^c 次幂。于是，

$$2^{2^3} = 2^8 = 256 \text{，}$$

而不等于 $(2^2)^3 = 64$。

　　现在我想就这些量做基本说明，即对相当大的数 a，b，c，我们发现 a^{b^c} 对 a 值的依赖相当小，而 c 才是最重要的。（关于这些问题的更有趣的知识，见 [Littlewood 1953 ; Bollobas 1986, pp. 102-103]）如果用对数形式重写 a^{b^c}，可以很清楚地看到这一点。作为一个数学家，还有那么一点纯粹主义，我倾向于用自然对数，因此我写 " log " 时其实意思是自然对数 " $\log_e$ "（不过这常常记作 " ln "）。如果你更喜欢 " 以 10 为基的对数 "，就跳过下面的一段。但对纯粹主义的伙伴来说，自然对数恰好是标准指数函数的反函数。这意味着实数（对正实数 x）

$$y = \log x$$

是通过等价的（反）方程

$$e^y = x$$

定义的，其中 e^y 是标准指数函数，有时写作"$\exp y$"，定义为无穷级数

$$\exp y = e^y = 1 + \frac{y}{1!} + \frac{y^2}{2!} + \frac{y^3}{3!} + \frac{y^4}{4!} + \cdots,$$

其中（见 A1）

$$n! = 1 \times 2 \times 3 \times 4 \times 5 \times \cdots \times n$$

在上述级数中令 $y = 1$，我们发现

$$e = e^1 = 2.7182818284590452 \cdots.$$

我们将在 A7 回到这个级数。

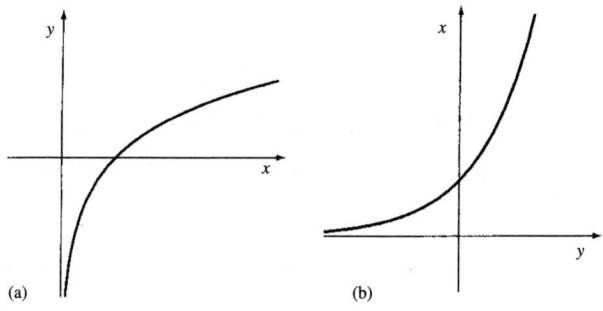

图 A1　（a）对数函数 $y = \log x$ 是（b）指数函数 $x = e^y$ 的反函数（坐标轴用非标准约定）。注意为了向反函数转换，我们交换了 x 轴和 y 轴，即经过对角线 $y = x$ 的反射

应该指出（相当值得注意），记号"e^y"与我们前面说的一致，即 399 如果 y 为正整数，则 e^y 其实是数"e"自乘 y 次。而且，指数函数的加法可以转换为乘法（加 – 乘律），即

$$e^{y+z} = e^y e^z$$

因"log"是"exp"的反函数，由此我们得到对数的乘法可转换为加法（乘 – 加律）：

$$\log(ab) = \log a + \log b$$

（如果令 $a = e^y$ 和 $b = e^z$，这等价于我们上面说的）。我们还有

$$a^b = e^{b\log a}$$

（因 $e^{\log a} = a$，所以 $e^{b\log a} = (e^{\log a})^b = a^b$），由此

$$a^{b^c} = e^{e^{c\log b + \log\log a}}$$

（因 $e^{c\log b + \log\log a} = e^{c\log b}e^{\log\log a} = b^c\log a$）。由于函数 $\log x$ 对大 x 增长缓慢，函数 $\log\log x$ 就比它更慢了，我们容易看到，对相当大的数值 a，b，c，c 是决定 $c\log b + \log\log a$ 大小（因而也是 a^{b^c} 大小）的最重要因子，于是 a 的值就可能不起什么作用了。

400   对普通读者来说，也许用以 10 为基的对数（即用"$\log_{10}$"）来说

会看得更清楚一些。(它的好处是，我不需要在普及解说中解释什么是"e"了！)这里我用记号 Log 代替"$\log_{10}$"。相应地，实数 $u = \text{Log}\, x$（对任何正实数 x）是通过等价的反函数

$$10^u = x$$

来定义的，我们有

$$a^b = 10^{b\text{Log}a}$$

由此（像前面一样）

$$a^{b^c} = 10^{10^{c\,\text{Log}\,b + \text{Log}\,\text{Log}\,a}}.$$

我们现在可以很简单地说明 $\text{Log}\, x$ 增长的缓慢，注意

$$\text{Log}\,1 = 0\,,\ \text{Log}\,10 = 1\,,\ \text{Log}\,100 = 2\,,$$
$$\text{Log}\,1000 = 3\,,\ \text{Log}\,10000 = 4\,,\ 等等.$$

下面的事实更说明了 $\text{LogLog}\, x$ 增长的极端缓慢

$$\text{LogLog}\,10 = 0\,,\ \text{LogLog}\,10000000000 = \text{LogLog}\,10^{10} = 1\,,$$
$$\text{LogLog}\,(\text{one googol}) = \text{LogLog}\,10^{100} = 2\,,\ \text{LogLog}\,10^{1000} = 3\,,\ 等等。$$

这里我们可以想想，如果把 10^{1000} 写下来（不用指数），将是"1"后面

跟 1000 个 "0"，而一个 googol 是 "1" 后面跟 100 个 "0"。

在第 3 章我们遇到过一些非常大的数字，如 $10^{10^{124}}$。这个特殊的数（粗略估计在大爆炸时刻我们的宇宙有多 "特殊"）和这里的论证使我们可以只考虑较小的数 $e^{10^{124}}$。不过，根据前面说的，我们发现

$$e^{10^{124}} = 10^{10^{124+\text{LogLoge}}}.$$

这个 LogLoge 有负值，约为 -0.362，于是我们看到，在左边将 e 变为 10 相应于在最上面的指数中用 123.638 代替 124，其最近的整数还是 124。实际上，这个表达式中估计的 "124" 本来就不很精确，更 "正确" 的数字也许是 125 或 123。尽管我在很多早期作品中确实用过数字 $e^{10^{123}}$ 来表示这个特殊性的程度，那是佩吉（Don Page）大约 1980 年向我指出的数字，那时暗物质还没有得到大家的认同；见 3.4 节。更大的数 $e^{10^{124}}$（或 $e^{10^{125}}$）是把暗物质考虑进来了。于是，用 10 代替 e 其实是无关紧要的！在这里，b 不是很大（$b = 10$），所以 LogLoge 还能产生些许差别，但也不是很大，因为 124 比 LogLoge 大得多。

这些大数的另一个特征是，如果我们让它们（其中顶指数相差更小）两个相乘或相除，则顶指数较大的一个将完全淹没另一个，因而我们可以在乘除的求和中或多或少地完全忽略小数的实际存在！为看清这一点，我们先看

$$10^{10^x} \times 10^{10^y} = 10^{10^x+10^y} \text{ 和 } 10^{10^x} \div 10^{10^y} = 10^{10^x-10^y}.$$

我们注意这个事实：如果 $x > y$，则乘积中 10 的指数为 $10^x + 10^y = 1000 \cdots 001000 \cdots 00$，而商的指数为 $10^x - 10^y = 999 \cdots 99000 \cdots 00$。这里，乘积中，第一段"$000 \cdots 00$"为 $x - y - 1$ 个 0，第二段"$000 \cdots 00$"为 y 个 0。在商中，第一段有 $x - y$ 个 9，第二段有 y 个 0。显然，如果 x 比 y 大得多，则第一个数中间的"1"或后一个数中的那串 9 将不会带来什么差别（当然，我们必须小心"没什么差别"的意思，因为从一个数中减去另一个数仍然是一个巨大的数！）。即使 $x - y$ 小如 2，指数变化也不超过 1%，如果 $x - y$ 远大于 2，则差别会更小。所以我们可以在 $10^{10^x} \times 10^{10^y}$ 乘积中忽略 10^{10^y}。同样，在两数相除中，较小的 10^{10^y} 也会被淹没，因而可以在 $10^{10^x} \div 10^{10^y}$ 中完全忽略。我们在 3.5 节已经看到它们的作用。

A2　场的函数自由度

对第 1 章的考虑，特别需要说明的更重要的事情是形如 a^{b^c} 的数在 a 和 b 变成无限大的"极限"，我将这些量写成 ∞^{∞^n}。我们可能会问，这究竟是什么意思？这些量对物理学有什么意义？为回答第一个问题，我想最好还是先回答第二个。为此，我们应该记住很多物理都是用物理学家所说的场来描述的。那么，什么是物理学家的场概念呢？　402

体会物理学家的场的一个好办法是考虑磁场。在空间的每一点，磁场都有一个方向（由两个确定（例如）东西或上下倾向的角度定义），还有一个场的强度（另一个数），一共三个数。也可以换一种更直接的方法，只考虑完全量给定点磁场的矢量的三个分量，见图 A2。（磁场是矢量场的一个例子，这个概念的更完整描述见 A7。）那么空间有多少可能的磁场呢？显然有无限多。但无限是一个很粗的数字度量，我要做得更精细一些。

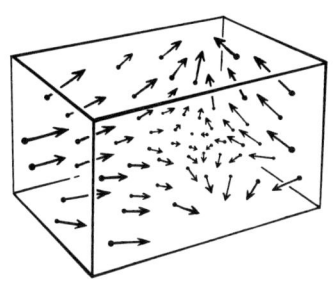

图 A2　普通 3 维空间的磁场是物理（矢量）场的好例子

我们先设想一个这种情形下的玩具模型，其中所有可能实数的连续统ℝ用一个只包含 N 个元素的有限系统 R 来代替，N 是一个很大的正整数 —— 因此我们是在想象它而不是整个连续统，我们用一个非常稠密的离散点集（都在一条直线上）来近似连续统。描述我们在某点 P 的磁场的三个实数可以认为只是 R 的三个元素，于是这三个数的第一个只有 N 种可能，第二个也有 N 种可能，第三个还是 N 种可能，这一共给出

$$N \times N \times N = N^3$$

于是在这个玩具模型中，空间任意给定点 P 有 N^3 种可能的不同磁场。但我们想知道有多少可能的场，其场能任意地从空间的一点变到另一点。在这个模型里，时空连续统的每个维度也由有限集 R 描述，所以 3 个空间坐标（通常标以实数 x，y，z）的每一个都可视为 R 的一个元素，在我们的模型中也有 N^3 个不同的点。在任意特定点 P，有 N^3 个

可能的磁场。在两个不同点 P, Q, 每一点也有 N^3 个可能的磁场, 从而两点一起考虑, 场的数值有 $N^3 \times N^3 = (N^3)^2 = N^6$ 种可能 (假定不同点的场值是相互独立的); 在 3 个不同的点, 有 $(N^3)^3 = N^9$ 种可能; 四点有 $(N^3)^4 = N^{12}$ 种可能, 等等。于是, 在这个玩具模型中, 在所有 N^3 个不同的点, 我们的整个空间共有

$$(N^3)^{N^3} = N^{3N^3}$$

种可能不同的磁场。

在这个例子中还有一点混乱, 因为数 N^3 以两种不同的外观出现: 第一个 "3" 是每一点磁场的分量数, 第二个 "3" 指空间维数。其他类型的场可能有不同数量的分量, 例如空间每点物质的温度或密度就只有一个分量, 而张量形式的量 (如材料的应力) 在每点将有更多的分量。我们可以考虑某个 $c-$ 场的量取代 3 分量磁场, 则我们的玩具模型将总共给出

$$(N^c)^{N^3} = N^{cN^3}$$

个不同的可能场。我们也可以考虑维数为 d (不同于我们熟悉的 3) 的空间。则在我们的玩具模型里, 空间是 d 维的, 可能的 $c-$ 分量场的数量为

$$(N^c)^{N^d} = N^{cN^d} \, .$$

当然，我们更感兴趣的是真实的物理而非这样的玩具模型，其中数 N 应是无限的 —— 尽管应该记住我们并不真的知道自然的真正物理的数学结构，那么这里所说的真实的物理就指的是用于我们当下高度成功的理论的特殊数学模型。对这些成功的理论，N 其实是无限的，所以我们在上面的公式中代入 $N = \infty$，从而得到 d 维空间中不同可能的 $c-$ 分量场的数量为

$$\infty^{c\infty^d}.$$

404 在我用来开始这段历程的特殊物理情形，即整个空间所具有的可能不同磁场构形的数量，我们有 $c = d = 3$，所以我们得到的结果是

$$\infty^{3\infty^3}.$$

然而我们必须记住，这是（在玩具模型中）基于不同点的场变量相互独立的假定。在当下的背景，如果我们考虑整个空间的磁场，那么在相关意义上说这就是不对的。因为磁场满足一个严格的约束，叫约束方程（在这个情形下，专家们会认识到它就是 "div $\mathbf{B} = 0$"，其中 $\mathbf{B}$ 是磁场矢量 —— 这是微分方程的一个例子，简要讨论见 A11）。这个约束表达了一个事实，即不存在分离的南磁极或北磁极之类的东西，那些假定的实体将表现为磁场的非独立"源"，就我们现在的物理认识，它们的不存在其实是一个物理事实（见 3.9 节）。这个约束意味着任何磁场都受一定限制，空间不同点的场值是相互关联的。这还蕴含着更具体的结果：场值在整个 3 维空间并不都是独立的，除了 3 个分量中的一个以外（至于哪个独立，由我们来选）；它实际上取决于另外

两个以及它自身在空间的 2 维子空间 S 的行为。其结果是，指数中的 $3\infty^3$ 其实应该是 "$2\infty^3 + 2\infty^2$"，但是，由于我们可以认为 "∞^2" 对指数的修正被大得多的 "$2\infty^3$" 完全淹没了，所以我们基本上可以将它忘掉，将普通 3 维空间的磁场（服从这个约束）的函数自由度写成

$$\infty^{2\infty^3}.$$

在更精细的概念中，考虑了嘉当的工作 [Bryant et al. 1991；Cartan 1945，特别是其初版 pp.75 ~ 76 的第 68 和 69 两节]，我们实际上可以为 $\infty^{2\infty^3+\infty^2}$ 这样的表达式赋予一定的意义，其指数可视为 "∞" 的多项式，具有非负整数的系数。在这个例子中，我们有两个 3 变量的自由函数和一个 2 变量的自由函数。不过本书用不着这个精细化的概念。

　　显然，关于这个有用的概念（似乎最初是大名鼎鼎而且创新活跃的美国物理学家惠勒（John A. Wheeler）最先运用的 [Wheeler 1960；Penrose 2003，pp.185 ~ 201，《通向实在之路》第 16.7 节]），还有几点需要澄清。我要说的第一点是，这些无限数并不指普通（康托）意 [405] 义的描述一般无限集合的大小的基数。有的读者可能熟悉康托迷人的无限数理论。如果你还没见过那个理论，也别担心。我提康托的集合论，只是为了与我们这里做的事情对比，说明它们的不同。但如果你刚好知道康托的理论，下面的话可能还是有帮助的，你可以看到它们的差别是怎么来的。

　　在康托的无限数（叫基数）体系中，所有不同整数的集合 $\mathbb{Z}$ 的（基）数记作 $\aleph_0$（读 "阿列夫 0"），所以不同整数的数量就是 $\aleph_0$。接下

来，不同实数的数量为 $2^{\aleph_0}$，通常写成 $C\,(\,=2^{\aleph_0}\,)$。（我们可以将实数表示为无限的二进制数串，如 $10010111.0100011.\cdots$，大致说来，这由 $\aleph_0$ 个二元可能给出，总数就是 $2^{\aleph_0}$。）然而，对我们来说，这些还不够精细。例如，如果我们认为 d 维空间的大小为 N^d，那么当 N 增加到 $\aleph_0$ 时，不论 d 多大，康托的纲领总是只得到 $\aleph_0$。在 $d=2$ 的情形，正如图 A3 所示，这只是说整数对 $(\,r\,,s\,)$ 的系统可以用单个整数来计数的事实，这表示 $(\aleph_0)^2=\aleph_0$。只要重复这个过程，就能推广到任意 d 个整数的数串，证明 $(\aleph_0)^d=\aleph_0$。不论什么情形，这都不是我们以上表达式中的 " ∞ " 的意思，因为我们是把 N 个元素的有限集作为连续统的模型，而连续统在康托的理论中有 $2^{\aleph_0}=C$ 个元素。（将 C 视为 2^N 在 $N\to\infty$ 的极限也不是没有道理，因为我们认为 0 和 1 之间的实数可表示为二进制的展开（如 $0.1101000101110010\cdots$）。如果在 N 位终止展开，我们有 2^N 种可能。令 $N\to\infty$，我们便得到 0 和 1 之间的所有可能实数的整个连续统，不过有点儿多余。）但这本身并不能帮我们什么，因为我们在康托理论中还是只得到 $C^d=C$（对任意 d）。（关于康托理论的更多知识见 [Gardner 2006 ; Levy 1979]。）

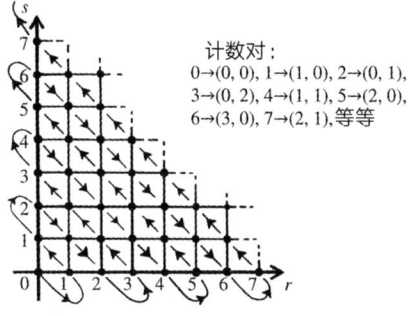

图 A3　用一个自然数来计数自然数对 $(\,r\,,s\,)$ 的康托程序

康托的无限（基）数理论其实只与集合有关，而集合不能视为某种连续空间的结构。就当下的目标来说，我们确实需要考虑与我们相关的空间的连续性（或光滑性）特征。例如，1 维直线 $\mathbb{R}$ 的点在康托意义下与 2 维平面 $\mathbb{R}^2$（用实数对 r, s 坐标化）的点是一样多的 —— 就像我们在前一段看到的。然而，在有限 N 元集合 R 变成连续的 $\mathbb{R}$ 的极限下，当我们分别将实直线 $\mathbb{R}$ 的点或实平面 $\mathbb{R}^2$ 的点组织成连续的直线或连续的平面时，后者实际上肯定被认为是"更大"的实体。（尽管"连续"在极限意义下说计数序列的"紧密"元素实际上总是给我们"紧密"数对 (r, s)，在技术上反过来却是不对的，即紧密的数对并不总是给出计数序列中的紧密数字。）[406]

用惠勒的记号，我们连续统直线 $\mathbb{R}$ 的大小表示为 $\infty^1 (= \infty)$，连续平面 $\mathbb{R}^2$ 的大小为 ∞^2。同样，3 维（三元实数 x, y, z 的）空间 $\mathbb{R}^3$ 的大小为 $\infty^3 (> \infty^2)$，等等。3 维欧氏空间（$\mathbb{R}^3$）光滑变化的磁场的空间是无限维的，但它也有大小，可以用惠勒记号表示为 $\infty^{2\infty^3}$，和上面说的一样（这是考虑了约束 $\text{div }\mathbf{B} = 0$ 的时候；否则，如果不假定 $\text{div }\mathbf{B} = 0$，我们将得到 $\infty^{3\infty^3}$）。

所有这些的关键在于（也是我在本章大量运用的），虽然我们有（在这个"连续"的意义下）

$$\infty^{a\infty^d} > \infty^{b\infty^d} \text{ 如 } a > b$$

我们也有

$$\infty^{a\infty^c} \gg \infty^{b\infty^d} \text{ 如 } c > d,$$

407　后者在正数 a 和 b 的任何关系下都成立，这里我用符号"$\gg$"表示左边超过右边的巨大程度。于是，与 A1 的有限整数情形一样，是在考虑这些大小的尺度时，最重要的还是那个顶指数。我们将它解释为一个事实：在给定 d 维空间中，如果分量数目越多，则我们得到越自由（且光滑）变化的场，我们发现，对不同维的空间，空间维数的差别才是最重要的，而场在每点的分量数的差别被它完全淹没了。我们在 A8 将能更好地认识这个事实背后的根本原因。

　　"自由度"一词其实是物理情形的语境下常用的。我在本书就经常用它。不过应该强调的是，这并不同于"函数自由度"。基本说来，如果我们有 n 个自由度的物理场，则我们可能指的是具有函数自由度

$$\infty^{n\infty^3}$$

的某种东西，因为自由度的"数量"与 3 维空间中每点的参数数量有关。于是，在如上给出的磁场函数自由度 $\infty^{2\infty^3}$ 的情形，我们有 2 个自由度，当然大于 1 分量标量场的自由度 $\infty^{1\infty^3}$，但在 5 维时空的标量场将拥有函数自由度 $\infty^{1\infty^4}$，远大于我们 3 维空间（或 4 维时空）的磁场的函数自由度 $\infty^{2\infty^3}$。

A3　矢量空间

　　为更完整理解这些问题，需要更好地认识数学是如何处理高维空

间的。在 A5 我们将考虑一般的流形概念，这可以是任意（有限）维
的空间，但在近似意义上也可以是弯曲的。不过在进入这种弯曲空间
几何的讨论中，我们有多个理由需要借助于考虑高维平直空间的基本
代数结构。欧几里得本人考虑 2 维或 3 维的几何，但没感觉有什么理
由考虑维数可能更高的几何，也没有证据表明他想过这种可能性。然 [408]
而，在坐标方法引入之后（基本归功于笛卡尔，尽管 14 世纪的奥雷
姆（Oresme）甚至公元前 3 世纪的阿波罗尼（Apollonius of Perga）似
乎已经有过这种想法），用于 2 维或 3 维的代数形式就显然可以推广到
更高维的情形，即使高维空间的实用性远非那么显而易见。鉴于现在
可以用坐标程序研究 3 维欧氏空间，用 3 元实数组 (x, y, z) 代表 3 维
空间的一点，我们可以很容易地将它推广到 n 元坐标 $(x_1, x_2, x_3, \cdots,$
$x_n)$，代表某个 n 维空间的一点。（当然，用 n 元实数以这种方式特别
表示一个点，涉及很大的随意性，点的特殊标签非常依赖于我们所用
的坐标轴的选择，还依赖于这些轴定向的原点 O —— 正如我们用笛
卡尔坐标描述欧氏平面的点时所看到的（图 A4）。但假如允许为点
O 赋予特殊的地位，则我们可以让相对于 O 的几何用一种特殊的叫
矢量空间的代数结构来表示。

　　一个矢量空间由一组叫矢量的代数元素 **u**, **v**, **w**, **x**, ⋯ 和叫标
量的数字 $a, b, c, d, \cdots$ 构成，矢量标记单个的空间点，标量可用来
度量距离（或距离的负数）。这种标量常常认为只是普通的实数（即
$\mathbb{R}$ 的元），但我们看到（特别在第 2 章），为恰当理解量子力学我们也 [409]
应该对标量为复数（$\mathbb{C}$ 的元，见 A9）的情形感兴趣。不管复数还是实
数，标量都满足普通的代数运算法则，两个标量可以用加"＋"和乘
"×"及其逆运算减"－"和除"÷"（通常省略符号"×"，而用斜线

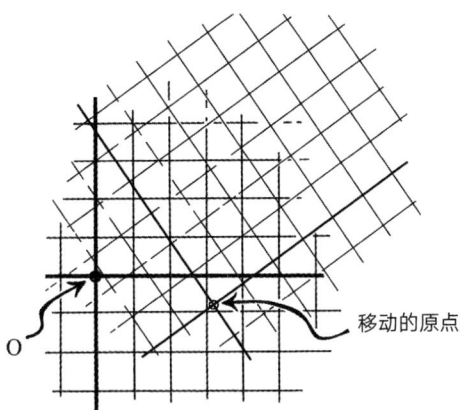

图 A4 空间坐标的选择可以非常随意，即使 2 维欧氏空间的普通笛卡尔直角坐标也是如此，图中画了两个这样的坐标系

"/"代替"÷"）进行组合，其中除法不能用于 0。对标量，我们有如下熟悉的代数法则

$$a+b=b+a,\ (a+b)+c=a+(b+c),\ a+0=a,$$
$$(a+b)-c=a+(b-c),\ a-a=0,\ a\times b=b\times a,$$
$$(a\times b)\times c=a\times(b\times c),\ a\times 1=a,\ (a\times b)\div c=a\times(b\div c),$$
$$a\div a=1,\ a\times(b+c)=(a\times b)+(a\times c),$$
$$(a+b)\div c=(a\div c)+(b\div c),$$

其中 a，b，c 为任意标量（当然我们要求 ÷ 在作用时 $c\neq 0$），而 0 和 1 为特殊标量。我们将 $0-a$ 写成 $-a$，$1\div a$ 写成 a^{-1}，而 $a\times b$ 常写成 ab，等等。（这些是定义数学家们所说的对易场的那种系统的抽象法则，$\mathbb{R}$ 和 $\mathbb{C}$ 是其特例。这不会与 A2 描述的物理学家的场概念混淆。）

矢量服从两种运算, 加法 $\mathbf{u}+\mathbf{v}$ 和标量乘法 $a\mathbf{u}$, 遵从

$$\mathbf{u}+\mathbf{v}=\mathbf{v}+\mathbf{u},\ \mathbf{u}+(\mathbf{v}+\mathbf{w})=(\mathbf{u}+\mathbf{v})+\mathbf{w},$$
$$a(\mathbf{u}+\mathbf{v})=a\mathbf{u}+a\mathbf{v},\ (a+b)\mathbf{u}=a\mathbf{u}+b\mathbf{u},\ a(b\mathbf{u})=(ab)\mathbf{u},$$
$$1\mathbf{u}=\mathbf{u},\ 0\mathbf{u}=\mathbf{0}$$

其中 "0" 为特殊零矢量, 而且我们可以用 $-\mathbf{v}$ 代 $(-1)\mathbf{v}$, $\mathbf{u}-\mathbf{v}$ 代 $\mathbf{u}+(-\mathbf{v})$。对普通 2 或 3 维欧氏几何, 很容易理解这些基本矢量运算的几何解释。我们需要固定一个原点 O, 作为零矢量 0 的标志, 任何其他矢量 $\mathbf{v}$ 则标志空间的某个点 V, 其中我们可以认为 $\mathbf{v}$ 代表整个空间从 O 到 V 的平行位移 (即平移), 而这可以用图表示为定向线段 $\overrightarrow{OV}$, 图中画成带箭头的从 O 到 V 的线段 (图 A5)。

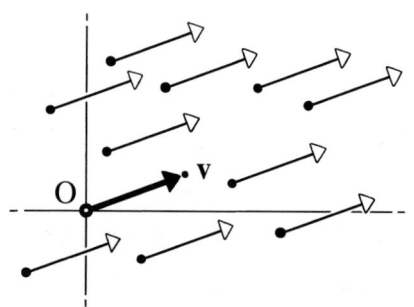

图 A5　一个 (n 维) 实矢量空间可以通过 (n 维) 欧氏空间线族的平移运动来理解。矢量 $\mathbf{v}$ 本身可由定向线段 $\overrightarrow{OV}$ 表示, 其中 O 为选定的原点, V 为空间的一点, 但我们也可以认为 $\mathbf{v}$ 代表描述从 O 到 V 平移运动的整个矢量场

这里标量为实数, 矢量乘以正实数 a 保持方向不变, 但尺度放大 (或缩小) 因子 a。矢量乘以负实标量也一样, 但会倒转方向。两个矢量 $\mathbf{u}$ 与 $\mathbf{v}$ 之和 $\mathbf{w}(=\mathbf{u}+\mathbf{v})$ 由 $\mathbf{u}$ 和 $\mathbf{v}$ 影响的两个位移的组合表示, 在 410

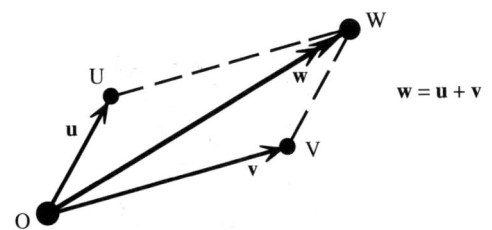

图 A6　矢量相加的平行四边形法则：u + v = w 表示为 OUWV 构成一个平行四边形（也可能退化为一条直线）

图中为点 W 确定的平行四边形（图 A6），在 O，U，V 共线的退化情形，W 将由定向距离 OW 确定，等于 OU 和 OV 的定向距离之和。如果我们想描述三点 U，V 和 W 共线的条件（即都在一条直线上），我们可以用对应的矢量 **u**，**v** 和 **w** 表述为

$$a\mathbf{u} + b\mathbf{v} + c\mathbf{w} = 0,$$

其中，对某些非零标量 a，b，c，$a + b + c = 0$，或等价地说，对某非零标量 r（这里 $r = -a/c$），有 $\mathbf{w} = r\mathbf{u} + (1-r)\mathbf{v}$。

411　　欧氏空间的代数描述很抽象，但它也确实允许欧氏几何的定理简化为常规计算，尽管计算是以直接（且微妙的）方式在用，但即使对看起来相对简单的几何定理来说，它也会变得非常复杂。举例来说，我们可以考虑四世纪的帕普斯（Pappus）定理（图 A7）。它断言，若两个共线的三点集 A，B，C 和 D，E，F 相交于另外三点 X，Y，Z，使 X 为直线 AE 和 BD 的交点，Y 为直线 AF 和 CD 的交点，Z 为 BF 和 CE 的交点，则 X，Y，Z 也是共线的。这可以直接通过矢量的计算方法证明，尽管如果不用简化（便捷）程序，多少有些复杂。

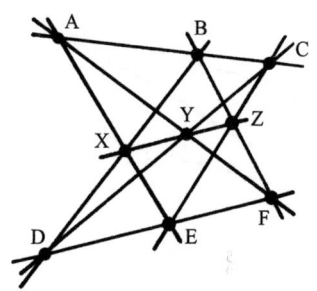

图 A7 古老的帕普斯定理可以通过矢量方法证明

这个特殊的定理的好处是，它只依赖于共线的概念。欧氏几何还依赖于距离的概念，而这也可以通过矢量对 **u**，**v** 的所谓内积（或标量积）概念包含在矢量代数中，它给出一个标量，我将（根据量子力学的文献）把它写成 $\langle \mathbf{u}|\mathbf{v}\rangle$，当然也有很多其他常用记号，如（**u**，**v**）和 **u**•**v**。我们将很快回到 $\langle \mathbf{u}|\mathbf{v}\rangle$ 的几何解释，但还是先看看它的代数结构：

$$\langle \mathbf{u}\,|\,\mathbf{v+w}\rangle = \langle \mathbf{u}|\mathbf{v}\rangle + \langle \mathbf{u}|\mathbf{w}\rangle, \quad \langle \mathbf{u+v}\,|\,\mathbf{w}\rangle = \langle \mathbf{u}|\mathbf{v}\rangle + \langle \mathbf{w}|\mathbf{v}\rangle,$$
$$\langle \mathbf{u}|a\mathbf{v}\rangle = a\langle \mathbf{u}|\mathbf{v}\rangle$$

而且，在很多类型的矢量空间（如标量为实数时）中，

$$\langle \mathbf{u}|\mathbf{v}\rangle = \langle \mathbf{v}|\mathbf{u}\rangle \text{ 和 } \langle a\mathbf{u}|\mathbf{v}\rangle = a\langle \mathbf{u}|\mathbf{v}\rangle,$$

其中我们通常要求

412

$$\langle \mathbf{u}|\mathbf{u}\rangle \geqslant 0,$$

这里，只有当 **u** = 0 时才有 $\langle \mathbf{u}|\mathbf{u}\rangle = 0$。

在复标量情形（见 A9），最后这两个关系经常被修正，给出所谓的厄米内积，即像量子力学要求的那样，$\langle \mathbf{u}|\mathbf{v}\rangle = \overline{\langle \mathbf{v}|\mathbf{u}\rangle}$（如 2.8 节描述的方式，上划线的意思见 A9）。由此可得 $\langle a\mathbf{u}|\mathbf{v}\rangle = \bar{a}\langle \mathbf{u}|\mathbf{v}\rangle$。

距离的几何概念现在可用这个内积来表示。从原点 O 到矢量 $\mathbf{u}$ 确定的点 U 的距离是一个满足

$$u^2 = \langle \mathbf{u}|\mathbf{u}\rangle$$

的标量；因为在多数矢量空间类型中 $\langle \mathbf{u}|\mathbf{u}\rangle$ 为正实数（除非 $\mathbf{u} = 0$），于是我们可定义 u 为其平方根

$$u = \sqrt{\langle \mathbf{u}|\mathbf{u}\rangle}.$$

在 2.5 和 2.8 节，记号

$$\|\mathbf{u}\| = \langle \mathbf{u}|\mathbf{u}\rangle$$

用来表示我说的 $\mathbf{u}$ 的模，而 $u = \sqrt{\langle \mathbf{u}|\mathbf{u}\rangle}$ 为 $\mathbf{u}$ 的长度（当然，有些作者也称 $\sqrt{\langle \mathbf{u}|\mathbf{u}\rangle}$ 为 $\mathbf{u}$ 的模），这里细斜体字母代表相应黑体矢量的长度（如"v"代表 $\mathbf{v}$ 的长度，等等）。由此，在寻常欧氏几何中，$\langle \mathbf{u}|\mathbf{v}\rangle$ 本身的解释为

$$\langle \mathbf{u}|\mathbf{v}\rangle = uv\cos\theta,$$

其中 θ 为直线 OU 和 OV 之间的夹角（注意当 U = V 时有 $\theta = 0$，$\cos 0 = 1$）[1]。两点 U 和 V 之间的距离等于 $\mathbf{u} - \mathbf{v}$ 的长度，即

$$\|\mathbf{u} - \mathbf{v}\| = \langle \mathbf{u} - \mathbf{v} \,|\, \mathbf{u} - \mathbf{v} \rangle$$

的平方根。如果矢量 $\mathbf{u}$ 和 $\mathbf{v}$ 的标量积为零，我们就说这两个矢量正交，[413]
记作 $\mathbf{u} \perp \mathbf{v}$：

$$\mathbf{u} \perp \mathbf{v} \text{ 意味着 } \langle \mathbf{u} | \mathbf{v} \rangle = 0.$$

我们从上面看到，这对应于 $\cos\theta = 0$，于是 θ 为直角，直线 OU 和 OV
相互垂直。

A4 矢量基，坐标和对偶

矢量空间的（有限）基是一组矢量 $\boldsymbol{\varepsilon}_1$，$\boldsymbol{\varepsilon}_2$，$\boldsymbol{\varepsilon}_3$，$\cdots$，$\boldsymbol{\varepsilon}_n$ 的集合，满
足空间的每个矢量 $\mathbf{v}$ 都能表示为如下的线性组合

$$\mathbf{v} = v_1 \boldsymbol{\varepsilon}_1 + v_2 \boldsymbol{\varepsilon}_2 + v_3 \boldsymbol{\varepsilon}_3 + \cdots + v_n \boldsymbol{\varepsilon}_n$$

也就是说，矢量 $\boldsymbol{\varepsilon}_1$，$\boldsymbol{\varepsilon}_2$，$\boldsymbol{\varepsilon}_3$，$\cdots$，$\boldsymbol{\varepsilon}_n$ 张成整个矢量空间 —— 而且，对一个
基而言，我们需要集合中的矢量都是线性独立的，这样我们便需要所

---

1. 在基本三角学中，"$\cos\theta$"（即角度 θ 的余弦）是用直角三角形 ABC（A 角为 θ，B 为直角）定义为 AB/AC。量 $\sin\theta = $ BC/AC，为 θ 的正弦，量 $\tan\theta = $ BC/AB 为正切。它们的反函数我分别写作 $\cos^{-1}$，$\sin^{-1}$ 和 $\tan^{-1}$（于是 $\cos(\cos^{-1} X) = X$，等等）。

有的 ε 来张成这个空间。后一个条件等于说，只有当所有系数 v_1，v_2，v_3，$\cdots$，v_n 为零时，$0 (=\mathbf{v})$ 才能以这样的形式来表示 —— 或者说，任意 $\mathbf{v}$ 的以上表示是唯一的。对任何特殊矢量 $\mathbf{v}$，上述表达式的系数 v_1，v_2，v_3，$\cdots$，v_n 为 $\mathbf{v}$ 相对于这个基的坐标，常称为 $\mathbf{v}$ 在这个基下的分量（严格说来，$\mathbf{v}$ 的"分量"其实应该是量 $v_1 \varepsilon_1$，$v_2 \varepsilon_2$，等等，但习惯上只将标量 v_1，v_2，v_3，$\cdots$，v_n 作为分量）。基矢量集的元的数量是矢量空间的维数，对给定矢量空间而言，这个数与基的特殊选择无关。在 2 维欧氏空间的情形，任意两个非零且非正比的矢量（即代表不在通过 O 的同一条直线上的点 U 和 V 的任意矢量 $\mathbf{u}$ 和 $\mathbf{v}$）都可以作为基。对 3 维欧氏空间来说，任意线性独立的 $\mathbf{u}$，$\mathbf{v}$，$\mathbf{w}$ 也是基（对应的点 U，V，W 不都在通过 O 的同一个平面）。在每种情形，基矢量在 O 的方向提供了坐标轴的可能选择，因而点 P 在基（$\mathbf{u}$，$\mathbf{v}$，$\mathbf{w}$）下的表示为

$$\mathbf{P} = x\mathbf{u} + y\mathbf{v} + z\mathbf{w},$$

414 其中 P 点的坐标为 (x, y, z)。于是，从代数观点看，从 2 或 3 维推广到 n 维（对任意正整数 n）就不是什么难事了。

对一般的基，不需要坐标相互垂直，但对标准笛卡尔坐标（虽然这么叫，笛卡尔本人并不坚持他的坐标轴要垂直），我们确实要求它们是正交的：

$$\mathbf{u} \perp \mathbf{v}, \mathbf{u} \perp \mathbf{w}, \mathbf{v} \perp \mathbf{w}.$$

而且，在几何背景下，在所有轴的方向上距离的度量通常是一样的，

也是精确表示的。这相当于正规化条件，即坐标基矢量 **u**，**v**，**w** 都是单位矢量（即具有单位长度的矢量）：

$$\| \mathbf{u} \| = \| \mathbf{v} \| = \| \mathbf{w} \| = 1$$

这样的基就是正交的。

在 n 维下，n 个非零矢量 $\varepsilon_1, \varepsilon_2, \varepsilon_3, \cdots, \varepsilon_n$ 若相互正交，

$$\varepsilon_j \perp \varepsilon_k, \text{当} j \neq k \, (\, j, \, k = 1, \, 2, \, 3, \, \cdots, \, n \,),$$

则构成一个正交基；若它们都是单位矢量，

$$\| \varepsilon \| = 1 \text{ 对所有 } i = 1, \, 2, \, 3, \, \cdots, \, n.$$

则构成标准正交基。

这两个条件通常组合表示为如下形式

$$\langle \varepsilon_i | \varepsilon_j \rangle = \delta_{ij},$$

这里用了克罗内克符号 δ_{ij}，它定义为

$$\delta_{ij} = \begin{cases} 1 & \text{如果 } i = j. \\ 0 & \text{如果 } i \neq j, \end{cases}$$

由此（标量为实数）很容易证明，$\mathbf{u}$ 和 $\mathbf{v}$ 的内积的笛卡尔坐标形式和 U 与 V 之间的距离 |UV| 分别为

$$\langle \mathbf{u}|\mathbf{v}\rangle = u_1 v_1 + u_2 v_2 + \cdots + u_n v_n$$

415 和

$$|\mathrm{UV}| = |\mathbf{u} - \mathbf{v}| = \sqrt{(u_1 - v_1)^2 + (u_2 - v_2)^2 + \cdots + (u_n - v_n)^2}.$$

为结束这一节，我们最后考虑一个直接适用于任意（有限维）矢量空间的概念，即矢量空间的对偶。矢量空间 V 的对偶 V* 是另一个矢量空间，维数与 V 相同，且与它密切相关，常常被视为同一个空间，但它其实应该被视为一个独立的空间。V* 的元 $\mathbf{p}$ 叫 V 到标量系统的一个线性映射（或线性函数），就是说 $\mathbf{p}$ 是 V 的元的函数，是一个标量，写作 $\mathbf{p}(\mathbf{v})$，其中 $\mathbf{v}$ 为属于 V 的任意矢量，这个函数在如下意义上是线性的：

$$\mathbf{p}(\mathbf{u+v}) = \mathbf{p}(\mathbf{u}) + \mathbf{p}(\mathbf{v}) \text{ 和 } \mathbf{p}(a\mathbf{u}) = a\mathbf{p}(\mathbf{u}).$$

所有这样的 $\mathbf{p}$ 的空间实际上也是一个矢量空间，我们叫它 V*，其基本运算（加 $\mathbf{p+q}$ 和标量积 $a\mathbf{p}$）定义为（对 V 的所有矢量 $\mathbf{u}$）

$$(\mathbf{p+q})(\mathbf{u}) = \mathbf{p}(\mathbf{u}) + \mathbf{q}(\mathbf{u}) \text{ 和 } (a\mathbf{p})(\mathbf{u}) = a\mathbf{p}(\mathbf{u})$$

可以验证这些法则确实将 V* 定义成了维数与 V 相同的矢量空间，而

且，$\mathbf{V}$ 的任意基 $(\boldsymbol{\varepsilon}_1, \cdots, \boldsymbol{\varepsilon}_n)$ 都伴随着一个 $\mathbf{V}^*$ 的对偶基 $(\boldsymbol{\varrho}_1, \cdots, \boldsymbol{\varrho}_n)$，其中

$$\boldsymbol{\varrho}_i(\boldsymbol{\varepsilon}_j) = \delta_{ij} .$$

如果重复这个"对偶化"的运算，得到 n 维矢量空间 $\mathbf{V}^{**}$，我们会发现又回到了 $\mathbf{V}$，这里 $\mathbf{V}^{**}$ 自然与原来的空间 $\mathbf{V}$ 相同，所以我们写出

$$\mathbf{V}^{**} = \mathbf{V}$$

$\mathbf{V}$（以 $\mathbf{V}^{**}$ 的角色）的任意元 $\mathbf{u}$ 的作用便简单定义为 $\mathbf{u}(\mathbf{p}) = \mathbf{p}(\mathbf{u})$。

如何以几何或物理的方式来解释对偶空间 $\mathbf{V}^*$ 的元呢？我们还是用 3 维欧氏空间（$n = 3$）来考虑。回想一下，相对于选定的原点 O，矢量空间 $\mathbf{V}$ 的一个元 $\mathbf{u}$ 可认为代表了欧氏空间的某个点 U（或代表将 O 移到 U 的一个平移运动）。相反，$\mathbf{V}^*$ 的元 $\mathbf{p}$（有时称为协变矢量）则关联着经过点 O 的平面 P，包含所有满足 $\mathbf{p}(\mathbf{u}) = 0$ 的点 U（图 A8）。这个平面 P 完全刻画了协变矢量（精确到一个比例系数），但[416]它不能区分 $\mathbf{p}$ 和 $a\mathbf{p}$，其中 a 为任意非零标量。然而，从物理来看，我们可将 $\mathbf{p}$ 的大小视为与平面 P 相关的某种强度。可以认为这种强度提供了某种偏离平面 P 的动量。在 2.2 节我们看到，在量子力学中，这个动量关联着离开平面的"振荡频率"，我们可将它与离开 P 的平面波扰动的波长倒数联系起来。

这个图景没有用到 3 维欧氏空间固有的度规"长度"结构。但

借助那种结构所提供的内积⟨⋯|⋯⟩，我们可以将矢量空间 **V** 与其对偶 **V*** "等同"起来，从而与矢量 **v** 相伴的协变矢量 **v*** 将是"算子"⟨**v**|，它对任意矢量 **u** 的作用将是标量⟨**u**|**v**⟩。用我们 3 维欧氏空间的话来说，这个与对偶矢量 **v*** 相伴的平面应为穿过 O 且与 OV 垂直的平面。

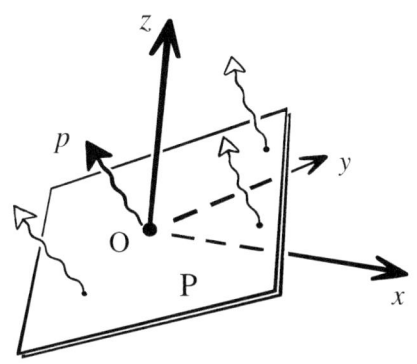

图 A8　对 n 维矢量空间 **V**，其对偶空间 **V*** 的任意非零元 **p**（一个协变矢量）可以解释为在 **V** 中经过原点 O 的超平面，并具有某种"强度"（在量子力学中即频率）。图中描述了 $n=3$ 的情形，其中协变矢量 **p** 为矢量空间中经过原点 O 的相对于坐标轴 x, y, z 的 2 维平面 P

　　这些描述也适用于任意（有限）n 维矢量空间，正如 3 维空间的协变矢量有 2 维平面描述一样，n 维空间的协变矢量将描述为穿过原点 O 的 $n-1$ 维平面。这种只比周围空间低 1 维的高维平面常被称为超平面。为了完整描述一个协变矢量，而不仅仅精确到比例系数，我们还是需要为超平面赋予一个"强度"，我们依然可以将它视为某个离开这个超平面的动量或"频率"（波长的倒数）。

　　前面的讨论是用有限维矢量空间进行的。然而，我们也可以考虑无限维矢量空间。这样的空间（其基有无限多个元）出现在量子力学中。以上所说的大部分仍然成立，但当我们考虑对偶矢量空间的概念时，也会产生一点重要区别：为了保证关系 $V^{**}=V$ 在无限维继续成立，我们通常要为构成对偶空间 V^* 的线性映射加一个约束。

A5　流形的数学

现在我们考虑更一般的流形的概念，它不一定像欧氏空间那样平直，而可能以不同方式弯曲，还可以具有不同于欧氏空间的微分拓扑。流形对现代物理学有着根本的重要性。这部分是因为爱因斯坦的广义相对论以弯曲时空流形描述引力。但更重要的是，很多其他物理概念也最好用流形来理解，如我们将在 A6 遇到的构形空间和相空间。这些都常常具有很大的维数，有时还有复杂的拓扑。

那么流形是什么呢？基本上说，它就是一个具有某个有限维数 n 的光滑空间，我们可以将它作为一个 n 维流形。那么，形容词"光滑"在这里是什么意思呢？为了在数学上说得精确，我们需要用高维微积分来说明这个问题。本书中，我没有深入进行任何关于微积分数学形式的严格讨论（除了 A11 的简要说明），但对所涉概念的一些直观认识还是确实需要的。

那么"光滑 n 维空间"是什么意思呢？考虑空间任意点 P。假如空间在点 P 光滑，则我们可以想象在图中将点 P 的邻域不断地放大，远远向 P 外延伸，但保持 P 在中心位置。如果空间在 P 是光滑的，则其延展极限犹如一个平直的 n 维空间。如图 A9，其中的圆锥顶点 P 就不是光滑的。对一个整体光滑的流形，我们不会将这种极限的"外延"空间（尽管是平直的）视为真正的 n 维欧氏空间，因为它不需要有欧氏空间的度规结构（即距离概念）。然而，它在这个极限过程中必须具有如 A3 和 A4 描述的矢量空间结构，其原点将是点 P 本身的
418　终极位置，也是我们应该关注的焦点。（想象从一个选定的点开始无限放大谷歌地图。）

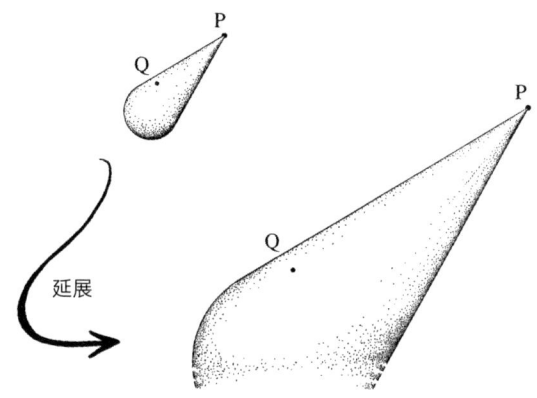

图 A9　图顶部画的流形在点 P 不是光滑的，因为无论将它放大多少，都不可能得到有限的空间。然而，它在点 Q 是光滑的，因为随着它的放大，曲率会越变越小，极限空间在那儿是平直的

　　极限矢量空间被称为点 P 的切空间，常记作 T_P。T_P 的不同元素本身被称为点 P 的切矢量（图 A10）。为得到切矢量的几何意义的直观图像，考虑点 P 的一个沿着流形指向 P 外的小箭头。在点 P 沿流形的
419　不同方向由 T_P 的不同非零矢量给出（精确到一个标量比例系数）。为成为整体的 n 维光滑流形，我们的空间必须在每一点都是光滑的，每一点都有明确定义的 n 维切空间。

　　有时，除了局域切空间存在所提供的光滑性外，流形还可以赋予更多的结构。例如，黎曼流形就具有局域的长度度量，长度的赋予需要将切空间作为欧氏矢量空间——为每一个 T_P 提供一个如 A3 描述

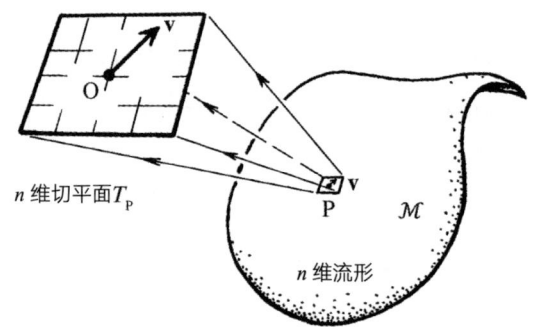

图 A 10　（光滑）流形 $\mathcal{M}$ 的一点 P 的切矢量是 P 的切空间 T_p 的一个元。我们可以将矢量空间 T_p 视为点 P 的无限延伸的邻域，O 标记 T_p 的原点

的内积⟨⋯|⋯⟩。还有些在物理学中很重要的其他类型的局域结构，如我们将在后面遇到的用于相空间的辛结构。对通常的相空间，一点的切空间有一种内积[⋯|⋯]，满足反对称性 $[\mathbf{u}|\mathbf{v}] = -[\mathbf{v}|\mathbf{u}]$，正与黎曼流形的对称内积 $\langle \mathbf{u}|\mathbf{v}\rangle = \langle \mathbf{v}|\mathbf{u}\rangle$ 相反。

　　在整体尺度上，流形可以有简单的拓扑，如 n 维欧氏空间；也可以有非常复杂的拓扑，如图 A 11 和 1.16 节图 1.44 所示的 2 维例子。但在每种情形，不论整体拓扑是什么，n 维流形在先前描述的意义上都处处局域地像一个平直的 n 维矢量空间 $\mathbb{E}^n$。回想 A 4 说的，我们可 420 以分派坐标来指定矢量空间的不同点。现在考虑一般地为 n 维流形分派坐标的问题。在 n 维欧氏空间的情形，可以认为它在整体上由以 n 元实数组为某特殊笛卡尔坐标（图 A 4）的空间 $\mathbb{R}^n$ 来模拟，但任何这样的表示都不是唯一的。一般说来，流形也可以用坐标来描述，但这种坐标化的随意性更甚于欧氏空间的矢量空间坐标化。还有一个问题是，这样的坐标能用于整个流形抑或只是其局部区域？所有这些问题都需要我们去考虑。

现在回到上面为欧氏空间 $\mathbb{E}^n$ 分派坐标 $(x_1, x_2, \cdots, x_n)$ 的问题。如果像上面说的那样通过为矢量空间指定坐标来实现这一点，我们需要注意 $\mathbb{E}^n$ 没有一个特殊的点能挑出来当"原点"，对一个矢量空间，它应被赋予坐标 $(0, 0, \cdots, 0)$。这显然是任意的，而且加在已然呈现的矢量空间特殊基选择的任意性上。用坐标来说，原点选择的任意性可用"平移"给定坐标系的自由来表示，[1] 例如，给 $\mathfrak{C}$ 坐标描述的每个分量 x_i 加一个固定的数 A_i（对每个 i 值通常是不同的），便从 $\mathfrak{C}$ 自由平移到 $\mathfrak{A}$，这样，$\mathfrak{C}$ 中由 n 元数组 $(x_1, x_2, \cdots, x_n)$ 表示的点 P 在 $\mathfrak{A}$ 中将由 n 元坐标 $(X_1, X_2, \cdots, X_n)$ 来表示，满足

$$X_i = x_i + A_i \ (i = 1, 2, \cdots, n),$$

$\mathfrak{C}$ 的原点 O 在 $\mathfrak{A}$ 中将由 n 元数组 $(A_1, A_2, \cdots, A_n)$ 表示。

这只是一种非常简单的坐标变换，只给出同样线性类型的另一个坐标系而已。改变矢量空间的基也只是给出同一类型的另一个坐标系。在欧氏几何的结构研究中，常用更一般的所谓曲线坐标系。其中我们最熟悉的是欧氏平面的极坐标（图 A12a），以 (r, θ) 代替标准笛卡尔坐标 (x, y)，这里

$$y = r\sin\theta, \ x = r\cos\theta$$

---

1. "平移"在这里有两重意思，除了口头上的从一个描述体系转移到另一个以外，在数学上的意思是没有旋转的移动。

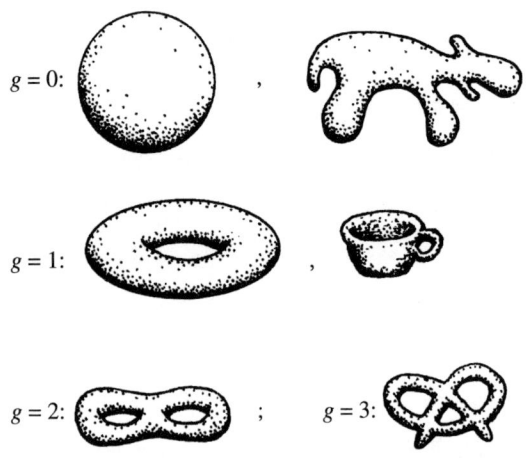

$g = 0$:

$g = 1$:

$g = 2$:　　　　　；　　　$g = 3$:

图 A11　不同拓扑的 2 维空间的例子。其中的量 g 为曲面亏格（"手柄"的数量）（比较图 1.44）

或者反过来，

$$r = \sqrt{x^2 + y^2}\ ,\ \theta = \tan^{-1}\frac{y}{x}\ .$$

正如名称所蕴含的，曲线坐标系的坐标线不需要是直线（或高维情形的平面等），我们从图 A12b 看到，虽然在 θ 为常数时，坐标线是直线，r 为常数却是曲线（圆）。这个极坐标例子也说明了曲线坐标的另一个特征，即它们通常并不以光滑的一一对应的方式覆盖整个空间。在 (x, y) 坐标系中的点 $(0, 0)$ 不能恰当在 (r, θ) 系中表示（θ 在这一点没有唯一值），如果我们绕点一圈，会发现 θ 跳跃了 2π（即 $360°$）。不过，我们的极坐标却恰当确定了平面区域 $\mathcal{R}$ 的点 —— 这个区域除去了（$r = 0$ 给定的）中心点和从 O 出发的与 $\theta = 0$ 给定的反方向的半直线（模糊地由 $\theta = \pm\pi$ 即 $\theta = 180°$ 给定），见图 A12b。（应该注意的

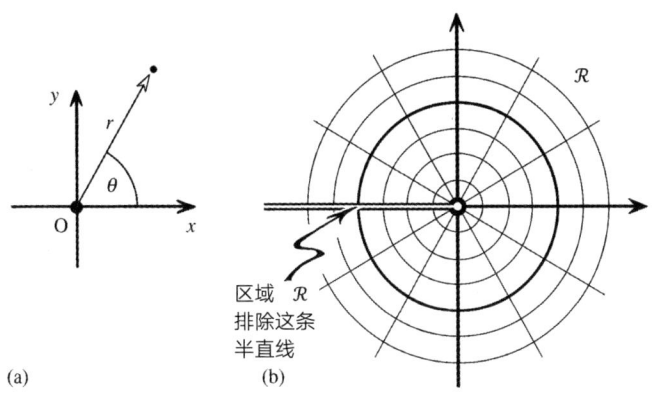

图 A12 "弯曲的"极坐标系 (r, θ)。(a) 与标准笛卡尔坐标 (x, y) 的关系;(b) 为提供恰当的坐标卡 $\mathcal{R}$,需要排除某条从中心出发的线,这里是半直线 $\theta = \pm\pi$

是,我这里考虑的极坐标 θ 从 $-180°$ 跑到 $+180°$,而人们通常用的范围是 0 到 360°。)

这个区域 $\mathcal{R}$ 提供了欧氏平面 $\mathbb{E}^2$ 的开子集的例子。直观地说,我们可以认为,像这个用于 n 维流形 $\mathcal{M}$ 的子集 $\mathcal{R}$ 的"开"概念,是 $\mathcal{M}$ 内的一个区域,它有与 $\mathcal{M}$ 一样的维度 n,但不包括 $\mathcal{R}$ 可能有的任何边界或"边"。(在平面的极坐标情形,这样的"边"是被排除的由非正 x 所给定的 x 轴部分。)$\mathbb{E}^2$ 的另一个开子集的例子是单位圆内部的区域(即圆盘或"2 维球")(即 $x^2 + y^2 < 1$ 给定的区域)。另一方面,不论单位圆本身 ($x^2 + y^2 = 1$) 还是圆盘连同其单位圆边界组成的区域(即闭单位圆盘 $x^2 + y^2 \leqslant 1$),都不是开的。相应的表述也适用于更高维的情形,因此在 $\mathbb{E}^3$ 中,"闭"区域 $x^2 + y^2 + z^2 \leqslant 1$ 不是开的,但 3 维球 $x^2 + y^2 + z^2 < 1$ 却是开的,等等。更专业地说,n 维流形的开区域 $\mathcal{R}$ 可由如下性质来定义:$\mathcal{R}$ 的任意点 P 都处于一个完全居于 $\mathcal{M}$ 内的足够小的

坐标 n 维球的中心。2 维情形的开圆盘如图 A 13 所示，其中圆盘的每一点（不论距离边界多近）都处于完全落在盘内的更小的圆域中。

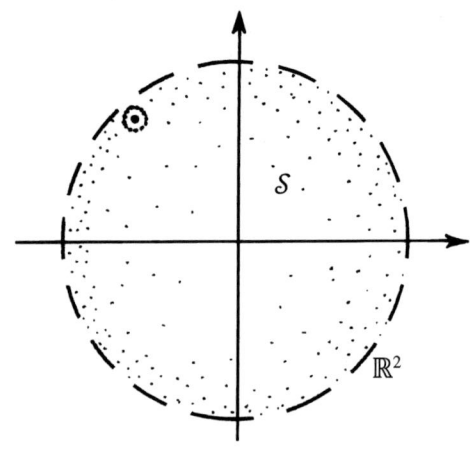

图 A 13　流形的一个开集部分 $\mathcal{S}$，它的每一点都包含在完全处于 $\mathcal{S}$ 内的一个坐标球内。这个 2 维情形的图中，$\mathcal{S}$ 为 $x^2+y^2<1$ 给定的 $\mathbb{R}^2$ 的子集，我们看到 $\mathcal{S}$ 内任意选定的点都处于一个完全落在 S 内的小圆盘中。区域 $x^2+y^2 \leqslant 1$ 不满足这个条件，因为它的边界（现在是集合的一部分）上的点不满足

一般地说，由于拓扑的原因，我们可以看到，用单个坐标系 $\mathcal{C}$ 为整个流形 $\mathcal{M}$ 赋予整体坐标是不可能的，任何这样的坐标化尝试都会在某个地方失效（如地球球面的经纬度坐标下，在北极和南极点，以及沿国际日期变更线）。在这样的情形下，我们不会这样用单个坐标系来为 $\mathcal{M}$ 赋予坐标，而需要用重叠的开区域 $\mathcal{R}_1, \mathcal{R}_2, \mathcal{R}_3, \cdots$ 的拼接来覆盖整个 $\mathcal{M}$（图 A 14），它们叫 $\mathcal{M}$ 的开覆盖，而我们则是为每个 $\mathcal{R}_i$ 分别赋予一个坐标系 $\mathcal{C}_i (i = 1, 2, 3, \cdots)$。在这些覆盖的两个不同开集的重叠区域，即在每个非空交集

$$\mathfrak{R}_i \bigcap \mathfrak{R}_j,$$

其中（符号"∩"代表交集），我们有两个不同的坐标系，即 $\mathfrak{C}_i$ 和 $\mathfrak{C}_j$，需要确定它们之间的变换（就像上面考虑的笛卡尔坐标 (x, y) 与极坐标 (r, θ) 之间的变换，如图 A 12 a）。以这种方式将坐标碎片拼接起来，我们就能构造具有复杂几何或拓扑的空间，如图 A 11 和 1.16 节图 1.44 a 的那些 2 维例子。

我们必须记住，坐标只不过是辅助的东西，它的引入是为了方便地考察流形的具体性质。坐标本身通常没有什么特殊的意义，特别是在这些坐标中两点间的欧氏距离将毫无意义。（想想 A 4 说的，$\mathbb{E}^3$ 中的点 (X, Y, Z) 与 (x, y, z) 间的欧氏距离的笛卡尔坐标公式：$\sqrt{(X-x)^2 + (Y-y)^2 + (Z-z)^2}$ 相反，我们更感兴趣的是流形的那些独立于 424 坐标系（随便我们选择什么）的性质（例如，在平面极坐标下，距离公式看起来就很不相同）。这个问题在爱因斯坦的广义相对论中有着特别重要的意义，在那儿时空被视为一个 4 维流形，没有任何空间和时间坐标的选择具有绝对的地位。这被称为广义相对论的一般协变性原理（见 1.2，1.7 和 2.13 节）。

流形可能是所谓紧致的，大概意思是说，它本身是闭的，像图 A 15 a 画的闭曲线或闭曲面，或者如 1.16 节图 1.44 a 的闭拓扑曲面（维数为 2）。流形也可能是非紧致的，就像 n 维欧氏空间或图 1.44 b 所示的带孔洞的曲面。非紧致与紧致曲面的区别说明如图 A 15 所示，这里我们可以认为非紧致空间是"走向无限远"或"有孔洞"，像图 1.44 b 的"孔"（其中三个孔的边界曲线不作为流形的部分）。说得更技术些，紧致流形具有这样的性质：它的任意无限点序列都有一个极限点，这意味着对流形内的点 P，包含 P 的每个开集也包含这个序列的无限多个点（见图 A 16）。（这些问题的更多细节和我忽略的技术问题，见 [Tu 2010；Lee 2003]。）

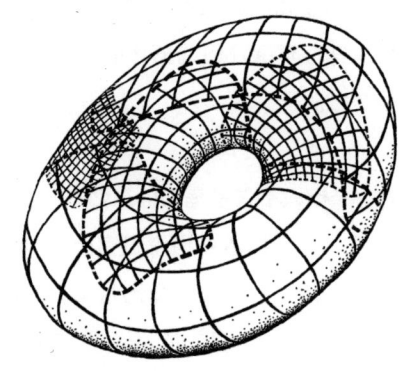

图 A 14　这个图说明由 $\mathbb{R}^2$ 的开坐标区域（文中的 $\mathscr{R}_1, \mathscr{R}_2, \mathscr{R}_3, \cdots$）构成的空间（这里是 2 维环面）的一个开覆盖

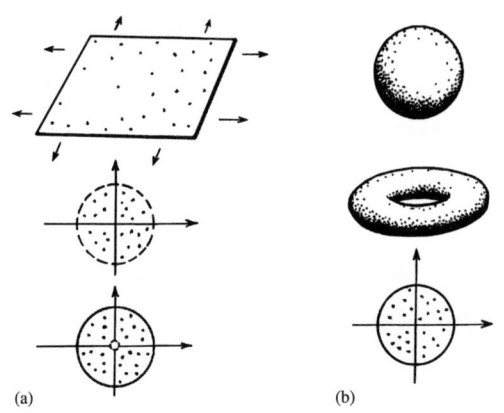

(a)　　　　　　　　(b)

图 A 15　（a）非紧致 2 维流形的不同例子：整个欧氏平面、开单位圆盘、去除原点的闭单位圆盘。（b）2 维紧致流形的不同例子：球面 S^2，环面 $S^1 \times S^1$，闭单位圆盘

有时我们在流形内考虑带边界的区域，这样的区域不是这里所 [425] 说意义上的流形，但可以是更一般的空间，叫带边流形（如 1.16 节

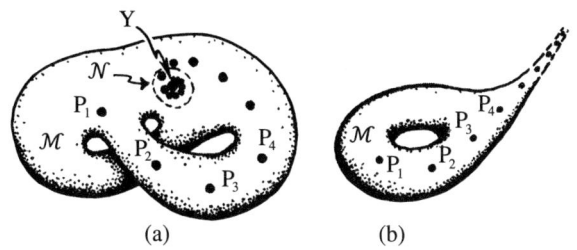

图 A16　流形 $\mathcal{M}$ 紧致性的特征：（a）在紧致流形 $\mathcal{M}$ 中，每个无限点列 P_1，P_2，P_3，…… 都在 $\mathcal{M}$ 内存在一个聚点 y；（b）在非紧致流形 $\mathcal{M}$ 中，有的无限点列 P_1，P_2，P_3，…… 在 $\mathcal{M}$ 内没有聚点。（聚点 y 具有这样的性质：每个包含 Y 的开集 $\mathcal{N}$ 也包含无限多个 P_i。）

图 1.44b 所示的曲面，但那里的空洞的边界现在被视为这个带边流形的一部分）。这样的空间很容易不用 "自身封闭" 就是紧致的（图 A15b）。流形可以是连通的 —— 意思是（在普通意义上）它只包含一块空间 —— 否则就是不连通的。0 维流形若是连通的，则由单点构成；若由两个或更多分离点的有限集构成，则是不连通的。名词 "闭" 通常用来描述紧致（没有任何边界）的流形。[1]

A6　物理学中的流形

在物理学中，流形最显著的应用是普通 3 维欧氏空间的平直 3 维流形。然而，根据爱因斯坦的广义相对论（见 1.7 节），我们现在必须考虑可能是弯曲的空间。例如，A2 考虑的磁场如果放在弯曲的 3 维空间，将是一个矢量场（图 A17）。而广义相对论的时空是 4 维流形，

1. "闭" 是更令人困惑的一个数学名词，因为它与我们前面考虑的 "闭集" 的拓扑概念冲突。任何流形在拓扑意义上都构成一个闭集（即与前面描述的开概念互补；闭集包含其所有极限点 [Tu 2010；Lee 2003]），而不管在流形意义上是否是闭的。

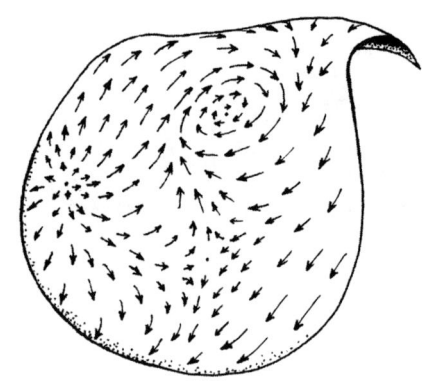

图 A17 流形上的光滑矢量场。三个无箭头的点是场为零的地方

我们经常需要考虑具有比单纯矢量场性质更复杂的时空中的场（如电磁场）。

　　不过，在寻常（非弦论的）物理学中，我们经常对维数高于 3 或 [426] 4 的流形感兴趣（用 3 维流形描述普通空间，用 4 维流形描述时空），我们可能会问，如果不是为了纯粹的数学娱乐，为什么要关注那些高维流形或拓扑可能不是欧氏空间的流形？应该说明，维数远高于 4 的流形和可能具有复杂拓扑的流形在传统物理学中确实扮演着许多关键的角色。这与许多现代物理建议（如第 1 章讨论的弦论）对高于 3 个空间维的需求无关。构形空间和相空间是最简单也最重要的高维流形例子。我们来简单考虑这两个空间。

　　构形空间是数学空间 —— 流形 𝒞 —— 它的每个点代表了所考虑物理系统的各部分位置的一个完整描述（图 A18）。一个简单的例子是 6 维构形空间，其点代表普通 3 维欧氏空间中某个刚体 B 的位置

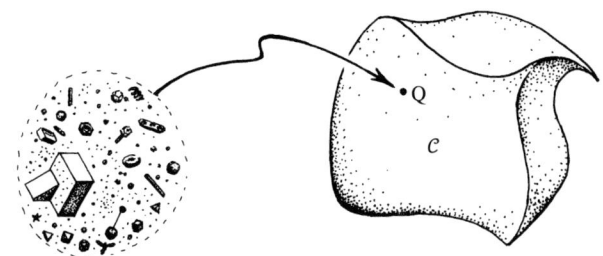

图 A18　构形空间$\mathcal{C}$的一点 Q 代表所虑整个系统的每个组分的位置（和非对称形态的方向）

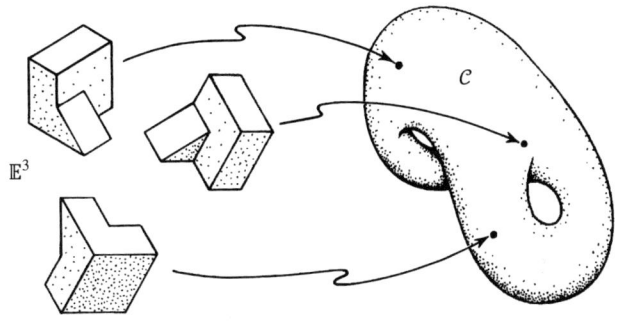

图 A19　3 维欧氏空间$\mathbb{R}^3$中单个不规则形状刚体的构形空间是非紧致、弯曲和非平凡拓扑的 6 维流形

（包括它的空间方向）（图 A19）。我们需要 3 个坐标来确定 B 的（例如）重心（质心）G，还需要另外 3 个来确定它的空间方向，一共需要 6 个坐标。

　　6 维空间$\mathcal{C}$是非紧致的，因为 G 可以在 3 维无限欧氏空间的任何位置；而且$\mathcal{C}$还有非平凡（而有趣的）拓扑。这就是所谓的"非单连通"，因为$\mathcal{C}$中存在不可能连续变形到一个点的闭曲线 [Tu 2010 ; Lee 2003]。这样的曲线代表 B 连续经过 360 °的旋转。奇怪的是，代表重复这个过程的曲线（即连续旋转 720°）却可以连续变形为一点 [《通向实在之路》第 11.3 节]，形象说明了什么是所谓的拓扑扭量 [Tu [427] 2010；Lee 2003]。

物理学经常考虑非常大维数的构形空间，如在气体情形，我们可能关心气体的所有分子的具体位置。如果有 N 个分子（视为无内部结构的点粒子），则构形空间有 $3N$ 维。当然，N 可能真是非常大，但不管怎么说，从我们直观的 1、2 和 3 维建立起来的流形研究的数学框架，在这些复杂系统的分析中，也表现出了强大的威力。

相空间 $\mathcal{P}$ 是与构形空间非常相似的概念，但它考虑的是单个组分 [428] 的运动。在上面考虑的第二个构形空间的例子中，$3N$ 维流形 $\mathcal{C}$ 的每个点代表气体中所有分子的位置的完整集合，对应的相空间将是一个 $6N$ 维流形 $\mathcal{P}$，它也代表每个粒子的运动。我们可以想象用每个粒子的速度的 3 个分量（决定一个速度矢量）来代表粒子的运动，但由于技术的原因，更恰当的方式是用每个粒子的动量的 3 个分量。粒子的动量矢量（至少在与我们这儿相关的情形下）就是速度矢量乘以粒子的质量（即放大一个尺度）。这个矢量为每个粒子给出另外 3 个分量，因而每个粒子有 6 个分量，我们的 N 个无结构粒子系统的相空间 $\mathcal{P}$ 就将是 $6N$ 维的（图 A20）。

假如粒子有内部结构，事情就变得复杂多了。想想上面的刚体，构形空间已经是 6 维的，因为必须考虑确定刚体角度方向的 3 维。为描述物体的角运动（相对于其质心），除了质心运动的 3 个动量分量以外，还需要把相对于质心的角动量的 3 个分量包括到相空间中来，

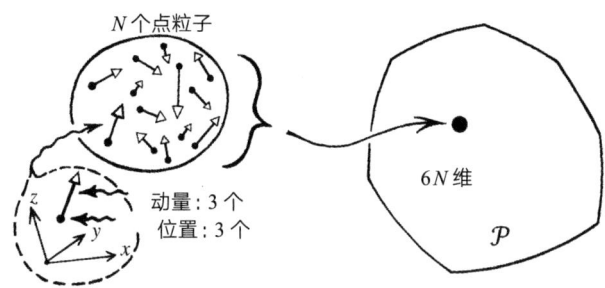

图 A20　N 个无结构经典点粒子的构形空间是一个 $3N$ 维流形，而其相空间还考虑了 3 个动量自由度，因而是 $6N$ 维的

这就给出 12 维的相空间流形 $\mathcal{P}$。于是，对 N 个粒子，每个都视为刚体结构，我们将需要 $12N$ 维的相空间。一般法则是，物理系统相空间的维数将两倍于其构形空间 $\mathcal{C}$ 的维数。

429　　相空间有很多与动力学行为特殊相关的美妙的数学性质 —— 即数学家称之为 *辛流形*。如 A5 节所说，这种流形 $\mathcal{P}$ 的每个切空间都具有反对称 "内积" $[\mathbf{u},\mathbf{v}]=-[\mathbf{v},\mathbf{u}]$，由所谓的 *辛形式* 决定。注意，这并不能帮我们提供切矢量的大小度量，因为对任意切矢量 $\mathbf{u}$ 它直接表明了 $[\mathbf{u},\mathbf{u}]=0$。然而，辛形式却提供了任意 2 维曲面元的面积度量，$[\mathbf{u},\mathbf{v}]$ 即矢量 $\mathbf{u}$ 和 $\mathbf{v}$ 张成的曲面元的面积元。因反对称的关系，这是一个定向面积，假如我们颠倒 $\mathbf{u}$ 和 $\mathbf{v}$ 的顺序（相当于在相反意义上描述面积），见图 A21，它将改变符号。在任意无限小尺度上有了这个面积度量，我们就可以将它加起来（专业上叫积分）得到任意 2 维曲面面积的度量（见图 A15c）。我们还可以进一步推广这个面积概念，用它们的乘积来度量 $\mathcal{P}$ 中任意偶数维（即紧致）曲面区域的 "体积"。这适用于整个空间 $\mathcal{P}$，因为它必然是偶数维的；它也适

用于 $\mathcal{P}$ 内的任意完全维区域（这里的每种情形下，紧致性保证了有限性）。这个体积度量被称为刘维尔度量。

　　虽然辛流形的具体数学性质与本书没有特别的关系，这里还是值[430]得指出这种几何的两点特别的特征。这两点涉及 $\mathcal{P}$ 中的曲线（叫演化曲线），曲线代表所考虑的物理系统随时间的可能演化，而演化被认为遵从主宰这个系统的动力学方程（可以就是经典牛顿理论的动力学、更复杂的相对论动力学或众多其他的物理建议）。动力学被认为像通常经典物理系统行为那样是确定性的，因而对粒子构成的系统来说，其行为完全决定于所有组成粒子在任意选定时刻 t 的位置和动量。如果出现动力学的连续场（如电磁场），则我们相信有相似的确定性演化。相应地，用相空间 $\mathcal{P}$ 来说，代表整个系统可能演化的每条演化曲线 c 完全取决于 c 上任意选定的点。整个演化曲线族构成数学家所说的 $\mathcal{P}$ 的叶状结构，其中恰好存在一条经过 $\mathcal{P}$ 的任意选定点的演化曲线，[431]如图 A22。

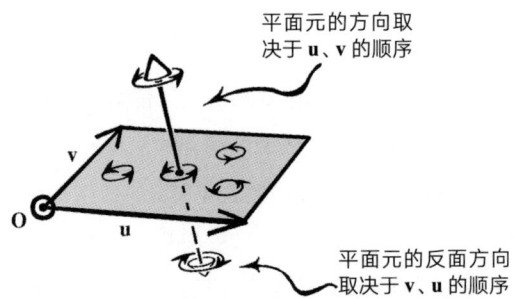

平面元的方向取决于 u、v 的顺序

平面元的反面方向取决于 v、u 的顺序

图 A21　流形在一点的切空间的矢量 u，v 决定的 2 维平面元有方向性，取决于 u 和 v 的顺序。在周围的 3 维空间，我们可以用离开平面（朝某面或另一面）的方向来思考定向，但更好的方法是用绕 2 维元的"旋转"来考虑，因为这也适用于更高维的周围空间。假如周围空间是辛流形，则辛结构赋予 2 维平面的面积的符号依赖于那个 2 维平面的定向

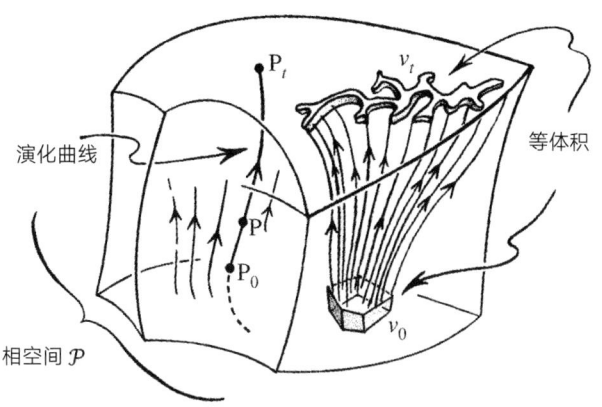

图 A22　相空间的演化曲线描述了经典系统的动力学演化。𝒫中的每一点 P 代表系统所有组成部分的瞬时位置和运动，于是动力学方程决定系统演化，提供从𝒫出发到某点 P$_t$（描述后一时刻 t 的系统）的演化曲线。动力学方程的确定性告诉我们存在通过每点 P 的未来方向的唯一演化曲线，这同样存在于过去，向后延伸，直到某个代表系统初始态的起点 P$_0$。𝒫的辛结构为𝒱中的任意紧致区域提供了体积（刘维尔度量），刘维尔定理告诉我们，不论区域多么卷曲复杂，体积在沿演化曲线的传递中都会保持不变

　　𝒫的辛结构性质为我们提供的第一个特征是，一旦我们知道了系统在每点的能量值（能量函数即哈密顿函数），所有这些演化曲线的精确位置就完全确定了——尽管能量的显著和重要角色并不在我们这里的考虑中发挥直接的作用。不过，第二个特征对我们很重要，即相空间定义在它们上面的自然刘维尔度量（由辛结构决定）在整个时间演化中是保持不变的，遵从给定的动力学定律。这是一个显著的事实，即著名的刘维尔定理。对 $2n$ 维相空间𝒫，体积提供了赋予𝒫的任何（紧致）$2n$ 维子区域𝒱的大小 $L_n(\mathcal{V})$ 的实数度量。随着时间参数 t 的增大，𝒫的点沿其演化曲线运动，整个区域𝒱将在𝒫内移动，使得其 $2n$ 维体积 $L_n(\mathcal{V})$ 总是保持一样。这有着与第 3 章有关的特殊蕴意。

A7 丛

有一个重要的数学概念，是我们今天认识栖居于流形的不同类型的结构（或自然力）的关键要素，就是被称为纤维丛（或简称丛）的东西 [Steenrod 1951 ;《通向实在之路》第 15 章]。我们可以将它视为将场概念（物理学家的意义上）引入 A4 描述的流形的一般几何框架的方式。这也将使我们能更清楚地认识 A2 引入的函数自由度问题。

从现在的观点看，我们可以认为丛$\mathcal{B}$是一个由较低的 r 维流形$\mathcal{F}$复本的连续族构成的（ $r+d$ ）维流形，这些复本叫$\mathcal{B}$的纤维。这个族的结构本身则呈现为另一个流形$\mathcal{M}$，被称为基空间的 d 维流形，这样，基空间$\mathcal{M}$的每一点对应于构成$\mathcal{B}$的整个族中的流形$\mathcal{F}$的一个特殊例子。于是，大致说来，我们可以这样来考虑丛$\mathcal{B}$：

$$\mathcal{B}\text{是价值}\mathcal{F}\text{的一个连续}\mathcal{M}\text{。}$$

我们说$\mathcal{B}$是$\mathcal{M}$上的一个$\mathcal{F}$丛，整个丛$\mathcal{B}$本身是一个流形，维数等于$\mathcal{M}$ [432] 与$\mathcal{F}$维数之和。说“$\mathcal{B}$是价值$\mathcal{F}$的一个连续$\mathcal{M}$”，这个描述可以更专业地理解为，存在将$\mathcal{B}$投射到$\mathcal{M}$的一个投影 π，$\mathcal{M}$的任意一点的逆像（即$\mathcal{B}$中的被 π 投射到那一点的整个部分）是构成$\mathcal{B}$的$\mathcal{F}$的一个复本。这意味着投影 π 光滑地将构成$\mathcal{B}$的每个完整的$\mathcal{F}$压到$\mathcal{M}$的一个单点（见图 A23）。基空间$\mathcal{M}$和纤维空间$\mathcal{F}$就这样组合起来，形成我们所谓的丛的总空间。

我们希望这样描述的东西都是连续的，因此这个投影特别需要是连续映射（即没有跳跃）；但这里我还要求所有映射和空间都是光滑的（专业上我们更喜欢说是 C^∞ [例如见《通向实在之路》第 6.3 节]），这样，只要需要，我们就可以用微积分的思想了。在本书中，我不假设读者需要熟悉微积分的具体公式（一些基本概念见 A11），但对微分、积分和切矢量等概念的直观感受还是有帮助的（如 A5 触及的那些）。微分关乎变化率和曲线斜率，积分关乎面积和体积等概念，以及对这些概念的粗略了解，在很多场合都是有用的（见 A11 节图 A44）。

433

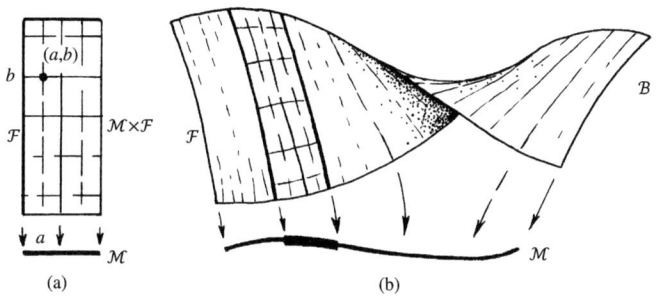

图 A23　此图说明了纤维丛的概念。总空间 $\mathcal{B}$ 是可以视为"价值为 $\mathcal{F}$ 的连续 $\mathcal{M}$"的流形，这里流形 $\mathcal{M}$ 叫基空间而 $\mathcal{F}$ 叫纤维。存在一个投影 π（如箭头所示），将 $\mathcal{B}$ 中的每个 $\mathcal{F}$ 的样本投射到 $\mathcal{M}$ 的一点，我们将这个特殊的 $\mathcal{F}$ 样本视为 $\mathcal{F}$ 在那点"上"的纤维。(a) 在 $\mathcal{F}$ 的任意足够小的开子集上是 $\mathcal{B}$ 的一个区域，它是那个子集与 $\mathcal{F}$ 的乘积空间（图 A25），但 (b) 在整个 $\mathcal{B}$，却不一定是乘积空间，因为在它的整体结构中存在某种"扭曲"

　　图 A24 描绘了两个简单的丛，在这里的情形，基空间 $\mathcal{B}$ 为圆而纤维空间 $\mathcal{F}$ 为线段。两个在拓扑上截然不同的可能是圆柱（图 A24a）和莫比乌斯带（图 A24b）。圆柱是乘积空间（或平凡丛）的例子，两个空间 $\mathcal{M}$ 和 $\mathcal{F}$ 的乘积 $\mathcal{M} \times \mathcal{F}$ 可被认为是数对 (a, b) 的空间，其中 a 为 $\mathcal{M}$ 的点，b 为 $\mathcal{F}$ 的点（见图 A25）。我们可以看到，这个乘积概念与两个正整数的乘积是一致的。对一个数对 (a, b)，当 a 遍历整数 1，2，3，$\cdots$，A，b 遍历 1，2，3，$\cdots$，B 时，乘积就是 AB。

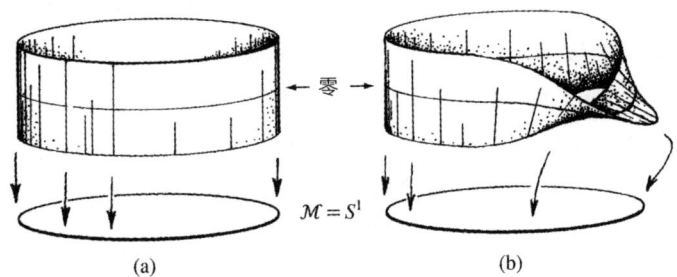

图 A24　纤维为线段、基空间 $\mathcal{M}$ 为圆 S^1 的两个可能的丛，（a）为圆柱，（b）为莫比乌斯带

　　莫比乌斯带具体呈现了更一般的所谓挠积的情形。这说明丛总是 [434] 局部的乘积空间 —— 如果取基空间 $\mathcal{M}$ 的任何一点 a，则在 $\mathcal{M}$ 中存在一个足够小的包含点 a 的开区域 $\mathcal{M}_a$（见 A5），对它而言，丛 $\mathcal{B}$ 的居于 $\mathcal{M}_a$ 上的部分 $\mathcal{B}_a$（即 $\mathcal{B}$ 中被 π 投射到 $\mathcal{M}_a$ 的部分）本身可表示为一个乘积空间

$$\mathcal{B}_a = \mathcal{M}_a \times \mathcal{F}.$$

这个局域乘积结构对丛总是成立的，即使整个丛也许不能（连续地）以这种方式表示，就像莫比乌斯带的情形一样（图 A24b）。

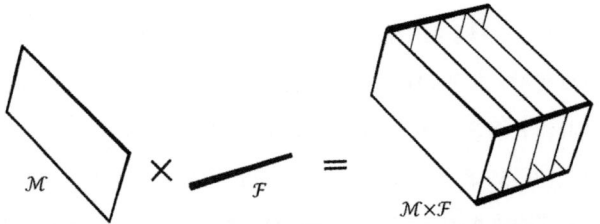

图 A25　流形 $\mathcal{M}$ 和 $\mathcal{F}$ 的乘积空间 $\mathcal{M} \times \mathcal{F}$ 是 $\mathcal{M}$ 上的一种特殊类型的丛 $\mathcal{F}_n$，叫平凡丛，包含点对 (a, b)，其中 a 为 $\mathcal{M}$ 的点，b 为 $\mathcal{F}$ 的点。它也可以认为是 $\mathcal{M}$ 在 $\mathcal{F}$ 上的平凡丛

圆柱与莫比乌斯带之间的显著拓扑差异可以用丛的所谓截面来理解。丛 $\mathcal{B}$ 的截面是 $\mathcal{B}$ 的子流形 χ（即光滑包含在 $\mathcal{M}$ 中的小流形 χ），它与每个纤维精确地交于一点。（有时，可以借助于将截面视为某个从基空间 $\mathcal{M}$ 返回丛 $\mathcal{B}$ 的映射的像，它具有上述的性质，因为 χ 与 $\mathcal{B}$ 总是有着相同的拓扑。）与乘积空间的情形一样（当 $\mathcal{F}$ 包含不止一点时），存在相互不相交的截面（例如，取两点（a_1, b）和（a_2, b），其中 a_1 和 a_2 是 $\mathcal{F}$ 的不同元，b 遍及整个 $\mathcal{M}$）。我们看到，图 A26a 的圆柱情形说明了这一点。但对莫比乌斯带，每两个截面都必然相交（我们可能已经看明白了，见图 A26b）。这说明莫比乌斯带的拓扑是非平凡的。

435

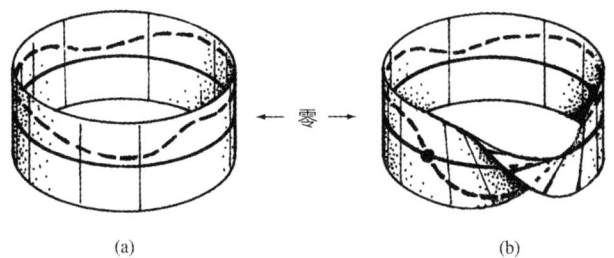

(a)　　　　　　　　　　（b）

图 A26　虚线是图 A24 的丛的截面的例子。区分这两个丛的一个方法是（a）圆柱有很多处处不为零的截面，而对莫比乌斯带（b），如图所示的，每个截面都有零点（经过零线）

从物理学观点看，丛的截面之所以重要，是因为它们为什么是物理场给出了很好的几何图像，$\mathcal{M}$ 可以被认为是空间或时空。想想 A2 考虑的磁场。我们将这种场视为基空间为普通 3 维欧氏空间的丛的截面，任意点 P 上的纤维就是那点的可能磁场的 3 维矢量空间。我们将在 A8 回到这一点。这里我们关心的是光滑截面的概念。光滑性意味着不仅所考虑的空间和映射是光滑的，还必须坚持任意截面 χ 都处处与纤维横截 —— 即截面在它与纤维 $\mathcal{F}_0$ 相交的点 P_0 没有切空间与 $\mathcal{F}_0$

的切方向重合。如图 A 27 说明了横截性是否满足。

重要的是认识到，为了让纤维丛成为非平凡的（即不是一个乘积空间），纤维空间$\mathcal{F}$必须具有某种精确对称性。在莫比乌斯带情形，正是因为它能整个地翻转直线（即纤维）而不改变其性质的对称性，才允许我们构造这个非平凡的例子。这是广泛适用的，完全不具任何对称性的空间不可能容许这样的以$\mathcal{F}$为纤维的非平凡丛构造。这个事实在我们考虑自然力的现代理论基础的规范理论时也很重要（见 1.8 节），这依赖于所谓规范联络的概念，其非平凡性特别依赖于具有非平凡（连续）对称性的纤维$\mathcal{F}$，使得丛的相邻纤维能够以略微不同的可能方式相互关联（这依赖于考虑选择哪个"联络"）。

436

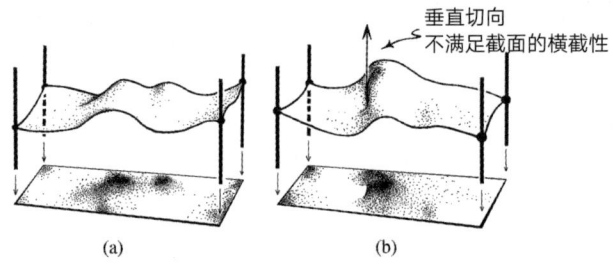

图 A 27 说明截面的横截性条件。（在这个局部图中，基空间是平直平面，纤维是垂线。）（a）这里满足横截性，截面的起伏不可能获得垂直方向的斜率。（b）截面尽管光滑，却得到垂直的切向，从而是非横截的（它所代表的场在这里的导数为无限的）

这里需要记住一个有用的名词。在任意丛$\mathcal{B}$（基空间$\mathcal{M}$和纤维$\mathcal{F}$）中，我们可以说$\mathcal{M}$是$\mathcal{B}$的一个因子空间。这当然适用于乘积丛的平凡情形，其中每个$\mathcal{M}$和$\mathcal{F}$是$\mathcal{M} \times \mathcal{F}$的因子空间。我们必须拿因子空间与子空间来对比，后者是非常不同的情形：假如空间$\mathcal{M}$可以连续地等

同于空间 $\mathcal{S}$ 中的某个区域，我们就说 $\mathcal{M}$ 是 $\mathcal{S}$ 的子空间，可以写成

$$\mathcal{M} \hookrightarrow \mathcal{S}.$$

这两个不同（却奇怪地经常被混淆）概念的显著区别在弦论中有着重要意义；见 1.10，1.11 和 1.15 节和 1.10 节图 1.32。

　　在物理学和纯数学中有重要意义的一个特殊类型的丛是矢量丛，其纤维空间 $\mathcal{F}$ 为矢量空间（见 A3）。我们将在 A8 看到，矢量丛的例子将是那些与 A2 考虑的磁场有关的丛，它们在任意点的值构成一个矢量空间。电场或物理学感兴趣的许多其他类型的场也是如此，我们都可以在任意点加上这样的场，或给它们乘以一个实标量数，得到这种类型的另一个可以考虑的场。另一个类型的例子是 A6 考虑过的相空间。在这个情形，我们关心一种叫构形空间 $\mathcal{C}$ 的余切丛 $T^*(\mathcal{C})$ 的矢量丛，它自动是一个如 A6 提到的辛流形。

　　余切丛是如何定义的呢？ n 维流形 $\mathcal{M}$ 的切丛 $T(\mathcal{M})$ 是基空间为 $\mathcal{M}$ 而 $\mathcal{M}$ 每点上的纤维为那点的切空间的丛（见 A5）。每个切空间是一个 n 维矢量空间，所以总空间 $T(\mathcal{M})$ 是 $2n$ 维流形（图 A28a）。 $\mathcal{M}$ 的余切丛 $T^*(\mathcal{M})$ 就是以相同方式构造的，只不过现在 $\mathcal{M}$ 每点的纤维是那一点的余切空间（切空间的对偶；见 A4）（图 A28b）。当 $\mathcal{M}$ 为某个（经典）物理系统的构形空间 $\mathcal{C}$ 时，余切矢量可以等同为动量系统，从而余切丛 $T^*(\mathcal{C})$ 可认定为系统的相空间（A6）。于是，一个普通相空间其实是相应构形空间的（一般非平凡）矢量丛的总空间，其纤维提供了所有可能的动量，而投影 π 则把所有的动量"遗

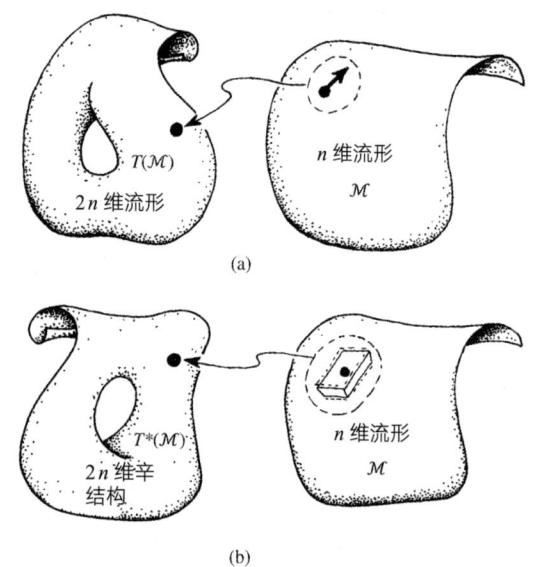

图 A28 （a）n 维流形 $\mathcal{M}$ 的 $2n$ 维切丛 $T(\mathcal{M})$ 的每一点代表 $\mathcal{M}$ 的一点及其在那点的切矢量。（b）$\mathcal{M}$ 的辛结构的 $2n$ 维余切丛 $T^*(\mathcal{M})$ 的每一点代表 $\mathcal{M}$ 的一点及其在那点的余切矢量

忘"了。

其他自然出现在物理学中的丛例子包括那些对量子力学形式有基本意义的丛，如图 2.16b 描绘的，那里的复 n 维矢量空间（即希尔伯特空间 $\mathcal{H}^n$，除去原点 $\mathbf{O}$）即视为投影希尔伯特空间 $\mathbb{P}\mathcal{H}^n$ 的一个丛，每个纤维是除去原点的维塞尔平面（A10）的一个复本。而且，（$2n-1$）维矢量是 $\mathbb{P}\mathcal{H}^n$ 上的一个圆丛（S^1 丛）。另外还有出现在物理相互作用的规范理论中的重要丛例子，前面提过了。最特别的是，如 1.8 节所说的，描述电磁场的（外尔）规范理论的丛实际上是卡鲁扎–克莱因 5 维 [438] "时空"，理论的第 5 维是一个圆，沿它存在一种对称，而整个 5 维流形

呈现为普通 4 维时空流形上的一个圆丛。见 1.6 节图 1.12。所谓基林矢量（场）给出了对称方向，流形的度规结构沿这个方向保持不变。

与此相关的是静态时空的概念，它有一个处处类时的整体的基林矢量 **k**，沿 **k** 给定的时间方向保持不变。假如 **k** 正交于一族 3 维类空曲面，则我们说时空是静止的，如图 A29。然而，沿 **k** 方向的类时曲线提供的丛结构看起来可能有些不自然，因为这些时间曲线其实多数都是相互不同的，有着不同的时间标度。

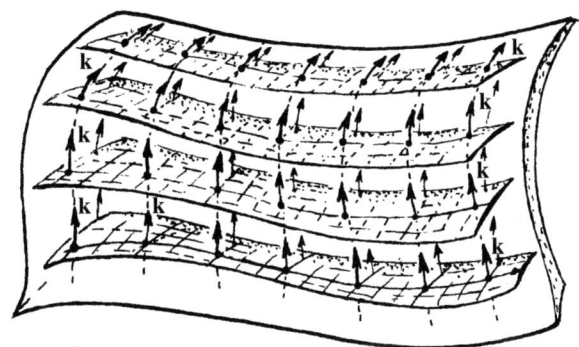

图 A29　在有度规结构的流形 $\mathcal{M}$（如广义相对论的时空）上可能存在表达（也许局部的）$\mathcal{M}$ 的连续对称的基林矢量场。而且，假如 **k** 正交于一族在度规意义上相同的 3 维类空曲面 $\mathcal{S}$（如这里所示的），则 $\mathcal{M}$ 叫静止的，但认为 $\mathcal{M}$ 具有丛结构（不论什么方式）则通常是不恰当的，因为时间标度可以沿 $\mathcal{S}$ 变化

正如前面说的，若要丛是非平凡的，则纤维空间必须具有某种对称性（如莫比乌斯丛要求的从头到尾的直线翻转）。适用于某些给定结构的不同对称操作构成数学上所说的群。专业地说，群在抽象意义上是一个 a, b, c, d 等运算的系统，可连续运用，相继运算的作用可以通过简单的并列（如 ab，等等）表示。这些运算总是满足 $(ab)c = a(bc)$，且存在一个恒等元 e，对所有 a 都有 $ae = a = ea$，而每个元 a

都有一个逆元 a^{-1}，满足 $a^{-1}a = e$。常用于物理学中的不同群都有特定的名字，如 $O(n)$, $SO(n)$, $U(n)$ 等等，特别是 $SO(3)$ 是 3 维欧氏空间中普通球的旋转群，不允许反射。而 $O(3)$ 是一样的，但允许反射。$U(n)$ 是 2.8 节描述的 n 维希尔伯特空间的对称群，因而我们特别地有 $U(1)$（通常与 $SO(2)$ 相同）是维塞尔平面中的相旋转的幺模群，即乘以 $e^{i\theta}$（θ 为实数）。

A8　丛的函数自由度

矢量丛的概念对我们有着特别的意义，因为它为我们在 A2 中以相当直观方式考虑的函数自由度问题提供了深刻的认识。为理解这一点，必须回到为什么我们在物理学中特别关心丛的（光滑）截面的问题上来。如前面简单说明的，问题的答案在于物理场可解释为那样的截面，其光滑性（包括横截性）表达了物理场的光滑性。这里，我们令基空间 $\mathcal{M}$ 为物理空间（通常认为是一个 3 维流形）或物理时空（通常是 4 维流形）。横截性条件说明问题中的场的导数（时间或空间上的梯度或变化率）总是有限的。

用具体例子来说明，我们可以考虑一个定义在整个空间 $\mathcal{M}$ 上的标量场。接下来，$\mathcal{F}$ 可以简单是实数连续统的复本，因为标量场（在这里的背景下）只不过是光滑地将实数（场的强度）赋予 $\mathcal{M}$ 的每个点。相应地，我们将丛简单取为不牵涉"扭曲"的平凡丛

$$\mathcal{B} = \mathcal{M} \times \mathbb{R},$$

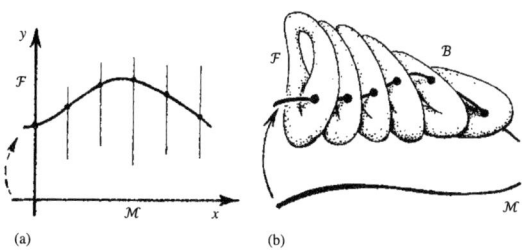

图 A30　（a）普通函数 $y=f(x)$ 的曲线提供了描述物理场的丛截面的一个基本说明。这里，纤维是通过曲线的垂线，图中画出了一些，在这个基本情形中，水平轴是流形 $\mathcal{M}$。横截性断言曲线的斜率不可能是垂直的。（b）这说明了一般情形，$\mathcal{M}$ 和它在一点的可能场值的纤维 $\mathcal{F}$，可以是一般的流形。任意特殊场构形将表示为丛的截面（满足横截性）

$\mathcal{B}$ 的截面 χ 以光滑的方式为我们在 $\mathcal{M}$ 的每一点提供一个实数，这正是标量场的本义。如果只是考虑普通函数的曲线，则我们得到它演进的简单图像，这里 $\mathcal{M}$ 也取 1 维的，是 $\mathbb{R}$ 的另一个复本（如图 A30a），曲线本身则是截面。横截性要求曲线的斜率不能是垂直的。垂直斜率告诉我们函数在那儿有无限大的导数，是光滑场不允许的。这是作为丛截面表示的场的非常特殊的情形。场所能有的不同可能"值"也许不是线性空间，但可能构成某种具有非平凡拓扑的复杂流形，正如图 A30 所示，其中时空本身就是一个复杂空间。

440

　　比图 A30a 略微复杂的例子，我们考虑 A2 的磁场。这里我们来看普通 3 维空间，所以 $\mathcal{M}$ 是 3 维流形（3 维欧氏空间），而 $\mathcal{F}$ 是某点的可能磁场的 3 维空间（仍然是 3 维空间，因为需要 3 个分量来定义每点的磁场）。可将 $\mathcal{F}$ 视为与 $\mathbb{R}^3$（三元实数组（B_1，B_2，B_3）的空间，也是磁场的 3 个分量，见 A2）相同，我们的丛 $\mathcal{B}$ 可认为只是简单的"平凡"乘积 $\mathcal{M} \times \mathbb{R}^3$。现在，因为我们有的是磁场而不仅仅是在特殊点的场值，我们面对的是丛 $\mathcal{B}$ 的光滑截面（图 A31）。磁场是矢量场的

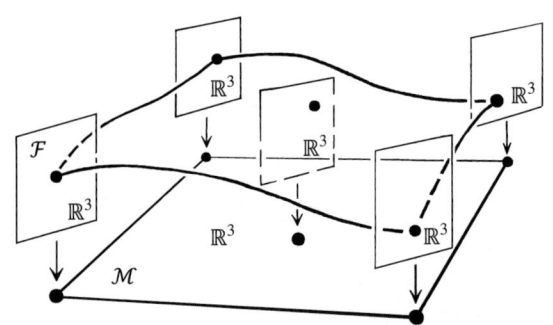

图 A31　本图是为了建议平直 3 维空间（$\mathbb{R}^3$）的磁场如何表示为$\mathbb{R}^3$（即$\mathbb{R}^3 \times \mathbb{R}^3$）上平凡$\mathbb{R}^3$丛的截面，这里我们必须认为所有平面其实都是$\mathbb{R}^3$

例子，我们以光滑的方式为其基空间（这里为$\mathcal{M}$）的每一点赋予了一个矢量。一般说来，矢量场就是某个矢量丛的光滑截面，但那个词最常用的地方是问题的矢量丛是空间的切丛。见 A6 图 A17。

假如$\mathcal{M}$是广义相对论中出现的弯曲 3 维空间，认定$\mathcal{B} = \mathcal{M} \times \mathbb{R}^3$ [441] 实际上就不恰当了，因为在一般情形下，$\mathcal{M}$的不同点的切丛之间不存在自然的等同关系。在很多高维情形，d维$\mathcal{M}$的切丛$\mathcal{B}$甚至在拓扑上都与$\mathcal{M} \times \mathbb{R}^d$不同（尽管 $d = 3$ 的情形是一个奇怪的例外）。这样的整体问题在当下的语境中没什么重要意义，因为即使在广义相对论中，我们这里的考虑在空间（或时空）中也完全是局域性的，为此，"平凡的"局部结构$\mathcal{M} \times \mathbb{R}^4$足够了。

以这个观点看事情的好处是，函数自由度问题变得特别明显。假定我们有一个定义在 d 维流形$\mathcal{M}$上的 n 分量场。接着我们关心的是（$d + n$）维丛$\mathcal{B}$的（光滑）截面χ。我们只关心$\mathcal{M}$中的局域行为，所以还可以假定用平凡丛$\mathcal{B} = \mathcal{M} \times \mathbb{R}^n$工作。如果完全自由地选择场，那

么流形 χ 将是自由选择的 $(d+n)$ 维流形 $\mathcal{B}$ 的 d 维子流形。(χ 是 d 维的，因为如 A4 所说，它是与 $\mathcal{M}$ 拓扑相同的。）然而严格说来，说 χ 是完全自由选择的，并不十分正确，因为首先我们需要保证横截性条件处处满足，其次，χ 不能以任何方式"扭转"从而与纤维相交多次。不过，这些附带条件对函数自由度的考虑无关紧要，因为在局域水平上，在 $(d+n)$ 维流形 $\mathcal{B}$ 中一般选择的 d 维流形实际上都是横截的，在它的邻近区域内与每个 n 维纤维 $\mathcal{F}$ 都只相遇一次。在给定 d 维流形中选择一个 n 分量场的（局域）自由度的总数就是在 $(d+n)$ 维环境流形 $\mathcal{B}$ 中选择一个 d 维流形 χ 的（局域）自由度。

₄₄₂

现在，关键的问题在于 d 的值才是最重要的，它不大在乎 n（或 $d+n$）有多大。那么，我们如何"看到"这一点呢？我们如何感觉在一个 $(d+n)$ 维流形中有"多少" d 维流形呢？

一个不错的想法是考虑周围 3 维流形（可以是普通 3 维欧氏空间）中的 $d=1$ 和 $d=2$（换言之即曲线和曲面）的情形，因为那样我们很容易将发生的事情形象化（图 A32）。当 $d=2$ 时，我们面对的是 2 维空间的普通标量场，因而基空间可以（局域地）取作 $\mathbb{R}^2$ 而纤维为 $\mathbb{R}^1$（$=\mathbb{R}$），那么我们的截面就只是 $\mathbb{R}^3$（3 维欧氏空间）中的曲面（2 维曲面）。函数自由度——即可能自由选择的标量场的数量——由在 3 维空间中选择 2 维曲面的自由度决定（图 A32a）。然而，在 $d=1$ 的情形，基空间才是局部 $\mathbb{R}^1$ 的，纤维是 $\mathbb{R}^2$，因此截面只是 $\mathbb{R}^3$ 中的曲线（图 A32b）。

我们现在问：为什么 $\mathbb{R}^3$ 中的曲面比 $\mathbb{R}^3$ 中的曲线多出那么多呢？

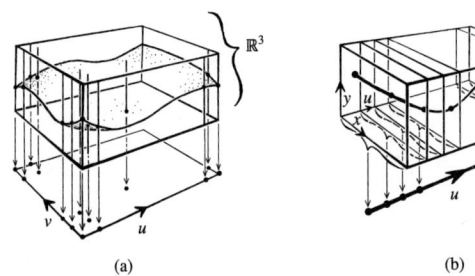

图 A32 （a）在 2 维空间选择 1 分量场的函数自由度∞^{∞^2}等于在$\mathbb{R}^3$中选 2 维曲面的自由度，后者被视为$\mathbb{R}^2((u,v)$平面）上的$\mathbb{R}^1$丛。这可以对比在 1 维空间（u-坐标）中选择 2 分量场（(x,y)平面）的函数自由度$\infty^{2\infty}$（b），它等于在$\mathbb{R}^3$中选择 1 维曲面的自由度，后者被视为$\mathbb{R}^1$上的$\mathbb{R}^2$丛

换句话说（用丛的截面即场的函数自由度来解释），为什么$\infty^{\infty^2} \gg \infty^{2\infty}$（或$\infty^{1\infty^2} \gg \infty^{2\infty^1}$）（用 A2 的记号）？首先，我要解释$\infty^{2\infty}$中的"2"。如果想描述曲线，我们可以看某个时刻的$\mathbb{R}^2$纤维$\mathcal{F}$的一个分量。这相当于考虑曲线在两个不同方向（两个坐标的方向）的投影，由此给出两条曲线，各在一个平面中（即(x,u)平面和(y,u)平面，这里 [443] x 和 y 为纤维坐标，u 为基空间坐标）。每个平面的自由度为∞^{∞}（单个实数变量的光滑实值函数），所以对一对曲线来说，我们有自由度$\infty^{\infty} \times \infty^{\infty} = \infty^{2\infty}$。

为明白为什么$\mathbb{R}^3$中的 2 维曲面的（局域）自由度比这个大得多——实际上大于任意有限数 k 的平面曲线（局域）的自由度——我们可以考虑 2 维面的 k 个平行平面截面（我们现在也许可以将它们画成图 A32a 的样子，由图的$\mathbb{R}^2$基空间的坐标 v 的 k 个不同常数值决定的 k 个平面垂直切割而成）。这样的 k 条曲线的每一条都有（局域的）函数自由度∞^{∞}，从而 k 条曲线的总自由度为$(\infty^{\infty})^k = \infty^{k\infty}$。（显然，如果我们允许曲线是非连通的，则 k 条曲线的一族可认为只是

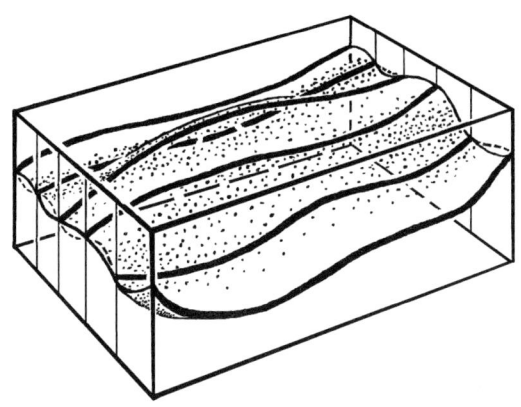

图 A33　本图说明为什么不论正整数 k 多大，都有 $\infty^{\infty^2} \gg \infty^{k\infty}$。通过完全分离的 k 条（这里 $k=6$）曲线（因为我们考虑的是局域情形，其中曲线并不卷曲回环），我们总能找到很多经过它们的曲面，因而在 $\mathbb{R}^3$ 中必然存在更多的曲面，远多于 $\mathbb{R}^3$ 中有限的曲线数 k

单一的曲线。这也是这种考虑只是局域适用的一个原因。非连通曲线的局域片段只不过像一条连通曲线的局域片段，其自由度少于曲线的 k 个独立片段。）显然，不论有限数 k 多大，总会有更多的自由度来填补这些片段之间的 2 维曲面；见图 A33。这就证明了不论有限数 k 有多大，都有 $\infty^{\infty^2} \gg \infty^{k\infty}$ 的事实。

虽然我只是在 $r=1$，$d=2$，$s=1$（推广到 $s=k$）和 $f=1$ 的情形下说明了 $\infty^{r\infty^d} \gg \infty^{s\infty^f}$ 的论证，一般情形下也可以用同样的推理路线来说明，即使我们不能直接地将这种方式形象化。基本上我们只需要将在 $\mathbb{R}^3$ 的曲线推广到 $\mathbb{R}^{f+k}$ 的 f 维流形，将 $\mathbb{R}^3$ 的曲面推广到 $\mathbb{R}^{d+r}$ 的 d 维流形，前一个情形代表 f 维流形上 k 维丛的截面，后一个情形代表 d 维流形上 r 维丛的截面。只要 $d>f$，后者就远多于前者，而不论 r 和 s 的大小如何。

在这一点上，我一直在考虑自由选择的场（或截面），但想想 A2 说的实际 3 维空间的磁场，它是有约束的（div $\mathbf{B}$=0）。这告诉我们，用来代表（这样被约束的）磁场的不能是 $\mathcal{B}$ 的任意光滑截面，而应是满足那个关系的截面。如 A2 提及的，这样的结果是，磁场的 3 个分量中，有一个（如 B_3）将取决于另外两个分量（B_1 和 B_2）以及 B_3 在 3 维流形 $\mathcal{M}$ 的 2 维子流形 $\mathcal{S}$ 中的行为信息。就函数自由度而言，我们不必太在意 $\mathcal{S}$ 上发生的事情（因为这个 2 维子流形 $\mathcal{S}$ 提供的函数自由度小于 3 维流形 $\mathcal{M}$ 的其余部分所提供的），因此我们的主要函数自由度是在 5 维空间 $\mathcal{B} = \mathcal{M} \times \mathbb{R}^2$ 中自由选择的 3 维流形所提供的自由度 $\infty^{2\infty^3}$。

这里还有一个重要的约束问题，即我们取 $\mathcal{M}$ 为 4 维时空（而不是 3 维空间）时出现的情形。物理学的通常情形是，我们有场方程，一旦在某个特殊时刻确定充分的数据，它将为我们提供物理场在整个时空的确定性演化。在相对论——特别是爱因斯坦的广义相对论——中，我们不喜欢把时间作为某种绝对意义的整体性地贯穿整个宇宙的东西，而宁愿只用某个任意的具体时间坐标 t 来描述事物。在这个情形，时间的初始值 t（如 $t = 0$）将为我们提供一个类空的（如它通常的叫法；见 1.7 节）初始 3 维曲面 $\mathcal{N}$，于是，确定在 $\mathcal{N}$ 上的恰当的场将通过场方程正常地唯一决定贯穿 4 维时空的场。（在广义相对论中出现所谓柯西视界的情形中，有可能出现对唯一性的偏离，但这个问题对这里牵涉的"局域"问题无关紧要。）但不管怎么说，在通常的物理学中，在初始 3 维曲面中也经常存在场的约束，我们面临着与 3 维曲面 $\mathcal{N}$ 相关的函数自由度 $\infty^{N\infty^3}$（对一定正整数 N），"3"来自初始 3 维曲面 $\mathcal{N}$。如果在某个理论建议（如弦论，见 1.9 节）中，函数自由度呈现为形如$\infty^{N\infty^3}$（$d>3$），则我们需要非常恰当地去解释，为什么我们要假定这种额外自由度不会在物理行为中表现出来。

A9　复数

A2～A8的数学考虑主要是为了经典物理学的思考，其物理场、点粒子和时空本身都用实数系$\mathbb{R}$来描述（其坐标和场强度等通常被认为是实数）。然而，量子力学在20世纪20年代出现了，它根本性地依赖于一个更复杂的从实数系延伸出来的数系$\mathbb{C}$，即复数。于是，如1.4和2.5节强力指出的那样，这些复数现在成为真实物理世界在最小已知尺度上的行为基础。

复数是什么呢？这些数都牵涉一个貌似不可能的过程，即取一个负数的平方根。想想数a的平方根是满足$b^2=a$的数b，因此4的方根是2，9的方根为3，16的方根为4，25的方根为5，而2的方根为1.414213562……。我们可以允许这些方根的负数（-2，-3，-4，-5，-1.414213562……）也满足"方根"的资格（因为$(-b)^2=b^2$）。但假如a本身是负的，我们就有问题了，因为不论b是正或负，其平方都是正的，因而很难看到我们能通过简单的平方得到负数。我们可以认为这个基本问题是找-1的方根，因为如果我们有了某个数"i"（我们将这样叫它），满足$i^2=-1$，那么2i将满足$(2i)^2=-4$，而$(3i)^2=-9$，$(4i)^2=-16$，等等，而且一般地有$(ib)^2=-b^2$。当然，如我们刚才看到的，不管这个"i"是什么，它都不可能是普通的数，而通常被称为虚数，即一个实数乘以i，如2i或3i，或$-i$，$-2i$，等等。

　　然而，这个名称容易误导，因为它意味着那些所谓的实数比这些所谓的虚数有着更大的"实在性"。我想，产生这样的印象，是因为人们感觉距离和时间的度量在某种意义上"真"是那样的实数量。但我们不知道虚数。我们知道那些实数确实很好地描述了距离和时间，但我们不知道那描述在绝对所有距离或时间尺度上都是成立的。我们在[446]（例如）一米或一秒的 10^{100} 分之一的尺度上对物理连续统的性质并没有实际的认识。所谓实数不过是数学构造，不过，对经典物理学的物理定律的确立有着巨大的价值。

　　不过实数也可以认为是柏拉图意义上的"真实"——与其他和谐一致的数学结构的柏拉图意义的真实性一样——假如我们采纳这种数学家的普遍观点，那么数学的一致性是这种柏拉图"存在"的唯一准则。然而，所谓的虚数形式，恰好与实数有着一样的一致性数学结构，所以，在这个柏拉图意义上，虚数也是"真实"的。一个独立（其实也是开放）的问题是，在什么程度上，这些数字系统精确模拟了现实世界。

　　复数——数系 $\mathbb{C}$ 的元素——就是将（所谓）实数和虚数加在一起构成的数，即形如 $a + ib$，其中 a 和 b 都是实数系 $\mathbb{R}$ 的元素。这些数似乎最先是意大利医生兼数学家卡达诺（Gerolamo Cardano）在 1545 年遇到的，它们的代数是另一个见解深邃的意大利工程师邦贝利（Raphaello Bombelli）在 1572 年详尽描述的。（例如参见 [Wykes 1969]；然而，虚数本身似乎更早就有人想到了，如公元一世纪亚历山大的海伦（Heron）。）在后续的年代里，复数的许多魔幻性质被揭示出来，它们的纯数学应用在今天是不成问题的。它们也在很多物理问题上找到了用武之地，如电流和流体力学。但直到 20 世纪初，它们都被认为是纯数学构造或只是为了计算，而在物理世界中没有任何直接的体现。

可是现在，随着量子力学的到来，事情发生了剧变，$\mathbb{C}$ 在那个理论的数学形式中找到了核心地位，像实数 $\mathbb{R}$ 在经典物理学中的多样角色一样直接。如 1.4 和 2.5~2.9 节所说，$\mathbb{C}$ 的基本量子力学物理学角色依赖于复数的各种显著性质。想想刚才说的，这样的数形如 $x + iy$，其中 x 和 y 为实数（$\mathbb{R}$ 的元素）而 i 满足

$$i^2 = -1.$$

用于实数物理量的普通代数法则也同样适用于复数。为此，复数的加法和乘法运算用实数运算来定义：

$$(x + iy) + (u + iv) = (x + u) + i(y + v),$$
$$(x + iy) \times (u + iv) = (xu - yv) + i(xv + yu),$$

其中 x，y，u 和 v 为实数。同样，复数的逆运算减法和除法也通过复数的负数或倒数来定义：

$$-(x + iy) = (-x) + i(-y) \text{ 和 } (x + iy)^{-1} = \frac{x}{x^2 + y^2} - i\frac{y}{x^2 + y^2} = \frac{x - iy}{x^2 + y^2}$$

其中，x，y 为实数（但在除法情形，两者不同时为零）。不过，通常用单个符号来写复数，所以我们可以简单地将 $x+iy$ 写成 z，而将 $u + iv$ 写成 w：

$$z = x + iy \text{ 和 } w = u + iv$$

其和直接写成 $z+w$，积则是 zw，z 的负和逆分别简单定义为 $-z$ 和 z^{-1}。复数的差与商便简单定义为 $z - w = z + (-w)$ 和 $z \div w = z \times (w^{-1})$，其中 $-w$ 和 w^{-1} 的定义与刚才给出的 z 的情形一样。

我们发现，在很多方面可以像实数那样进行复数的运算，运算法则比实数情形更为系统。一个重要例子是所谓代数学基本定理，它告诉我们任意单变量 z 的多项式

$$a_0 + a_1 z + a_2 z^2 + a_3 z^3 + \cdots + a_{n-1} z^{n-1} + a_n z^n$$

总能因式分解为 n 个线性项的乘积。用一个例子来说明这句话的意思：我们可以考虑简单的二次多项式 $1 - z^2$ 和 $1 + z^2$。第一个的因子分解读者可能很熟悉了，只用实数系数，但对第二个，我们需要复数：

$$1 - z^2 = (1-z)(1+z), \ 1 + z^2 = (1+iz)(1-iz).$$

这个特殊的例子只不过才开始说明复数如何使代数更系统，但它只是以非常直接的方式用了法则 $i^2 = -1$，复数的魔性还没开始显现。不过，在这整个定理中我们已经隐约看到了魔幻的东西（在下面，我们可以 [448] 假定最终的系数 a_n 不等于零，从而我们可以用它的值来除，这样就可以令 $a_n = 1$），它告诉我们可以将任意（实或复的）多项式，用复数 $b_1, b_2, b_3, \cdots, b_n$ 因式分解为

$$a_0 + a_1 z + a_2 z^2 + \cdots + a_{n-1} z^{n-1} + z^n = (z - b_1)(z - b_2)(z - b_3)\cdots(z - b_n)$$

注意，如果 z 取任意 b_1，b_2，b_1，$\cdots$，b_n 的值，则多项式为零（因为右边等于零）。这个魔法就是简单地将一个数字"i"添加到实数系中，为了能求解特别简单的小方程 $1 + z^2 = 0$，我们发现竟然完全自由地解决了所有非平凡单变量多项式方程！

如果在另一个方向上延伸，我们发现所有形如 $z^a = \beta$ 的方程都可以求解，其中 a 和 β 为给定非零复数。我们可以毫不费力地做到这一点，只需要从非常特殊的情形 $a = 2$ 和 $\beta = -1$ 开始（即 $z^2 = -1$）。在下一节，我们还可以从其他方面看到复数的魔法。（关于这种魔法的更多的例子，见 [Nahin 1998] 和《通向实在之路》第 3，4，6 和 9 章。）

A10　复几何

复数的标准表示是用它们来标记欧氏平面中的点，单个复数 $z = x + iy$ 代表笛卡尔坐标为 (x, y) 的点（图 A34）（这最早由挪威/丹麦测绘师兼数学家维塞尔（Caspar Wessel）在 1787 年的一个报告里明确描述的，1799 年发表在一篇论文里）。为尊重维塞尔的优先权，我在这里将这个平面称为维塞尔平面，尽管普通的叫法是阿尔冈（Argand）平面和高斯平面，指的是后来描述这个几何的出版物（分别在 1806 年和 1831 年）。有记录证明高斯在发表之前很多年就考虑过这个想法（当然不会是 10 岁，那时维塞尔的报告已经写好了）。记录似乎没说维塞尔或阿尔冈是什么时候最初有这个想法的 [Crowe 1967]。两个复数的和与积都有简单的几何特征。复数 w 与 z 之和由我们现在熟

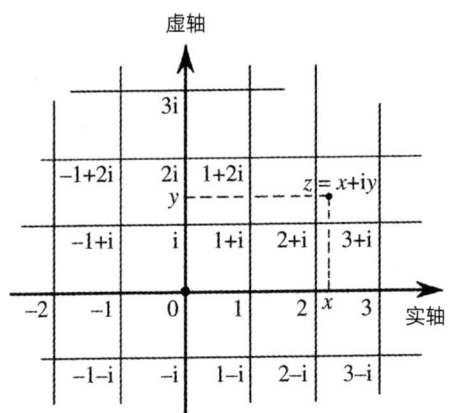

图 A34 维塞尔平面（复平面）以标准笛卡尔表示的点 (x, y) 代表 $z = x + iy$。

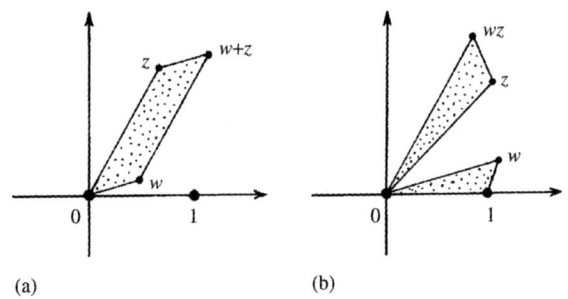

(a)   (b)

图 A35 平行四边形法则的加法（a）和相似三角形法则的乘法（b）在维塞尔平面中的实现

悉的平行四边形法则给出（图 A35a，比较 A3 图 A6），从 0 到 $w+z$ 的直线为那两点和原来的 w 和 z 两点构成的平行四边形的对角线；积[449] 则由相似三角形法则决定（图 A35b），由此，点 0、1、w 构成的三角形相似于（无反射）点 0、z、wz 构成的三角形。（也有不同的退化情形，如平行四边形或三角形落成一条线，这需要恰当说明。）

维塞尔平面的几何说明了很多乍看起来可能与复数无关的问题。一个重要例子与幂级数的收敛有关。幂级数是如下的表示

$$a_0+a_1z+a_2z^2+a_3z^3+a_4z^4+\cdots,$$

450 其中 a_0，a_1，a_2，… 为复常数，这里的项（不像多项式）是无限多的。（实际上，当我们取所有超过一定值 r 的 a_r 为零时，多项式也可以冠以幂级数的名字。）对给定的 z 值，我们可以发现这些项的和收敛于某个特定复数或发散（即不收敛）。（这解释为连续递增项之和，即级数的部分和 Σ_r，它能或不能收敛到特定复数值 S。专业地说，收敛于 S 的意思是，对任意给定正数 ε，不论多小，都存在某个值 r，使差 $|S-\Sigma_q|$ 对所有 x 都小于 ε，只要 q 大于 r。）

这时，维塞尔复平面的一个显著作用就体现出来了：假如级数对某（非零）z 值收敛而对其他值发散，则存在一个中心在维塞尔平面原点的圆（叫收敛圆），级数对严格在圆内的每个复数都是收敛的，而对严格在圆外的每个复数都发散到无限大；见图 A36。然而，级数对实际在圆上的点有什么行为，却是一个更微妙的问题。

这个显著的结果解决了许多本来多少有些疑惑的问题，如为什么关于实数 x 的级数 $1-x^2+x^4-x^6+x^8-\cdots$ 恰好在 x 大于 1 或小于 -1 时开始发散，而这个级数的代数和（对 $-1<x<1$），恰好是 $1/(1+x^2)$ 在 $x=\pm1$ 并没有什么特别的地方（图 A37）。这个问题出现在复 451 数 $z=\mathrm{i}$（或 $z=-\mathrm{i}$），在这里 $1/(1+z^2)$ 是无限大，由此我们知道收敛圆必然经过点 $z=\pm\mathrm{i}$。那个圆也经过 $z=\pm1$，因此我们必然预期级数

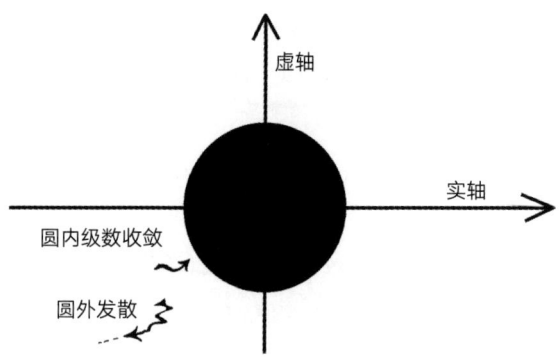

图 A36　任意复数幂级数 $A_0+A_1z+A_2z^2+A_3z^3+A_4z^4+...$，存在一个圆心在维塞尔平面原点的圆（叫收敛圆），级数对严格在圆内（黑色开区域）的任意 z 收敛，而对严格在圆外（白色开区域）的任意 z 发散。这允许收敛半径（圆半径）可以为零（级数除了在 $z=0$ 外都不收敛）或无限（级数对所有 z 收敛）

对圆外的 x 值（即 $|x|>1$）发散（图 A38）。

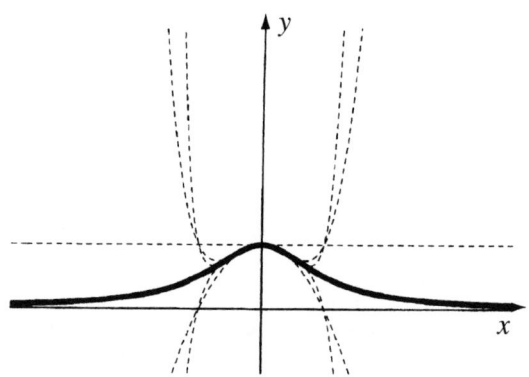

图 A37　实函数 $y=f(x)=1/(1+x^2)$ 在图中为连续实线，由在 $-1<x<1$ 区间内的无穷级数 $1-x^2+x^4+x^6+x^8-\cdots$ 表示，但级数对 $|x|>1$ 发散。部分和 $y=1$，$y=1-x^2$，$y=1-x^2+x^4$，$y=1-x^2+x^4-x^6$ 和 $y=1-x^2+x^4-x^6+x^8$ 画为虚线，说明发散的点。单从实变量的观点看，函数似乎没有理由在 x 恰好超过 1 的地方突然开始发散，因为曲线 $y=f(x)$ 在那儿没有呈现特殊的特征，与它在发散开始的点一样多光滑有多光滑

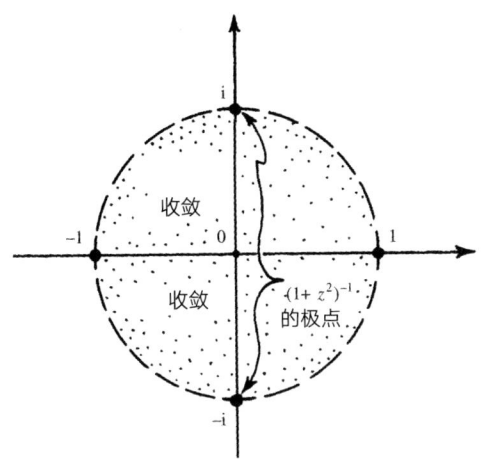

图 A38　在维塞尔平面中，我们看到了 $f(x) = 1/(1+x^2)$ 的麻烦。在其复形式 $f(z) = 1/(1+z^2)$ 下（这里 $z = x + iy$），我们看到函数在"极点"$z = \pm 1$ 为无限大，收敛圆不可能超越这些点。于是实级数 $f(x)$ 也必然在 $|x| > 1$ 发散

关于发散级数（如刚才考虑的），我还想指出一点。我们可能会问，当 x 大于 1 时，将答案"$1/(1+x^2)$"赋予级数是否有什么意义。特别地，当 $x = 2$ 时我们得到

$$1 - 4 + 16 - 64 + 256 - \cdots = \frac{1}{5}.$$

如果我们只是一项项加起来，这当然是荒谬的结果，因为左边都是整数而我们在右边却得到一个分数。不过，答案"$1/5$"似乎也有"正确"的东西，因为如果我们调用级数"和"Σ，并将它与 4Σ 加起来，我们得到

$$\Sigma + 4\Sigma = 1 - 4 + 16 - 64 + 256 - 1024 + \cdots$$
$$+ 4 - 16 + 64 - 256 + 1024 - \cdots = 1,$$

因此 $5\Sigma=1$，实际上也就是 $\Sigma=1/5$。同样的论证可以"证明"看起来 [452] 更惊人的方程（欧拉（Leonhard Euler）在 18 世纪导出的结果）：

$$1+2+3+4+5+6+\cdots=-\frac{1}{12}$$

奇怪的是，这个结果在弦论中扮演着重要角色（见 3.8 节和 [Polchinski 1998] 方程（1.3.32））。

从逻辑上看，将发散级数一项项加起来得到那些答案，可以说是在玩儿"把戏"；不过它们也有深层的真实性，可通过所谓解析延拓的程序揭示出来。这有时可用来证明这种发散级数的操作，允许级数在维塞尔平面的一个区域内定义的函数区间延伸到级数开始发散的其他区域。应该注意的是，作为这个程序的一部分，需要在原点以外的点展开函数，这意味着考虑级数 $a_0+a_1(Z-Q)+a_2(Z-Q)^2+a_3(Z-Q)^3+\cdots$ 来代表在点 $z=Q$ 展开的函数。相关的例子见 3.8 节图 3.36。

解析延拓的过程呈现出全纯函数具有的那种显著的刚性。它们不 [453] 可能像光滑实函数那样以任意方式"弯曲"。全纯函数在任意局部小区域的完全详尽的特征约束了它在远处的行为。从某种奇异的意义上说，全纯函数似乎有自己的意向，它是不会偏离的。这个特征在 3.8 和 4.1 节对我们有重要意义。

我们常借助维塞尔平面变换来考虑。两个最简单的例子是给平面的坐标 z 加一个固定的复数 A，或用固定的复数 B 乘以坐标 z：

$$z \mapsto A + Z \quad 或 \quad z \mapsto Bz$$

这分别对应于平面的平移（无旋转刚体运动）或旋转和/或均匀放大/收缩。这些平面变换都保持形状不变（没有反射），但不一定保持大小。

　　这些变换（映射）是由函数（叫全纯函数）给出的，即从复数 z 经过求和、与复数的乘积、取极限得到的函数，因而它们可以用幂级数来描述，其特征是它们在几何上是所谓共形的（无反射）。这些映射具有无限小形状在变换中不变的性质（尽管可以旋转和/或各向同性地扩张或收缩）；表达共形性质的另一种方式是曲线之间的角度在变换中保持不变。见图 A39。共形几何的概念在高维下也有非常重要的作用；见 1.15、3.1、3.5、4.1 和 4.3 节。

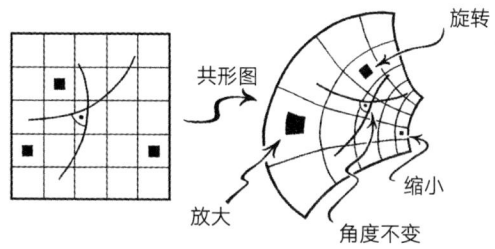

图 A39　维塞尔平面的一部分到另一部分的全纯映射以共形和无反射为特征。几何上说，"共形"意味着两条曲线相交的角度在影射下保持不变；等价地说，无限小形状是不变的：它们可以放大或缩小或旋转，但在小尺度极限下不会改变形状

454　　复数 z 的非全纯函数的例子是量 $\bar{z}$，定义为

$$\bar{z} = x - \mathrm{i}y ,$$

其中 $z = x + \mathrm{i}y$（x，y 为实数）。映射 $z \mapsto \bar{z}$ 在小角度不变的意义上是

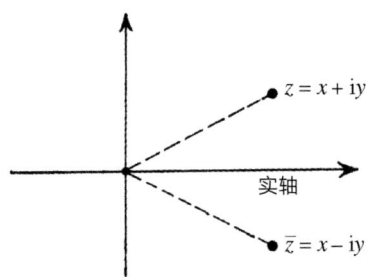

图 A 40　在维塞尔平面中关于实轴反射的复共轭操作 $z \mapsto \bar{z}$ 不是全纯的。虽然它显然是共形的，却倒转了维塞尔平面的定向

共形的，但它不算全纯的，因为方向倒转了，这个映射被定义为维塞尔平面在实轴的反射（图 A 40）。这是反全纯函数的例子，是全纯函数的复共轭（见 1.9 节）。反全纯函数虽然也是共形的，但它倒转了方向，即局部结构发生了反射。我们同样也不把 $\bar{z}$ 算作全纯的，倘若那样，z 的实部和虚部将也要算作全纯的，因为 $x = \frac{1}{2}(z + \bar{z})$ 且 $y = \frac{1}{2}(z - \bar{z})$，这就完全失去意义了。而且，这也适用于量 $|z|$，叫 z 的模，等于

$$|z| = \sqrt{z\bar{z}} = \sqrt{x^2 + y^2} \ .$$

我们注意（根据毕达哥拉斯定理），$|z|$ 就是维塞尔平面中从原点 O 到点 z 的距离。显然，映射 $z \mapsto z\bar{z}$ 远非共形的，因为它将整个平面挤压在实轴的非负部分，所以它当然不是全纯的。一个有用的观点是，将 z 的全纯函数视为"不牵涉 $\bar{z}$"的函数。于是，z^2 是全纯的，而 $z\bar{z}$ 不是。

　　全纯函数是复分析的核心，它们类似于实分析中的光滑函数。但对复分析来说，有一点魔法是它的实数伙伴不具备的。实函数可以 [455] 有所有类型的光滑度。例如，函数 $x \times |x|$ 在 x 为正时为 x^2，x 为负时

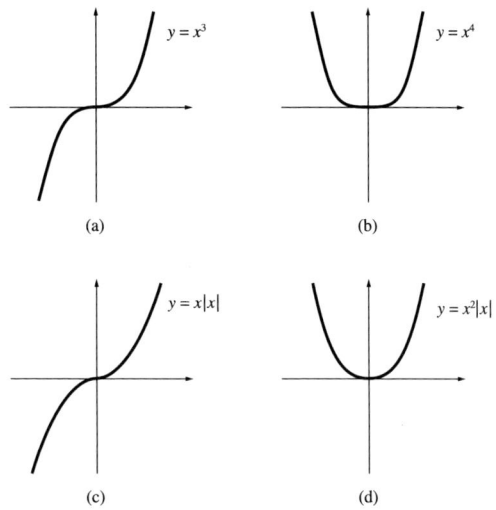

图 A41　实函数可以具有不同的光滑度。曲线（a）$y=x^3$ 和 $y=x^4$ 有无限光滑度，被称为解析的（C^ω，意思是可以延拓到光滑复函数）。另一方面，曲线（c）$y=x|x|$ 在 x 为正时为 x^2，x 为负时为 $-x^2$，只是 1 度光滑（即 C^1），而曲线（d）$y=x^2|x|$ 在 $x \geqslant 0$ 时为 x^3，在 $x<0$ 时为 $-x^3$，有 2 度光滑（C^2），尽管它们表面上与前两个曲线相似

为 $-x^2$，只是 1 度光滑（专业上说即 C^1），而曲线看起来相似的函数 x^3 则有无限的光滑度（即 C^∞ 或 C^ω）。另一个例子是 $x^2 \times |x|$（$x \geqslant 0$ 时为 x^3，$x<0$ 时为 $-x^3$），它有 2 度光滑（C^2），而相似的 x^4 是无限光滑的，等等（图 A41）。然而，对复函数来说，事情简单多了，因为即使最低度的复光滑性（C^1）也蕴含着最高的光滑度（C^∞），所以每个复光滑函数都自动是全纯的。更多细节见 [Rudin 1986] 和《通向实在之路》第 6 和 7 章。

一个特别有趣的特殊全纯函数，即指数函数 e^z（通常写作 "exp z"），我们已经在 A1 遇到过它的实数情形，它定义为级数

$$e^z = 1 + \frac{z}{1!} + \frac{z^2}{2!} + \frac{z^3}{3!} + \frac{z^4}{4!} + \cdots$$

（$n! = 1 \times 2 \times 3 \times \cdots \times n$）。这个级数实际上对 z 的所有值收敛（所以它的收敛圆为无限大）。如果 z 位于维塞尔平面的单位圆 —— 即圆心在原点 O 的单位半径的圆（图 A42）—— 则我们有如下魔幻的（柯特-棣莫弗-欧拉）公式

$$e^{i\theta} = \cos\theta + i\sin\theta,$$

其中 θ 为向外到 z 的半径与正实轴所成的角度（反时针方向度量）。我们还可以注意到这个公式向不在维塞尔平面单位圆的点 z 的延伸：

$$z = re^{i\theta} = r\cos\theta + ir\sin\theta,$$

这里 z 的模为 $r = |z|$（如上面指出的），θ 被称为 z 的辐角；见图 A42。

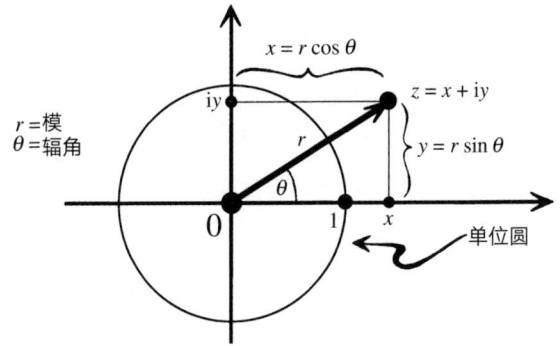

图 A42　维塞尔平面的极坐标与笛卡尔坐标的关系，表示为公式 $z = re^{i\theta} = r\cos\theta + ir\sin\theta$。量 r 叫模，θ 为复数 z 的辐角

457　　实流形（A5 简要指出过）的整个理论也延伸到复流形，其中实流形的实数坐标由复数坐标来代替。然而，我们总还是可以认为复数 $z = x + iy$ 由实坐标 (x, y) 表示。从这个观点看，我们可以重新将 n 维复流形表示为实的 $2n$ 维流形（具有一定的结构，叫复结构，源自复坐标的全纯性质）。我们可以从这一点注意到，能以这种方式解释为复流形的实流形必然是偶数维的。但这个条件本身却远不足以为一个实 $2n$ 维流形赋予一个复结构，因而也就不能像那样解释了。特别是对相当大的 n 值，这种可能性是非常稀有的特例。

在 1 维复流形的情形，这些问题很容易理解。对一条复曲线，用实数来说，我们得到一定类型的 2 维曲面，即大家熟知的黎曼曲面。用实数的话来说，一个黎曼曲面是赋予了共形结构（如上所说的，这意味着曲面上曲线之间的夹角是确定的）和定向（这意味着局部"反时针旋转"的概念可以在整个曲面一致地保留下来；见图 A21）的普通实曲面。黎曼曲面可以有不同类型的拓扑，A5 图 A13 说明了几个例子。它们在弦论中起着重要作用（1.6 节）。黎曼曲面通常被认为是闭的，即紧致无边界的，但这样的曲面也可以考虑有孔洞或穿刺（图 1.44），这些都在弦论中扮演着角色（1.6 节）。

对我们特别重要的是最简单的黎曼曲面，即具有普通球面的拓扑，叫黎曼球面，在量子力学自旋中起着特殊的作用（2.7 节）。我们可以很容易地通过给维塞尔平面加一个点（可标记为"∞"）来构造黎曼球面。为看清整个黎曼球面可视为一个真正的（1 维的）复流形，我们可以用两个坐标片来覆盖球面，一片为原来的维塞尔平面（坐标化为 z），另一片为维塞尔平面的复本，坐标化为 $w\,(=z^{-1})$。这就将我们的新点"$z = \infty$"

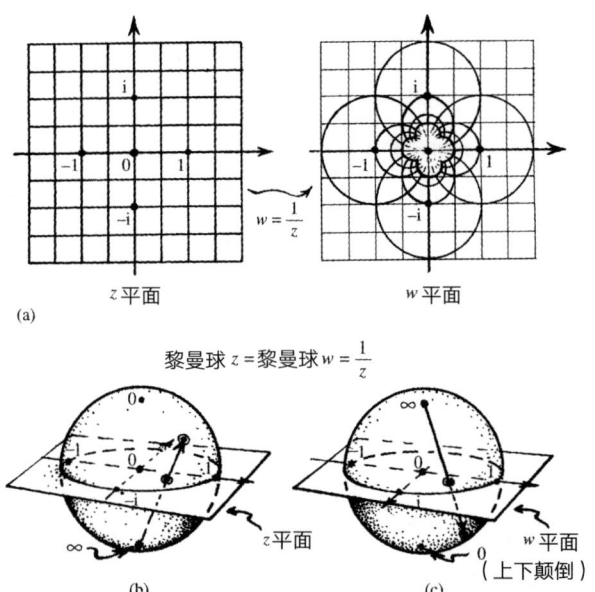

图 A43 黎曼球面是用两个坐标片缝合的流形，每片都是维塞尔平面的一个复本，这里分别为 z 平面和 w 平面，由 $w=z^{-1}$ 连接。（a）z 平面中常数实部和虚部映射到 w 平面的形态；（b）从黎曼球面南极的立体投影生成的 z 平面。（c）从黎曼球面北极的立体投影生成的 w 平面（上下颠倒）

包括进来，作为 w 原点（$w=0$），但它现在离开了 z 原点。这两个维塞尔平面就这样通过 $z=w^{-1}$ 缝合在一起，生成整个黎曼球面（图 A43）。

A11 调和分析

物理学家为了解决物理问题中出现的方程而经常运用的一个强 [458] 力程序是调和分析。那些方程通常是微分方程（常常是所谓的偏微分方程类型的，如 A2 提及的 "div **B** =0"）。微分方程是微积分学科的一部分，因为我有意避免钻进这个题目的具体讨论，这里只对微分算 [459] 子的基本代数性质提出一些粗略直观的概念。

　　微分算子是什么呢？对一个变量的函数 $f(x)$，微分算子（记作 D）作用于 f 时，将它替换为新函数 f'，叫 f 的导数，它在 x 的值 $f'(x)$ 为原函数 $f(x)$ 在 x 的梯度，我们可以写作 $Df = f'$（图 A44）。我们也可以考虑 f 的二阶导数 f''，它在 x 的值 $f''(x)$ 度量了 f' 在 x 的梯度。结果它度量了原函数 f 在 x 的"弯曲"（如果 x 度量时间，则它将度量加速度）。我们可以写

460

$$f'' = D(Df) = D^2 f$$

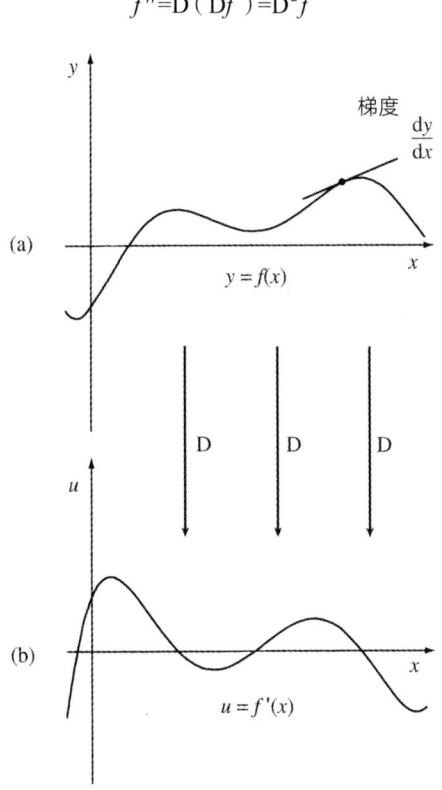

图 A44　微分算子（记作 D）以新函数 $f'(x)$ 替代函数 $f(x)$，它在 x 的值 $f'(x)$ 为 $f(x)$ 在 x 的梯度。逆算子积分（关乎曲线下的面积）由相反的箭头方向描述

并可继续得到 f 的 k 阶导数 $D^k f$（对任意正整数 k）。D 的逆算子（有时记作 D^{-1}，或更常用"积分符号"$\int$）引出面积和体积的积分计算。

有更多变量 u，v，…（可以是 n 维空间的局域坐标）时，导数的记号可独立用于每个坐标。我们可以将对 u 的导数写成 D_u（叫偏导数，而其他变量保持不变），而对 v 的导数写成 D_v，等等。这些也可以提升到不同的幂次（即重复多次，也可以不同组合加在一起）。很好的例子是人们特别研究过的一个微分算子，叫拉普拉斯算子（最先是德高望重的法国数学家拉普拉斯（Pierre-Simon de Laplace）在 18 世纪末运用的，发表在他的经典著作《天体力学》[Laplace 1829-39]）。拉普拉斯算子通常记作 ∇^2（或 Δ），在 3 维欧氏空间中用笛卡尔坐标 u，v，w，我们有

$$\nabla^2 = D_u^2 + D_v^2 + D_w^2,$$

这告诉我们，当它作用于 $f(u, v, w)$ 的函数时，量 $\nabla^2 f$ 标记了 f 相对于 u，v，w 的三个二阶导数之和，即

$$\nabla^2 f = D_u^2 f + D_v^2 f + D_w^2 f.$$

涉及 ∇^2 的方程在物理和数学中有着大量的应用，应用始于拉普拉斯自己的 $\nabla^2 \varphi = 0$，以标量（叫引力场的势函数 φ）来描述牛顿引力场。（描述引力场强度和方向的矢量将有三个分量：$-D_u\varphi$，$-D_v\varphi$ 和 $-D_w\varphi$。）另一个重要例子来自 2 维欧氏空间的情形，在笛卡尔坐标 x 和 y（这时 $\nabla^2 = D_x^2 + D_y^2$），我们可以将这个平面视为复数 $z = x + iy$ 的维塞尔平

面。接着我们发现 z 的任意全纯函数 ψ（见 A 10）具有实部和虚部 f 和 g：

$$\psi = f + ig,$$

461 每个都满足拉普拉斯方程

$$\nabla^2 f = 0,\ \nabla^2 g = 0.$$

拉普拉斯方程是线性微分方程的例子，这意味着如果我们有任意两个解，如 $\nabla^2 \phi = 0$ 和 $\nabla^2 \chi = 0$，则任意线性组合

$$\lambda = A\phi + B\chi$$

也是一个解（A 和 B 为常数）：

$$\nabla^2 \lambda = 0.$$

尽管线性对一般的微分方程是非同寻常的性质，我们看到线性方程在理论物理中确实起着基本作用。如上面用拉普拉斯势 φ 表述的牛顿引力理论的例子，就很说明问题。线性微分方程的其他重要例子是电磁场的麦克斯韦方程（1.2，1.6，1.8，2.6 和 4.1 节）和量子力学的基本薛定谔方程（2.4~2.7 和 2.11 节）。

在这种线性方程的情形，调和分析可以为我们提供非常强大的

求解方法。"调和"的名字源自音乐，音调可以通过各种特殊"纯音"来分析。例如，一根琴弦能以不同方式振动。基本音调有一个特殊的频率，这时整根弦以它最简单的方式振动（没有任何节点），但它也能以不同的泛音振动，频率为 $2v$, $3v$, $4v$, $5v$, 等等。这时振动弦的形状（分别有 1 个、2 个、3 个、4 个节点，等等）正匹配纯粹泛音的波形（图 A 45）。决定弦振动的基本微分方程是线性的，所以一般的振动态可以用这些振动模式 —— 它们是振动的一个个纯音（即基音，然后包括所有的泛音）—— 的线性组合来构造。为表示弦的微分方程的一般解，我们只需要确定一系列数字，每个数字以恰当方式代表每个振动模式的振幅贡献。任意波形，只要是以基音频率为周期的，都可以用这种方式唯一表示为正弦分量之和（这里的正弦指图 A 46 中函数 $y = \sin x$ 呈现的正弦曲线形状）。将周期函数表示为这样的谐波，叫傅里叶分析，是为了纪念法国数学家傅里叶（Joseph Fourier），他首⁴⁶²先研究了用正弦谐波来表示周期波形的这种方法。在本节后面，我们将看到这种表示会以一种优雅的方式出现。

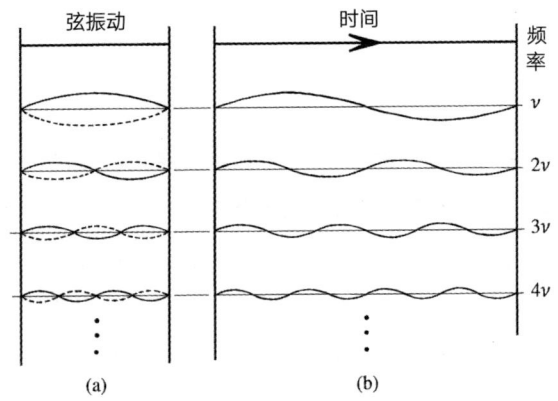

图 A 45   不同（琴）弦的振动模式。(a)弦本身的振动模式;(b)振动的时间行为，其频率为某个基本频率的整数倍

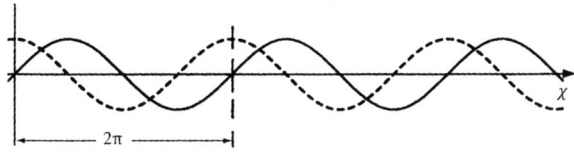

图 A 46　实线为函数 $\sin x$ 的曲线；虚线为 $\cos x$ 的曲线

这类一般程序普遍地适用于线性微分方程，其中单个模式是已经获得的方程的特别简单的解，所有其他解可以通过它们的线性组合（通常是无限的线性组合）来表示。我们来看 2 维欧氏空间中拉普拉斯方程的特殊情形。这是特别简单的例子，我们可以直接借助复数的代数和分析，需要的模式可以直接用这种方式写出来。读者不要被它误导了；在更一般的情形，事情就不会这么便捷了。不过，我想指出的基本点还是可以很好地在这个例子中用复数描述来说明。

如上所说，我们可以将（2 维）拉普拉斯方程$\nabla^2 f = 0$ 的每个解视为一个调和函数 ψ 的实部 f（或虚部，都是一样的 —— 不论怎么选都行，因为 ψ 的虚部只不过是略微不同的调和函数 $-\mathrm{i}\psi$ 的实部）。我们将微分方程$\nabla^2 f = 0$ 的一般解表示为基本模式（类似于弦振动的不同泛音）的线性组合，为了找出那是些什么样的模式，我们可以转向对应的全纯量。因为它们是复数 z 的全纯函数，可以表示为幂级数

$$\psi = a_0 + a_1 z + a_1 z^2 + a_1 z^3 + \cdots,$$

这里 $z = x + \mathrm{i}y$，一以贯之地取实部，我们得到用 x 和 y 表示的 f。单个模式在级数中为不同的项，即各幂次项

$$z^k = (x + iy)^k$$

中的实部和虚部（乘以某个依赖于 k 的恰当常数 —— 我们现在同样需要虚部，因为系数是复数）。于是，以 x 和 y 表示的模式将是这个表示的实部和虚部（如，在 $k=3$ 的情形，分别为 $x^3 - 3xy^2$ 和 $3x^2y - y^3$）。

为说得更精确，我们需要知道对平面的哪个区域感兴趣。先假定那个区域是整个维塞尔平面，我们感兴趣的是拉普拉斯方程覆盖整个平面的解。用全纯函数来说，我们需要一个无限收敛半径的幂级数，其特例就是指数函数 e^z。在这个情形下，系数 $1/k!$ 随 k 趋近无穷大而迅速趋于零，从而保证了我们在 A10（和 A1）遇到的幂级数（例 A）

$$e^z = 1 + \frac{z}{1!} + \frac{z^2}{2!} + \frac{z^3}{3!} + \frac{z^4}{4!} + \cdots$$

对所有 z 都收敛。另一方面，A10 考虑的另一个级数（例 B）

$$\left(1 + z^2\right)^{-1} = 1 - z^2 + z^4 - z^6 + z^8 - \cdots$$

在单位圆 $|z|=1$ 内收敛而在圆外发散。居于二者之间的一个例子（例 C）是   464

$$\left(1 + \frac{z^2}{4}\right)^{-1} = 1 - \frac{z^2}{4} + \frac{z^4}{16} - \frac{z^6}{64} + \frac{z^8}{256} - \cdots$$

它在圆 $|z|=2$ 内收敛。

于是，虽然我们可以选择简单地用系列系数，即（1，1，1/2，1/6，1/24…）表示例 A，（1，0，−1，0，1，0，−1，0，1，…）表示例 B，（1，0，−1/4，0，1/16，0，−1/64，0，1/256，…）表示例 C，但还是需要小心检验这些数字在序列趋于无穷时的行为方式，这样才知道是否任意这样的特殊数字序列都真的可以在我们倾向的整个定义域内代表微分方程的解。这个问题的一个极端例子出现在定义域恰好为黎曼球面（见 A 10）时，曲面是通过在维塞尔平面加一个点"∞"得到的。有个定理说，只有整体存在于黎曼球面的全纯函数才是真正的常数，所以代表黎曼球面上拉普拉斯方程解的数字序列都是形如（k，0，0，0，0，0，0…）！

这些例子也说明了调和分析的另一个特点。我们通常有兴趣确定微分方程解的边界值。例如，我们可能想求 2 维欧氏平面上拉普拉斯方程$\nabla^2 f = 0$在（$n-1$）维单位球$\mathcal{S}$内和面上的解。实际上，假如我们确定f为$\mathcal{S}$（假定是光滑的）上的任意实函数，则$\mathcal{S}$内存在$\nabla^2 f = 0$的唯一解具有$\mathcal{S}$面上的给定值，这正是一个定理［Evans 2010；Strauss 1992］。现在我们可以问，这个拉普拉斯方程的解的调和分解中的每个单一模式都发生了什么。

我们还是先来看 $n=2$ 的情形，令$\mathcal{S}$为维塞尔平面中的单位圆，求拉普拉斯方程在单位圆盘上的解。如果考虑特殊幂 z^k 定义的模式，我们看到，在 A 10 给的 z 的极坐标表示下，

$$z = re^{i\theta} = r\cos\theta + ir\sin\theta,$$

在单位圆 $\mathscr{S}$（$r=1$）上，我们有

$$z^k = \mathrm{e}^{ik\theta} = \cos k\theta + \mathrm{i}\sin k\theta \ .$$

对每个这样的模式，z 的实部和虚部绕着单位圆以正弦形式变化，正 [465] 如先前考虑的琴弦产生的第 k 个泛音一样（即 $\cos k\theta$ 和 $\sin k\theta$），坐标 θ 在这里起着时间的作用，可以随时间增长而无限多地绕过圆周（图 A45）。对拉普拉斯方程在单位圆上的一般解，f 的值（作为角坐标 θ 的函数）是任意的，只要它是圆决定的周期性函数（即周期为 2π）。（当然，也可以同样地考虑任何其他周期，只要根据要求缩小或放大周 长就行了。）这正是前面说振动琴弦时提到的周期函数的傅里叶分解。

　　我在上面考虑过 f 绕边界圆 $\mathscr{S}$ 的值像光滑函数那样变化，但这个 程序的应用要广泛得多。例如，即使在例 B 的情形，边界函数远非光 滑的，在维塞尔平面 $\theta = \pm\pi/2$ 处有奇点（对应于 $\pm\mathrm{i}$）。另一方面，在 例 C（或实际上例 A）中，如果我们只看解在单位圆盘的部分，会发 现 f 在边界圆 $\mathscr{S}$ 上的行为是完全光滑的。不过，我们这里不关心 f 在边 界的最低要求。

　　在高维（$n>2$）时，同样类型的分析也是适用的。拉普拉斯方程 在超球面 $\mathscr{S}$——（$n-1$）维球——内的解可以像 2 维情形一样分解为 谐波，对应于径向坐标 r 的不同幂次。在 $n=3$ 的情形，$\mathscr{S}$ 是普通 2 维 球面，尽管不能用复函数简单描述，我们还是可以认为"模式"是彼 此不同的，各依赖于径向坐标 r 的幂次 k。在每个球心在原点（$r=R$，R 为常数）的球面，坐标 θ，ϕ 是很有用的，叫球极坐标，与地球上的

经纬度坐标有密切关系。虽然细节对我们不重要，但大概情形如图 A 47。

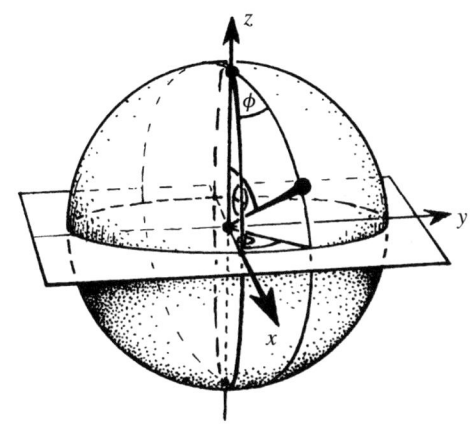

图 A 47　以标准形式嵌入 $\mathbb{R}^3$ 的 2 维球面 S^2 的传统球极坐标角于 θ 和 ϕ

普通模式具有如下形式

$$r^k Y_{k,m}(\theta, \phi),$$

这里 $Y_{k,m}(\theta, \phi)$ 是球谐函数（拉普拉斯 1782 年引进的），是关于 θ 和 ϕ 的特殊而确定的函数，其具体形式与我们无关 [Riley et al. 2006]。" k " 值（在标准记号中通常记作 l）跑遍所有自然数，$k = 0, 1, 2, 3, 4, 5\cdots$，" m " 也是整数，可以是负的，且 $|m| \leqslant k$。相应地，(k, m) 的允许值为

$$(0,0), (1,-1), (1,0), (1,1), (2,-2), (2,-1),$$
$$(2,0), (2,1), (2,2), (3,-3), (3,-2), \cdots$$

466

为确定拉普拉斯方程在包含于 $\mathcal{S}$ 的固体球内（即 $1 \geqslant r \geqslant 0$）的一个特殊解，我们需要知道每个模式的贡献，无限实数序列

$$f_{0,0}, f_{1,-1}, f_{1,0}, f_{1,1}, f_{2,-2}, f_{2,-1}, f_{2,0}, f_{2,1}, f_{2,2}, f_{3,-3}, f_{3,-2}, \cdots$$

精确告诉了我们每一份的贡献。这个数列确定了边界球面 $\mathcal{S}$ 的函数 f（或等价地，对应的拉普拉斯方程在 $\mathcal{S}$ 内的解）。（关于 f 在 $\mathcal{S}$ 上的连续 / 光滑性问题将表现在序列 $f_{k,m}$ 如何趋近无限的复杂问题中。）

我想在这里特别指出的一点是，虽然这种方法对研究单个的解（特别是数值计算）很有威力，还有一个重要问题被遮蔽了，即函数自由度，那是我们在 A2 和 A8 中特别关注的，而且在第 1 章的讨论中起着关键作用。在以这种方式确定微分方程的解中（如拉普拉斯方程或其他更复杂系统的情形），调和分析最终给我们的解是无限数字序列的形式。至于解的定义所在的空间维（更别说空间大小和形状），常常隐藏在序列更复杂的渐近性质中，有可能几乎完全忽略函数自由 [467] 度的问题。

即使在最简单的振动弦的情形 —— 本节先前考虑的琴弦 —— 我们发现，如果不小心，单凭模式分析会误导我们对函数自由度的认识。考虑两个不同的情景：在一个情景中，弦只在平面振动，如用弓轻轻拉动琴弦；在另一个情景中，弦是拨动的，在振动中可以在 2 维平面中偏弦的方向。（这里我忽略了沿着弦方向的位移，这可以通过手指沿着琴弦长度的拨动激发起来。）弦振动模式可以在通过弦方向的两个垂直平面上分离，所有其他振动可以认为是它们的组合（见

图 A 48）。因为两个平面是对等的，我们可以在每个平面得到完全相同的模式，具有完全相同的振动频率。于是，拉弦（限制在一个平面内振动）与拨弦（无约束振动）这两种模式的唯一区别在于，在后一种情形，每个模式会出现两次。前一种情形的函数自由度为$\infty^{2\infty^1}$，后一种情形则是大得多的$\infty^{4\infty^1}$。"2"和"4"来自弦的每一点向外位移的幅度和速度，第二种情形的这些量要多一倍。上指数"1"来自弦的 1维，如果弦替换为"n 膜"（在现代流行的弦论行为中扮演重要角色的一种实体，见 1.15 节），则这个数字为更大的 n。我们在第 1 章看到了函数自由度问题的重要性。

468

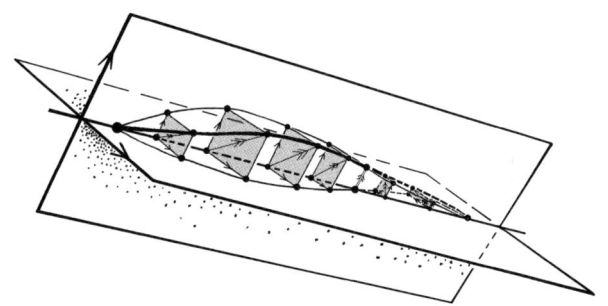

图 A 48　弦在 3 维空间的小振动可以分解为两个正交平面内的振动，弦在每一点的位移矢量分解为在那两个垂直平面的分量

与此相关的是，我们还需要考虑 2 维曲面（如鼓）的振动。这种事情可以很好用模式来分析，鼓的一般振动方式可以用每个独立模式的不同贡献来表示，而后者又可以表示为一个无限数字序列，如$p_0, p_1, p_2, p_3, \cdots$，它给出每个模式的贡献的总和。乍看起来，这与用类似序列 $q_0, q_1, q_2, q_3, \cdots$，表示拉弦振动没什么不同，它也代表弦的不同振动模式的贡献。不过，对鼓膜的位移来说，函数自由度为$\infty^{2\infty^2}$，比弦的$\infty^{2\infty^1}$大得多。为了对这种区别有比较切实的感受，我

们将鼓膜视为正方形，有笛卡尔坐标 (x, y)，其中每个 x 和 y 限于 0 和 1 之间。然后，我们可以（相当非传统地）试着用沿 x 轴的模式 $g_i(x)$ 和沿 y 轴的模式 $h_j(y)$ 的乘积"模式" $F_{ij}(x, y) = g_i(x) h_j(y)$ 来表示鼓膜的位移。于是，这个模式分析用数字序列 $f_{0,0}, f_{0,1}, f_{1,0}, f_{0,2}$，$f_{1,1}, f_{2,0}, f_{0,3}, f_{2,1}, f_{1,2}$，等等，描述了鼓膜的一般位移，序列提供了每个 $F_{ij}(x, y)$ 的贡献量。这类分析也没什么错，但它没能直接显著地区分 2 维鼓膜位移函数自由度 ∞^{∞^2} 与小得多的分别独立在 x 和 y 坐标的 1 维位移函数自由度 ∞^{∞^1}（或者也许代表 x 位移连同 y 位移的函数自由度 $\infty^{2\infty^1}$，它在形如 $g(x)h(y)$ 的"乘积位移"中基本上给出更小的自由度）。

致谢

　　本书的酝酿多少有些漫长，很多帮助过我的人都淡忘了。对那些帮助过我却忘了名字的朋友和同事，我表示感谢和抱歉。当然我要特别感谢长久的同事 Florence Tsou（Sheung Tsun）和她的先生 Chan Hong-Mo 在粒子物理方面的巨大帮助。我更长久的同事 Ted（Ezra）Newman 多年来一直给我洞见和支持，我还从 Abhay Ashtekar、Krzysztof Meissner 和 Trautman 的知识和见解中获益良多。牛津同事 Paul Tod、Andrew Hodges、Nick Woodhouse、Lionel Mason 和 Keith Hannabuss 也极大影响过我的思想。我从 Carlo Rovelli 和 Lee Smolin 学了很多量子引力方法，还要特别感谢 Shamit Kachru 仔细审读了本书的初稿，尽管我觉得他对书中对弦论表达的情绪不会感到愉快，但他的批评还是帮助我减少了两方面的错误和误会。

　　还有好多不同的建议，我要感谢 Fernando Alday, Nima Arkani-Hamed, Michael Atiyah, Harvey Brown, Robert Bryant, Marek Demianski, Mike Eastwood, George Ellis, Jörge Frauendiener, Ivette Fuentes, Pedro Ferreira, Vahe Gurzadyan, Lucien Hardy, Denny Hill, Lane Hughston, Claude LeBrun, Tristan Needham, Sara Jones Nelson, Pawel Nurowsski, James Peebles, Oliver Penrose, Simon Saunders,

David Skinner, George Sparling, John Statchel, Paul Steinhardt, Lenny Susskind, Neil Turok, Gabriele Veneziano, Richard Ward, Edward Witten 和 Anton Zeilinger。

Richard Lawrence 和他女儿 Jessica 提供了很多无价的事实。行政方面的帮助, 我要感谢 Ruth Preston, Fiona Martin, Petrona Winton, Edyta Mielczarek 和 Anne Pearsall。最崇高的谢意要献给普林斯顿大学的 Vickie Kearn, 感谢她的耐心、支持和鼓励; 感谢她的同事们, 感谢 Carmina Alvarez 的封面设计, Karen Fortgang 和 Dimitri Karetnikov 的插图指导, 感谢 T&T 公司 (T&T Productions Ltd) 的 Jon Wainwright 的认真编辑。最后, 我的好妻子 Vanessa 用她的真爱、批评和支持, 陪我度过了一段艰难的日子, 她的专业修养常常如魔术般地将我从电脑的无望困惑中解救出来。谢谢她和我们的小儿子 Max —— 他的技术知识和爱的支持总是有着无量的价值。

插图致谢

作者感谢如下插图的版权所有者：

图 1.35: After Rovelli [2004].

图 1.38: M. C. Escher's *Circle Limit I* _c 2016 The M. C. Escher Company – The Netherlands. All rights reserved. www.mcescher.com

图 3.1: M. C. Escher's (a) *Photo of Sphere*, (b) *Symmetry Drawing E* 45, and (c) *Circle Limit IV* _c 2016 The M. C. Escher Company–The Netherlands. All rights reserved. www.mcescher.com

图 3.38 (a) and (b): From " Cosmic Inflation " by Andreas Albrecht, *in Structure Formation in the Universe* (ed. R. Crittenden and N. Turok). Used with permission of Springer Science and Business Media.

图 3.38 (c): From " Inflation forAstronomers " by J.V. Narlikar and T. Padmanabhan as modified by Ethan Siegel in " Why we think there's a Multiverse, not just our Universe " (https://medium.com/startswith-a-bang/why-we-think-theres-a-multiverse-not-just-our-universe-23d5ecd33707#.3iib9ejum）. Reproduced with permission of *Annual Review of Astronomy and Astrophysics*, 1 September 1991, Volume 29 © by Annual Reviews, http://www.annualreviews.org.

图3.38 d: From "Eternal Inflation, Past and Future" by Anthony Aguirre, 见 *Beyond the Big Bang: Competing Scenarios for an Eternal Universe*（The Frontiers Collection）（ed. Rudy Vaas）. Used with permission of Springer Science and Business Media.

图3.43: Copyright of ESA and the Planck Collaboration。其他图（除图2.2, 2.5, 2.10, 2.25, 3.6（b）, A1, A37, A41, A44和A46的计算机曲线外）都是作者画的。

参考文献

Abbott, B. P., et al. (LIGO Scientific Collaboration) 2016 Observation of gravitational waves from a binary black hole merger. arXiv:1602.03837.

Ade, P. A. R., et al. (BICEP2 Collaboration) 2014 Detection of B-mode polarization at degree angular scales by BICEP2. *Physical Review Letters* **112**:241101.

Aharonov, Y., Albert, D. Z., and Vaidman, L. 1988 How the result of a measurement of a component of the spin of a spin-1/2 particle can turn out to be 100. *Physical Review Letters* **60**:1351–54.

Albrecht, A., and Steinhardt, P. J. 1982 Cosmology for grand unified theories with radiatively induced symmetry breaking. *Physical Review Letters* **48**:1220–23.

Alexakis, S. 2012 *The Decomposition of Global Conformal Invariants.* Annals of Mathematics Studies 182. Princeton University Press.

Almheiri, A., Marolf, D., Polchinski, J., and Sully, J. 2013 Black holes: complementarity or firewalls? *Journal of High Energy Physics* **2013**(2):1–20.

Anderson, M. 2005 *"Shakespeare" by Another Name: The Life of Edward de Vere, Earl of Oxford, the Man Who Was Shakespeare.* New York: Gotham Books.

Ananthaswamy, A. 2006 North of the Big Bang. *New Scientist* (2 September), pp. 28–31.

Antusch, S., and Nolde, D. 2014 BICEP2 implications for single-field slow-roll inflation revisited. *Journal of Cosmology and Astroparticle Physics* **5**:035.

Arkani-Hamed, N., Dimopoulos, S., and Dvali, G. 1998 The hierarchy problem and new dimensions at a millimetre. *Physics Letters* B **429**(3):263–72.

Arkani-Hamed, N., Cachazo, F., Cheung, C., and Kaplan, J. 2010 The S-matrix in twistor space. *Journal of High Energy Physics* **2**:1–48.

Arkani-Hamed, N., Hodges, A., and Trnka, J. 2015 Positive amplitudes in the amplituhedron. *Journal of High Energy Physics* **8**:1–25.

Arndt, M., Nairz, O, Voss-Andreae, J., Keller, C., van der Zouw, G., and Zeilinger, A. 1999 Wave–particle duality of C_{60}. *Nature* **401**:680–82.

Ashok, S., and Douglas, M. 2004 Counting flux vacua. *Journal of High Energy Physics* **0401**:060.

Ashtekar, A., Baez, J. C., Corichi, A., and Krasnov, K. 1998 Quantum geometry and black hole entropy. *Physical Review Letters* **80**(5):904–7.

Ashtekar, A., Baez, J. C., and Krasnov, K. 2000 Quantum geometry of isolated horizons and black hole entropy. *Advances in Theoretical and Mathematical Physics* **4**:1–95.

Ashtekar, A., Pawlowski, T., and Singh, P. 2006 Quantum nature of the Big Bang. *Physical Review Letters* **96**:141301.

Aspect, A., Grangier, P., and Roger, G. 1982 Experimental realization of Einstein–Podolsky–Rosen–Bohm *Gedankenexperiment*: a new violation of Bell's inequalities. *Physical Review Letters* **48**:91–94.

Bardeen, J. M., Carter, B., and Hawking, S. W. 1973 The four laws of black hole mechanics. *Communications in Mathematical Physics* **31**(2):161–70.

Barrow, J. D., and Tipler, F. J. 1986 *The Anthropic Cosmological Principle*. Oxford University Press.

Bateman, H. 1904 The solution of partial differential equations by means of definite integrals. *Proceedings of the London Mathematical Society* (2) **1**:451–58.

——. 1910 The transformation of the electrodynamical equations. *Proceedings of the London Mathematical Society* (2) **8**:223–64.

Becker, K., Becker, M., and Schwarz, J. 2006 *String Theory and M-Theory: A Modern Introduction*. Cambridge University Press.

Bedingham, D., and Halliwell, J. 2014 Classical limit of the quantum Zeno effect by environmental decoherence. *Physical Review* A **89**:042116.

Bekenstein, J. 1972 Black holes and the second law. *Lettere al Nuovo Cimento* **4**:737–40.

——. 1973 Black holes and entropy. *Physical Review* D **7**:2333–46.

Belinskiĭ, V. A., Khalatnikov, I. M., and Lifshitz, E. M. 1970 Oscillatory approach to a singular point in the relativistic cosmology. *Uspekhi Fizicheskikh Nauk* **102**:463–500. (English translation in *Advances in Physics* **19**:525–73.)

Belinskiĭ, V. A., Lifshitz, E. M., and Khalatnikov, I. M. 1972 Construction of a general cosmological solution of the Einstein equation with a time singularity. *Soviet Physics JETP* **35**:838–41.

Bell, J. S. 1964 On the Einstein–Podolsky–Rosen paradox. *Physics* **1**:195–200. (Reprinted in Wheeler and Zurek [1983, pp. 403–8].)

——. 1981 Bertlmann's socks and the nature of reality. *Journal de Physique* **42**, C2(3), p. 41.

——. 2004 *Speakable and Unspeakable in Quantum Mechanics: Collected Papers on Quantum Philosophy*, 2nd edn (with a new introduction by A. Aspect). Cambridge University Press.

Bennett, C. H., Brassard, G., Crepeau, C., Jozsa, R. O., Peres, A., and Wootters, W. K. 1993 Teleporting an unknown quantum state via classical and Einstein–Podolsky–Rosen channels. *Physical Review Letters* **70**:1895–99.

Besse, A. 1987 *Einstein Manifolds*. Springer.

Beyer, H., and Nitsch, J. 1986 The non-relativistic COW experiment in the uniformly accelerated reference frame. *Physics Letters* B **182**:211–15.

Bisnovatyi-Kogan, G. S. 2006 Checking the variability of the gravitational constant with binary pulsars. *International Journal of Modern Physics* D **15**:1047–52.

Bjorken, J., and Drell, S. 1964 *Relativistic Quantum Mechanics*. McGraw-Hill.

Blau, S. K., and Guth, A. H. 1987 Inflationary cosmology. In *300 Years of Gravitation* (ed. S. W. Hawking and W. Israel). Cambridge University Press.

Bloch, F. 1932 Zur Theorie des Austauschproblems und der Remanenzerscheinung der Ferromagnetika. *Zeitschrift für Physik* **74**(5):295–335.

Bohm, D. 1951 The paradox of Einstein, Rosen, and Podolsky. In *Quantum Theory*, ch. 22, §15–19, pp. 611–23. Englewood Cliffs, NJ: Prentice-Hall. (Reprinted in Wheeler and Zurek [1983, pp. 356–68].)

——. 1952 A suggested interpretation of the quantum theory in terms of "hidden" variables, I and II. *Physical Review* **85**:166–93. (Reprinted in Wheeler and Zurek [1983, pp. 41–68].)

Bohm, D., and Hiley, B. J. 1993 *The Undivided Universe: An Ontological Interpretation of Quantum Theory*. Abingdon and New York: Routledge.

Bojowald, M. 2007 What happened before the Big Bang? *Nature Physics* **3**:523–25.

——. 2011 *Canonical Gravity and Applications: Cosmology, Black Holes, and Quantum Gravity*. Cambridge University Press.

Bollobás, B. (ed.) 1986 *Littlewood's Miscellany*. Cambridge University Press.

Boltzmann, L. 1895 On certain questions of the theory of gases. *Nature* **51**:413–15.

Bordes, J., Chan, H.-M., and Tsou, S. T. 2015 A first test of the framed standard model against experiment. *International Journal of Modern Physics* A **27**:1230002.

Börner, G. 1988 *The Early Universe* Springer.

Bouwmeester, D., Pan, J. W., Mattle, K., Eibl, M., Weinfurter, H., and Zeilinger, A. 1997 Experimental teleportation. *Nature* **390**:575–79.

Boyer, R. H., and Lindquist, R. W. 1967 Maximal analytic extension of the Kerr metric. *Journal of Mathematical Physics* **8**:265–81.

Breuil, C., Conrad, B., Diamond, F., and Taylor, R. 2001 On the modularity of elliptic curves over Q: wild 3-adic exercises. *Journal of the American Mathematical Society* **14**:843–939.

Bryant, R. L., Chern, S.-S., Gardner, R. B., Goldschmidt, H. L., and Griffiths, P. A. 1991 *Exterior Differential Systems*. MSRI Publication 18. Springer.

Bullimore, M., Mason, L., and Skinner, D. 2010 MHV diagrams in momentum twistor space. *Journal of High Energy Physics* **12**:1–33.

Buonanno, A., Meissner, K. A., Ungarelli, C., and Veneziano, G. 1998a Classical inhomogeneities in string cosmology. *Physical Review* D **57**:2543.

——. 1998b Quantum inhomogeneities in string cosmology. *Journal of High Energy Physics* **9801**:004.

Byrnes, C. T., Choi, K.-Y., and Hall, L. M. H. 2008 Conditions for large non-Gaussianity in two-field slow-roll inflation. *Journal of Cosmology and Astroparticle Physics* **10**:008.

Cachazo, F., Mason, L., and Skinner, D. 2014 Gravity in twistor space and its Grassmannian formulation. In *Symmetry, Integrability and Geometry: Methods and Applications* (SIGMA) **10**:051 (28 pages).

Candelas, P., de la Ossa, X. C., Green, P. S., and Parkes, L. 1991 A pair of Calabi–Yau manifolds as an exactly soluble superconformal theory. *Nuclear Physics* B **359**:21.

Cardoso, T. R., and de Castro, A. S. 2005 The blackbody radiation in a D-dimensional universe. *Revista Brasileira de Ensino de Física* **27**:559–63.

Cartan, É. 1945 *Les Systèmes Différentiels Extérieurs et leurs Applications Géométriques*. Paris: Hermann.

Carter, B. 1966 Complete analytic extension of the symmetry axis of Kerr's solution of Einstein's equations. *Physical Review* **141**:1242–47.

——. 1970 An axisymmetric black hole has only two degrees of freedom. *Physical Review Letters* **26**:331–33.

——. 1983 The anthropic principle and its implications for biological evolution. *Philosophical Transactions of the Royal Society of London* A **310**:347–63.

Cartwright, N. 1997 Why physics? In *The Large, the Small and the Human Mind* (ed. R. Penrose). Cambridge University Press.

Chan, H.-M., and Tsou, S. T. 1980 U(3) monopoles as fundamental constituents. CERN-TH-2995 (10 pages).

——. 1998 *Some Elementary Gauge Theory Concepts*. World Scientific Notes in Physics. Singapore: World Scientific.

——. 2007 A model behind the standard model. *European Physical Journal* C **52**:635–63.

——. 2012 *International Journal of Modern Physics* A **27**:1230002.

Chandrasekhar, S. 1931 The maximum mass of ideal white dwarfs. *Astrophysics Journal* **74**:81–82.

——. 1934 Stellar configurations with degenerate cores. *The Observatory* **57**:373–77.

Christodoulou, D. 2009 *The Formation of Black Holes in General Relativity*. Monographs in Mathematics, European Mathematical Society.

Clarke, C. J. S. 1993 *The Analysis of Space-Time Singularities*. Cambridge Lecture Notes in Physics. Cambridge University Press.

Coleman, S. 1977 Fate of the false vacuum: semiclassical theory. *Physical Review* D **15**:2929–36.

Coleman, S., and De Luccia, F. 1980 Gravitational effects on and of vacuum delay. *Physical Review* D **21**:3305–15.

Colella, R., and Overhauser, A. W. 1980 Neutrons, gravity and quantum mechanics. *American Scientist* **68**:70.

Colella, R., Overhauser, A. W., and Werner, S. A. 1975 Observation of gravitationally induced quantum interference. *Physical Review Letters* **34**:1472–74.

Connes, A., and Berberian, S. K. 1995 *Noncommutative Geometry*. Academic Press.

Conway, J., and Kochen, S. 2002 The geometry of the quantum paradoxes. In *Quantum [Un]speakables: From Bell to Quantum Information* (ed. R. A. Bertlmann and A. Zeilinger), chapter 18. Springer.

Corry, L., Renn, J., and Stachel, J. 1997 Belated decision in the Hilbert–Einstein priority dispute. *Science* **278**:1270–73.

Crowe, M. J. 1967 *A History of Vector Analysis: The Evolution of the Idea of a Vectorial System* Toronto: University of Notre Dame Press. (Reprinted with additions and corrections, 1985, New York: Dover.)

Cubrovic, M., Zaanen, J., and Schalm, K. 2009 String theory, quantum phase transitions, and the emergent Fermi liquid. *Science* **325**:329–444.

Davies, P. C. W. 1975 Scalar production in Schwarzschild and Rindler metrics. *Journal of Physics* A **8**:609.

Davies, P. C. W., and Betts, D. S. 1994 *Quantum Mechanics* (2nd edn). CRC Press.

de Broglie, L. 1956 *Tentative d'Interpretation Causale et Nonlineaire de la Mechanique Ondulatoire*. Paris: Gauthier–Villars.

Deser, S. 1996 Conformal anomalies – recent progress. *Helvetica Physica Acta* **69**:570–81.

Deutsch, D. 1998 *Fabric of Reality: Towards a Theory of Everything*. Penguin.

de Sitter, W. 1917a On the curvature of space. *Proceedings of Koninklijke Nederlandse Akademie van Wetenschappen* **20**:229–43.

——. 1917b On the relativity of inertia. Remarks concerning Einstein's latest hypothesis. *Proceedings of Koninklijke Nederlandse Akademie van Wetenschappen* **19**:1217–25.

DeWitt, B. S., and Graham, N. (eds) 1973 *The Many Worlds Interpretation of Quantum Mechanics*. Princeton University Press.

Dicke, R. H. 1961 Dirac's cosmology and Mach's principle. *Nature* **192**:440–41.

Dieudonné, J. 1981 *History of Functional Analysis*. North-Holland.

Diósi, L. 1984 Gravitation and quantum-mechanical localization of macro-objects *Physics Letters* **105A**, 199–202.

——. 1987 A universal master equation for the gravitational violation of quantum mechanics. *Physics Letters* **120A**, 377–81.

——. 1989 Models for universal reduction of macroscopic quantum fluctuations *Physical Review* A **40**:1165–74.

Dirac, P. A. M. 1930 (1st edn) 1947 (3rd edn) *The Principles of Quantum Mechanics*. Oxford University Press and Clarendon Press.

——. 1933 The Lagrangian in quantum mechanics. *Physikalische Zeitschrift der Sowjetunion* **3**:64–72.

——. 1937 The cosmological constants. *Nature* **139**:323.

——. 1938 A new basis for cosmology. *Proceedings of the Royal Society of London* A **165**:199–208.

——. 1963 The evolution of the physicist's picture of nature. (Conference on the foundations of quantum physics at Xavier University in 1962.) *Scientific American* **208**:45–53.

Douglas, M. 2003 The statistics of string/M theory vacua. *Journal of High Energy Physics* **0305**:46.

Eastwood, M. G. 1990 The Penrose transform. In *Twistors in Mathematics and Physics*, LMS Lecture Note Series 156 (ed. T. N. Bailey and R. J. Baston). Cambridge University Press.

Eastwood M. G., Penrose, R., and Wells Jr, R. O. 1981 Cohomology and massless fields. *Communications in Mathematical Physics* **78**:305–51.

Eddington, A. S. 1924 A comparison of Whitehead's and Einstein's formulas. *Nature* **113**:192.

——. 1935 Meeting of the Royal Astronomical Society, Friday, January 11, 1935. *The Observatory* **58**(February 1935):33–41.

Eerkens, H. J., Buters, F. M., Weaver, M. J., Pepper, B., Welker, G., Heeck, K., Sonin, P., de Man, S., and Bouwmeester, D. 2015 Optical side-band cooling of a low frequency optomechanical system. *Optics Express* **23**(6):8014-20 (doi: 10.1364/OE.23.008014).

Ehlers, J. 1991 The Newtonian limit of general relativity. In *Classical Mechanics and Relativity: Relationship and Consistency* (International Conference in memory of Carlo Cataneo, Elba, 1989). Monographs and Textbooks in Physical Science, Lecture Notes 20 (ed. G. Ferrarese). Napoli: Bibliopolis.

Einstein, A. 1931 Zum kosmologischen Problem der allgemeinen Relativitätstheorie. *Sitzungsberichte der Königlich Preuss ischen Akademie der Wissenschaften*, pp. 235–37.

——. 1939 On a stationary system with spherical symmetry consisting of many gravitating masses. *Annals of Mathematics* Second Series **40**:922–36 (doi: 10.2307/1968902).

Einstein, A., and Rosen, N. 1935 The particle problem in the general theory of relativity. *Physical Review* (2) **48**:73–77.

Einstein, A., Podolsky, B., and Rosen, N. 1935 Can quantum-mechanical description of physical reality be considered complete? *Physical Review* **47**:777–80. (Reprinted in Wheeler and Zurek [1983, pp. 138–41].)

Eremenkno, A., and Ostrovskii, I. 2007 On the pits effect of Littlewood and Offord. *Bulletin of the London Mathematical Society* **39**:929–39.

Ernst, B. 1986 Escher's impossible figure prints in a new context. In *M. C. Escher: Art and Science* (ed. H. S. M. Coxeter, M. Emmer, R. Penrose and M. L. Teuber). Amsterdam: Elsevier.

Evans, L. C. 2010 *Partial Differential Equations*, 2nd edn (Graduate Studies in Mathematics). American Mathematical Society.

Everett, H. 1957 "Relative state" formulation of quantum mechanics. *Review of Modern Physics* **29**:454–62. (Reprinted in Wheeler and Zurek [1983, pp. 315–323].)

Feeney, S. M., Johnson, M. C., Mortlock, D. J., and Peiris, H. V. 2011a First observational tests of eternal inflation: analysis methods and WMAP 7-year results. *Physical Review* D **84**:043507.

——. 2011b First observational tests of eternal inflation. *Physical Review Letters* **107**: 071301.

Feynman, R. 1985 *QED: The Strange Theory of Light and Matter*, p. 7. Princeton University Press.

Feynman, R. P., Hibbs, A. R., and Styer, D. F. 2010 *Quantum Mechanics and Path Integrals* (emended edition). Dover Books on Physics.

Fickler, R., Lapkiewicz, R., Plick, W. N., Krenn, M., Schaeff, C. Ramelow, S., and Zeilinger, A. 2012 Quantum entanglement of high angular momenta. *Science 2* **338**:640–43.

Finkelstein, D. 1958 Past–future asymmetry of the gravitational field of a point particle. *Physical Review* **110**:965–67.

Fogli, G. L., Lisi, E., Marrone, A., Montanino, D., Palazzo, A., and Rotunno, A. M. 2012 Global analysis of neutrino masses, mixings, and phases: entering the era of leptonic CP violation searches. *Physical Review* D **86**:013012.

Ford, I. 2013 *Statistical Physics: An Entropic Approach*. Wiley.

Forward, R. L. 1980 *Dragon's Egg*. Del Ray Books.

——. 1985 *Starquake*. Del Ray Books.

Francesco, P., Mathieu, P., and Senechal, D. 1997 *Conformal Field Theory*. Springer.

Fredholm, I. 1903 Sur une classe d'équations fonctionnelles. *Acta Mathematica* **27**:365–90.

Friedrich, H. 1986 On the existence of *n*-geodesically complete or future complete solutions of Einstein's field equations with smooth asymptotic structure. *Communications in Mathematical Physics* **107**:587–609.

——. 1998 Einstein's equation and conformal structure. In *The Geometric Universe: Science, Geometry, and the Work of Roger Penrose* (ed. S. A. Huggett, L. J. Mason, K. P. Tod, S. T. Tsou and N. M. J. Woodhouse). Oxford University Press.

Friedrichs, K. 1927 Eine invariante Formulierung des Newtonschen Gravitationsgesetzes und des Grenzüberganges vom Einsteinschen zum Newtonschen Gesetz. *Mathematische Annalen* **98**:566–75.

Fulling, S. A. 1973 Nonuniqueness of canonical field quantization in Riemannian spacetime. *Physical Review* D **7**:2850.

Gamow, G. 1970 *My World Line: An Informal Autobiography*. Viking Adult.

Gardner, M. 2006 *Aha! Gotcha. Aha! Insight. A Two Volume Collection*. The Mathematical Association of America.

Gasperini, M., and Veneziano, G. 1993 Pre-Big Bang in string cosmology. *Astroparticle Physics* **1**:317–39.

——. 2003 The pre-Big Bang scenario in string cosmology. *Physics Reports* **373**:1–212.

Geroch, R., Kronheimer E. H., and Penrose, R. 1972 Ideal points in space-time. *Proceedings of the Royal Society of London* A **347**:545–67.

Ghirardi, G. C., Rimini, A., and Weber, T. 1986 Unified dynamics for microscopic and macroscopic systems. *Physical Review* D **34**:470–91.

Ghirardi, G. C., Grassi, R., and Rimini, A. 1990 Continuous-spontaneous-reduction model involving gravity. *Physical Review* A **42**:1057–64.

Gibbons, G. W., and Hawking, S. W. 1976 Cosmological event horizons, thermodynamics, and particle creation. *Physical Review* D **15**:2738–51.

Gibbons, G. W., and Perry, M. J. 1978 Black holes and thermal Green functions. *Proceedings of the Royal Society of London* A **358**:467–94.

Gingerich, O. 2004 *The Book Nobody Read: Chasing the Revolutions of Nicolaus Copernicus*. Heinemann.

Givental, A. 1996 Equivariant Gromov–Witten invariants. *International Mathematics Research Notices* **1996**:613–63.

Goddard, P., and Thorn, C. 1972 Compatibility of the dual Pomeron with unitarity and the absence of ghosts in the dual resonance model. *Physics Letters* B **40**(2):235–38.

Goenner, H. (ed.) 1999 *The Expanding Worlds of General Relativity*. Birkhäuser.

Green, M., and Schwarz, J. 1984 Anomaly cancellations in supersymmetric $D = 10$ gauge theory and superstring theory. *Physics Letters* B **149**:117–22.

Greenberger, D. M., and Overhauser, A. W. 1979 Coherence effects in neutron diffraction and gravity experiments. *Review of Modern Physics* **51**:43–78.

Greenberger, D. M., Horne, M. A., and Zeilinger, A. 1989 Going beyond Bell's theorem. In *Bell's Theorem, Quantum Theory, and Conceptions of the Universe* (ed. M. Kafatos), pp. 3–76. Dordrecht: Kluwer Academic.

Greene, B. 1999 *The Elegant Universe: Superstrings, Hidden Dimensions and the Quest for the Ultimate Theory*. London: Jonathan Cape.

Greytak, T. J., Kleppner, D., Fried, D. G., Killian, T. C., Willmann, L., Landhuis, D., and Moss, S. C. 2000 Bose–Einstein condensation in atomic hydrogen. *Physica* B **280**:20-26.

Gross, D., and Periwal, V. 1988 String perturbation theory diverges. *Physical Review Letters* **60**:2105–8.

Guillemin, V., and Pollack, A. 1974 *Differential Topology*. Prentice Hall.

Gunning, R. C., and Rossi, R. 1965 *Analytic Functions of Several Complex Variables*. Prentice Hall.

Gurzadyan, V. G., and Penrose, R. 2013 On CCC-predicted concentric low-variance circles in the CMB sky. *European Physical Journal Plus* **128**:1–17.

———. 2016 CCC and the Fermi paradox. *European Physical Journal Plus* **131**:11.

Guth, A. H. 1997 *The Inflationary Universe*. London: Jonathan Cape.

———. 2007 Eternal inflation and its implications. *Journal of Physics* A **40**:6811–26.

Hameroff, S., and Penrose, R. 2014 Consciousness in the universe: a review of the "Orch OR" theory. *Physics of Life Reviews* **11**(1):39–78.

Hanbury Brown, R., and Twiss, R. Q. 1954 Correlation between photons in two coherent beams of light. *Nature* **177**:27–32.

———. 1956a A test of a new type of stellar interferometer on Sirius. *Nature* **178**:1046–53.

———. 1956b The question of correlation between photons in coherent light rays. *Nature* **178**:1447–51.

Hanneke, D., Fogwell Hoogerheide, S., and Gabrielse, G. 2011 Cavity control of a single-electron quantum cyclotron: measuring the electron magnetic moment. *Physical Review* A **83**:052122.

Hardy, L. 1993 Nonlocality for two particles without inequalities for almost all entangled states. *Physical Review Letters* **71**:1665.

Harrison, E. R. 1970 Fluctuations at the threshold of classical cosmology. *Physical Review* D **1**:2726.

Hartle, J. B. 2003 *Gravity: An Introduction to Einstein's General Relativity*. Addison Wesley.

Hartle, J. B., and Hawking, S. W. 1983 Wave function of the universe. *Physical Review* D **28**:2960–75.

Hartle, J., Hawking, S. W., and Thomas, H. 2011 Local observation in eternal inflation. *Physical Review Letters* **106**:141302.

Hawking, S. W. 1965 Occurrence of singularities in open universes. *Physical Review Letters* **15**:689–90.

———. 1966a The occurrence of singularities in cosmology. *Proceedings of the Royal Society of London* A **294**:511–21.

Hawking, S. W. 1966b The occurrence of singularities in cosmology. II. *Proceedings of the Royal Society of London* A **295**:490–93.

———. 1967 The occurrence of singularities in cosmology. III. Causality and singularities. *Proceedings of the Royal Society of London* A **300**:187–201.

———. 1974 Black hole explosions? *Nature* **248**:30–31.

———. 1975 Particle creation by black holes. *Communications in Mathematical Physics* **43**:199–220.

———. 1976a Black holes and thermodynamics. *Physical Review* D **13**(2):191–97.

———. 1976b Breakdown of predictability in gravitational collapse. *Physical Review* D **14**:2460–73.

———. 2005 Information loss in black holes. *Physical Review* D **72**:084013-6.

Hawking, S. W., and Ellis, G. F. R. 1973 *The Large-Scale Structure of Space-Time.* Cambridge University Press.

Hawking, S. W., and Penrose, R. 1970 The singularities of gravitational collapse and cosmology. *Proceedings of the Royal Society of London* A **314**:529–48.

Heisenberg, W. 1971 *Physics and Beyond*, pp. 73–76. Harper and Row.

Hellings, R. W., et al. 1983 Experimental test of the variability of *G* using Viking Lander ranging data. *Physical Review Letters* **51**:1609–12.

Hilbert, D. 1912 *Grundzüge einer allgemeinen theorie der linearen integralgleichungen.* Leipzig: B. G. Teubner.

Hodges, A. P. 1982 Twistor diagrams. *Physica* A **114**:157–75.

———. 1985a A twistor approach to the regularization of divergences. *Proceedings of the Royal Society of London* A **397**:341–74.

———. 1985b Mass eigenstates in twistor theory. *Proceedings of the Royal Society of London* A **397**:375–96.

———. 1990 Twistor diagrams and Feynman diagrams. In *Twistors in Mathematics and Physics*, LMS Lecture Note Series 156 (ed. T. N. Bailey and R. J. Baston). Cambridge University Press.

———. 1998 The twistor diagram programme. In *The Geometric Universe; Science, Geometry, and the Work of Roger Penrose* (ed. S. A. Huggett, L. J. Mason, K. P. Tod, S. T. Tsou, and N. M. J. Woodhouse). Oxford University Press.

———. 2006a Scattering amplitudes for eight gauge fields. arXiv:hep-th/0603101v1.

———. 2006b Twistor diagrams for all tree amplitudes in gauge theory: a helicity-independent formalism. arXiv:hep-th/0512336v2.

———. 2013a Eliminating spurious poles from gauge-theoretic amplitudes. *Journal of High Energy Physics* **5**:135.

———. 2013b Particle physics: theory with a twistor. *Nature Physics* **9**:205–6.

Hodges, A. P., and Huggett, S. 1980 Twistor diagrams. *Surveys in High Energy Physics* **1**:333–53.

Hodgkinson, I. J., and Wu, Q. H. 1998 *Birefringent Thin Films and Polarizing Elements.* World Scientific.

Hoyle, F. 1950 *The Nature of the Universe.* Basil Blackwell.

Hoyle, F. 1957 *The Black Cloud*. William Heinemann.

Huggett, S. A., and Tod, K. P. 1985 *An Introduction to Twistor Theory*. LMS Student Texts 4. Cambridge University Press.

Hughston, L. P. 1979 *Twistors and Particles*. Lecture Notes in Physics 97. Springer.

———. 1980 The twistor particle programme. *Surveys in High Energy Physics* **1**:313–32.

Isham, C. J., Penrose, R., and Sciama, D. W. (eds) 1975 *Quantum Gravity: An Oxford Symposium*. Oxford University Press.

Jackiw, R., and Rebbi, C. 1976 Vacuum periodicity in a Yang–Mills quantum theory. *Physical Review Letters* **37**:172–75.

Jackson, J. D. 1999 *Classical Electrodynamics*, p. 206. Wiley.

Jaffe, R. L. 2005 Casimir effect and the quantum vacuum. *Physical Review* D **72**:021301.

Jenkins, D., and Kirsebom, O. 2013 The secret of life. *Physics World* February, pp. 21–26.

Jones, V. F. R. 1985 A polynomial invariant for knots via von Neumann algebra. *Bulletin of the American Mathematical Society* **12**:103–11.

Kaku, M. 2000 *Strings, Conformal Fields, and M-Theory*. Springer.

Kaltenbaek, R., Hechenblaiker, G., Kiesel, N., Romero-Isart, O., Schwab, K. C., Johann, U., and Aspelmeyer, M. 2012 Macroscopic quantum resonators (MAQRO). *Experimental Astronomy* **34**:123–64.

Kaltenbaek, R., et al. 2016 Macroscopic quantum resonators (MAQRO): 2015 update. *EPJ Quantum Technology* **3**:5 (doi 10.1140/epjqt/s40507-016-0043-7).

Kane, G. L., and Shifman, M. (eds) 2000 *The Supersymmetric World: The Beginnings of the Theory*. World Scientific.

Kerr, R. P. 1963 Gravitational field of a spinning mass as an example of algebraically special metrics. *Physical Review Letters* **11**:237–38.

Ketterle, W. 2002 Nobel lecture: when atoms behave as waves: Bose–Einstein condensation and the atom laser. *Reviews of Modern Physics* **74**:1131–51.

Khoury, J., Ovrut, B. A., Steinhardt, P. J., and Turok, N. 2001 The ekpyrotic universe: colliding branes and the origin of the hot big bang. *Physical Review* D **64**:123522.

———. 2002a Density perturbations in the ekpyrotic scenario. *Physical Review* D **66**:046005 (arXiv:hepth/0109050).

Khoury, J., Ovrut, B. A., Seiberg, N., Steinhardt, P. J., and Turok, N. 2002b From big crunch to big bang. *Physical Review* D **65**:086007 (arXiv:hep-th/0108187).

Kleckner, D., Pikovski, I., Jeffrey, E., Ament, L., Eliel, E., van den Brink, J., and Bouwmeester, D. 2008 Creating and verifying a quantum superposition in a micro-optomechanical system. *New Journal of Physics* **10**:095020.

Kleckner, D., Pepper, B., Jeffrey, E., Sonin, P., Thon, S. M., and Bouwmeester, D. 2011 Optomechanical trampoline resonators. *Optics Express* **19**:19708–16.

Kochen, S., and Specker, E. P. 1967 The problem of hidden variables in quantum mechanics. *Journal of Mathematics and Mechanics* **17**:59–88.

Kraagh, H. 2010 An anthropic myth: Fred Hoyle's carbon-12 resonance level. *Archive for History of Exact Sciences* **64**:721–51.

Kramer, M. (and 14 others) 2006 Tests of general relativity from timing the double pulsar. *Science* 314:97–102.

Kruskal, M. D. 1960 Maximal extension of Schwarzschild metric. *Physical Review* 119:1743–45.

Lamoreaux, S. K. 1997 Demonstration of the Casimir force in the 0.6 to 6 μm range. *Physical Review Letters* 78:5–8.

Landau, L. 1932 On the theory of stars. *Physikalische Zeitschrift der Sowjetunion* 1:285–88.

Langacker, P., and Pi, S.-Y. 1980 Magnetic Monopoles in Grand Unified Theories. *Physical Review Letters* 45:1-4.

Laplace, P.-S. 1829–39 *Mécanique Céleste* (translated with a commentary by N. Bowditch). Boston, MA: Hilliard, Gray, Little, and Wilkins.

LeBrun, C. R. 1985 Ambi-twistors and Einstein's equations. *Classical and Quantum Gravity* 2:555–63.

——. 1990 Twistors, ambitwistors, and conformal gravity. In *Twistors in Mathematics and Physics*, LMS Lecture Note Series 156 (ed. T. N. Bailey and R. J. Baston). Cambridge University Press.

Lee, J. M. 2003 *Introduction to Smooth Manifolds*. Springer.

Lemaître, G. 1933 L'universe en expansion. *Annales de la Société scientifique de Bruxelles* A 53:51–85 (cf. p. 82).

Levi-Cività, T. 1917 Realtà fisica di alcuni spazî normali del Bianchi. *Rendiconti Reale Accademia Dei Lincei* 26:519–31.

Levin, J. 2012 In space, do all roads lead to home? *Plus Magazine*, Cambridge.

Lévy, A. 1979 *Basic Set Theory*. Springer. (Reprinted by Dover in 2003.)

Li, T., Kheifets, S., and Raizen, M. G. 2011 Millikelvin cooling of an optically trapped microsphere in vacuum. *Nature Physics* 7:527–30 (doi: 10.1038/NPHYS1952).

Liddle, A. R., and Leach, S. M. 2003 Constraining slow-roll inflation with WMAP and 2dF. *Physical Review* D 68:123508.

Liddle, A. R., and Lyth, D. H. 2000 *Cosmological Inflation and Large-Scale Structure*. Cambridge University Press.

Lifshitz, E. M., and Khalatnikov, I. M. 1963 Investigations in relativistic cosmology. *Advances in Physics* 12:185–249.

Lighthill, M. J. 1958 *An Introduction to Fourier Analysis and Generalised Functions*. Cambridge Monographs on Mechanics. Cambridge University Press.

Linde, A. D. 1982 A new inflationary universe scenario: a possible solution of the horizon, flatness, homogeneity, isotropy and primordial monopole problems. *Physics Letters* B 108:389–93.

——. 1983 Chaotic inflation. *Physics Letters* B 129:177–81.

——. 1986 Eternal chaotic inflation. *Modern Physics Letters* A 1:81–85.

——. 2004 Inflation, quantum cosmology and the anthropic principle. In *Science and Ultimate Reality: Quantum Theory, Cosmology, and Complexity* (ed. J. D. Barrow, P. C. W. Davies, and C. L. Harper), pp. 426–58. Cambridge University Press.

Littlewood, J. E. 1953 *A Mathematician's Miscellany*. Methuen.

Littlewood, J. E., and Offord, A. C. 1948 On the distribution of zeros and a-values of a random integral function. *Annals of Mathematics* Second Series **49**:885–952. Errata **50**:990–91.

Looney, J. T. 1920 *"Shakespeare" Identified in Edward de Vere, Seventeenth Earl of Oxford.* London: C. Palmer; New York: Frederick A. Stokes Company.

Luminet, J.-P., Weeks, J. R., Riazuelo, A., Lehoucq, R., and Uzan, J.-P. 2003 Dodecahedral space topology as an explanation for weak wide-angle temperature correlations in the cosmic microwave background. *Nature* **425**:593–95.

Lyth, D. H., and Liddle, A. R. 2009 *The Primordial Density Perturbation.* Cambridge University Press.

Ma, X. 2009 Experimental violation of a Bell inequality with two different degrees of freedom of entangled particle pairs. *Physical Review* A **79**:042101-1–042101-5.

Majorana, E. 1932 Atomi orientati in campo magnetico variabile. *Nuovo Cimento* **9**:43–50.

Maldacena, J. M. 1998 The large N limit of superconformal field theories and supergravity. *Advances in Theoretical and Mathematical Physics* **2**:231–52.

Marshall, W., Simon, C., Penrose, R., and Bouwmeester, D. 2003 Towards quantum superpositions of a mirror. *Physical Review Letters* **91**:13–16; 130401.

Martin, J., Motohashi, H., and Suyama, T. 2013 Ultra slow-roll inflation and the non-Gaussianity consistency relation *Physical Review* D **87**:023514.

Mason, L., and Skinner, D. 2013 Dual superconformal invariance, momentum twistors and Grassmannians. *Journal of High Energy Physics* **5**:1–23.

Meissner, K. A., Nurowski, P., and Ruszczycki, B. 2013 Structures in the microwave background radiation. *Proceedings of the Royal Society of London* A **469**:20130116.

Mermin, N. D. 1990 Simple unified form for the major no-hidden-variables theorems. *Physical Review Letters* **65**:3373–76.

Michell, J. 1783 On the means of discovering the distance, magnitude, &c. of the fixed stars, in consequence of the diminution of the velocity of their light. *Philosophical Transactions of the Royal Society of London* **74**:35.

Mie, G. 1908 Beiträge zur Optik trüber Medien, speziell kolloidaler Metallösungen. *Annalen der Physik* **330**:377–445.

——. 1912a Grundlagen einer Theorie der Materie. *Annalen der Physik* **342**:511–34.

——. 1912b Grundlagen einer Theorie der Materie. *Annalen der Physik* **344**:1–40.

——. 1913 Grundlagen einter Theorie der Materie. *Annalen der Physik* **345**:1–66.

Miranda, R. 1995 *Algebraic Curves and Riemann Surfaces.* American Mathematical Society.

Misner, C. W. 1969 Mixmaster universe. *Physical Review Letters* **22**:1071–74.

Moroz, I. M., Penrose, R., and Tod, K. P. 1998 Spherically-symmetric solutions of the Schrödinger–Newton equations. *Classical and Quantum Gravity* **15**:2733–42.

Mortonson, M. J., and Seljak, U. 2014 A joint analysis of Planck and BICEP2 modes including dust polarization uncertainty. *Journal of Cosmology and Astroparticle Physics* **2014**:035.

Mott, N. F., and Massey, H. S. W. 1965 Magnetic moment of the electron. In *The Theory of Atomic Collisions*, 3rd edn, pp. 214–19. Oxford: Clarendon Press. (Reprinted in Wheeler and Zurek [1983, pp. 701–6].)

Muckhanov, V. 2005 *Physical Foundations of Cosmology*. Cambridge University Press.

Nahin, P. J. 1998 *An Imaginary Tale: The Story of Root(−1)*. Princeton University Press.

Nair, V. 1988 A current algebra for some gauge theory amplitudes. *Physics Letters* B **214**:215–18.

Needham, T. R. 1997 *Visual Complex Analysis*. Oxford University Press.

Nelson, W., and Wilson-Ewing, E. 2011 Pre-big-bang cosmology and circles in the cosmic microwave background. *Physical Review* D **84**:0435081.

Newton, I. 1730 *Opticks*. (Dover, 1952.)

Olive, K. A., et al. (Particle Data Group) 2014 *Chinese Physics* C **38**:090001 (hppt://pdg.lbl.gov).

Oppenheimer, J. R., and Snyder, H. 1939 On continued gravitational contraction. *Physical Review* **56**:455–59.

Painlevé, P. 1921 La mécanique classique et la théorie de la relativité. *Comptes Rendus de l'Académie des Sciences (Paris)* **173**:677–80.

Pais, A. 1991 *Niels Bohr's Times*, p. 299. Oxford: Clarendon Press.

——. 2005 *Subtle Is the Lord: The Science and the Life of Albert Einstein* (new edition with a foreword by R. Penrose). Oxford University Press.

Parke, S., and Taylor, T. 1986 Amplitude for n-gluon scatterings. *Physical Review Letters* **56**:2459.

Peebles, P. J. E. 1980 *The Large-Scale Structure of the Universe*. Princeton University Press.

Penrose, L. S., and Penrose, R. 1958 Impossible objects: a special type of visual illusion. *British Journal of Psychology* **49**:31–33.

Penrose, R. 1959 The apparent shape of a relativistically moving sphere. *Proceedings of the Cambridge Philosophical Society* **55**:137–39.

——. 1963 Asymptotic properties of fields and space-times. *Physical Review Letters* **10**:66–68.

——. 1964a The light cone at infinity. In *Conférence Internationale sur les Téories Relativistes de la Gravitation* (ed. L. Infeld). Paris: Gauthier Villars; Warsaw: PWN.

——. 1964b Conformal approach to infinity. In *Relativity, Groups and Topology: The 1963 Les Houches Lectures* (ed. B. S. DeWitt and C. M. DeWitt). New York: Gordon and Breach.

——. 1965a Gravitational collapse and space-time singularities. *Physical Review Letters* **14**:57–59.

——. 1965b Zero rest-mass fields including gravitation: asymptotic behaviour. *Proceedings of the Royal Society of London* A **284**:159–203.

——. 1967a Twistor algebra. *Journal of Mathematical Physics* **82**:345–66.

——. 1967b Conserved quantities and conformal structure in general relativity. In *Relativity Theory and Astrophysics*. Lectures in Applied Mathematics 8 (ed. J. Ehlers). American Mathematical Society.

Penrose, R. 1968 Twistor quantization and curved space-time. *International Journal of Theoretical Physics* **1**:61–99.

——. 1969a Gravitational collapse: the role of general relativity. *Rivista del Nuovo Cimento* Serie I **1**(Numero speciale):252–76. (Reprinted in 2002 in *General Relativity and Gravity* **34**:1141–65.)

——. 1969b Solutions of the zero rest-mass equations. *Journal of Mathematical Physics* **10**:38–39.

——. 1972 *Techniques of Differential Topology in Relativity*. CBMS Regional Conference Series in Applied Mathematics 7. SIAM.

——. 1975a Gravitational collapse: a review. (Physics and astrophysics of neutron stars and black holes.) *Proceedings of the International School of Physics "Enrico Fermi" Course* **LXV**:566–82.

——. 1975b Twistors and particles: an outline. In *Quantum Theory and the Structures of Time and Space* (ed. L. Castell, M. Drieschner and C. F. von Weizsäcker). Munich: Carl Hanser.

——. 1976a The space-time singularities of cosmology and in black holes. *IAU Symposium Proceedings Series*, volume 13: *Cosmology*.

——. 1976b Non-linear gravitons and curved twistor theory. *General Relativity and Gravity* **7**:31–52.

——. 1978 Singularities of space-time. In *Theoretical Principles in Astrophysics and Relativity* (ed. N. R. Liebowitz, W. H. Reid, and P. O. Vandervoort). Chicago University Press.

——. 1980 A brief introduction to twistors. *Surveys in High-Energy Physics* **1**(4):267–88.

——. 1981 Time-asymmetry and quantum gravity. In *Quantum Gravity 2: A Second Oxford Symposium* (ed. D. W. Sciama, R. Penrose, and C. J. Isham), pp. 244–72. Oxford University Press.

——. 1987a Singularities and time-asymmetry. In *General Relativity: An Einstein Centenary Survey* (ed. S. W. Hawking and W. Israel). Cambridge University Press.

——. 1987b Newton, quantum theory and reality. In *300 Years of Gravity* (ed. S. W. Hawking and W. Israel). Cambridge University Press.

——. 1987c On the origins of twistor theory. In *Gravitation and Geometry: A Volume in Honour of I. Robinson* (ed. W. Rindler and A. Trautman). Naples: Bibliopolis.

——. 1989 *The Emperor's New Mind: Concerning Computers, Minds, and the Laws of Physics*. Oxford University Press.

——. 1990 Difficulties with inflationary cosmology. In *Proceedings of the 14th Texas Symposium on Relativistic Astrophysics* (ed. E. Fenves). New York Academy of Sciences.

——. 1991 On the cohomology of impossible figures. *Structural Topology* **17**:11–16.

——. 1993 Gravity and quantum mechanics. In *General Relativity and Gravitation 13. Part 1: Plenary Lectures 1992* (ed. R. J. Gleiser, C. N. Kozameh, and O. M. Moreschi). Institute of Physics.

——. 1994 *Shadows of the Mind: An Approach to the Missing Science of Consciousness*. Oxford University Press.

Penrose, R. 1996 On gravity's role in quantum state reduction. *General Relativity and Gravity* **28**:581–600.

———. 1997 *The Large, the Small and the Human Mind.* Cambridge University Press.

———. 1998a The question of cosmic censorship. In *Black Holes and Relativistic Stars* (ed. R. M. Wald). University of Chicago Press.

———. 1998b Quantum computation, entanglement and state-reduction. *Philosophical Transactions of the Royal Society of London* A **356**:1927–39.

———. 2000a On extracting the googly information. *Twistor Newsletter* **45**:1–24. (Reprinted in *Roger Penrose, Collected Works*, volume 6 (1997–2003), chapter 289, pp. 463–87. Oxford University Press.

———. 2000b Wavefunction collapse as a real gravitational effect. In *Mathematical Physics 2000* (ed. A. Fokas, T. W. B. Kibble, A. Grigouriou, and B. Zegarlinski). Imperial College Press.

———. 2002 John Bell, state reduction, and quanglement. In *Quantum [Un]speakables: From Bell to Quantum Information* (ed. R. A. Bertlmann and A. Zeilinger), pp. 319–31. Springer.

———. 2003 On the instability of extra space dimensions. In *The Future of Theoretical Physics and Cosmology; Celebrating Stephen Hawking's 60th Birthday* (ed. G. W. Gibbons, E. P. S. Shellard, and S. J. Rankin), pp. 185–201. Cambridge University Press.

———. 2004 *The Road to Reality: A Complete Guide to the Laws of the Universe.* London: Jonathan Cape. (Referred to as TRtR in the text.)

———. 2005 The twistor approach to space-time structures. In *100 Years of Relativity; Space-time Structure: Einstein and Beyond* (ed. A. Ashtekar). World Scientific.

———. 2006 Before the Big Bang: an outrageous new perspective and its implications for particle physics. In *EPAC 2006 – Proceedings, Edinburgh, Scotland* (ed. C. R. Prior), pp. 2759–62. European Physical Society Accelerator Group (EPS-AG).

———. 2008 Causality, quantum theory and cosmology. In *On Space and Time* (ed. S. Majid), pp. 141–95. Cambridge University Press.

———. 2009a Black holes, quantum theory and cosmology (Fourth International Workshop DICE 2008). *Journal of Physics Conference Series* **174**:012001.

———. 2009b The basic ideas of conformal cyclic cosmology. In *Death and Anti-Death*, volume 6: *Thirty Years After Kurt Gödel (1906–1978)* (ed. C. Tandy), chapter 7, pp. 223–42. Stanford, CA: Ria University Press.

———. 2010 *Cycles of Time: An Extraordinary New View of the Universe.* London: Bodley Head.

———. 2014a On the gravitization of quantum mechanics. 1. Quantum state reduction. *Foundations of Physics* **44**:557–75.

———. 2014b On the gravitization of quantum mechanics. 2. Conformal cyclic cosmology. *Foundations of Physics* **44**:873–90.

———. 2015a Towards an objective physics of Bell non-locality: palatial twistor theory. In *Quantum Nonlocality and Reality – 50 Years of Bell's Theorem* (ed. S. Gao and M. Bell). Cambridge University Press.

Penrose, R. 2015b Palatial twistor theory and the twistor googly problem. *Philosophical Transactions of the Royal Society of London* **373**:20140250.

Penrose, R., and MacCallum, M. A. H. 1972 Twistor theory: an approach to the quantization of fields and space-time. *Physics Reports* C **6**:241–315.

Penrose, R., and Rindler, W. 1984 *Spinors and Space-Time*, volume 1: *Two-Spinor Calculus and Relativistic Fields*. Cambridge University Press.

——. 1986 *Spinors and Space-Time*, volume 2: *Spinor and Twistor Methods in Space-Time Geometry*. Cambridge University Press.

Pepper, B., Ghobadi, R., Jeffrey, E., Simon, C., and Bouwmeester, D. 2012 Optomechanical superpositions via nested interferometry. *Physical Review Letters* **109**:023601 (doi: 10.1103/PhysRevLett.109.023601).

Peres, A. 1991 Two simple proofs of the Kochen–Specker theorem. *Journal of Physics* A **24**:L175–78.

Perez, A., Sahlmann, H., and Sudarsky, D. 2006 On the quantum origin of the seeds of cosmic structure. *Classical and Quantum Gravity* **23**:2317–54.

Perjés, Z. 1977 Perspectives of Penrose theory in particle physics. *Reports on Mathematical Physics* **12**:193–211.

——. 1982 Introduction to twistor particle theory. In *Twistor Geometry and Non-Linear Systems* (ed. H. D. Doebner and T. D. Palev), pp. 53–72. Springer.

Perjés, Z., and Sparling, G. A. J. 1979 The twistor structure of hadrons. In *Advances in Twistor Theory* (ed. L. P. Hughston and R. S. Ward). Pitman.

Perlmutter, S., Schmidt, B. P., and Riess, A. G. 1998 Cosmology from type Ia supernovae. *Bulletin of the American Astronomical Society* **29**.

Perlmutter, S. (and 9 others) 1999 Measurements of Ω and Λ from 42 high-redshift supernovae. *Astrophysical Journal* **517**:565–86.

Pikovski, I., Vanner, M. R., Aspelmeyer, M., Kim, M. S., and Brukner, C. 2012 Probing Planck-scale physics with quantum optics. *Nature Physics* **8**:393–97.

Piner, B. G. 2006 Technical report: the fastest relativistic jets from quasars and active galactic nuclei. *Synchrotron Radiation News* **19**:36–42.

Planck, M. 1901 Über das Gesetz der Energieverteilung im Normalspektrum. *Annalen der Physik* **4**:553.

Polchinski, J. 1994 What is string theory? Series of Lectures from the 1994 Les Houches Summer School (arXiv:hep-th/9411028).

——. 1998 *String Theory*, volume I: *An Introduction to the Bosonic String*. Cambridge University Press.

——. 1999 Quantum gravity at the Planck length. *International Journal of Modern Physics* A **14**:2633–58.

——. 2001 *String Theory*, volume 1: *Superstring Theory and Beyond*. Cambridge University Press.

Polchinski, J. 2004 Monopoles, duality, and string theory. *International Journal of Modern Physics* A **19**:145–54.

Polyakov, A. M. 1981a Quantum geometry of bosonic strings. *Physics Letters* B **103**:207–10.

Polyakov, A. M. 1981b Quantum geometry of fermionic strings. *Physics Letters B* **103**:211–13.

Popper, K. 1963 *Conjectures and Refutations: The Growth of Scientific Knowledge.* Routledge.

Ramallo, A. V. 2013 Introduction to the AdS/CFT correspondence. *Journal of High Energy Physics* **1306**:092.

Rauch, H., and Werner, S. A. 2015 *Neutron Interferometry: Lessons in Experimental Quantum Mechanics, Wave–Particle Duality, and Entanglement,* 2nd edn. Oxford University Press.

Rees, M. J. 2000 *Just Six Numbers: The Deep Forces That Shape the Universe.* Basic Books.

Riess, A. G. (and 19 others) 1998 Observational evidence from supernovae for an accelerating universe and a cosmological constant. *Astronomical Journal* **116**:1009–38.

Riley, K. F., Hobson, M. P., and Bence, S. J. 2006 *Mathematical Methods for Physics and Engineering: A Comprehensive Guide,* 3rd edn. Cambridge University Press.

Rindler, W. 1956 Visual horizons in world-models. *Monthly Notices of the Royal Astronomical Society* **116**:662–77.

——. 2001 *Relativity: Special, General, and Cosmological.* Oxford University Press.

Ritchie, N. M. W., Story J. G., and Hulet, R. G. 1991 Realization of a measurement of "weak value". *Physical Review Letters* **66**:1107–10.

Robertshaw, O., and Tod, K. P. 2006 Lie point symmetries and an approximate solution for the Schrödinger–Newton equations. *Nonlinearity* **19**:1507–14.

Roseveare, N. T. 1982 *Mercury's Perihelion from Le Verrier to Einstein.* Oxford: Clarendon Press.

Rosu, H. C. 1999 Classical and quantum inertia: a matter of principle. *Gravitation and Cosmology* **5**(2):81–91.

Rovelli, C. 2004 *Quantum Gravity.* Cambridge University Press.

Rowe, M. A., Kielpinski, D., Meyer, V., Sackett, C. A., Itano, W. M., Monroe, C., and Wineland, D. J. 2001 Experimental violation of a Bell's inequality with efficient detection. *Nature* **409**:791–94.

Rudin, W. 1986 *Real and Complex Analysis.* McGraw-Hill Education.

Ruffini, R., and Bonazzola, S. 1969 Systems of self-gravitating particles in general relativity and the concept of an equation of state. *Physical Review* **187**(5):1767–83.

Saunders, S., Barratt, J., Kent, A., and Wallace, D. (eds) 2012 *Many Worlds? Everett, Quantum Theory, and Reality.* Oxford University Press.

Schoen, R., and Yau, S.-T. 1983 The existence of a black hole due to condensation of matter. *Communications in Mathematical Physics* **90**:575–79.

Schrödinger, E. 1935 Die gegenwärtige Situation in der Quantenmechanik. *Naturwissenschaftenp* **23**:807–12, 823–28, 844–49. (Translation by J. T. Trimmer 1980 in *Proceedings of the American Philosophical Society* **124**:323–38.) Reprinted in Wheeler and Zurek [1983].

——. 1956 *Expanding Universes.* Cambridge University Press.

Schrödinger, E. 2012 *What Is Life?* with *Mind and Matter and Autobiographical Sketches* (foreword by R. Penrose). Cambridge University Press.

Schrödinger, E., and Born, M. 1935 Discussion of probability relations between separated systems. *Mathematical Proceedings of the Cambridge Philosophical Society* **31**:555–63.

Schwarzschild, K. 1900 Ueber das zulaessige Kruemmungsmaass des Raumes. *Vierteljahrsschrift der Astronomischen Gesellschaft* **35**:337–47. (English translation by J. M. Stewart and M. E. Stewart in 1998 *Classical and Quantum Gravity* **15**:2539–44.)

Sciama, D. W. 1959 *The Unity of the Universe*. Garden City, NY: Doubleday.

———. 1969 *The Physical Foundations of General Relativity* (Science Study Series). Garden City, NY: Doubleday.

Seckel A. 2004 *Masters of Deception. Escher, Dalí & the Artists of Optical Illusion.* Sterling.

Shankaranarayanan, S. 2003 Temperature and entropy of Schwarzschild–de Sitter spacetime. *Physical Review* D **67**:08026.

Shaw, W. T., and Hughston, L. P. 1990 Twistors and strings. In *Twistors in Mathematics and Physics*, LMS Lecture Note Series 156 (ed. T. N. Bailey and R. J. Baston). Cambridge University Press.

Skyrme, T. H. R. 1961 A non-linear field theory. *Proceedings of the Royal Society of London* A **260**:127–38.

Smolin, L. 2006 *The Trouble with Physics: The Rise of String Theory, the Fall of Science, and What Comes Next*. Houghton Mifflin Harcourt.

Sobel, D. 2011 *A More Perfect Heaven: How Copernicus Revolutionised the Cosmos*. Bloomsbury.

Stachel, J. (ed.) 1995 *Einstein's Miraculous Year: Five Papers that Changed the Face of Physics*. Princeton University Press.

Stapp, H. P. 1979 Whieheadian approach to quantum theory and the generalized Bell theorem. *Foundations of Physics* **9**:1–25.

Starkman, G. D., Copi, C. J., Huterer, D., and Schwarz, D. 2012 The oddly quiet universe: how the CMB challenges cosmology's standard model. *Romanian Journal of Physics* **57**:979–91 (http://arxiv.org/PS_cache/arxiv/pdf/1201/1201.2459v1.pdf).

Steenrod, N. E. 1951 *The Topology of Fibre Bundles*. Princeton University Press.

Stein, E. M., Shakarchi, R. 2003 *Fourier Analysis: An Introduction*. Princeton University Press.

Steinhardt, P. J., and Turok, N. 2002 Cosmic evolution in a cyclic universe. *Physical Review* D **65**:126003.

———. 2007 *Endless Universe: Beyond the Big Bang*. Garden City, NY: Doubleday.

Stephens, C. R., 't Hooft, G., and Whiting, B. F. 1994 Black hole evaporation without information loss. *Classical and Quantum Gravity* **11**:621.

Strauss, W. A. 1992 *Partial Differential Equations: An Introduction*. Wiley.

Streater, R. F., and Wightman, A. S. 2000 *PCT, Spin Statistics, and All That*, 5th edn. Princeton University Press.

Strominger, A., and Vafa, C. 1996 Microscopic origin of the Bekenstein–Hawking entropy. *Physics Letters* B **379**:99–104.

Susskind, L. 1994 The world as a hologram. *Journal of Mathematical Physics* **36**(11): 6377–96.

Susskind, L., and Witten, E. 1998 The holographic bound in anti–de Sitter space. http://arxiv.org/pdf/hep-th/9805114.pdf

Susskind, L., Thorlacius, L., and Uglum, J. 1993 The stretched horizon and black hole complementarity. *Physical Review* D **48**:3743.

Synge, J. L. 1921 A system of space-time coordinates. *Nature* **108**:275.

———. 1950 The gravitational field of a particle. *Proceedings of the Royal Irish Academy* A **53**:83–114.

———. 1956 *Relativity: The Special Theory*. North-Holland.

Szekeres, G. 1960 On the singularities of a Riemannian manifold. *Publicationes Mathematicae Debrecen* **7**:285–301.

't Hooft, G. 1980a Naturalness, chiral symmetry, and spontaneous chiral symmetry breaking. *NATO Advanced Study Institute Series* **59**:135–57.

't Hooft, G. 1980b Confinement and topology in non-abelian gauge theories. Lectures given at the Schladming Winterschool, 20–29 February. *Acta Physica Austriaca Supplement* **22**:531–86.

't Hooft, G. 1993 Dimensional reduction in quantum gravity. In *Salamfestschrift: A Collection of Talks* (ed. A. Ali, J. Ellis, and S. Randjbar-Daemi). World Scientific.

Teller, E. 1948 On the change of physical constants. *Physical Review* **73**:801–2.

Thomson, M. 2013 *Modern Particle Physics*. Cambridge University Press.

Tod, K. P. 2003 Isotropic cosmological singularities: other matter models. *Classical and Quantum Gravity* **20**:521–34.

———. 2012 Penrose's circle in the CMB and test of inflation. *General Relativity and Gravity* **44**:2933–38.

Tod, K. P., and Moroz, I. M. 1999 An analytic approach to the Schrödinger–Newton equations. *Nonlinearity* **12**:201–16.

Tolman, R. C. 1934 *Relativity, Thermodynamics, and Cosmology*. Oxford: Clarendon Press.

Tombesi, F., et al. 2012 Comparison of ejection events in the jet and accretion disc outflows in 3C 111. *Monthly Notices of the Royal Astronomical Society* **424**:754–61.

Trautman, A. 1970 Fibre bundles associated with space-time. *Reports on Mathematical Physics* (Torun) **1**:29–62.

Tsou, S. T., and Chan, H. M. 1993 *Some Elementary Gauge Theory Concepts*, Lecture Notes in Physics, volume 47. World Scientific.

Tu, L. W. 2010 *An Introduction to Manifolds*. Springer.

Unruh, W. G. 1976 Notes on black hole evaporation. *Physical Review* D **14**:870.

Unruh, W. G., and Wald, R. M. 1982 Entropy bounds, acceleration radiation, and the generalized second law. *Physical Review* D **27**:2271.

Veneziano, G. 1991 *Physics Letters* B **265**:287.

Veneziano, G. 1998 A simple/short introduction to pre-Big-Bang physics/cosmology. arXiv:hep-th/9802057v2.

Vilenkin, A. 2004 Eternal inflation and chaotic terminology. arXiv:gr-qc/0409055.

von Klitzing, K. 1983 Quantized Hall effect. *Journal of Magnetism and Magnetic Materials* **31–34**:525–29.

von Klitzing, K., Dorda, G., and Pepper, M. 1980 New method for high-accuracy determination of the fine-structure constant based on quantized Hall resistance. *Physical Review Letters* **45**:494–97.

von Neumann, J. 1927 Wahrscheinlichkeitstheoretischer Aufbau der Quantenmechanik. *Göttinger Nachrichten* **1**:245–72.

———. 1932 Measurement and reversibility *and* The measuring process. In *Mathematische Grundlagen der Quantenmechanik*, chapters V and VI. Springer. (Translation by R. T. Beyer 1955: *Mathematical Foundations of Quantum Mechanics*, pp. 347–445. Princeton University Press. Reprinted in Wheeler and Zurek [1983, pp. 549–647].)

Wald, R. M. 1984 *General Relativity*. University of Chicago Press.

Wali, K. C. 2010 Chandra: a biographical portrait. *Physics Today* **63**:38–43.

Wallace, D. 2012 *The Emergent Multiverse: Quantum Theory According to the Everett Interpretation*. Oxford University Press.

Ward, R. S. 1977 On self-dual gauge fields. *Physics Letters* A **61**:81–82.

———. 1980 Self-dual space-times with cosmological constant. *Communications in Mathematical Physics* **78**:1–17.

Ward, R. S., and Wells Jr, R. O. 1989 *Twistor Geometry and Field Theory*. Cambridge University Press.

Weaver, M. J., Pepper, B., Luna, F., Buters, F. M., Eerkens, H. J., Welker, G., Perock, B., Heeck, K., de Man, S., and Bouwmeester, D. 2016 Nested trampoline resonators for optomechanics. *Applied Physics Letters* **108**:033501 (doi: 10.1063/1.4939828).

Weinberg, S. 1972 *Gravitation and Cosmology: Principles and Applications of the General Theory of Relativity*. Wiley.

Wells Jr, R. O. 1991 *Differential Analysis on Complex Manifolds*. Prentice Hall.

Wen, X.-G., and Witten, E. 1985 Electric and magnetic charges in superstring models. *Nuclear Physics* B **261**:651–77.

Werner, S. A 1994 Gravitational, rotational and topological quantum phase shifts in neutron interferometry. *Classical and Quantum Gravity* A **11**:207–26.

Wesson, P. (ed.) 1980 *Gravity, Particles, and Astrophysics: A Review of Modern Theories of Gravity and G-Variability, and Their Relation to Elementary Particle Physics and Astrophysics*. Springer.

Weyl, H. 1918 Gravitation und Electrizität. *Sitzungsberichte der Königlich Preuss ischen Akademie der Wissenschaften*, pp. 465–80.

Weyl, H. 1927 *Philosophie der Mathematik und Naturwissenschaft*. Oldernburg.

Wheeler, J. A. 1960 Neutrinos, gravitation and geometry. In *Rendiconti della Scuola Internazionale di Fisica Enrico Fermi XI Corso*, July 1959. Bologna: Zanichelli. (Reprinted 1982.)

Wheeler, J. A., and Zurek, W. H. (eds) 1983 *Quantum Theory and Measurement*. Princeton University Press.

Whittaker, E. T. 1903 On the partial differential equations of mathematical physics. *Mathematische Annalen* **57**:333–55.

Will, C. 1993 *Was Einstein Right?*, 2nd edn. Basic Books.

Witten, E. 1989 Quantum field theory and the Jones polynomial. *Communications in Mathematical Physics* **121**:351–99.

———. 1998 Anti–de Sitter space and holography. *Advances in Theoretical and Mathematical Physics* **2**:253–91.

———. 2004 Perturbative gauge theory as a string theory in twistor space. *Communications in Mathematical Physics* **252**:189–258.

Woodhouse, N. M. J. 1991 *Geometric Quantization*, 2nd edn. Oxford: Clarendon Press.

Wykes, A. 1969 *Doctor Cardano. Physician Extraordinary*. Frederick Muller.

Xiao, S. M., Herbst, T., Scheldt, T., Wang, D., Kropatschek, S., Naylor, W., Wittmann, B., Mech, A., Kofler, J., Anisimova, E., Makarov, V., Jennewein, Y., Ursin, R., and Zeilinger, A. 2012 Quantum teleportation over 143 kilometres using active feed-forward. *Nature Letters* **489**:269–73.

Zaffaroni, A. 2000 Introduction to the AdS–CFT correspondence. *Classical and Quantum Gravity* **17**:3571–97.

Zee, A. 2003 (1st edn) 2010 (2nd edn) *Quantum Field Theory in a Nutshell*. Princeton University Press.

Zeilinger, A. 2010 *Dance of the Photons*. New York: Farrar, Straus, and Giroux.

Zel'dovich, B. 1972 A hypothesis, unifying the structure and entropy of the universe. *Monthly Notices of the Royal Astronomical Society* **160**:1P.

Zimba, J., and Penrose, R. 1993 On Bell non-locality without probabilities: more curious geometry. *Studies in History and Philosophy of Society* **24**:697–720.

索引

本索引中的页码为原版书页码，即本书的边码。

C

D

F

G

H

I

J

k

N

Q

R

T

U

V

W

译后记
从 3C 到 3F，彭罗斯的物理时尚

彭老"因发现黑洞形成是广义相对论的强健（robust）预言"分享了一半 2020 年诺贝尔物理学奖，为本书戴上了一朵大红花。有的新闻将 robust 译为"有力"，我觉得不够意思。据牛津词典的解释，它兼含 strong，healthy，vigorous 三重义；从技术说，它意味着结论不依赖于繁多的条件（具有系统的所谓"鲁棒性"）。诺奖委员会提到彭老 1965 年的开拓性证明（"引力坍缩与时空奇点"，PRL 14（3），1965），在那篇不足 3 页的短文里，他基于流形完备性、能量正定性、对称性等基本数学物理条件，用新鲜的拓扑学方法证明了广义相对论方程总是存在俘获面（即黑洞）和时空奇点（具体内容可见本书 3.2 节）——这就是 robust 的路线和结果，也代表了彭老的风格：从基本概念认识物理问题的本质并提出新的数学。（相比之下，霍金似乎更喜欢具体的计算，他最大的成就是半经典半量子杂糅的结果）。

本书源自彭老在普林斯顿大学的三个演讲，标题也没改。彭老用 3 个"F"打头的主题词（Fashion，Faith，Fantasy）来评说当下的物理学。他从弦论说时尚，用量子论说信仰，在宇宙学说想象，将那三个与科学若即若离、或正或反的角色领上物理学的舞台，别开一段科学狂想曲。十几年过去了，他讲的问题一点儿没变，依然带着我们在宇

在宇宙物理的概念间穿越。彭老讲课用旧式的投影仪一页页放映手写的硫酸纸，手绘的插图仿佛建筑师的素描，又像水墨写的方程。他从柏拉图多面体跳到卡丘空间，穿越千年的隧道，从脑子里涌出源远流长的"意识流"，没有一点儿"隔"。他的语言也很有特色，句子拉得长长的，从句套着从句，有时还拖着一个分词短语的尾巴，像思想留下的尾迹——我们不妨来听一句：The geometrically "tiny" final state of the universe can indeed have an enormous entropy, far larger than that of the earlier stages of such a collapsing universe model, the spatial tininess representing, in itself, no ceiling on the entropy that one might have attempted to use, in time-reversed form, as a reason for the Big Bang being of extremely small entropy.（3.4节）

数学家朋友阿蒂亚（Michael Atiyah）说彭老是"我们时代真正的独立思想者，他熟悉理论物理学的主流，却坚持走着自己的岔路。当他认为一个想法值得开拓，他会不懈地去求索几十年。"从30多年前的《皇帝新脑》到前几年的《通向实在之路》和《宇宙的轮回》，都系着他一以贯之的"思线"：他不赞同时下流行的物理（如暴胀、弦论和一般的量子引力），一路反下来，几十年不改初心。他反复写那些东西，是因为大多数"功成名就"（resident distinguished）的专家们似乎并不关心他的问题。在眼下这本书里，他又淋漓地发挥"函数自由度"（70多年前的数学）的作用来批评弦论的高维不稳定性（这一点，他在霍金60岁生日时讲过，在《通向实在之路》中又几乎逐字逐句地重复过）。彭老几十年的"思线"上串着几个亮眼的概念：外尔曲率、共形、奇点、热力学第二定律，它们终于织成一幅奇异的宇宙图景CCC（"共形循环宇宙学"）。CCC预言，每一次黑洞相遇都会在大爆炸的微波背景（CMB）留下一个圆圈痕迹，而彭老真的在 CMB 中找出了那样的圆圈儿。前不久，他的伙伴们又找到了前世黑洞留下的霍金点。这幅图景，彭老自己也承认有点儿"野"（crazy），但它的数学比时下流行的图景要自然简约得多。去年 5 月，华为任总在一个访谈中说他退休后想学数学，然后研究热力学第二定律，目标是研究宇宙的起源 —— 这个心愿多多少少地在彭老的图景里达成了。

　　彭老的物理路线就是 CCC 形成的路线，即从基础概念到基本图景的路线。本书在三个 F 的框架下重温物理故事，也是重新梳理一些基本概念问题。第一章从时尚说弦论，彭老也沿双缝实验–量子叠加–无穷大–弦（世界面）的路线，接着却"跑题"了，逮着高维的辫子牵引出一堆函数自由度，然后说相对论的时间维（零锥），并慷慨地请规范联络和纤维丛来当主角，显现了大数学家的做派。彭老是数学出身，数学血液浓度肯定高过物理学的。他在数学上一向慷慨，不像朋友霍金怕公式削减书的销量，也不怕公式吓跑读者。但他并不过分追求"数学美"（尽管开篇就说"数学美的驱动"），倒认为美学判断太模糊且诱人走歧路。他"更明白地说，数学纲领其实已经在大自然的运行中发生作用了。这种数学的简单性（或简洁性或随你怎么形容它）是自然行为方式的真实部分，而不是我们的头脑习惯被数学美所感染。"这种"自然数学"观令他不必预设、纠结或追认什么美，而能以数学的头脑去关心物理的运行，这就走出一条不同的路线。他本来对弦论是有兴趣的，听说它多维后就感觉不对了，这也是一种数学美的判断。他批弦论不像斯莫林（Smolin）在《物理学的困惑》中那样玩儿技术（如弦论的有限性、背景的无关性等），而是盯着它的时空概念。他请出原始的卡鲁扎–克莱因的老五维论，牵出外尔的规范理论，说明那第五维可以"融化"在具有纤维丛对称的时空里，而弦论的多维却不同，它们竟然真的化身出来招摇过市并决定粒子和动力学参数——这是不能容忍的从潘多拉盒子里跑出来的"恶自由度"。他发现"从弦论观点生出的许多明显的几何和物理问题，从来就没有恰当地讨论过"（1.9节）。彭老替他们解释说，可能是他们不想为琐碎的数学细节浪费时间。传说诺奖得主格罗斯（David Gross）就说过，即使有人拿出弦论有限性的数学证明，他也不会去看。（彭老问过他，他没否认。）在霍金60岁的生日会上，彭老报告弦论的额外空间维是不稳定的，萨斯金（Leonard Susskind）听后对他说，"当然，你是完全正确的，却彻底迷失了方向！"大概意思是，您老就算对了，也和我们不同路。其实，彭老过去不喜欢弦论是因为它的高维，现在更不喜欢还在于它的现状：它自诩是理论的最终唯一的归宿（"万物之理"嘛），结果却冒出那么多的景观沼泽出来，"只得被驱赶着去向人存论证寻求庇护"，"理论到了这一步，真是悲哀。"（3.10节）

　　接着说信仰或信心，主角是量子论。量子论是老生常谈，能引出很多"奇幻"故事，但彭老用心在量子态的叠加、纠缠和测量（"态还原"）。他在这里牵出希尔伯特空间来讲波函数，并通过自旋将量子态与黎曼球面的点联系起来。这种量子测量的几何观，在普通量子力学课本里是没有的。他还让相对论与量子论站在一起，讨论量子的大小世界，关乎量子和纠缠的极限，关乎量子论与相对论的融合。最后他警告大家，不能把信仰寄托在量子形式上，而应该从那个信仰的势阱里解脱出来。彭老愿意为量子态赋予客观实在性（传统的哥本哈根诠释不奢望这一点，只敢相信它是一种计算策略），这就凸显了么正演化与态还原的矛盾。他认为在引力起作用时，这两样线性元素都将沦为一个更大理论的近似。总之，彭老不相信所谓量子引力就是将相对论拥入量子论的怀抱。他认为时下的量子引力方法拿不出一个能"以大自然本来的方式融合广义相对论与量子力学"的理论，"可以理直气壮地说量子引力真不是我们应该追寻的东西！"（1.12 节）他说物理有两个文化，一个是弦论（及其前辈量子论）代表的文化，是计算的文化；一个是相对论的文化，是原理的文化。他的"偏见"是，对相对论原理多一些信任，而对量子论的基础多一些怀疑。他认为等效原理比线性叠加原理更为基本，因为叠加将量子论带进了宏观的困境。

量子论与相对论在宇宙学中上演了最精彩的"欢喜冤家"大戏，而想象在这里充当了最重要的角色，整个宇宙学几乎就是想象出来的。彭老讲宇宙学，从大爆炸直接说奇点——这是他今年获奖的主要业绩。彭老开始考虑奇点，就从一般对称性着眼，而不具体求解方程。这种方法（拓扑学的方法）在当时是很新鲜的，物理学家都不会。他的结论是，"对物理上合理的经典物质来说，在引力坍缩的局域情形，一旦出现俘获面，奇点就不可避免，与任何对称假定无关。"（3.4节）结论的这个品质，就是诺奖委员会说的"robust"。那时几个苏联物理学家也在研究奇点，他们是具体计算不同的奇点，虽然不能获得普适的存在性定理，却告诉我们奇点可能是什么样子的（BKL 猜想）。由于时间对称联系着热力学第二定律，彭老自然提出第二定律与奇点关系的问题，这是他几十年来考虑最多的问题。他认为，大爆炸是一个低熵态，而且其低熵的方式很特别，是因为引力自由度被完全压缩了——"在我看来，这也许是宇宙学最幽深的神秘"，但大多数人并没有意识到这一点。

　　大爆炸碰巧是 2019 年的诺奖主角，获奖者皮布尔斯（James Peebles）与彭老比较似乎正好代表了两种宇宙学风格。两位的获奖都可以回溯到 1960 年代，那时彭老在思考时空奇点，而皮老在跟迪克构想大爆炸。大爆炸当然也是一个奇点，但皮老没想奇点问题，而是预言了 CMB 的存在（他们不知道伽莫夫在 10 多年前已经预言过了），而 CMB 引出了暴胀论。皮老说暴胀问题是很实在的，"除非哪天发现合理的替代或证明概念错了，我们都要相信暴胀将继续指引我们对极早期宇宙物理的探索。"（《物理宇宙学》1993 年版前言）20 年前，他（与 A. Vilenkin）构造了一种新暴胀形式（"quintessential inflation"模型），暴胀终结为宇宙学常数的标量场（Steinhardt 称它为 quintessence，原是古人想象的地水火风之外的第五种基本元素，其作用是让宇宙加速膨胀）——PV 模型的特色是用一个标量场统一两个阶段的标量场。暴胀自豪地认为解决了系列大尺度宇宙学疑难，如视界问题、光滑问题和平直问题，这也是它流行的资本。彭老却不相信暴胀，而是坚持他的大爆炸奇点低熵观点，这是与暴胀不相容的。另外，五花八门的暴胀论都想象一个滚动的弹珠（暴胀子）来充当动力，似乎有着可以随意调整的势函数形式，这在彭老看来都是没有根据的。我们也发觉，从科学史看，当一个理论有多种可能的形式时，最终胜利的不是竞争中的某一个，而是竞争者之外的一个从原理出发的新纲领。彭老一直就在追索这样的纲领。

　　他从薛定谔方程的虚数想到量子时空几何也该是复数的，又发现爱因斯坦方程真空解背后藏着全纯（复函数的一种"美德"）结构，于是他想全纯的扭量应该是时空的最基本结构，而我们生活的时空只是"扭量全纯实在"的次生结构。简单说，扭量空间是光线的空间，时空的光线是扭量空间中的点，而时空的点在其中变成一个黎曼球。"扭量"是彭老30多年前提出的（他自己说；更早可追溯到50多年前，他第一篇"扭量代数"的论文发表于1967年）。扭量不是专门为了统一量子论与引力论，但它自然具备了那样的"潜质"。有趣的是，扭量的数学影响大，物理响应却不多。"圈量子"专家Rovelli在2004年考察了上年度的量子引力论文，扭量只有一篇（近年多起来了）。彭老几十年一贯地相信他的扭量，很少有人怀有他那么潇洒的数学态度。

前面说过，彭老在数学上很慷慨，讲波函数和真空能也要跳出传统课本大讲希尔伯特空间和黎曼曲面。他在书后附赠了一本数学小册子，所选内容很有意思，简单的如幂指数和复数，小朋友都明白；复杂的如流形、纤维丛和全纯函数，却是很多大朋友都没听过的。彭老讲它们也只侧重其几何和物理，列举了很多具体的物理场来落实纤维丛。读者即使看不十分清楚，至少也知道有那么一门"外语"，原来物理就是那样的数学玩意儿啊！我们大都学过用微积分来算物理，却难有为物理构建数学的机会。彭老不假定读者熟悉具体的微积分公式，而把数学图像留给大家。虽然很难想象没有微积分基础的读者能明白这些概念和图像，但我们不妨反过来想想，假如没有微积分，还能在多大程度上构建那些图像？很多普及读物都不讲物理背后的数学，确实为读者减轻了烧脑的风险，却也暴露了作者不肯金针度人的"悭吝"。彭老的书，可爱就在于他敢大大方方将太古里的数学摆上春熙路的地摊儿，让路人有偷窥门径的机会。即使大家当它是吐火罗文的路标，看一眼也能感觉奇特和清新；何况肯定有人能沿着这个路线走下去，最终找到彭老们没能发现的宝藏。

　　彭老在书后补了一节"独白"（原标题为 a personal coda），说自己的家庭背景，讲父亲和哥哥的故事，说他如何被影响。他说他并非别人心目中的 maverick，而是比很多人更保守。据牛津词典，Samuel A. Maverick（1803 — 1870）是得克萨斯的牧场主，从不给自家牛羊做记号，害得小羊羔找不到羊妈妈。maverick 由此引出"独立"的意思，特别是没有派系的政客的独立。彭老是物理学家中的数学家，没有自己的物理圈儿和派别，思想也不主流。他的 CCC 不如霍金的婴儿宇宙惹眼，也不像弦论和暴胀那么流行，但他并不认为自己有多特立独行。确实，他的思想路线比大多数人更传统（如在多时空维和相对论原理问题上）。即使疯狂如 CCC，也是源于对热力学第二定律和广义相对论精神的坚守。从科学史的"大尺度"看，他一直走在传统路线上，只因方法和结果与时下流行的东西不同，才留下 maverick 的印象。2002 年 1 月，剑桥大学为霍金办 60 岁生日纪念会，在他的大照片下引用了湖畔诗人沃兹华斯（Wordsworth）《序曲》（The Prelude）的一句诗："一颗心，永远孤独航行在奇异的思想海洋。"（a mind forever voyaging through strange seas of thought, alone.）霍老身体孤独，思想并不孤独，他的小船后面跟着好多"黑洞潮"呢。这句诗用来说彭老，似乎更为合适。

李泳

2020 年 10 月 8 日，重庆永川

图书在版编目（CIP）数据

新物理狂想曲 / (英) 罗杰·彭罗斯著; 李泳译. —长沙: 湖南科学技术出版社, 2021.2 (2023.3重印)
(第一推动丛书. 物理系列)
书名原文: Fashion, Faith, and Fantasy in the New Physics of the Universe
ISBN 978-7-5710-0859-8

Ⅰ. ①新… Ⅱ. ①罗… ②李… Ⅲ. ①物理学－普及读物 Ⅳ. ① O4-49

中国版本图书馆 CIP 数据核字 (2020) 第 233893 号

Fashion, Faith, and Fantasy in the New Physics of the Universe
Copyright © 2016 by Roger Penrose
Simplified Chinese edition copyright © 2021 by Hunan Science and Technology Press Co., LTD
All Rights Reserved

湖南科学技术出版社独家获得本书简体中文版中国大陆出版发行权
著作权合同登记号: 18-2018-404

第一推动丛书·物理系列
XIN WULI KUANGXIANGQU
新物理狂想曲

著者	邮购联系
〔英〕罗杰·彭罗斯	本社直销科 0731-84375808
译者	印刷
李 泳	长沙鸿和印务有限公司
出版人	厂址
潘晓山	长沙市望城区普瑞西路858号
策划编辑	邮编
吴 炜 李 蓓 杨 波 孙桂均	410200
责任编辑	版次
吴 炜 李 蓓 杨 波	2021 年 2 月第 1 版
营销编辑	印次
吴 诗	2023 年 3 月第 2 次印刷
出版发行	开本
湖南科学技术出版社	880mm×1230mm 1/32
社址	印张
长沙市芙蓉中路一段416号	19.5
泊富国际金融中心	字数
网址	360 千字
http://www.hnstp.com	书号
湖南科学技术出版社	ISBN 978-7-5710-0859-8
天猫旗舰店网址	定价
http://hnkjcbs.tmall.com	98.00 元

版权所有，侵权必究。